思科系列丛书

思科网络实验室
路由、交换实验指南

（第 3 版）

梁广民　王隆杰　徐　磊　编著

电子工业出版社

Publishing House of Electronics Industry

北京·BEIJING

内容简介

本书以 Cisco2911 路由器和 Catalyst3750、Catalyst3560、Catalyst2960 交换机为硬件平台,以实验为依托,以提升职业能力和职业素养为导向,从行业的实际需求出发组织全部内容,涉及网络基础知识、路由技术、交换技术、远程访问技术和网络安全技术四个领域,共 16 章,主要内容包括设备访问和 IOS 基础,IP 地址,路由和交换原理,静态路由和动态路由,OSPF、IS-IS,路由重分布与路径控制,BGP、VLAN、Trunk、EtherChannel 和 VLAN 间路由,STP、DHCP 和 VRRP,ACL,PPP 和 PPPoE,NAT,网络安全和网络监控。

本书既可以作为思科网络技术学院的配套实验教材,用来增强学生的网络知识和操作技能,也可以作为电子、通信和计算机等专业的网络集成类课程的教材或者实验指导书,又可以作为培训教材,同时对于从事网络管理和维护的技术人员,也是一本很实用的技术参考书。

未经许可,不得以任何方式复制或抄袭本书之部分或全部内容。
版权所有,侵权必究。

图书在版编目(CIP)数据

思科网络实验室路由、交换实验指南 / 梁广民,王隆杰,徐磊编著. —3 版. —北京:电子工业出版社,2019.7
(思科系列丛书)
ISBN 978-7-121-36577-5

Ⅰ. ①思… Ⅱ. ①梁… ②王… ③徐… Ⅲ. ①互联网络-路由器-指南②互联网络-通信协议-指南 Ⅳ. ①TN915.05-62②TN915.04-62

中国版本图书馆 CIP 数据核字(2019)第 096788 号

责任编辑:宋　梅
印　　刷:北京天宇星印刷厂
装　　订:北京天宇星印刷厂
出版发行:电子工业出版社
　　　　　北京市海淀区万寿路 173 信箱　邮编　100036
开　　本:787×1 092　1/16　印张:24.25　字数:621 千字
版　　次:2007 年 4 月第 1 版
　　　　　2019 年 7 月第 3 版
印　　次:2024 年 6 月第 8 次印刷
定　　价:98.00 元

凡所购买电子工业出版社图书有缺损问题,请向购买书店调换。若书店售缺,请与本社发行部联系,联系及邮购电话:(010)88254888,88258888。
质量投诉请发邮件至 zlts@phei.com.cn,盗版侵权举报请发邮件至 dbqq@phei.com.cn。
本书咨询联系方式:mariams@phei.com.cn。

前　　言

当前，以互联网为主载体，人工智能、人数据和物联网为新动能，"互联网+"为特征的新一轮经济与产业革命正在到来。在数字化变革的冲击之下，传统产业正在发生重大的转型与升级。这些趋势和变化都要求各行各业的工程和技术人员应该具有一定的网络技术基础，而一名优秀网络工程师应该具备扎实的网络知识、娴熟的网络技能和良好的职业素养。本书从实际应用的角度出发，以思科网络实验室为背景设计拓扑，在第 1 版和第 2 版的基础上，对内容进行整合和扩充，全面、细致地介绍了路由和交换技术。

本书作者从事计算机网络技术教学 20 余载，多年来一直讲授思科网络技术学院 CCNA 和 CCNP 等核心课程，培训了 1500 多名高校教师，对教学设计、组织和实施有自己独到的见解和领悟。本书是作者多年教学实践和教学成果的积累和呈现。本书的特色如下：

在目标设计上，以企业实际需求为向导，以培养学生的网络设计能力、对网络设备的配置和调试能力、分析和解决问题能力以及创新能力为目标，讲求实用。

在内容选取上，集先进性、科学性和实用性为一体，尽可能覆盖最新、最实用的网络技术。

在内容表现形式上，把握"理论够用、技能为主"的原则，用最简单和最精练的描述讲解网络基本知识和网络技术基本原理，通过详尽的实验现象分析来分层分步骤地讲解网络技术，而且对实验调试信息做了详细的注释，结合实验调试结果来巩固和深化所学的理论知识，达到学习知识和培养能力的目的。

本书以 Cisco2911 路由器和 Catalyst3750、Catalyst3560、Catalyst2960 交换机为硬件平台来搭建实验环境，由于各个实验室的具体情况不同，在实际使用过程中，教师可能需要做稍微的改动，以适应所在实验室的实验设备和环境。

本书既可以作为思科网络技术学院的配套实验教材，用来增强学生的网络知识和操作技能，也可以作为电子、通信和计算机等专业的网络集成类课程的教材或者实验指导书，又可以作为培训教材；同时，对于从事网络管理和维护的技术人员，也是一本很实用的技术参考书。

本书由梁广民（CCIE#14496 R/S，Security）、王隆杰（CCIE#14676 R/S，Security）和徐磊组织编写并统稿。从复杂和庞大的 Cisco 网络技术中，编写一本简明的、适合实验室使用的实验教材确实不是一件容易的事情，感谢沃尔夫网络实验室（www.wolf-lab.com）对本书中的关键技术给予的指导和帮助，如果没有其帮助，本书是不可能在很短的时间内高质量完成的。

由于时间仓促，加上作者水平有限，书中难免有不妥和错误之处，恳请同行专家指正。
E-mail：gmliang@szpt.edu.cn。

编　著　者
2019 年 7 月于深圳

目　录

第1章　设备访问和IOS基础 ·· 1

1.1　搭建实验拓扑 ·· 1
1.1.1　实验拓扑设计和网络连接 ·· 1
1.1.2　路由器和交换机接口命名 ·· 2
1.1.3　操作系统软件选择 ·· 3
1.2　访问Cisco网络设备的方式 ··· 4
1.2.1　通过Console端口访问网络设备 ··· 4
1.2.2　通过Telnet或者SSH访问网络设备 ·· 5
1.3　IOS和CLI概述 ··· 5
1.3.1　IOS简介 ··· 5
1.3.2　IOS命名 ··· 6
1.3.3　CLI简介 ··· 7
1.4　CDP和LLDP概述 ·· 8
1.4.1　CDP简介 ·· 8
1.4.2　LLDP简介 ·· 8
1.5　访问Cisco网络设备 ·· 8
1.5.1　实验1：通过Console端口访问路由器 ·· 8
1.5.2　实验2：CLI的使用方法与IOS基本命令 ··· 13
1.5.3　实验3：通过Telnet访问网络设备 ·· 20
1.5.4　实验4：恢复IOS和备份配置文件 ·· 21
1.5.5　实验5：配置LLDP ·· 24

第2章　IP地址 ··· 27

2.1　IPv4地址 ··· 27
2.1.1　IPv4地址结构 ··· 27
2.1.2　IPv4数据包包头格式 ·· 29
2.1.3　IPv4地址类型 ··· 30
2.1.4　IPv4子网划分 ··· 31
2.1.5　VLSM ·· 32
2.2　IPv6地址 ··· 33
2.2.1　IPv6特征 ··· 33
2.2.2　IPv6地址与IPv6基本包头格式 ··· 34

  2.2.3 IPv6 扩展包头 ·············· 35
  2.2.4 IPv6 地址类型 ·············· 36
  2.2.5 IPv6 邻居发现协议 ·············· 38
  2.2.6 IPv6 过渡技术 ·············· 38
 2.3 配置 IPv6 地址 ·············· 40
  2.3.1 实验 1：手工配置 IPv6 单播地址 ·············· 40
  2.3.2 实验 2：通过 SLAAC 获得 IPv6 地址 ·············· 43

第 3 章　路由和交换原理 ·············· 48

 3.1 路由原理概述 ·············· 48
  3.1.1 路由器组件 ·············· 48
  3.1.2 路由器启动过程 ·············· 49
  3.1.3 路由器转发数据包机制 ·············· 50
  3.1.4 路由决策 ·············· 50
 3.2 交换原理概述 ·············· 51
  3.2.1 交换机启动顺序 ·············· 51
  3.2.2 交换机类型 ·············· 52
  3.2.3 交换原理 ·············· 52
  3.2.4 交换机转发数据包方法 ·············· 53
  3.2.5 交换网络层次结构 ·············· 54
 3.3 理解路由和交换原理 ·············· 54
  3.3.1 实验 1：理解路由器路由数据包过程 ·············· 54
  3.3.2 实验 2：理解交换机交换数据包过程 ·············· 57
 3.4 恢复路由器和交换机密码 ·············· 61
  3.4.1 实验 3：恢复路由器密码 ·············· 61
  3.4.2 实验 4：恢复交换机密码 ·············· 62

第 4 章　静态路由和动态路由 ·············· 64

 4.1 静态路由概述 ·············· 64
  4.1.1 静态路由特征 ·············· 64
  4.1.2 默认路由 ·············· 65
  4.1.3 静态路由分类 ·············· 65
 4.2 动态路由概述 ·············· 65
  4.2.1 动态路由协议特征 ·············· 65
  4.2.2 动态路由协议分类 ·············· 66
  4.2.3 动态路由协议运行过程 ·············· 67
 4.3 路由表构建及路由查找 ·············· 68
  4.3.1 管理距离和度量值 ·············· 68
  4.3.2 路由表构建 ·············· 68

    4.3.3 IPv4 路由表查找过程···69
  4.4 配置静态路由···70
    4.4.1 实验 1：配置 IPv4 静态路由··70
    4.4.2 实验 2：配置 IPv6 静态路由··78

第 5 章　OSPF ···82

  5.1 OSPF 概述···82
    5.1.1 OSPFv2 特征···82
    5.1.2 OSPF 术语··82
    5.1.3 OSPFv2 数据包类型···83
    5.1.4 OSPF 网络类型···84
    5.1.5 OSPF 邻居关系建立···84
    5.1.6 OSPF 运行步骤···85
    5.1.7 OSPF 路由器类型···86
    5.1.8 OSPFv2 LSA 类型···86
    5.1.9 OSPF 区域类型···87
    5.1.10 OSPFv2 和 OSPFv3 比较···87
  5.2 配置单区域 OSPF··88
    5.2.1 实验 1：配置单区域 OSPFv2··88
    5.2.2 实验 2：配置 OSPFv2 验证··96
    5.2.3 实验 3：配置单区域 OSPFv3··99
    5.2.4 实验 4：配置 OSPFv3 验证··106
  5.3 配置多区域 OSPF··108
    5.3.1 实验 5：配置多区域 OSPFv2··108
    5.3.2 实验 6：配置多区域 OSPFv3··113

第 6 章　IS-IS ···118

  6.1 IS-IS 概述···118
    6.1.1 IS-IS 特征··118
    6.1.2 IS-IS 术语··119
    6.1.3 IS-IS 路由器类型···120
  6.2 配置集成 IS-IS··121
    6.2.1 实验 1：配置单区域集成 IS-IS···121
    6.2.2 实验 2：配置多区域集成 IS-IS···127
    6.2.3 实验 3：配置集成 IS-IS 验证··132
    6.2.4 实验 4：配置 IPv6 集成 IS-IS···135

第 7 章　路由重分布与路径控制···140

  7.1 路由重分布概述···140

		7.1.1 路由重分布定义	140
		7.1.2 路由重分布考虑的问题	140
	7.2	路径控制概述	141
		7.2.1 路由映射表（Route Map）	141
		7.2.2 前缀列表	142
		7.2.3 策略路由	143
	7.3	配置路由重分布	143
		7.3.1 实验1：配置IPv4路由重分布	143
		7.3.2 实验2：配置前缀列表控制路由更新	147
		7.3.3 实验3：配置IPv6路由重分布	149
	7.4	配置策略路由	152
		7.4.1 实验4：配置IPv4策略路由	152
		7.4.2 实验5：配置IPv6策略路由	157

第8章 BGP ··· 160

	8.1	BGP概述	160
		8.1.1 BGP特征	160
		8.1.2 BGP术语	160
		8.1.3 BGP属性	161
		8.1.4 BGP消息类型	162
		8.1.5 BGP路由决策	162
		8.1.6 BGP邻居状态	163
	8.2	配置基本BGP	164
		8.2.1 实验1：配置IBGP和EBGP	164
		8.2.2 实验2：配置BGP验证、地址聚合和EBGP多跳	171
		8.2.3 实验3：配置路由反射器（RR）	173
		8.2.4 实验4：配置MBGP	176
	8.3	配置BGP属性控制选路	180
		8.3.1 实验5：配置BGP ORIGIN属性控制选路	181
		8.3.2 实验6：配置BGP AS-PATH属性控制选路	183
		8.3.3 实验7：配置BGP LOCAL_PREF属性控制选路	184
		8.3.4 实验8：配置BGP Weight属性控制选路	185
		8.3.5 实验9：配置MED属性控制选路	186

第9章 VLAN、Trunk、EtherChannel和VLAN间路由 ··· 191

	9.1	VLAN概述	191
		9.1.1 VLAN简介	191
		9.1.2 VLAN类型	192
		9.1.3 VLAN划分	192

	9.1.4 私有 VLAN	192

9.2 Trunk 概述 193
 9.2.1 Trunk 简介 193
 9.2.2 Voice VLAN 194

9.3 EtherChannel 概述 194
 9.3.1 EtherChannel 简介 194
 9.3.2 PAgP 和 LACP 协商规律 195

9.4 VLAN 间路由概述 195
 9.4.1 传统 VLAN 间路由 195
 9.4.2 单臂路由 196
 9.4.3 三层交换 197

9.5 配置 VLAN 和 Trunk 197
 9.5.1 实验 1：创建 VLAN 和划分端口 197
 9.5.2 实验 2：配置私有 VLAN 200
 9.5.3 实验 3：配置 Trunk 203

9.6 配置 EtherChannel 和 VoIP 206
 9.6.1 实验 4：配置 EtherChannel 206
 9.6.2 实验 5：配置 VoIP 212

9.7 配置单臂路由和三层交换 217
 9.7.1 实验 6：配置单臂路由实现 VLAN 间路由 217
 9.7.2 实验 7：配置三层交换实现 VLAN 间路由 218

第 10 章　STP 222

10.1 STP 概述 222
 10.1.1 STP 简介 222
 10.1.2 STP 端口角色和端口状态 224
 10.1.3 STP 收敛 225
 10.1.4 STP 拓扑变更 226
 10.1.5 STP 防护 227

10.2 RSTP 和 MSTP 概述 227
 10.2.1 RSTP 简介 227
 10.2.2 RSTP 提议 / 同意机制 228
 10.2.3 MSTP 简介 229
 10.2.4 STP 运行方式 229

10.3 配置 STP 和 STP 防护 230
 10.3.1 实验 1：配置 STP 230
 10.3.2 实验 2：配置 STP 防护 235

10.4 配置 RSTP 和 MSTP 238
 10.4.1 实验 3：配置 RSTP 238

10.4.2 实验4：配置 MSTP 243

第 11 章 DHCP 和 VRRP 248

11.1 DHCPv4 概述 248
    11.1.1 DHCPv4 工作过程 248
    11.1.2 DHCPv4 中继代理 250
11.2 DHCPv6 概述 250
    11.2.1 SLAAC 简介 251
    11.2.2 无状态 DHCPv6 简介 251
    11.2.3 有状态 DHCPv6 简介 252
11.3 VRRP 概述 253
    11.3.1 VRRP 简介 253
    11.3.2 VRRP 术语 253
    11.3.3 VRRP 工作机制 255
11.4 配置 DHCP 服务 255
    11.4.1 实验1：配置 DHCPv4 服务 255
    11.4.2 实验2：配置无状态 DHCPv6 服务 260
    11.4.3 实验3：配置有状态 DHCPv6 服务 263
11.5 配置 VRRP 266
    11.5.1 实验4：配置 IPv4 VRRP 266
    11.5.2 实验5：配置 IPv6 VRRP 271

第 12 章 ACL 276

12.1 ACL 概述 276
    12.1.1 ACL 功能 276
    12.1.2 ACL 工作原理 276
    12.1.3 标准 IPv4 ACL 和扩展 IPv4 ACL 277
    12.1.4 IPv4 通配符掩码 278
    12.1.5 IPv6 ACL 278
    12.1.6 ACL 使用原则 278
12.2 配置 ACL 279
    12.2.1 实验1：配置标准 IPv4 ACL 279
    12.2.2 实验2：配置扩展 IPv4 ACL 282
    12.2.3 实验3：配置基于时间的 IPv4 ACL 286
    12.2.4 实验4：配置动态 IPv4 ACL 287
    12.2.5 实验5：配置 IPv6 ACL 289

第 13 章 PPP 和 PPPoE 293

13.1 HDLC 和 PPP 概述 293

13.1.1 HDLC 简介 293
13.1.2 PPP 组件和会话过程 293
13.1.3 LCP 操作和 NCP 操作 294
13.1.4 PPP 身份验证协议 295
13.2 PPPoE 概述 296
13.2.1 PPPoE 简介 296
13.2.2 PPPoE 数据包类型 296
13.2.3 PPPoE 会话建立过程 297
13.3 配置 PPP 和 PPPoE 298
13.3.1 实验 1：配置 PPP 封装 298
13.3.2 实验 2：配置 PAP 验证 301
13.3.3 实验 3：配置 CHAP 验证 302
13.3.4 实验 4：配置 PPP Multilink 303
13.3.5 实验 5：配置 PPPoE 服务器和客户端 306

第 14 章 NAT 309

14.1 NAT 概述 309
14.1.1 IPv4 NAT 特征 309
14.1.2 IPv4 NAT 分类 310
14.1.3 NAT-PT 技术 310
14.2 配置 NAT 310
14.2.1 实验 1：配置 IPv4 NAT 310
14.2.2 实验 2：配置 NAT-PT 314

第 15 章 网络安全 318

15.1 交换网络的攻击与防范 318
15.1.1 交换网络中常见的攻击类型及缓解措施 318
15.1.2 网络设备安全基本措施 318
15.2 端口安全和 DHCP Snooping 概述 320
15.2.1 端口安全简介 320
15.2.2 DHCP Snooping 简介 321
15.3 AAA 和 IEEE 802.1x 概述 322
15.3.1 AAA 简介 322
15.3.2 IEEE 802.1x 简介 323
15.4 隧道技术概述 324
15.4.1 GRE 简介 324
15.4.2 IPSec VPN 简介 324
15.4.3 AH 和 ESP 325
15.4.4 安全关联和 IKE 325

| | 15.4.5 | IPSec VPN 操作步骤 | 326 |

- 15.5 关闭不必要的服务和配置 SSH ... 327
  - 15.5.1 实验 1：关闭不必要的服务 ... 327
  - 15.5.2 实验 2：配置 SSH 管理网络设备 ... 328
- 15.6 配置端口安全和 DHCP Snooping ... 331
  - 15.6.1 实验 3：配置交换机端口安全 ... 331
  - 15.6.2 实验 4：配置 DHCP Snooping ... 336
- 15.7 配置 AAA 和 IEEE 802.1x ... 338
  - 15.7.1 实验 5：配置本地验证 AAA ... 338
  - 15.7.2 实验 6：配置基于 TACACS+服务器的 AAA ... 341
  - 15.7.3 实验 7：配置 IEEE 802.1x ... 344
- 15.8 配置隧道 ... 347
  - 15.8.1 实验 8：配置 GRE ... 347
  - 15.8.2 实验 9：配置 IPSec VPN ... 351

第 16 章 网络监控 ... 357

- 16.1 NTP 和系统日志概述 ... 357
  - 16.1.1 NTP 简介 ... 357
  - 16.1.2 系统日志简介 ... 357
- 16.2 SNMP 和 SPAN 概述 ... 358
  - 16.2.1 SNMP 简介 ... 358
  - 16.2.2 SPAN 简介 ... 359
- 16.3 配置 NTP 和 Syslog ... 360
  - 16.3.1 实验 1：配置 NTP ... 360
  - 16.3.2 实验 2：配置 Syslog ... 361
- 16.4 配置 SNMP 和 SPAN ... 363
  - 16.4.1 实验 3：配置 SNMPv2c ... 363
  - 16.4.2 实验 4：配置 SNMPv3 ... 367
  - 16.4.3 实验 5：配置 SPAN 和 RSPAN ... 370

参考文献 ... 375

第 1 章　设备访问和 IOS 基础

要顺利完成本书各个章节的实验，必须具备相应的网络设备、软件以及合理的网络连接，避免每次实验都要花费大量的时间来搭建网络拓扑。要配置网络设备，首先要能连接到相应的设备才能进入配置界面开始配置工作。实际工作中通常是先通过网络设备的控制台（Console）端口进行连接，完成一些初始化的配置任务，后续的工作就可以远程登录到网络设备进行配置和管理。本章首先介绍本书使用的网络设备的选型、拓扑搭建以及相关软件的选择，然后介绍访问 Cisco 网络设备的方法，最后介绍 IOS 的功能和基于 CLI 的 IOS 基本命令。本书所有实验均在真实网络设备上调试完成，当然本书中涉及的实验也可以通过 GNS3 模拟器完成，部分实验为了达到简单和直观的效果，还可以通过 Cisco 的 Packet Tracer 模拟器完成。

1.1　搭建实验拓扑

本书中的各种实验需要构建不同的网络拓扑，如果每次都临时进行网络拓扑搭建会花费大量的时间。为此作者设计了一个功能强大的网络拓扑，实验设备包括 4 台路由器、3 台交换机、1 台服务器和一台计算机。如果个别实验需要多台计算机，请参考后续章节的具体实验拓扑。

1.1.1　实验拓扑设计和网络连接

本书设计的实验拓扑中以太网连接部分如图 1-1 所示。

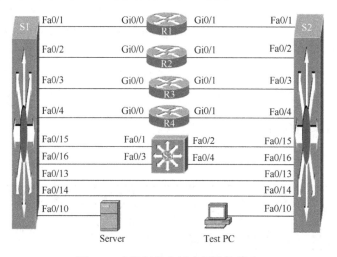

图 1-1　实验拓扑中以太网连接部分

图 1-1 中包括 4 台 Cisco2911 路由器（R1～R4）（每台路由器安装 1～2 块 HWIC-2T 模块）和 3 台支持以太网供电（Power Over Ethernet，POE）功能的 3560v2 交换机（S1～S3）（有 24 个百兆位和 2 个千兆位以太网接口）。读者可以根据拥有实验设备的具体情况选择合适的设备来搭建拓扑。路由器也可以采用 Cisco ISR 的 4300、4400、1900、3900 系列或者早期的 1800、

2800 和 3800 系列路由器，不同的路由器支持的模块数量和模块类型可能不同，当然操作系统软件也需要匹配。交换机也可以采用 2960、3650、3850 系列以及早期的 3750 系列的设备。路由器 R1～R4 的 Gi0/0 以太网接口与交换机 S1 的 Fa0/1～Fa0/4 相应接口相连；Gi0/1 以太网接口则与交换机 S2 的 Fa0/1～Fa0/4 相应接口相连。交换机 S1 和 S2 之间通过 Fa0/13 和 Fa0/14 接口相连；交换机 S3 的 Fa0/1 和 Fa0/3 接口与交换机 S1 的 Fa0/15 和 Fa0/16 接口相连，交换机 S3 的 Fa0/2 和 Fa0/4 接口与交换机 S2 的 Fa0/15 和 Fa0/16 接口相连。交换机 S1 的 Fa0/10 与 Server 网卡相连，交换机 S2 的 Fa0/10 与 Test PC 网卡相连。读者可以根据实验的实际需要灵活地连接 Server 和 Test PC 到交换机的相应接口。

本书设计的实验拓扑中串行连接部分如图 1-2 所示。路由器 R1 的 Se0/0/0 和 Se0/0/1 串行口与路由器 R2 的 Se0/0/0 和 Se0/1/1 串行口相连，路由器 R2 的 Se0/0/1 串行口与路由器 R3 的 Se0/0/1 串行口相连，路由器 R2 的 Se0/1/0 串行口与路由器 R4 的 Se0/0/1 串行口连接，路由器 R3 的 Se0/0/0 串行口与路由器 R4 的 Se0/0/0 串行口相连。

在图 1-1 和图 1-2 中，网络设备接口的名字均采用简写，其中 Gi 的全称是 **GigabitEthernet**，Fa 的全称为 FastEthernet，Se 的全称为 Serial，本书后续内容均采用简写来描述网络设备的接口。同时需要注意的是如果读者采用其他型号的网络设备或者模拟器搭建网络拓扑，请注意接口的命名可能不同，只要和本书实验设备的接口对应即可。

1.1.2 路由器和交换机接口命名

本节以本书所选择的 2911 路由器为例说明路由器接口命名，如图 1-3 所示。2911 路由器包括 3 个固定的千兆位以太网接口、1 个服务模块（Service Module，SM）插槽、4 个增强型高速广域网接口卡（Enhanced High-Speed WAN Interface Card，EHWIC）插槽或者 2 个双宽度 EHWIC 插槽（使用双宽度 EHWIC 插槽将占用两个单宽度 EHWIC 插槽），其中服务模块用来替换用于语音 / 传真的网络模块插槽和扩展模块插槽。

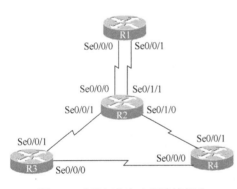

图 1-2　实验拓扑中串行连接部分

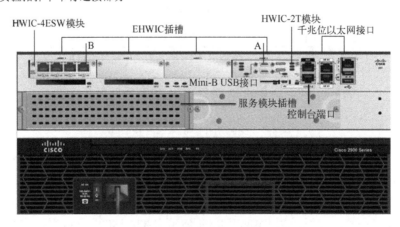

图 1-3　路由器接口命名

① 千兆位以太网接口命名分别为 Gi0/0、Gi0/1 和 Gi0/2，在路由器面板上对应的具体标识为 GE0/0、GE0/1 和 GE0/2。

② 4 个 EHWIC 模块号从右到左的编号依次为 0～3，EHWIC 插槽插入模块的接口编号从 0 开始，通常按照从下到上、从右到左原则进行编号。常见的 HWIC 模块包括 HWIC-2T、HWIC-2FE、HWIC-1ADSL、HWIC-16A、HWIC-4ESW、HWIC-4ESG、VWIC3-1MFT-T1/E1 和 HWIC-4G-LTE-G 等。读者应该根据实际网络需求选择相应的网络模块，模块需要单独购买。根据上述路由器接口命名原则，图 1-3 中 A 接口的名称为 Se0/0/1，B 接口的名称为 Fa0/3/0，其中第 1 个数字表示插槽号码，第 2 个数字表示模块号码，第 3 个数字表示模块的端口号码。

③ 服务模块插槽的号码为 1，具体接口的名字要看选择什么模块，例如，购买的是 SM-ES3-16-P 交换模块，那么第一个接口的名称是 Gi1/0。

本节以本书选择的 WS-C3560v2-24PS-S 交换机为例说明交换机接口命名。该交换机是一款固定接口配置的高效节能的三层交换机，包含 24 个百兆以太网接口和 2 个小型可插拔（Small Form-factor Pluggables，SFP）千兆位以太网扩展接口（需要相应 SFP 模块）。24 个百兆位以太网接口支持以太网供电（PoE）功能。交换机接口命名如图 1-4 所示，图中 A 接口的名称为 Fa0/1，B 接口的名称为 Fa0/14，C 接口的名称为 Gi0/1。

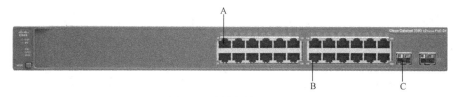

图 1-4　交换机接口命名

1.1.3　操作系统软件选择

不同系列和不同型号的路由器和交换机运行的 IOS 不同。请读者选择适合自己实验设备的 IOS。如果需要较新版本的 IOS，可以从 Cisco 官网（www.cisco.com）下载，并且对设备进行 IOS 升级。下载 IOS 需要相应权限的 CCO（Cisco Connection Online）账号。下载时请确认自己的网络设备的内存和 Flash 空间是否满足 IOS 运行的需要。

本书实验环境中的路由器型号选择 Cisco 的 2911，相应的 IOS 选择 c2900-universalk9-mz.SPA.157- 3.M.bin。路由器 IOS 下载页面如图 1-5 所示。

图 1-5　路由器 IOS 下载页面

本书实验环境中的交换机型号选择 Cisco 的 WS-C3560v2-24PS-S，相应的 IOS 选择 c3560-ipservicesk9-mz.150-2.SE11.bin。交换机 IOS 下载页面如图 1-6 所示。

图 1-6　交换机 IOS 下载页面

1.2　访问 Cisco 网络设备的方式

路由器或者交换机是一台特殊用途的计算机，然而它们没有键盘、鼠标和显示器，因此需要借助计算机的相应组件来完成配置。网络设备出厂时通常是没有初始配置的（Cisco 最新的路由器已经有了一些初始配置以便远程登录），要完成初始配置需要把计算机的 COM 端口与路由器的控制台（Console）端口相连，如果计算机没有 COM 端口，需要准备一条 USB 转 COM 端口的线缆及其相应的驱动程序。在完成了端口的 IP 地址和密码等初始化配置后，就可以使用如 Telnet、SSH、Web 浏览器、网管软件（如 Cisco Works）等方式访问或者配置网络设备。

1.2.1　通过 Console 端口访问网络设备

Console 端口是网路设备的一种管理端口，可通过该端口对 Cisco 设备进行带外（Out Of Band，OOB）访问。计算机的 COM 端口和路由器、交换机的 Console 端口是通过反转线缆（线缆两端的 RJ-45 接头上的线序是相反的）进行连接的，反转线缆的一端接在路由器的 Console 端口上，另一端接在计算机的 COM 端口上，如图 1-7 所示。现在的笔记本电脑大多已经不带串行接口了，这时需要使用 USB 转串行接口的适配器。如果通过 Mini-B USB Console 端口和设备连接，需要准备 USB 转 Mini-B USB 线缆，同时计算机上需要安装 Cisco 的 Console 转 USB 驱动程序。将计算机和网络设备连接好后，就可以使用 SecureCRT 等终端软件连接和配置网络设备了。

图 1-7　计算机和路由器通过反转线缆进行连接

【提示】

虽然路由器 ISR G2 有 2 个控制台端口，但只能有一个控制台端口处于活动状态。当线缆插入 Mini-B USB 控制台端口时，RJ-45 控制台端口处于非活动状态。当 Mini-B USB 线缆从 USB 端口移除时，RJ-45 控制台端口处于活动状态。

1.2.2 通过 Telnet 或者 SSH 访问网络设备

如果管理员不在网络设备的现场，可以通过 Telnet 或者 SSH（Secure SHell，安全外壳）远程管理网络设备，从而提高了设备管理的灵活性。当然，这需要在网络设备上预先完成一部分基础配置，并保证管理员的计算机和网络设备之间的 IP 可达性。Telnet 服务开放端口为 TCP 23，SSH 服务开放端口为 TCP 22。Telnet 协议在网络设备之间传输数据时采用明文传输，不能有效防止远程管理过程中的信息泄露问题发生，而 SSH 协议可以利用加密和验证功能提供数据安全传输，保护设备不受诸如 IP 地址欺诈和密码截取等攻击。

Cisco 网络设备通常支持多人同时通过 Telnet 或者 SSH 方式访问网络设备，每一个用户称为一个虚拟终端（Virtual Teletype Terminal，VTY）。第一个用户为 VTY 0，第二个用户为 VTY 1，以此类推，通常路由器和交换机都支持 5 个 VTY，即 VTY 0～4。

1.3 IOS 和 CLI 概述

1.3.1 IOS 简介

Cisco IOS（Internetwork Operating System）是 Cisco 网络设备上运行的网络操作系统。操作系统代码中直接与计算机硬件交互的部分称为内核，与应用程序和用户连接的部分称为外壳。用户可以使用命令行界面（Command Line Interface，CLI）或图形用户界面（Graphical User Interface，GUI）与外壳交互。在使用 CLI 时，用户在命令行提示符下用键盘输入命令，即在基于文本的环境中与系统直接交互，系统则执行输入的命令，通常提供文本输出。GUI 允许用户在使用图形图像、多媒体和文字的环境中与系统交互。Cisco IOS 负责管理路由器、交换机等网络设备的硬件和软件资源，包括存储器分配、进程、安全性和文件系统等。Cisco 路由器和交换机实现的主要功能包括路由和交换、网络安全、语音、无线、服务质量和网络管理等。在许多 Cisco 设备中，在启动设备时，IOS 从闪存（Flash）复制到内存（RAM）中，在网络设备工作时，IOS 在 RAM 中运行。为了便于维护和规划网络，确定每个设备的闪存和 RAM 的容量非常重要。

Cisco 第二代集成多业务路由器（Integrated Services Routers Generation 2，ISR G2）通过使用软件许可来支持按需服务，比如 1900、2900、3900、4300 和 4400 系列路由器。按需服务过程可以使客户通过简化软件的订购和管理来节省运营成本。用户新购买的 ISR G2 路由器会配备一个通用 Cisco IOS 映像，而且有一个许可证可用于启用特定功能集软件包。在使用 ISR G2 设备时，所有功能都包含在通用映像中，用户通过购买许可证来激活需要的功能，使用 Cisco 软件许可证激活的技术包括 IP Base、数据、统一通信（Unified Communications，UC）和安全等。每个许可密钥对特定设备而言都是唯一的，而且是通过提供产品 ID、路由器序列号和产品激活密钥（Product Authorization Key，PAK）从 Cisco 厂商获取的。在购买软件时，Cisco 会提供用户购买的 PAK，路由器默认安装 IP Base 技术包。

1.3.2 IOS 命名

当购买或升级 Cisco IOS 时，选择具有正确功能集和版本的 IOS 映像文件很重要。Cisco IOS 映像文件有特殊的命名约定，因此了解 Cisco IOS 的名称含义就非常必要。目前，Cisco 的路由器和交换机使用的 IOS 主版本为 15。对路由器而言，IOS 15 的版本编号将确定特定的 IOS 版本，包括漏洞修复和新的软件功能，通常包括扩展维护（EM）版本和标准维护（T）版本。

1．扩展维护版本

EM 版本是适用于长期维护和在更长时间内保留的版本。EM 系列 IOS 文件会合并以前 T 版本中交付的功能，同时增加新的增强功能和硬件支持。这使得较新的 EM 版本 IOS 文件在发布时可以包含这一系列的全部功能。EM 版本每 16～20 个月发布一次。15.0(1)M 版的第一个维护重建（仅包含漏洞修复，没有新的功能或新的硬件支持）编号为 15.0(1)M1。后续维护版本通过递增维护重建编号来定义（如 M2 和 M3 等）。

2．标准维护版本

T 版本是短期部署版本，适合对下一个 EM 版本 IOS 文件发布之前的最新功能和硬件支持。T 版本提供常规漏洞修复与维护重建，提供对影响网络漏洞的重要修复支持。T 系列的新版本 IOS 文件每年大约发布两到三次。T 版本能够在下一个 EM 版本发布之前使用 IOS 最新功能。

下面以本书中路由器和交换机使用的操作系统为例详细解释 IOS 文件名中各部分的含义。

Cisco 2911 路由器使用的 IOS 文件名称为 **c2900-universalk9-mz.SPA.157-3.M.bin**，其中，**c2900** 表示 IOS 运行的硬件平台；**universal** 表示 IOS 是通用映像文件，所有功能都包含在通用映像中；**k9** 表示 IOS 具有加密功能，并且支持 3DES 和 AES 加密算法；**m** 表示映像文件在 RAM 中运行；**z** 表示 IOS 经过压缩；**SPA** 表示 IOS 文件由 Cisco 以数字形式签名；**157** 表示主版本号为 15，次版本号为 7；**3** 表示新功能版本；**M** 表示 IOS 扩展维护版本和维护重建编号；**bin** 表示 IOS 扩展文件名。

Cisco C3560v2-24PS-S 交换机使用的 IOS 文件名称为 **c3560-ipservicesk9-mz.150-2.SE11.bin**，其中，**c3560** 表示 IOS 运行的硬件平台；**ipservices** 表示 3560 交换机的 IOS 15 包括 IP BASE 和 IP SERVICES 两类功能集，IP SERVICES 比 IP BASE 功能集提供更加丰富的企业级功能，如组播路由协议和策略路由等；**k9** 表示 IOS 具有加密功能，支持 3DES 和 AES 加密算法；**m** 表示映像文件在 RAM 中运行；**z** 表示 IOS 经过压缩，**150** 表示主版本号为 15，次版本号为 0；**2** 表示新功能版本；**SE11** 表示该文件是针对 2960、3560、3650 和 3750 交换机平台的；**bin** 表示扩展文件名，当下载交换机 IOS 文件时，通常提供 tar 和 bin 两种后缀供选择，其中 tar 格式的文件可以支持基于 Web 的管理。

1.3.3 CLI 简介

Cisco IOS 提供图形用户界面（GUI）和命令行界面（CLI），而 CLI 方式是配置 Cisco 路由器和交换机的最常用方法。CLI 常见的工作模式如下所述。

① 用户模式：仅允许使用数量有限的基本监控命令，通常称为仅查看模式，该模式不允许执行任何可能改变设备配置的命令，级别为 1，提示符为 ">"。

② 特权模式：可以执行所有配置和管理命令，级别为 15，提示符为 "#"。

③ 全局配置模式：从特权模式进入全局配置模式可以配置全局参数或者进入其他配置子模式，如接口模式、路由模式和线路模式等，提示符为 "#（config）"。可以通过 **exit** 或者 **end** 命令返回特权模式，不同的是 **exit** 命令逐级返回，而 **end** 命令直接返回到特权模式。

④ 接口模式：用于配置一个网络接口，提示符为 "#（**config-if**）"。

⑤ 线路模式：用于配置一条线路，包括实际线路（如控制台和 AUX 或虚拟线路（如 VTY 等），提示符为 "#（**config-line**）"。

⑥ 路由模式：用于配置路由协议，如 RIP、EIGRP 和 OSPF 等，提示符为"#（**config-router**）"。

CLI 提供简单但完善的编辑和帮助功能，CLI 常用的编辑组合键如表 1-1 所示，熟悉这些组合键的使用方法可以提高工作效率。

表 1-1 CLI 常用的编辑组合键

编 辑 键	命 令 功 能
【Crtl+A】	移动光标到命令行开头
【Crtl+E】	移动光标到命令行末尾
【Crtl+P】（或【↑】）	重用前一条命令
【Crtl+N】（或【↓】）	重用下一条命令
【Esc+F】	光标前移一个词
【Esc+B】	光标后移一个词
【Crtl+F】	光标前移一个字母
【Crtl+B】	光标后移一个字母
【Tab】键	补全 CLI 命令
?	上下文相关帮助

Cisco IOS 设备支持 CLI 命令简写，并且支持语法检查。输入 CLI 命令按回车键提交命令后，命令行解释程序从左向右解析该命令，以确定用户要求执行的操作。如果解释程序可以理解该命令，则用户要求执行的操作将被执行，且 CLI 将返回相应的提示符。如果解释程序无法理解用户输入的命令，它将反馈错误信息，说明该命令输入中存在的问题。常见的错误反馈信息包括以下 3 种。

① 命令模糊（**% Ambiguous command:**）。

② 命令不完整（**% Incomplete command.**）。

③ 命令无效（**% Invalid input detected at '^' marker.**），"^"标注了出现错误的地方。

Cisco IOS 设备支持许多命令，每个 IOS 命令都有特定的格式或语法。常规命令语法为命令后接相应的关键字和参数。命令用于执行操作，关键字则用于确定执行命令的位置或方式。

下面以 **Switch>** ping 192.168.1.1 为例说明 IOS 命令的基本格式，**Switch** 表示主机名，>表示用户模式提示符，**ping** 表示命令，**192.168.1.1** 表示命令参数。注意：命令和参数之间有空格。

1.4 CDP 和 LLDP 概述

1.4.1 CDP 简介

CDP（Cisco Discovery Protocol，Cisco 发现协议）是 Cisco 专有协议，Cisco 网络设备通过该协议能够发现与其相邻且直连其他 Cisco 设备的相关信息。CDP 是数据链路层的协议，消息采用以太网 IEEE 802.3 SNAP 帧（协议 ID 字段值为 0x2000）格式，以组播（组播的目的 MAC 地址为 01-00-0c-cc-cc-cc）方式发送，因此使用不同网络层协议的 Cisco 设备也可以获得对方的信息。Cisco 网络设备的 CDP 功能默认是启动的，网络设备每 60 秒发送一次 CDP 通告，通告中包含了自身的基本信息，包括主机名、硬件型号、软件版本、CDP 通告的维持时间（默认为 180 秒）以及相关接口标识等，邻居设备收到后会保存在自己的 CDP 邻居表中。

1.4.2 LLDP 简介

LLDP（Link Layer Discovery Protocol，链路层发现协议）是在 IEEE 802.1ab 中定义的二层协议，它提供了一种标准的链路层发现网络设备信息的方式，LLDP 消息采用以太网 II 帧（类型字段值为 0x88CC）或者以太网 IEEE 802.3 SNAP 帧（协议 ID 字段值为 0x88CC）以组播（组播的目的 MAC 地址为 0180.c200.000e）方式发送，可以将本设备的主要功能、管理地址、设备标识、接口标识等信息组织成不同的 TLV（Type/Length/Value，类型 / 长度 / 值），并封装在 LLDPDU（Link Layer Discovery Protocol Data Unit，链路层发现协议数据单元）中发送给与自己直连的邻居，邻居收到这些信息后将其以标准 MIB（Management Information Base，管理信息库）的形式保存起来，以供网络管理系统查询及判断链路的通信状况。Cisco 设备的 LLDP 功能默认是关闭的，启用该功能后 Cisco 网络设备默认每 30 秒发送一次 LLDP 通告，LLDP 通告的维持时间默认为 120 秒。

1.5 访问 Cisco 网络设备

1.5.1 实验 1：通过 Console 端口访问路由器

通过 Console 端口访问路由器和交换机的方式是一样的，只是交换机没有 Mini-B USB Console 端口而已，对于路由器而言，读者选择通过 Console 端口或者 Mini-B USB Console 端口访问都可以，但是不能使用以上 2 个端口同时访问路由器。本实验以访问路由器为例，访问交换机实验请读者自己练习。

1. 实验目的

通过本实验可以掌握：
① 计算机的串行接口（或者 USB 接口）和路由器或者交换机 Console 端口的连接方法。

② 计算机的 USB 接口和路由器 Mini-B USB Console 端口的连接方法。
③ 计算机的 USB 接口和交换机 Console 端口的连接方法。
④ SecureCRT 终端软件的使用方法。
⑤ 路由器和交换机在开机启动过程中输出信息的含义。

2．实验拓扑

计算机的 USB 接口和路由器 Mini-B USB Console 端口连接实验拓扑如图 1-8 所示。

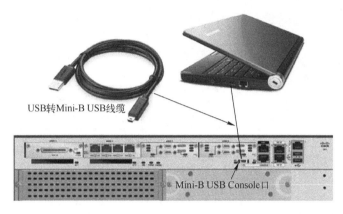

图 1-8　计算机的 USB 接口和路由器 Mini-B USB Console 端口连接实验拓扑

3．实验步骤

① 如图 1-8 所示，将计算机的 USB 接口和路由器 Mini-B USB Console 端口连接。在计算机上安装 Cisco Console 转 USB 驱动程序。在【计算机管理】→【设备管理器】→【端口(COM 和 LPT)】下可以看到该 USB 接口转换 COM 端口的编号，如图 1-9 所示。

图 1-9　USB 接口转换 COM 端口的编号

② 成功安装 SecureCRT 软件后，打开该软件，SecureCRT 终端软件设置如图 1-10 所示。选择菜单栏中的【文件】，在下拉菜单中单击【快速连接】，进入快速连接页面，在【协议】下拉菜单中选择 **Serial**；在【端口】下拉菜单中选择 **COM3**，具体 COM 端口号请读者根据自己计算机的实际情况选择，不一定是 COM3；在【波特率】下拉菜单中选择 **9600**，通常路由器、交换机等网络设备出厂时，Console 端口的通信波特率为 9600 bps，此处一定要选对，

否则 SecureCRT 终端软件的窗口可能不显示任何信息或者显示乱码；其他【数据位】、【奇偶校验】和【停止位】保持默认设置即可，然后单击【连接】按钮。

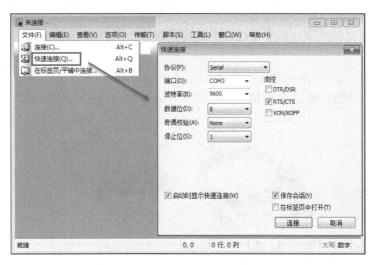

图 1-10　SecureCRT 终端软件设置

③ 连接路由器电源并开机，按【回车】键，看看终端窗口上是否出现路由器启动的信息，如果出现则说明计算机已经连接到路由器，接下来可以详细地观察路由器的开机启动过程。

```
System Bootstrap, Version 15.0(1r)M16, RELEASE SOFTWARE (fc1)    // ROM 中引导程序的版本
Technical Support: http://www.cisco.com/techsupport              //技术支持的网址
Copyright (c) 2012 by cisco Systems, Inc.
Total memory size = 512 MB - On-board = 512 MB, DIMM0 = 0 MB
//路由器的内存大小，主板集成为 512 MB，DIMM0 表示插槽扩展内存为 0，即没有插扩展内存条
CISCO2911/K9 platform with 524288 Kbytes of main memory          //路由器硬件平台和主内存大小
Main memory is configured to 72/-1(On-board/DIMM0) bit mode with ECC enabled
//主内存（72 位模式）配置在主板上，内存具有 ECC（Error Correcting Code）能力
Readonly ROMMON initialized         //ROMMON 初始化
program load complete, entry point: 0x80803000, size: 0x1b340
program load complete, entry point: 0x80803000, size: 0x1b340
IOS Image Load Test                 //IOS 映像加载测试
Digitally Signed Release Software   //数字签名发布软件
program load complete, entry point: 0x81000000, size: 0x67ca6b8
Self decompressing the image : ###############################################
################################################### [OK]
//IOS 映像自解压
Smart Init is enabled                          //开启智能初始化
smart init is sizing iomem                     //智能初始化开始分配 IO 内存
                TYPE        MEMORY_REQ         //内存请求
         HWIC Slot 0        0x00200000
         HWIC Slot 1        0x00200000
             PVDM 0         0x00200000
      Onboard devices &
         buffer pools       0x0228F000
      -----------------------------------
              TOTAL:        0x0288F000
```

```
Rounded IOMEM up to: 44 MB.
Using 8 percent iomem. [44 MB/512 MB]    //IO 使用的内存占 8%
（此处省略关于版权限制信息部分输出）
Cisco IOS Software, C2900 Software (C2900-UNIVERSALK9-M), Version 15.7(3)M, RELEASE SOFTWARE (fc1)   //IOS 软件的版本信息
Technical Support: http://www.cisco.com/techsupport    //技术支持网址
Copyright (c) 1986-2016 by Cisco Systems, Inc.         //版权信息
Compiled Sun 07-Feb-16 03:45 by prod_rel_team          //编译时间及编译人
（此处省略关于使用该产品应同意并遵守适用的法律和法规部分输出）
If you require further assistance please contact us by sending email to
export@cisco.com.          //需要进一步帮助的联系 E-mail 地址
Installed image archive    //安装的 IOS 映像归档
Cisco CISCO2911/K9 (revision 1.0) with 479232K/45056K bytes of memory.
//硬件平台及未使用和已经使用内存大小
Processor board ID FGL172213JH                //主板序列号
3 Gigabit Ethernet interfaces                 //3 个千兆位以太网接口
4 Serial(sync/async) interfaces               //4 个串行（同步/异步）接口
1 terminal line                               //1 条终端线路
1 Virtual Private Network (VPN) Module   //1 个 VPN 模块
DRAM configuration is 64 bits wide with parity enabled.  //具有奇偶校验功能的 64 位 DRAM
255K bytes of non-volatile configuration memory.         //255 KB NVRAM（非易失性 RAM）
250880K bytes of ATA System CompactFlash 0 (Read/Write)  // Flash（闪存）0 的大小
        --- System Configuration Dialog ---              //系统配置对话
Would you like to enter the initial configuration dialog? [yes/no]:
% Please answer 'yes' or 'no'.
//以上提示是否进入配置对话模式。回答 no 结束该模式，回答 yes 则进入 setup 模式，【ctrl】+【c】组合键可以退出 setup 模式
Press RETURN to get started!    //按回车键开始
*Jan  2 00:00:04.055: %SMART_LIC-6-AGENT_READY: Smart Agent for Licensing is initialized
//许可证智能代理已经完成初始化
*Jan  2 00:00:04.179: %IOS_LICENSE_IMAGE_APPLICATION-6-LICENSE_LEVEL: Module name = c2900 Next reboot level = ipbasek9 and License = ipbasek9
*Jan  2 00:00:04.351: %IOS_LICENSE_IMAGE_APPLICATION-6-LICENSE_LEVEL: Module name = c2900 Next reboot level = securityk9 and License = securityk9
*Jan  2 00:00:04.539: %IOS_LICENSE_IMAGE_APPLICATION-6-LICENSE_LEVEL: Module name = c2900 Next reboot level = uck9 and License = uck9
*Jan  2 00:00:04.711: %IOS_LICENSE_IMAGE_APPLICATION-6-LICENSE_LEVEL: Module name = c2900 Next reboot level = datak9 and License = datak9
//以上 8 行显示 C2900 的 Licence，包括 ipbase、security、uc 和 data，相应的 Licence 下次重启动级别
*Jan  2 00:01:01.671: c3600_scp_set_dstaddr2_idb(184)add = 80 name is Embedded-Service-Engine0/0
*Jan  2 00:01:25.467: %VOICE_HA-7-STATUS: CUBE HA-supported platform detected.
//Voice HA 的状态，检测到支持 HA 的平台
*Jan  2 00:01:25.495: %VPN_HW-6-INFO_LOC: Crypto engine: onboard 0  State changed to: Initialized
// Crypto 引擎初始化
*Jan  2 00:01:25.499: %VPN_HW-6-INFO_LOC: Crypto engine: onboard 0  State changed to: Enabled
// Crypto 引擎已经开启
（此处省略关于显示接口的状态和状态变化部分输出）
Router>
```

④ 查看交换机启动过程。

由于交换机没有 Mini-B USB Console 端口，所以需要用计算机的 USB 接口或者 COM 端口和交换机 Console 端口连接，交换机接通电源后，在终端软件的窗口中看到如下启动信息。

```
Using driver version 1 for media type 1
Base ethernet MAC Address: d0:c7:89:c2:6c:80    //交换机基准 MAC 地址
Xmodem file system is available.    //Xmodem 文件系统可用，可以通过 Xmodem 恢复交换机 IOS
The password-recovery mechanism is enabled.    //交换机密码恢复机制启用
Initializing Flash...                           //初始化 Flash
mifs[2]: 0 files, 1 directories
mifs[2]: Total bytes      :    3870720
mifs[2]: Bytes used       :       1024
mifs[2]: Bytes available  :    3869696
mifs[2]: mifs fsck took 0 seconds.
mifs[3]: 486 files, 11 directories
mifs[3]: Total bytes      :   27998208
mifs[3]: Bytes used       :   15776256
mifs[3]: Bytes available  :   12221952
mifs[3]: mifs fsck took 7 seconds.
//以上是文件系统检索情况
...done Initializing Flash.    //初始化完成
done.
Loading "flash:/c3560-ipservicesk9-mz.150-2.SE11.bin"...@@@@@@@@@@@@@@@@@@@@@@@@@@@@@@@@@@@@@@@@@@@@@@@@@@@@@@@@@@@@@@@@@@@@@@@@@@@@@@@@@@@@File " flash:/c3560-ipservicesk9-mz.150-2.SE11.bin " uncompressed and installed, entry point: 0x1000000
executing...    //以上是 IOS 解压和装载过程
(此处省略部分输出)
Cisco IOS Software, C3560 Software (C3560-IPSERVICESK9-M), Version 15.0(2)SE11, RELEASE SOFTWARE (fc1)    //IOS 软件版本信息
(此处省略部分输出)
POST: CPU MIC register Tests : Begin
POST: CPU MIC register Tests : End, Status Passed
POST: PortASIC Memory Tests : Begin
POST: PortASIC Memory Tests : End, Status Passed
POST: CPU MIC interface Loopback Tests : Begin
POST: CPU MIC interface Loopback Tests : End, Status Passed
POST: PortASIC RingLoopback Tests : Begin
POST: PortASIC RingLoopback Tests : End, Status Passed
POST: Inline Power Controller Tests : Begin
POST: Inline Power Controller Tests : End, Status Passed
POST: PortASIC CAM Subsystem Tests : Begin
POST: PortASIC CAM Subsystem Tests : End, Status Passed
POST: PortASIC Port Loopback Tests : Begin
POST: PortASIC Port Loopback Tests : End, Status Passed
//以上 14 行是交换机各组件自检测试情况
cisco WS-C3560V2-24PS (PowerPC405) processor (revision P0) with 131072K bytes of memory.
//CPU 型号和内存信息
```

```
Processor board ID FDO1720Y1ZV          //主板序列号

Last reset from power-on                //最近一次 reset 通过开机完成
1 Virtual Ethernet interface            //1 个虚拟以太网接口
24 FastEthernet interfaces              //24 个百兆位以太网接口
2 Gigabit Ethernet interfaces           //2 个千兆位太网接口
The password-recovery mechanism is enabled.  //启用密码恢复机制
512K bytes of flash-simulated non-volatile configuration memory.
```
//以上显示硬件型号、处理器板序列号、接口数量、密码恢复机制启用和 Flash 中模拟的 NVRAM 大小等信息。交换机不像路由器那样有单独存储配置文件的 NVRAM，配置文件存储的实际位置在 Flash 中
```
Base ethernet MAC Address       : D0:C7:89:C2:6C:80
Motherboard assembly number     : 73-12634-01
Power supply part number        : 341-0266-03
Motherboard serial number       : FDO17201JC0
Power supply serial number      : LIT17151CLT
Model revision number           : P0
Motherboard revision number     : D0
Model number                    : WS-C3560V2-24PS-S
System serial number            : FDO1720Y1ZV
Top Assembly Part Number        : 800-33159-03
Top Assembly Revision Number    : A0
Version ID                      : V08
CLEI Code Number                : CMMEG00BRB
Hardware Board Revision Number  : 0x02
```
//以上显示交换机基准 MAC 地址、各部件序列号和交换机型号等信息
```
Switch   Ports   Model            SW Version        SW Image
------   -----   -----            ----------        ----------
*  1     26      WS-C3560V2-24PS  15.0(2)SE11       C3560-IPSERVICESK9-M
```
//以上显示交换机端口数量、型号、IOS 版本信息和 IOS 特征等信息

1.5.2 实验 2：CLI 的使用方法与 IOS 基本命令

由于路由器和交换机 IOS 命令基本相同，所以本实验以路由器为例介绍 IOS 基本命令，交换机部分侧重于二者有差异的 IOS 命令。

1. 实验目的

通过本实验可以掌握：
① CLI 的各种工作模式和 CLI 各种编辑命令。
② "?" 功能和【Tab】键使用方法。
③ IOS 基本命令的功能。
④ 网络设备访问限制的配置与实现。
⑤ 查看设备相关信息的 IOS 命令。

2. 实验拓扑

CLI 的使用方法与 IOS 基本命令实验拓扑如图 1-11 所示。

图 1-11 CLI 的使用方法与 IOS 基本命令实验拓扑

3. 实验步骤

（1）CLI 模式的切换

```
Router>enable      //进入特权模式
Router#
Router#disable     //返回用户模式
Router>
```

（2）"?"功能和【Tab】键的使用方法

下面以配置路由器系统时钟为例来说明"?"功能和【Tab】键的使用方法。

```
Router>enable
Router#clok                                              //此处故意输错命令
Translating "clok"...domain server (255.255.255.255)     //IOS 认为 clok 是域名，进行 DNS 查找
Translating "clok"...domain server (255.255.255.255)
% Unknown command or computer name, or unable to find computer address
//未知的命令或计算机名，或者不能找到计算机地址
```

【提示】

如果在特权模式输入了错误的命令，路由器会认为是域名，将会查找 DNS 服务器试图解析该域名，由于找不到 DNS 服务器，会等很长时间，此时用【Ctrl】+【Shift】+6 组合键可以立即退出。全局配置模式下可以通过 **no ip domain-lookup** 命令禁止路由器进行 DNS 解析。

```
Router#cl?
clear    clock            //路由器列出了当前模式下可以使用的以 cl 开头的所有命令
Router#clock
% Incomplete command.     //路由器提示命令输入不完整
Router#clock ?
//列出 clock 命令的子命令或参数，注意?和 clock 之间要有空格，否则会列出以 clock 字母开头的
命令，而不是想要列出的 clock 命令的子命令或参数
  read-calendar     Read the hardware calendar into the clock
  set               Set the time and date
  update-calendar   Update the hardware calendar from the clock
Router#clock set ?
  hh:mm:ss    Current Time
Router#clock set 11:36:00
% Incomplete command.
Router#clock set 11:36:00 ?
  <1-31>    Day of the month
```

```
            MONTH     Month of the year
Router#clock set 11:36:00 22 ?
            MONTH     Month of the year
Router#clock set 11:36:00 22 3
                                    ^
% Invalid input detected at '^' marker.    //路由器提示输入无效，并用^号指示错误的所在位置
Router#clock set 11:36:00 22 Mar
% Incomplete command.
Router#clock set 11:36:00 18 Mar 2019
Router#show clock        //查看系统时钟
11:36:5.738 UTC Mon Mar 18 2019
Router#disable
Router>en              //CLI 支持命令简写，但前提是路由器能够根据简写区分出该命令的唯一性
Router#dis
% Ambiguous command:    "dis"
Router#dis?
disable    disconnect  //使用 dis 简写命令无法区分出 dis 是 disable 还是 disconnect 命令
Router#disa           //若再多加一个字母 a 就可以区分
Router>en【Tab】       //可以使用【Tab】键补全命令，补全的命令会出现在下一行
Router>enable
```

（3）IOS 编辑命令开启、关闭以及历史命令查看和缓存大小修改

```
Router#show history                //查看当前模式下最近执行过的命令，默认显示 10 条命令
Router#terminal editing            //开启 CLI 编辑功能，默认就是开启的
Router#terminal history size 50    //修改缓存的历史命令数量，默认值为 10
Router#terminal no editing         //关闭 CLI 编辑功能，表 1-1 中所列的组合键功能失效
```

（4）IOS 基本命令

① 配置路由器 R1。

```
Router>enable                                       //进入特权模式
Router#configure terminal                           //进入全局配置模式
Router(config)#hostname R1                          //配置路由器的主机名字，配置后立即生效
R1(config)#no ip domain-lookup                      //禁止 DNS 解析
R1(config)#interface gigabitEthernet 0/0            //配置以太网接口并进入接口配置模式
R1(config-if)#ip address 172.16.1.1 255.255.255.0   //配置接口 IP 地址和掩码
R1(config-if)#speed 1000                            //配置以太网接口双工模式，默认配置为自适应即 auto
R1(config-if)#duplex full                           //配置以太网接口双工模式，默认配置为自适应即 auto
R1(config-if)#no shutdown                           //开启接口，默认时路由器的物理接口都是关闭的
R1(config-if)#exit                                  //退回到上一级模式
R1(config)#interface Serial0/0/0                    //配置串行接口并进入接口配置模式
R1(config-if)#ip address 172.16.12.1 255.255.255.0  //配置串行接口 IP 地址和掩码
R1(config-if)#no shutdown
R1(config-if)#end（或【Ctrl+Z】）                    //使用 end 命令直接回到特权模式
R1#copy running-config startup-config               //把内存中的配置保存到 NVRAM 中，也可以使用 write 命令
Destination filename [startup-config]?              //[ ]中的内容为默认保存的文件名称，直接回车确认
Building configuration...
[OK]
R1#show ip interface brief    //显示各个接口的 IP 地址、配置方法和状态信息
```

Interface	IP-Address	OK?	Method	Status	Protocol
Embedded-Service-Engine0/0	unassigned	YES	unset	administratively down	down
GigabitEthernet0/0	**172.16.1.1**	**YES**	**manual**	**up**	**up**
GigabitEthernet0/1	unassigned	YES	unset	administratively down	down
GigabitEthernet0/2	unassigned	YES	unset	administratively down	down
Serial0/0/0	**172.16.12.1**	**YES**	**manual**	**up**	**up**
Serial0/0/1	unassigned	YES	unset	administratively down	down

以上输出中，Method 字段表示 IP 地址的配置方法，其中 **manual** 表示手工配置接口的 IP 地址，unset 表示接口没有配置 IP 地址，该字段也可能是 DHCP，表示 IP 地址是通过 DHCP 方式获得的；Status 字段表示接口的物理层状态，默认是 administratively down，需要通过 **no shutdown** 命令开启接口；Protocol 字段表示数据链路层的状态，只有物理层和数据链路层状态都为 **up** 接口才能够正常工作。

【提示】

要过滤命令执行的输出结果，请在 **show** 命令之后使用 "|"（管道）符号。管道字符之后可使用的参数包括 **section**、**include**、**exclude**、**begin** 等。管道符号的左右都要有空格。例如，在上述接口信息输出中，想排除没有 IP 地址或者只显示有 IP 地址的接口信息，则执行：

```
R1#show ip interface brief | exclude unassigned
Interface              IP-Address      OK?  Method  Status  Protocol
GigabitEthernet0/0     172.16.1.1      YES  manual  up      up
Serial0/0/0            172.16.12.1     YES  manual  up      up
```

② 配置路由器 R2。

```
Router>enable
Router#configure terminal
Router(config)#hostname R2
R2(config)#interface Serial0/0/0
R2(config-if)#description Connect to R1    //配置接口描述信息，相当于注释，方便阅读和理解配置文件
R2(config-if)#no shutdown
R2(config-if)#ip address 172.16.12.2 255.255.255.0
R2(config-if)#clock rate 128000            //R2 这一端是 DCE，需要配置时钟，默认为 2 Mbps
R2(config-if)#end
R2#copy running-config startup-config
R1#ping 172.16.12.2    //从 R1 上 ping R2 的串行接口的 IP 地址，测试直连链路的连通性
Type escape sequence to abort.
Sending 5, 100-byte ICMP Echos to 172.16.12.1, timeout is 2 seconds:
!!!!!    //注意：在 ping 的结果输出中，符号 "!" 表示通，符号 "." 表示超时，符号 "U" 表示不可达
Success rate is 100 percent (5/5), round-trip min/avg/max = 12/14/16 ms
//成功率及最小、平均和最大回程时间
```

【技术要点】

DCE（Data Communication Equipment）表示数据通信设备，**DTE**（Data Terminal Equipment）表示数据终端设备。判断路由器的串行接口是不是 DCE 端，取决于它所连接的线缆，可以使用 **show controller** 命令来查看接口是 DTE 或 DCE 端，如下所示：

```
R2#show controllers serial0/0/0              R1#show controllers serial0/0/0
    Interface Serial0/0/0                        Interface Serial0/0/0
    Hardware is SCC                              Hardware is SCC
    DCE V.35, clock rate 128000                  DTE V.35
    （此处省略部分输出）                          （此处省略部分输出）
```

③ 配置交换机 S1。

交换机的基本配置命令和路由器相同，不再重复，此处只给出和路由器有差异的命令。

```
S1(config)#interface vlan 1
//配置交换机交换虚拟接口（Switch Virtual Interface，SVI），用于交换机远程管理和实现三层交换等功能
S1(config-if)#ip address 172.16.1.100 255.255.255.0
S1(config-if)#no shutdown
S1(config-if)#end
S1(config)#ip default-gateway 172.16.1.1   //配置交换机默认网关，方便外网主机远程管理
S1#show ip interface brief | include Vlan1
Vlan1                   172.16.1.100      YES     manual      up         up

S1#ping 172.16.1.1   //从 S1 上 ping 路由器 R1 的以太网接口的 IP 地址，测试直连链路的连通性
Type escape sequence to abort.
Sending 5, 100-byte ICMP Echos to 172.16.1.1, timeout is 2 seconds:
.!!!!
Success rate is 80 percent (4/5), round-trip min/avg/max = 0/0/1 ms
```

（5）配置设备访问限制

```
R1(config)#security passwords min-length 6   //配置密码最小长度
R1(config)#enable password cisco123          //配置用户模式进入特权模式的密码，密码为明文
R1(config)#enable secret 123456              //配置从用户模式进入特权模式的密码，密码被加密
R1#show running-config | include enable
enable secret 5 $1$uewR$FxImg0Bns2iRw4ThMmKyf0
enable password cisco123
//enable secret 命令配置的密码是以密文方式保存的，enable password 命令配置的密码是以明文
方式保存的，如果同时使用了 enable password 和 enable secret 命令配置密码，则后者生效。
R1(config)#service password-encryption
//开启密码加密服务，使用 no service password-encryption 命令关闭密码加密功能。但是被加密
的密码不能恢复成明文，继续以密文形式存在，取消加密服务后，后续配置的密码将以明文形式存在
R1#show running-config | include enable password
enable password 7 02050D4808095E731F
//打开密码加密服务功能后，enable password 命令配置的明文密码是以密文方式保存的
R1(config)#login block-for 120 attempts 3 within 30
//在 30 秒内尝试 3 次，登录都失败，则 120 秒内禁止登录，可以有效防止暴力破解
R1(config)#line con 0                         //进入控制台线性模式
R1(config-line)#password cisco123             //配置从控制台登录的密码
R1(config-line)#login     //启用从控制台登录时进行密码检查，此时只需要输入密码即可，如果后面
加上 local 参数，则需要输入和本地数据库中匹配的用户名和密码才能登录
R1(config-line)#logging synchronous    //防止系统弹出的日志消息影响用户的输入,配置该命令后，
当系统弹出日志消息时，会把当前正在输入的命令复制到下一行
R1(config-line)#exec-timeout 5 0   //配置登录会话的超时时间，超时后自动退出登录，第一个参数
单位为分钟，第二个参数单位是秒，如果两个参数都设置为 0，则会话永不超时
R1(config)#line vty 0 4                       //进入虚拟终端线性模式，0 4 表示 0～4，即 5 个虚拟终端
```

R1(config-line)#**password cisco123**   //配置 Telnet 远程登录的密码
R1(config-line)#**exec-timeout 5 0**
R1(config-line)#**login**
R1(config-line)#**privilege level 15**   //配置远程登录成功后权限级别
R1(config-line)#**exit**
R1(config)#**banner motd #Activity may be monitored.#**   //配置标语消息，系统将向之后访问设备的所有用户显示该标语。注意标语消息前后需要用相同的字符，否则不能退出该命令

（6）show 命令

show 命令非常多，比如前面介绍的 **show clock** 和 **show controllers** 等命令，本节先介绍几个基本的 show 命令，随着学习的深入，再陆续介绍。

① 查看 IOS 版本信息。

R1#**show version**
Cisco IOS Software, C2900 Software (**C2900-UNIVERSALK9-M**), Version 15.7(3)M, RELEASE SOFTWARE (fc2)   //IOS 的版本信息
（此处省略部分输出）
ROM: System Bootstrap, Version 15.0(1r)M16, RELEASE SOFTWARE (fc1)
//ROM 中引导程序的版本信息
yourname **uptime** is 1 hour, 10 minutes   //路由器开机的时长
System returned to ROM by **power-on**   //显示路由器是如何启动的，如加电或者热启动（重启）
System image file is "**flash0: c2900-universalk9-mz.SPA.157-3.M.bin**"
//路由器当前正在使用的 IOS 文件的位置和文件名
Last reload type: **Normal Reload**   //上次重启动的类型
Last reload reason: **power-on**   //上次重启动原因
（此处省略部分输出）
Cisco **CISCO2911/K9** (revision 1.0) with **479232K/45056K** bytes of memory.   //硬件平台及内存信息
Processor board ID **FGL172213JE**   //主板序列号
3 Gigabit Ethernet interfaces   //3 个千兆位以太网接口
1 terminal line   //1 条虚拟线路
1 Virtual Private Network (VPN) Module   //1 个 VPN 模块
DRAM configuration is 64 bits wide with parity enabled.   //具有奇偶校验功能的 64 位 DRAM
255K bytes of **non-volatile configuration memory**.   //NVRAM 大小为 255 KB
250880K bytes of ATA System **CompactFlash** 0 (Read/Write)   //Flash 大小和类型
License Info: //序列号信息
License UDI: //序列号 UDI（Unique Device Identifier，设备唯一标识）

Device#   **PID**   SN
----
*0   CISCO2911/K9   FGL172213JE
//以上 2 行显示产品 ID 和序列号
Suite License Information for Module:'c2900'

Suite   Suite Current   Type   Suite Next reboot

FoundationSuiteK9 None   None   None
securityk9
datak9
AdvUCSuiteK9   None   None   None
//以上 8 行显示路由器的 License 信息，None 表示没有购买相应的 License

```
Technology Package License Information for Module:'c2900'    //技术包许可证信息
--------------------------------------------------------
Technology      Technology-package            Technology-package
                Current          Type         Next reboot
--------------------------------------------------------
ipbase          ipbasek9         Permanent    ipbasek9
security        securityk9       Permanent    securityk9
uc              uck9             Permanent    uck9
data            datak9           Permanent    datak9
```
//以上9行显示路由器License激活的情况,因为已购买相应的License并激活,所以显示**Permanent**
Configuration register is **0x2102**
// 配置寄存器的值,默认值为 0x2102,如果启动时不读取配置文件,可以用命令
R1(config)#**config-register 0x2142** 修改寄存器的值,路由器下次开机时不读取配置文件,当输出信息多于一屏的内容时,按【回车】键显示下一行,【空格】显示下一页,按其他任意键则直接退出

② 查看正在使用或者运行的配置文件。

```
R1#show running-config                           //该文件存放在 RAM 中
Building configuration...
Current configuration : 1730 bytes               //配置文件大小
! Last configuration change at 09:32:35 UTC Mon Jan 22 2018   //最后一次更改配置的时间
version 15.7     //IOS 版本
(此处省略部分输出)
```

③ 查看保存的配置文件。

```
R2#show startup-config                           //该文件存放在 NVRAM 中
Using 1730 out of 262136 bytes                   //NVRAM 的大小以及使用的空间大小
! Last configuration change at 09:32:35 UTC Mon Jan 22 2018
version 15.7
(此处省略部分输出)
```

④ 查看串行接口的信息。

```
R2#show interface Serial0/0/0
Serial0/0/0 is up, line protocol is up           //接口的状态
    Hardware is GT96K Serial                     //接口硬件是 GT96K 串行接口
    Internet address is 172.16.12.2/24           //接口的 IP 地址和网络掩码长度
    MTU 1500 bytes, BW 128 Kbit/sec, DLY 20000 usec,
       reliability 255/255, txload 1/255, rxload 1/255
    //以上2行显示该接口的 MTU、带宽、延时、可靠性、负载大小
    Encapsulation HDLC, loopback not set         //接口的封装类型为 HDLC
    Keepalive set (10 sec)     //路由器发送 Keepalive 包检查是否有端到端的连接,周期为 10 秒
(此处省略部分输出)
```

⑤ 查看接口和 IPv4 相关的信息。

```
R1#show ip interface gigabitEthernet 0/0
GigabitEthernet0/0 is up, line protocol is up
    Internet address is 172.16.2.2/24
    Broadcast address is 255.255.255.255
(此处省略部分输出)
```

⑥ 查看 Flash 中的文件。

```
R1#show flash0:
-#- --length-- -----date/time------ path
1      111045500 Jan 20 2018 11:54:18 +00:00 c2900-universalk9-mz.SPA.157-3.M.bin
//显示了 Flash 中存放的 IOS 文件名、文件大小、升级时间和日期
2           3064 Jun 1 2013 18:58:50 +00:00 cpconfig-29xx.cfg
[此处省略部分输出，因为系统预装了 Cisco 配置助手（Cisco Configuration Professional，CCP），所以 Flash 里面有大量的和 CCP 相关的文件]
143253504 bytes available (113233920 bytes used)   //可用的 Flash 空间及已经使用的空间
```

⑦ 查看路由器中缓存的 ARP 表。

```
R1#show ip arp
Protocol   Address        Age (min)   Hardware Addr      Type    Interface
Internet   172.16.1.1         -       f872.eac8.4f98     ARPA    GigabitEthernet0/0
Internet   172.16.1.100       3       d0c7.89c2.3140     ARPA    GigabitEthernet0/0
Internet   172.16.1.200       8       402c.f4ea.3554     ARPA    GigabitEthernet0/0
```

以上输出是路由器 R1 的 ARP 缓存信息，包括 IP 地址和 MAC 地址的对应关系、老化时间、类型和接口信息，可以通过 **clear arp** 命令清除 ARP 缓存。

【提示】

show 命令需要在特权模式下执行，如果想要在其他模式下执行 **show** 命令，只要在 **show** 命令前面加上关键字 **do** 即可，如 Router(config)#**do show clock** 和 Router#**show clock** 命令运行的结果是一样的。**do show** 命令的格式不支持用【Tab】键补全命令功能，但是支持命令简写功能。

1.5.3 实验 3：通过 Telnet 访问网络设备

要通过 Telnet 访问网络设备，需要先通过 Console 端口对网络设备进行基本配置，例如，IP 地址、子网掩码、用户名和登录密码等。本实验以路由器为例介绍通过 Telnet 访问网络设备。

1. 实验目的

通过本实验可以掌握：
① 路由器以太网接口的 IP 地址配置及开启接口的方法。
② 配置 Telnet 访问及创建用户名和密码的方法。
③ SecureCRT 软件的使用方法。
④ Telnet 验证和调试过程。

2. 实验拓扑

配置 Telnet 远程管理路由器实验拓扑如图 1-12 所示。

图 1-12　配置 Telnet 远程管理路由器实验拓扑

3. 实验步骤

① 配置路由器 R1 以太网接口的 IP 地址并开启接口。

> R1(config)#**interface GigabitEthernet0/0**
> R1(config-if)#**ip address 172.16.1.1 255.255.255.0**
> R1(config-if)#**no shutdown**

② 配置 Telnet 远程登录的用户名和密码。

> R1(config)#**username guest password abcde123**
> R1(config)#**username R1 privilege 15 secret cisco123**
> //以上 2 行配置 Telnet 登录的用户名和密码，其中，guest 用户权限为 1 级，R1 用户权限为 15 级
> R1(config)#**enable secret cisco123**
> //如果用 guest 用户登录，必须配置 enable 密码，否则不能进入特权模式
> R1(config)#**line vty 0 4**
> R1(config-line)#**login local**　　//用户登录时从本地数据库匹配用户名和密码来确认用户的合法性
> R1(config-line)#**exit**

③ 在 PC1 上配置正确的 IP 地址和子网掩码并安装 SecureCRT 软件。

④ 通过 SecureCRT 软件以 Telnet 方式远程登录路由器。

开启 SecureCRT 软件后，选择菜单栏中的【文件】，在下拉菜单中单击【快速连接】进入快速连接页面，Telnet 登录设备时快速连接设置如图 1-13 所示。在【协议】下拉菜单中选择 Telnet；在【主机名】文本框中填写 172.16.1.1；【端口】文本框保持默认的 23；在【防火墙】下拉菜单中保持默认的无，然后单击【连接】按钮，进入路由器远程登录界面，分别用 guest 和 R1 用户名登录。从计算机 PC1 上 Telnet 路由器 R1 的结果如图 1-14 所示。当用 guest 用户名登录时，权限级别为 1，通过 **enable** 命令，并且输入 enable 密码才能进入特权模式；而当用 R1 用户名登录时，权限级别为 15，直接进入特权模式。

图 1-13　Telnet 登录设备时快速连接设置

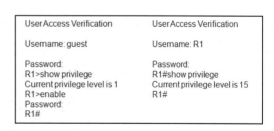

图 1-14　从计算机 PC1 上 Telnet 路由器 R1 的结果

1.5.4　实验 4：恢复 IOS 和备份配置文件

1. 实验目的

通过本实验可以掌握：

① COPY 方式恢复 IOS 的步骤。
② TFTPDNLD 方式恢复 IOS 的步骤。
③ 配置文件备份的步骤。

2．实验拓扑

路由器恢复 IOS 和备份配置文件实验拓扑如图 1-15 所示。

图 1-15　路由器恢复 IOS 和备份配置文件实验拓扑

3．实验步骤

如果工作中不慎误删路由器 IOS，或者升级了错误版本的 IOS，导致路由器不能正常启动，可以通过 COPY 方式恢复 IOS，也可以通过 TFTPDNLD 方式恢复 IOS。需要注意的是，如果误删除了 IOS，请不要将路由器关机或者重启，这样可以直接使用 COPY 方式从 TFTP 服务器恢复 IOS。注意，也可以通过命令 **tftp-server　flash0:c2900-universalk9-mz.SPA.157-3.M.bin** 把路由器配置成 TFTP 服务器，这样就不需要单独的 TFTP 服务器了。在实际工作中，配置文件可以通过 **write** 命令保存在 NVRAM 中，为了安全起见，在 TFTP 服务器上备份一份也十分必要。

（1）通过 COPY 方式恢复 IOS

① 查看 IOS 文件系统。

```
R1#show file systems
File Systems:

       Size(b)       Free(b)      Type      Flags    Prefixes
            -             -      opaque       rw     archive:
            -             -      opaque       rw     system:
            -             -      opaque       rw     tmpsys:
            -             -      opaque       rw     null:
            -             -     network       rw     tftp:
*    256487424     143253504       disk       rw     flash0: flash:#
            -             -        disk       rw     flash1:
       262136        254916       nvram       rw     nvram:
            -             -      opaque       wo     syslog:
            -             -      opaque       rw     xmodem:
            -             -      opaque       rw     ymodem:
            -             -     network       rw     rcp:
            -             -     network       rw     pram:
            -             -     network       rw     http:
            -             -     network       rw     ftp:
            -             -     network       rw     scp:
            -             -      opaque       ro     tar:
```

			network	rw	https:
	-	-	opaque	ro	cns:
	-	-	opaque	rw	security:
2014314496	1379631104		usbflash	rw	usbflash0:

以上输出列出了 Flash、NVRAM 和 USBFlash 的总的可用空间和空闲空间的大小、文件系统的类型及其权限和文件系统的前缀名称。在命令输出的 Flags 字段中显示权限包括只读（ro）、只写（wo）和读写（rw）。值得注意的是 **usbflash0**：只有在插入 Flash（U 盘）后才会显示。Cisco 交换机和路由器上支持许多基本 UNIX 命令，如用于更改文件系统或目录的 **cd** 命令、用于显示文件系统目录的 **dir** 命令和用于显示当前工作目录的 **pwd** 命令等。

② 删除 IOS 文件，模拟实际工作中误删除 IOS 文件。

```
R1#delete flash0:c2900-universalk9-mz.SPA.157-3.M.bin
Delete filename [c2900-universalk9-mz.SPA.157-3.M.bin]?
Delete flash0:/c2900-universalk9-mz.SPA.157-3.M.bin? [confirm]    //回车确认
```

③ 从 TFTP 服务器上复制 IOS 文件。

```
R1#copy tftp flash
Address or name of remote host []? 172.16.1.100                  //TFTP 服务器地址
Source filename []? c2900-universalk9-mz.SPA.157-3.M.bin          //恢复的 IOS 文件名
Destination filename [c2900-universalk9-mz.SPA.157-3.M.bin]?
Accessing tftp://172.16.1.100/c2900-universalk9-mz.SPA.157-3.M.bin...
Loading c2900-universalk9-mz.SPA.157-3.M.bin from 172.16.1.100 (via GigabitEthernet 0/0):
!!!!!!!!!!!!!!!!!!!!!!!!!!!!!!!!!!!!!!!!!!!!!!!!!!!!!!!!!!!!!!!!
[OK - 111045500 bytes]
111045500 bytes copied in 239.564 secs (463532 bytes/sec)
R1#show flash0: | include c2900
1         111045500  Jan 8 2018 20:21:52 +08:00  c2900-universalk9-mz.SPA.157-3.M.bin
//从 TFTP 服务器上恢复 IOS 文件成功
```

（2）通过 TFTPDNLD 方式恢复路由器 IOS

IOS 文件丢失或者 Flash 坏掉后，路由器掉电或者重启加载 IOS 文件会失败，开机后将进入 rommon（ROM 监控）模式。恢复 IOS 文件之前请确保服务器上启动 TFTP 服务，并将 IOS 文件放置到正确的目录中。路由器配置步骤如下所述。

```
rommon 2 > IP_ADDRESS=172.16.1.1              //配置路由器第一个以太网接口 IP 地址
rommon 3 > IP_SUBNET_MASK=255.255.255.0       //配置网络掩码
rommon 4 > DEFAULT_GATEWAY=172.16.1.100
//默认网关地址，由于路由器和 TFTP 服务器在同一网段，是不需要网关的，但是必须配置该参数，
所以把默认网关指向了 TFTP 服务器 IP 地址
rommon 5 > TFTP_SERVER=172.16.1.100                      //TFTP 服务器 IP 地址
rommon 6 > TFTP_FILE= c2900-universalk9-mz.SPA.157-3.M.bin   //IOS 文件名
//以上 5 个参数必须配置
rommon 8 > tftpdnld                                      //从 TFTP 服务器上恢复 IOS
        IP_ADDRESS: 172.16.1.1
   IP_SUBNET_MASK: 255.255.255.0
  DEFAULT_GATEWAY: 172.16.1.100
      TFTP_SERVER: 172.16.1.100
```

```
                    TFTP_FILE: c2900-universalk9-mz.SPA.157-3.M.bin
            //以上 5 行显示配置的 5 个参数
                    TFTP_VERBOSE: Progress
             TFTP_RETRY_COUNT: 18
                   TFTP_TIMEOUT: 7200
                 TFTP_CHECKSUM: Yes
                 TFTP_MACADDR: 00:23:04:e5:b2:20
                           FE_PORT: Fast Ethernet 0
                 FE_SPEED_MODE: Auto
           //以上 7 行是可选参数，可以使用默认配置
Invoke this command for disaster recovery only.                    //此命令用于灾难恢复
WARNING: all existing data in all partitions on flash will be lost!
Do you wish to continue? y/n:    [n]:    y
//回答"y"开始从 TFTP 服务器上恢复 IOS，注意，IOS 文件的大小不同，恢复时间也不同
Receiving c2900-universalk9-mz.SPA.157-3.M.bin from 172.16.1.100
    !!!!!!!!!!!!!!!!!!!!!!!!!!!!!!!!!!!!!!!!!!!!!!!!!!!!!!!!!!!!
File reception completed.
Validating checksum.                //从 TFTP 服务器上成功接收 IOS 文件后会进行校验
Copying file c2900-universalk9-mz.SPA.157-3.M.bin to flash.
Eeeeeeeeeeeeeeeeeeeeeeeeeeeeeeeeeeeeeeeeeeeee
rommon 9 > reset                    //重启路由器
```

（3）将路由器配置文件备份到 TFTP 服务器上

```
R1#copy running-config   tftp:
Address or name of remote host []? 172.16.1.100       //TFTP 服务器地址
Destination filename [R1-confg]?                //文件名默认为路由器主机名加上"-confg"
Writing running-config...!!
[OK - 716 bytes]
716 bytes copied in 0.001 secs (716000 bytes/sec)
```

1.5.5 实验 5：配置 LLDP

1．实验目的

通过本实验可以掌握：

① LLDP 的特征。
② LLDP 配置和调试方法。
③ 通过 LLDP 查看设备直连邻居信息的方法。

2．实验拓扑

配置 LLDP 实验拓扑如图 1-16 所示。

图 1-16　配置 LLDP 实验拓扑

3. 实验步骤

（1）配置路由器 R1

```
R1(config)#lldp run                        //全局启用 LLDP 功能，默认是关闭的
R1(config)#interface GigabitEthernet0/0
R1(config-if)#ip address 172.16.1.1 255.255.255.0
R1(config-if)#lldp receive                 //配置接口发送 LLDP 数据包，这是默认配置
R1(config-if)#lldp transmit                //配置接收 LLDP 数据包，这是默认配置
R1(config-if)#no shutdown
```

（2）配置交换机 S1

```
S1(config)#lldp run
S1(config)#interface Vlan1
S1(config-if)#ip address 172.16.1.100 255.255.255.0
S1(config-if)#no shutdown
```

4. 实验调试

（1）查看 LLDP 运行信息

```
R1#show lldp
Global LLDP Information:
    Status: ACTIVE    //LLDP 为活跃状态
    LLDP advertisements are sent every 30 seconds
    LLDP hold time advertised is 120 seconds
    LLDP interface reinitialisation delay is 2 seconds
```

以上输出表明 LLDP 状态是活跃的，每 30 秒从接口发送 LLDP 消息。邻居收到 LLDP 消息后会放入自己的 LLDP 表中，并保存 120 秒。LLDP 接口重新初始化延时为 2 秒，可以避免因接口工作模式频繁改变而导致接口不断执行初始化操作。

（2）查看接口 LLDP 运行情况

```
R1#show lldp interface gigabitEthernet 0/0
GigabitEthernet0/0:
    Tx: enabled                            //启用 LLDP 发送能力
    Rx: enabled                            //启用 LLDP 接收能力
    Tx state: IDLE                         //发送状态
    Rx state: WAIT FOR FRAME               //接收状态
```

（3）查看直连设备 LLDP 邻居的信息

```
R1#show lldp neighbors
Capability codes:
    (R) Router, (B) Bridge, (T) Telephone, (C) DOCSIS Cable Device
    (W) WLAN Access Point, (P) Repeater, (S) Station, (O) Other
Device ID           Local Intf       Hold-time    Capability       Port ID
S1                  Gi0/0            120          B                Fa0/1
Total entries displayed: 1
```

以上输出表明路由器 R1 有 1 个 LLDP 邻居 S1，各字段的含义如下所述。

① **Device ID**：表示 LLDP 邻居的主机名。
② **Local Intf**：本地接口，表示 R1 通过自己哪个接口和 LLDP 邻居连接。
③ **Hold-time**：维持时间。
④ **Capability**：表示邻居的设备类型和功能，前两行 **Capability codes** 对各符号进行了说明。
⑤ **Port ID**：端口 ID，表示 R1 与对方设备 S1 的哪个端口连接。

（4）查看直连设备 LLDP 邻居的详细信息

```
R1#show lldp neighbors detail
------------------------------------------------
Local Intf: Gi0/0                           //路由器 R1 和交换机 S1 相连的本地端口
Chassis id: d0c7.89ab.1180                  //交换机基准 MAC 地址
Port id: Fa0/1                              //交换机 S1 和路由器 R1 相连的端口
Port Description: FastEthernet0/1           //端口描述
System Name: S1                             //LLDP 邻居的主机名
System Description:                         //LLDP 邻居的系统描述
Cisco IOS Software, C3560 Software (C3560-IPSERVICESK9-M), Version 15.0(2)SE11, RELEASE SOFTWARE (fc3)
Technical Support: http://www.cisco.com/techsupport
Copyright (c) 1986-2017 by Cisco Systems, Inc.
Compiled Sat 19-Aug-17 09:21 by prod_rel_team
//以上 5 行显示交换机 S1 运行的 IOS 信息
Time remaining: 91 seconds     //Hold-time 时间，从 120 秒倒计时
System Capabilities: B,R       //设备能力
Enabled Capabilities: B        //启用的功能，如果在 S1 上用 ip routing 命令开启路由功能，此处显示 B,R
Management Addresses:          //交换机 S1 管理地址
    IP: 172.16.1.100
Auto Negotiation - supported, enabled      //支持并启用自动协商
Physical media capabilities:               //物理介质能力
    100base-TX(FD)
    100base-TX(HD)
    10base-T(FD)
    10base-T(HD)
Media Attachment Unit type: 16             //介质连接单元类型
Vlan ID: 1                                 //与路由器 R1 相连的交换机 S1 端口所在 VLAN ID
Total entries displayed: 1                 //显示的条目总数
```

（5）关闭与开启 LLDP 以及 LLDP 参数调整

```
R1(config)#interface gigabitEthernet 0/0
R1(config-if)#no lldp receive
//关闭本接口的 LLDP 数据包接收功能，当 Hold-time 时间为 0 时，LLDP 邻居消失；当从接口收到 LLDP 数据包时，显示丢弃该数据包的信息如下
*Nov   8 10:50:44.929: LLDP pkt drop on intf GigabitEthernet0/0
R1(config-if)#no lldp transmit              //关闭本接口的 LLDP 数据包发送功能
R1(config-if)#exit
R1(config)#no lldp run                      //路由器全局关闭 LLDP 功能
R1(config)#lldp run                         //路由器全局开启 LLDP
R1(config)#lldp timer 15                    //调整 LLDP 消息发送时间间隔为 15 秒
R1(config)#lldp holdtime 60                 //调整 LLDP 消息的 holdtime 为 60 秒
```

第 2 章 IP 地址

IP 地址是 Internet 赖以工作的基础。IP 地址被用来在网络中唯一标识一台计算机或者网络设备的接口，是一个逻辑地址，高效的 IP 地址规划能确保网络高效率地运行。目前使用的 IP 地址分为 IPv4 与 IPv6 两大类。由于 IPv4 地址即将耗尽，未来的网络将以 IPv6 地址为主导。本章主要介绍 IPv4 地址的结构、类型、子网划分和 VLSM 以及 IPv6 特征、IPv6 地址的结构和类型、IPv6 NDP 和 IPv6 过渡技术等内容。本章内容是学习网络技术最应该掌握的基本知识点之一。

2.1 IPv4 地址

2.1.1 IPv4 地址结构

IPv4 地址长度为 32 位二进制数，通常使用点分十进制数表示 IPv4 地址，每个十进制数由 8 位二进制数构成。在最初设计互联网时，为了便于寻址和层次化构造网络，IP 地址由网络地址和主机地址两部分组成，对于同一网络中的所有设备，IPv4 地址中网络部分必须完全相同，而 IPv4 地址中主机部分必须唯一。在配置 IPv4 地址时，还要配置子网掩码。与 IPv4 地址一样，子网掩码的长度也是 32 位二进制数。用子网掩码和 IPv4 地址进行逻辑与运算的结果表示网络地址，用 IPv4 地址减去网络地址表示主机地址。IPv4 地址结构如图 2-1 所示。

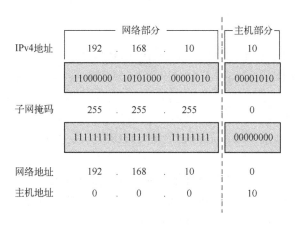

图 2-1 IPv4 地址结构

IPv4 地址分为 A 类、B 类、C 类、D 类和 E 类地址 5 种类型，如图 2-2 所示。

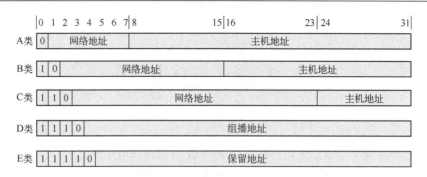

图 2-2 IPv4 地址分类

1. A 类 IPv4 地址

A 类 IPv4 地址由 1 字节的网络地址和 3 字节的主机地址组成,网络地址的最高位必须是 "**0**",第一个字节范围为 0～127,其中 0 和 127 保留,有效 IPv4 地址范围从 1.0.0.1 到 126.255.255.254,网络掩码为 255.0.0.0,每个网络能容纳 2^{24}-2 台主机。

2. B 类 IPv4 地址

B 类 IPv4 地址由 2 字节的网络地址和 2 字节的主机地址组成,网络地址的最高两位必须是 "**10**",第一个字节范围为 128～191,有效 IPv4 地址范围从 128.0.0.1 到 191.255.255.254,网络掩码为 255.255.0.0,每个网络能容纳 2^{16}-2 台主机。

3. C 类 IPv4 地址

C 类 IPv4 地址由 3 字节的网络地址和 1 字节的主机地址组成,网络地址的最高三位必须是 "**110**"。第一个字节范围为 192～223,有效 IPv4 地址范围从 192.0.0.1 到 223.255.255.254,网络掩码为 255.255.255.0,每个网络能容纳 2^{8}-2 台主机。

4. D 类 IPv4 地址

D 类 IPv4 地址网络地址的最高四位必须是 "**1110**",用于组播。第一个字节范围为 224～239,有效 IPv4 地址范围从 224.0.0.1 到 239.255.255.254。

5. E 类 IPv4 地址

E 类 IPv4 地址网络地址的最高五位必须是 "**11110**",为将来使用保留。其中 255.255.255.255 用于广播地址。

虽然大多数 IPv4 主机地址是公有地址,用于可以通过 Internet 访问的网络中,但也有一些地址块用于需要限制或禁止 Internet 访问的网络中,此类地址称为私有地址。RFC 1918 定义了私有 IPv4 地址,私有地址网络范围如下。

- A 类地址中私有地址块:10.0.0.0～10.255.255.255 (10.0.0.0/8);
- B 类地址中私有地址块:172.16.0.0～172.31.255.255 (172.16.0.0/12);
- C 类地址中私有地址块:192.168.0.0～192.168.255.255 (192.168.0.0/16)。

2.1.2 IPv4 数据包包头格式

IPv4 数据包由包头和负载两部分构成，IPv4 数据包包头格式如图 2-3 所示，各个字段含义如下所述。

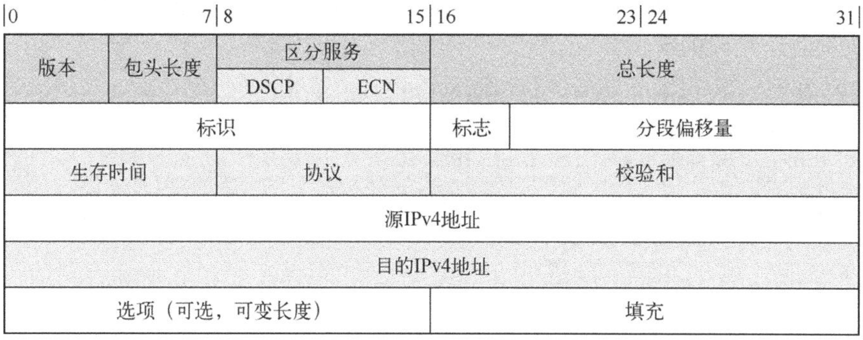

0	7|8	15|16	23|24	31|
版本	包头长度	区分服务 (DSCP / ECN)	总长度	
标识			标志	分段偏移量
生存时间		协议	校验和	
源 IPv4 地址				
目的 IPv4 地址				
选项（可选，可变长度）			填充	

图 2-3　IPv4 数据包包头格式

① 版本（4 比特）：用于确定 IP 数据包的版本，对于 IPv4 数据包，此字段始终设为 0100。

② 包头长度（4 比特）：用于确定包头的长度，该值乘以 4 就是包头的长度，单位为字节。此字段的最小值为 5（20 字节），最大值为 15（60 字节）。

③ 区分服务（8 比特）：以前称为服务类型（Type of Service，ToS）字段，用于确定每个数据包 IPv4 优先级，前 6 比特用于确定服务质量（Quality of Service，QoS）机制使用的区分服务代码点（Differentiated Services Code Point，DSCP）值，后 2 比特用于确定显式拥塞通知（Explicit Congestion Notification，ECN）值，该值可以用于防止网络拥塞时丢弃数据包。

④ 总长度（16 比特）：定义整个数据包大小，是包头和数据部分长度之和，以字节为单位。

⑤ 标识（16 比特）：唯一标识原始 IPv4 数据包的数据分片。

⑥ 标志（3 比特）：标识数据包的分段方式，它与分段偏移量和标识字段一起，被用于将分段数据重组为原始数据包。

⑦ 分段偏移量（13 比特）：标识重组数据包分段在原始未分段数据包中的放置顺序。

⑧ 生存时间（8 比特）：用于限制数据包寿命，数据包发送方设置初始生存时间（Time To Live，TTL）值，数据包每经过一台路由设备 TTL 数值就减少 1。如果 TTL 字段的值减为零，则路由器将丢弃该数据包并向源 IPv4 地址发送 ICMP（Internet Control Message Protocol）超时消息。

⑨ 协议（8 比特）：表示数据包包含的数据负载类型，根据此值，网络层将数据传送到相应的上层协议。常见的值包括 1、6 和 17，分别表示上层协议为 ICMP、TCP 和 UDP。

⑩ 校验和（16 比特）：用于 IPv4 包头错误检查，经过将重新计算的值与校验和字段中的值进行对比，如果两者的值不匹配，则丢弃数据包。

⑪ 源 IPv4 地址（32 比特）：表示数据包源 IPv4 地址。

⑫ 目的 IPv4 地址（32 比特）：表示数据包目的 IPv4 地址。

⑬ 选项（可选，可变长度）：主要用于控制和测试等目的，用户可以使用也可以不使用

该选项，此字段的长度可变，从 1 字节到 40 字节不等。常见的选项包括源路由和时间戳等。

⑭ 填充（可变长度）：在使用选项的过程中，有可能造成数据包包头部分不是 32 比特的整数倍，那么需要填充补齐。

图 2-4 是通过 Wireshark 软件抓取的 IPv4 数据包包头的详细信息，该数据包是在同一链路上的两个节点间用 **ping** 命令测试连通性时捕获的。读者可以通过此图更加准确地了解 IPv4 数据包包头的各个字段的含义。

```
⊟ Internet Protocol Version 4, Src: 1.1.1.2 (1.1.1.2), Dst: 1.1.1.1 (1.1.1.1)
    Version: 4
    Header Length: 32 bytes
  ⊟ Differentiated Services Field: 0x05 (DSCP 0x01: Unknown DSCP; ECN: 0x01: ECT(1) (ECN-Capable Transport))
     0000 01.. = Differentiated Services Codepoint: Unknown (0x01)
     .... ..01 = Explicit Congestion Notification: ECT(1) (ECN-Capable Transport) (0x01)
    Total Length: 100
    Identification: 0x0002 (2)
  ⊟ Flags: 0x00
     0... .... = Reserved bit: Not set
     .0.. .... = Don't fragment: Not set
     ..0. .... = More fragments: Not set
    Fragment offset: 0
    Time to live: 255
    Protocol: ICMP (1)
  ⊞ Header checksum: 0x7c9c [validation disabled]
    Source: 1.1.1.2 (1.1.1.2)
    Destination: 1.1.1.1 (1.1.1.1)
    [Source GeoIP: Unknown]
    [Destination GeoIP: Unknown]
  ⊟ Options: (12 bytes), Time Stamp
    ⊞ Time Stamp (12 bytes)
```

图 2-4　IPv4 数据包包头的详细信息

从图中可知 IPv4 数据包头信息如下：版本字段值为 4，包头长度字段值为 32 字节，区分服务字段值为 5，总长度字段值为 100，标识字段值为 2，标志和分段偏移量字段值为 0，TTL 字段值为 255，协议类型字段值为 1，校验和字段值为 0x7c9c，其中 0x 表示十六进制数，源 IPv4 地址字段值为 1.1.1.2，目的 IPv4 地址字段值为 1.1.1.1，选项字段为时间戳选项，长度为 12 字节。

2.1.3　IPv4 地址类型

在 IPv4 网络中，主机可采用的通信方式包括单播（Unicast）、组播（Multicast）和广播（Broadcast）3 种类型。广播分为定向广播和有限广播两类。单播、组播及定向广播（Directed Broadcast）和有限广播（Limited Broadcast）流量抓包信息如图 2-5 所示。

```
单播流量
⊞ Ethernet II, Src: cc:01:15:c0:00:10 (cc:01:15:c0:00:10), Dst: cc:02:0d:d8:00:10 (cc:02:0d:d8:00:10)
⊞ Internet Protocol Version 4, Src: 10.1.1.1 (10.1.1.1), Dst: 10.1.1.2 (10.1.1.2)
⊞ Internet Control Message Protocol

组播流量
⊞ Ethernet II, Src: cc:01:15:c0:00:10 (cc:01:15:c0:00:10), Dst: IPv4mcast_05 (01:00:5e:00:00:05)
⊞ Internet Protocol Version 4, Src: 10.1.1.1 (10.1.1.1), Dst: 224.0.0.5 (224.0.0.5)
⊞ Open Shortest Path First

定向广播流量
⊞ Ethernet II, Src: cc:01:15:c0:00:10 (cc:01:15:c0:00:10), Dst: cc:02:0d:d8:00:10 (cc:02:0d:d8:00:10)
⊞ Internet Protocol Version 4, Src: 10.1.1.1 (10.1.1.1), Dst: 2.2.2.255 (2.2.2.255)
⊞ Internet Control Message Protocol

有限广播流量
⊞ Ethernet II, Src: cc:00:05:58:00:00 (cc:00:05:58:00:00), Dst: Broadcast (ff:ff:ff:ff:ff:ff)
⊞ Internet Protocol Version 4, Src: 10.1.1.1 (10.1.1.1), Dst: 255.255.255.255 (255.255.255.255)
⊞ User Datagram Protocol, Src Port: 67 (67), Dst Port: 68 (68)
⊞ Bootstrap Protocol (Offer)
```

图 2-5　单播、组播及定向广播和有限广播流量抓包信息

1. 单播

单播是指从一台主机向另一台主机发送数据包的过程。

2. 组播

组播是指从一台主机向选定的一组主机发送数据包的过程,这些主机可以位于不同网络。它允许主机发送单个数据包到加入组播组中的所有主机,从而节省网络带宽。常见的组播应用包括视频和音频广播、路由协议交换路由信息、软件分发和远程游戏等。

3. 广播

广播是指从一台主机向该网络中的所有主机发送数据包的过程。网络上收到广播数据包的所有主机都处理该数据包,因此广播通信应加以限制,以免对网络或设备的性能造成负面影响。广播分为定向广播和有限广播两类。

(1) 定向广播

定向广播是将数据包发送给特定网络中的所有主机。此类广播适用于向非本地网络中的所有主机发送广播。例如,192.168.1.0/24 网络外的一台主机与该网络内的所有主机通信,则数据包的目的地址是 192.168.1.255。尽管 Cisco 路由器在默认情况下并不转发定向广播,但可对其进行配置(在路由器接口下执行 **ip directed-broadcast** 命令),使得路由器可以转发该类型的数据包。

(2) 有限广播

有限广播只限于将数据包发送给本地网络中的所有主机,数据包目的 IPv4 地址为 255.255.255.255。路由器不会转发有限广播类型数据包。因此,IPv4 网络的有限广播范围也称为广播域,路由器则是广播域的边界。DHCP 发现(Discover)数据包和 ARP 请求(Request)数据包都属于有限广播类型数据包。

2.1.4 IPv4 子网划分

在早期网络实施中,将所有计算机和其他网络设备连接到同一 IPv4 网络,即扁平网络设计。在小型网络中设备数量有限,使用扁平网络设计没有问题,但是当网络规模不断扩大时,就会产生网络性能降低和网络安全等方面的潜在问题。将网络划分为多个较小网络的过程,称为子网划分,这些小的网络称为子网。网络管理员可以根据地理位置和组织部门等信息划分子网。子网划分实际上就是增加网络掩码长度,从地址的主机部分借用若干位来增加网络部分的长度。在进行子网划分时需要考虑所需的子网数量和所需主机地址的数量两个因素。如果从主机部分借用 n 位,那么可以创建 2^n 个子网,如果主机部分的长度为 m 位,那么该子网容纳的主机数量(即有效的 IPv4 地址)是 2^m-2。

下面用一个具体的例子来讲解子网划分。子网划分举例网络拓扑如图 2-6 所示,整个网络拥有一个 192.16.1.0/24 的 C 类地址空间,路由器 R1~R4 连接的每个以太网需要 20~30 台主机,从图中可知需要 7 个子网。

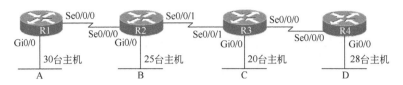

图 2-6 子网划分举例网络拓扑

根据需求,应该从主机部分借 3 位(即子网掩码长度为 27 位)进行子网划分,可以创建 8 个子网,多余 1 个子网可以为后续网络扩展作为预留。子网掩码长度为 27 位,主机部分的长度为 7,因此每个子网可提供 30 个有效的 IPv4 地址供使用,满足 A、B、C、D 每个以太网主机数量的需求,使用 FLSM(Fixed Length Subnet Mask,固定长度掩码)划分的子网如表 2-1 所示,该表说明了各个子网的网络地址、子网掩码、有效或者可以使用的 IPv4 地址范围和广播地址及分配使用情况。

表 2-1 使用 FLSM(固定长度掩码)划分的子网

子网地址 / 掩码长度	有效 IPv4 地址范围	子网广播地址	分配使用情况
192.16.1.0/27	192.16.1.1～192.16.1.30	192.16.1.31	以太网 A
192.16.1.32/27	192.16.1.33～192.16.1.62	192.16.1.63	以太网 B
192.16.1.64/27	192.16.1.65～192.16.1.94	192.16.1.95	以太网 C
192.16.1.96/27	192.16.1.97～192.16.1.126	192.16.1.127	以太网 D
192.16.1.128/27	192.16.1.129～192.16.1.158	192.16.1.159	R1-R2 串行链路
192.16.1.160/27	192.16.1.161～192.16.1.190	192.16.1.191	R2-R3 串行链路
192.16.1.192/27	192.16.1.193～192.16.1.222	192.16.1.223	R3-R4 串行链路
192.16.1.224/27	192.16.1.225～192.16.1.254	192.16.1.255	预留

2.1.5 VLSM

使用传统子网划分方法,即使用固定长度子网掩码,每个子网包含的有效的 IPv4 地址数量相同。如果所有子网对主机数量的要求差异很大,就可能造成 IPv4 地址的浪费。使用可变长度子网掩码(Variable Length Subnet Mask,VLSM)技术可以解决上述 IPv4 地址浪费的问题,它是一种根据网络实际需求创建相应子网掩码长度的子网划分机制,也就是对子网再划分子网的技术。使用 VLSM 进行子网划分与传统子网划分方法类似,通过从主机部分借若干位来创建子网。用于计算每个子网主机数量和所创建子网数量的公式仍然适用。区别在于使用 VLSM 时,首先对网络划分子网,然后对子网再进行子网划分。

在图 2-6 中,路由器 R1 和 R2、R2 和 R3 以及 R3 和 R4 之间均为点到点的链路,只需要 2 个 IPv4 地址,按照表 2-1 的方案,那就意味着浪费了同一网段的另外 28 个 IPv4 地址。因而可以通过 VLSM 技术按照相应的需求继续进行子网划分。利用 192.16.1.128/27 网络再次进行子网划分,掩码长度为 30 位,使用 VLSM 划分的子网如表 2-2 所示,该表说明了各个子网的网络地址、子网掩码、地址范围和广播地址以及分配使用情况。

表 2-2 使用 VLSM 划分的子网

子网地址 / 子网掩码	有效 IPv4 地址范围	子网广播地址	分配使用
192.16.1.0/27	192.16.1.1～192.16.1.30	192.16.1.31	以太网 A
192.16.1.32/27	192.16.1.33～192.16.1.62	192.16.1.63	以太网 B
192.16.1.64/27	192.16.1.65～192.16.1.94	192.16.1.95	以太网 C
192.16.1.96/27	192.16.1.97～192.16.1.126	192.16.1.127	以太网 D
192.16.1.128/30	192.16.1.129～192.16.1.130	192.16.1.131	R1-R2 串行链路
192.16.1.132/30	192.16.1.133～192.16.1.134	192.16.1.135	R2-R3 串行链路
192.16.1.136/30	192.16.1.137～192.16.1.138	192.16.1.139	R3-R4 串行链路
192.16.1.140/30	192.16.1.141～192.16.1.142	192.16.1.143	预留
192.16.1.144/30	192.16.1.145～192.16.1.146	192.16.1.147	预留
192.16.1.148/30	192.16.1.149～192.16.1.150	192.16.1.151	预留
192.16.1.152/30	192.16.1.153～192.16.1.154	192.16.1.155	预留
192.16.1.156/30	192.16.1.157～192.16.1.158	192.16.1.159	预留
192.16.1.160/27	192.16.1.161～192.16.1.190	192.16.1.191	预留
192.16.1.192/27	192.16.1.193～192.16.1.222	192.16.1.223	预留
192.16.1.224/27	192.16.1.225～192.16.1.254	192.16.1.255	预留

使用 VLSM 技术后，可以看到对于 192.16.1.0 整个网络有 27 位和 30 位的子网掩码同时存在，192.16.1.160/27、192.16.1.192/27 和 192.16.1.224/27 地址块被完整预留，同时也节省了 192.16.1.140/30、192.16.1.144/30、192.16.1.148/30、192.16.1.152/30、192.16.1.156/30 地址块，用于将来网络扩展。不难看出，VLSM 技术的使用确实可以有效避免 IPv4 地址的浪费。

2.2 IPv6 地址

2.2.1 IPv6 特征

面对 IPv4 地址的枯竭、越来越庞大的 Internet 路由表和缺乏端到端 QoS（Quality of Service，服务质量）保证等缺点，IPv6 的实施是必然的趋势。IPv6 对 IPv4 进行了大量的改进，其主要特征如下所述。

① 128 比特的地址方案（3.4×10^{38} 个地址）提供足够大的地址空间，充足的地址空间将极大地满足网络智能设备（如个人数字助理、移动电话、家庭网络接入设备、智能游戏终端、安保监控设备和 IPTV 等）对 IP 地址增长的需求。

② 多等级编址层次有助于路由聚合，提高了路由选择的效率和可扩展性。

③ 无须网络地址转换（Network Address Translation，NAT），实现端到端的通信更加便捷。

④ IPv6 地址自动配置功能支持即插即用，使得在 Internet 上大规模部署新设备成为可能。IPv6 支持有状态和无状态两种地址自动配置方式。

⑤ IPv6 中没有广播地址，它的功能被组播地址所代替，ARP 广播被本地链路组播代替。

⑥ IPv6 对数据包包头进行了简化，不需要处理校验和，因此减少了处理器开销并节省网络带宽，有助于提高网络设备性能和转发效率。

⑦ IPv6 中流标签字段可用来标记特定数据流，使得转发路径上的路由器可以根据流标签来区分流并对其进行处理，而不必根据数据报内容来识别不同的流，因此，使用 IPSec 后仍然可以根据流标签来进行 QoS 处理。

⑧ IPv6 协议内置安全性和移动性。移动性让设备在不中断网络连接的情况下在网络中移动。IPv6 将 IPSec 作为标准配置，使得所有终端的通信安全都能得到保证，实现端到端的安全通信。

⑨ 在 IPv6 中引入了扩展包头的概念，用扩展包头代替了 IPv4 包头中存在的可变长度的选项，进一步提高了路由性能和效率。

2.2.2 IPv6 地址与 IPv6 基本包头格式

IPv4 地址表示为点分十进制格式，而 IPv6 采用冒号分十六进制格式。IPv6 地址由网络前缀和接口 ID 两部分组成。IPv6 使用 IPv6 地址／前缀长度的格式表示 IPv6 地址的前缀部分，前缀长度范围为 0～128。典型 IPv6 前缀长度为／64。IPv6 地址结构如图 2-7 所示。

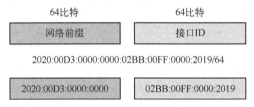

图 2-7 IPv6 地址结构

2020:00D3:0000:0000:02BB:00FF:0000:2019 是一个完整的 IPv6 地址。从上面的例子看到了手工管理 IPv6 地址的难度，也看到了自动配置和 DNS 的必要性。但是如下规则可以简化 IPv6 地址的表示方法。

① IPv6 地址中每个 16 比特分组中的前导零位可以去除进行简化表示。

② 可以将冒号分隔的十六进制格式中相邻的连续零位合并，用双冒号"：："表示，但是"：："在一个 IPv6 地址中只能出现一次。通过上述两条规则，上述的 IPv6 地址可以简化为 2020:D3::2BB:FF:0:2019。

IPv6 数据包基本包头长度固定为 40 字节，其格式如图 2-8 所示，各字段的含义如下所述。

图 2-8 IPv6 数据包基本包头格式

- ① 版本（4 比特）：对于 IPv6，该字段的值为 6。
- ② 流量类型（8 比特）：该字段以 DSCP（Differentiated Services Code Point，区分服务编

码点）标记一个 IPv6 数据包，以此指明数据包应当如何处理，提供 QoS 服务。

③ 流标签（20 比特）：在 IPv6 协议中，该字段是新增加的，用来标记 IPv6 数据的一个流，让路由器或者交换机基于流而不是数据包来处理数据，该字段也可用于 QoS。

④ 有效载荷长度（16 比特）：该字段标识有效载荷的长度。所谓有效载荷指的是紧跟 IPv6 包头的数据包其他部分的长度。

⑤ 下一包头（8 比特）：该字段定义紧跟 IPv6 基本包头的信息类型，信息类型可能是高层协议，如 TCP 或 UDP，也可能是一个新增的可扩展包头。

⑥ 跳数限制（8 比特）：该字段定义了 IPv6 数据包所经过的最大跳数。

⑦ 源 IPv6 地址（128 比特）：该字段标识 IPv6 数据包的源地址。

⑧ 目的 IPv6 地址（128 比特）：该字段标识 IPv6 数据包的目的地址。

图 2-9 是通过 Wireshark 软件抓取的 IPv6 数据包包头详细信息，该数据包是在两个节点间用 ping 命令测试连通性时捕获的。读者可以通过此图更加准确地了解 IPv6 数据包包头的各个字段的含义。图 2-9 中 IPv6 数据包头信息如下：版本字段值为 6（0x6），流量类型字段值为 0x00，流标签字段值为 0x00000000，有效载荷长度字段值为 1460（0x05b4），下一个包头字段值为 58（0x3a），跳数限制字段值为 63（0x3f），源 IPv6 地址字段值为 2012::1，目的 IPv6 地址字段值为 2014:4444::4。

```
Internet Protocol Version 6, Src: 2012::1, Dst: 2014:4444::4
  0110 .... = Version: 6
> .... 0000 0000 .... .... .... .... = Traffic class: 0x00 (DSCP: CS0, ECN: Not-ECT)
  .... .... .... 0000 0000 0000 0000 0000 = Flowlabel: 0x00000000
  Payload length: 1460
  Next header: ICMPv6 (58)
  Hop limit: 63
  Source: 2012::1
  Destination: 2014:4444::4
  [Source GeoIP: Unknown]
  [Destination GeoIP: Unknown]
```

图 2-9　IPv6 数据包包头详细信息

IPv6 地址可以通过手工静态配置、EUI-64、无状态自动配置和有状态自动配置方式获得。其中，EUI-64 方式是在设备接口的 MAC 地址中间插入固定的"FFFE"来生成 64 比特的 IPv6 地址的接口标识符，其工作过程如下所述。

① 在 48 比特的 MAC 地址的 OUI（Organizationally Unique Identifier，组织唯一标志符）（前 24 比特）和序列号（后 24 比特）之间插入一个固定数值"FFFE"，如 MAC 地址为"0050:3EE4:4C89"，那么插入固定数值后的结果是"0050:3EFF:FEE4:4C89"。

② 将上述结果的第 1 字节的第 7 位反转，因为在 MAC 地址中，第 7 位为 1 表示本地唯一，为 0 表示全球唯一，而在 EUI-64 格式中，第 7 位为 1 表示全球唯一，为 0 表示本地唯一。上面的例子第 7 位反转后的结果为"0250:3EFF:FEE4:4C89"。

③ 加上前缀构成一个完整的 IPv6 地址，如 2019:1212::250:3EFF:FEE4:4C89。

2.2.3　IPv6 扩展包头

IPv6 扩展包头实现了 IPv4 包头中选项字段的功能并进行了扩展，每一个扩展包头都有一个下一包头（Next Header）字段，用于指明下一个扩展包头的类型。IPv6 扩展包头如图 2-10

所示。目前，IPv6 定义的扩展包头有逐跳选项包头、目的地选项包头、路由选择包头、分段包头、AH 包头、ESP 包头和上层包头等，具体描述如下。

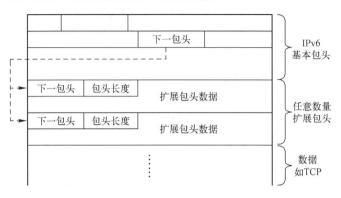

图 2-10　IPv6 扩展包头

① 逐跳选项包头：对应的下一包头值为 0，指出数据包在传输过程中，每个路由器都必须检查和处理，如组播侦听发现（Multicast Listener Discover，MLD）和资源预留协议（Resource Reservation Protocol，RSVP）等。其中，MLD 用于支持组播的 IPv6 路由器与网络上的组播组成员之间交换成员状态信息。

② 目的地选项包头：对应的下一包头值为 60，指出最终的目的节点和路由选择包头指定的节点都对其进行处理。如果存在路由选择扩展包头，则每一个指定的中间节点都要处理这些选项；如果没有路由选择扩展包头，则只有最终目的节点需要处理这些选项。

③ 路由选择包头：对应的下一包头值为 43，IPv6 的源节点可以利用路由选择扩展包头指定数据包从源到目的地需要经过的中间节点的列表。

④ 分段包头：对应的下一包头值为 44，当 IPv6 数据包长度大于链路 MTU 时，源节点负责对数据包进行分段，并在分段扩展包头中提供数据包重组信息。高层应该尽量避免发送需要分段的数据包。

⑤ AH 包头：对应的下一包头值为 51，提供身份验证、数据完整性检查和防重放保护。

⑥ ESP 包头：对应的下一包头值为 50，提供身份验证及数据机密性、数据完整性检查和防重放保护。

⑦ 上层包头：通常用于传输数据。如 TCP、UDP、OSPF、EIGRP 和 ICMPv6 对应的下一包头值分别为 6、17、89、88 和 58。

2.2.4　IPv6 地址类型

IPv6 地址有 3 种类型：单播、任意播和组播，在每种地址中又有一种或者多种类型的地址，如单播有链路本地地址、可聚合全球单播地址、环回地址和不确定地址；任意播有链路本地地址和可聚合全球地址；组播有指定地址和请求节点地址。下面主要介绍几个常用的地址类型。

（1）链路本地（Link Local）地址

在一个节点或者接口上启用 IPv6 协议栈，节点的接口自动配置一个链路本地地址，该地址前缀为 FE80::/10，然后通过 EUI-64 方式扩展来构成。链路本地地址主要用于自动地址配置、邻居发现、路由器发现以及路由更新等。

（2）可聚合全球单播地址

IANA（The Internet Assigned Numbers Authority，因特网编号分配机构）分配 IPv6 地址空间中的一个 IPv6 地址前缀作为可聚合全球单播地址，通常由 48 比特的全局前缀、16 比特子网 ID 和 64 比特的接口 ID 组成。IPv6 可聚合全球单播地址组成如图 2-11 所示。当前 IANA 分配的可聚合全球单播地址以二进制 001 开头，地址范围为 2000～3FFF，即 2000::/3，占整个 IPv6 地址空间的 1/8。对 IPv6 地址空间划分子网不是为了节省地址，而是为了支持网络的层次化逻辑设计。IPv6 子网划分是根据路由器的数量及它们所支持的网络来构建寻址分层结构的。

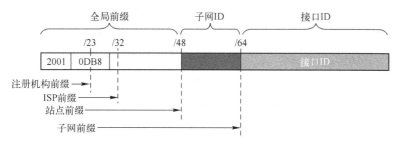

图 2-11 IPv6 可聚合全球单播地址组成

（3）环回地址

单播地址 0:0:0:0:0:0:0:1 又称为环回地址。节点用它来向自身发送 IPv6 数据包。它不能分配给任何物理接口。

（4）不确定地址

单播地址 0:0:0:0:0:0:0:0 简化为::，称为不确定地址。它不能分配给任何节点，用于特殊用途，如默认路由。

（5）组播地址

组播地址用来标识一组接口，发送给组播地址的数据流同时传输给多个组成员。一个接口可以加入多个组播组。IPv6 组播地址由前缀 FF::/8 定义，其结构如图 2-12 所示。IPv6 的组播地址都是以 FF 开头的。

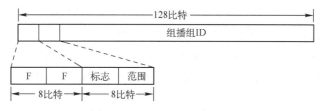

图 2-12 IPv6 组播地址结构

① 标志（4 比特）：表示在组播地址中设置的标志。从 RFC 2373 起，定义的唯一标志是 Transient（T）标志，T 标志使用标志字段的低位。当设置为 0 时，表示该组播地址是由 IANA 永久分配的；当设置为 1 时，表示该组播地址是临时的。

② 范围（4 比特）：表示组播数据准备在 IPv6 网络中发送的范围。以下是 RFC 2373 中

定义该字段的值以及对应的作用范围：1 表示节点本地，2 表示链路本地，5 表示站点本地，8 表示组织本地，E 表示全局范围。当 IPv6 数据包在以太网链路上传输时，二层数据帧头的类型字段值为 0x86DD，而在 PPP 链路上传输时，IPv6CP 中协议字段的值为 0x8057。在以太网中，IPv6 组播地址和对应的链路层地址映射通过如下方式构造：前 16 比特固定为 0x33:33，再加上 IPv6 组播地址的后 32 比特，如表示本地所有节点的组播地址 FF02::1 在以太网中对应的链路层地址为 33:33:00:00:00:01。

（6）请求节点（Solicited-node）地址

对于节点或路由器的接口上配置的每个单播和任意播地址，都自动启动一个对应的请求节点组播地址。请求节点组播地址受限于本地链路，由前缀 FF02::1:FF00:0/104 加上单播 IPv6 地址的最后 24 比特构成。请求节点地址可用于重复地址检测（Duplicate Address Detection，DAD）和邻居地址解析等。

（7）任意播（AnyCast）地址

任意播地址是分配给多个接口的全球单播地址，发到该接口的数据包被路由到路径最优的目标接口。目前，任意播地址不能用作源地址，只能作为目的地址，且仅分配给路由器。任意播的出现不仅缩短了服务响应的时间，而且也可以减轻网络承载流量的负担。

2.2.5　IPv6 邻居发现协议

邻居发现协议（Neighbor Discovery Protocol，NDP）是 IPv6 的一个关键协议，它替代在 IPv4 中使用的 ARP、ICMP 和 ICMP 重定向等协议。当然，它还提供了其他功能，如前缀发现、邻居不可达检测、重复地址检测和地址自动配置等，NDP 通过以上功能实现 IPv6 的即插即用的重要特性。

NDP 定义的消息使用 ICMPv6 来承载，在 RFC 2461 中详细说明 5 个新的 ICMPv6 消息，包括路由器请求、路由器通告、邻居请求、邻居通告和重定向消息。

① 路由器请求（Router Solicitation，RS）：节点（包括主机或者路由器）启动后，通过 RS 向路由器发出请求，期望路由器立即发送 RA 响应，ICMPv6 类型为 133。

② 路由器通告（Router Advertisement，RA）：路由器周期性地发送 RA 或者以 RA 响应 RS，发送的 RA 中包括链路前缀、链路 MTU、跳数限制、IPv6 地址使用周期以及一些标志位信息，ICMPv6 类型为 134。

③ 邻居请求（Neighbor Solicitation，NS）：通过 NS 可以确定邻居的链路层地址、邻居是否可达，完成重复地址检测等，ICMPv6 类型为 135。

④ 邻居通告（Neighbor Advertisement，NA）：NA 对 NS 进行响应，同时节点在链路层地址变化时也可以主动发送 NA，以通知相邻节点自己的链路层地址发生改变，ICMPv6 类型为 136。

⑤ 重定向（Redirect）消息：路由器通过重定向消息通知到目的地有更好的下一跳路由器。ICMPv6 类型为 137。

2.2.6　IPv6 过渡技术

IPv6 技术相比 IPv4 技术而言具有许多优势，然而大面积部署 IPv6 需要一个过程，此期间 IPv6 会与 IPv4 共存。为了确保过渡的平稳性，人们已制定出许多策略，包括双栈技术、隧道技术和协议转换技术等。

1．IPv6/IPv4 双栈技术

双栈技术是 IPv4 向 IPv6 过渡的一种有效的技术。网络中的节点同时支持 IPv4 和 IPv6 协议栈，源节点根据目的节点的不同选用不同的协议栈，而网络设备根据数据包的协议类型选择不同的协议栈进行处理和转发。

2．隧道技术

隧道（Tunnel）技术是将一种协议封装到另外一种协议中进行传输的技术。隧道技术只要求隧道两端的设备同时支持 IPv4 和 IPv6 协议栈。IPv4 隧道技术利用现有的 IPv4 网络为互相独立的 IPv6 网络提供连通性，IPv6 数据包被封装在 IPv4 数据包中穿越 IPv4 网络，实现 IPv6 数据包的透明传输。这种技术的优点是只要求网络的边界设备实现 IPv4/IPv6 双栈和隧道功能，其他节点不需要支持双协议栈，可以最大限度地保护现有的 IPv4 网络投资。但是隧道技术不能实现 IPv4 主机与 IPv6 主机的直接通信。隧道可以手工配置，也可自动配置，采用哪种方式取决于对扩展性和管理开销等方面的要求，用于 IPv6 穿越 IPv4 网络的主要隧道技术如下所述。

（1）IPv6 手工隧道

IPv6 手工隧道的源和目的地址是手工配置的，并且为隧道接口配置 IPv6 地址，为被 IPv4 网络分隔的 IPv6 网络提供稳定的点到点连接。如果一个边界设备要与多台设备建立手工隧道，就需要在设备上配置多个隧道。手工隧道的工作模式为 **ipv6ip**，对应 IPv4 协议字段的值为 41，可以通过命令 **debug ip packet detail** 得到。

（2）GRE 隧道

GRE 隧道和手工隧道非常相似，GRE 隧道也可以为被 IPv4 网络分隔的 IPv6 网络提供稳定的点到点连接。需要手工配置隧道源和目的地址以及隧道接口 IPv6 地址。在 Cisco 路由器上，隧道默认的工作模式就是 **gre ip**，其对应 IPv4 协议字段的值为 47。

（3）6to4 隧道

6to4 隧道是一种自动隧道，也用于将孤立的 IPv6 网络通过 IPv4 网络连接起来，但是它可以是多点的。边界设备使用内嵌在 IPv6 地址中的 IPv4 地址自动建立隧道。6to4 隧道使用专用的地址范围 2002::/16，而一个 6to4 网络可以表示为 2002:IPv4 地址::/48，例如，边界设备的 IPv4 地址为 192.168.99.1（十六进制为 c0a86301），则其 IPv6 地址前缀为 2002:c0a8:6301::/48。6to4 隧道的源 IPv4 地址手工指定，隧道的目的地址根据通过隧道转发的数据包决定。如果 IPv6 数据包的目的地址是 6to4 地址，则从数据包的目的地址中提取出 IPv4 地址作为隧道的目的地址。6to4 隧道最大的缺点是只能使用静态路由或 BGP，这是因为其他路由协议都使用链路本地地址来建立邻居关系和交换路由信息，而链路本地地址不符合 6to4 地址的编址要求，因此不能建立 6to4 隧道。

（4）ISATAP 隧道

ISATAP（Intra-Site Automatic Tunnel Addressing Protocol，站点内自动隧道寻址协议）是另外一种 IPv6 自动隧道技术，也用于将孤立的 IPv6 网络通过 IPv4 网络连接起来。与 6to4 地址类似，ISATAP 地址中也内嵌了 IPv4 地址，这可以使得边界设备很容易地获得建立隧道的目的地址，从而自动创建隧道。但是这两种自动隧道的地址格式不同。6to4 使用 IPv4 地址作为网络 ID，而 ISATAP 用 IPv4 地址作为接口 ID。ISATAP 地址的接口 ID 由 0000:5EFE 和 IPv4 地址（十六进制）构成，其中 0000:5EFE 是一个专用的 OUI，用于标识 IPv6 的 ISATAP 地址，例如，边界设备的 IPv4 地址为 192.168.99.1，则 64 比特的接口 ID 为 0000:5EFE:c0a8:6301。

3．IPv4/IPv6 网络地址转换-协议转换技术

NAT-PT（Network Address Translation-Protocol Translation，网络地址转换-协议转换）是一种 IPv4 网络和 IPv6 网络之间直接通信的过渡方式，也就是说，原 IPv4 网络不需要进行升级改造，所有包括地址、协议在内的转换工作都由 NAT-PT 网络设备来完成。NAT-PT 设备要向 IPv6 网络中发布一个/96 的路由前缀，凡是具有该前缀的 IPv6 包都被送往 NAT-PT 设备。NAT-PT 设备为了支持 NAT-PT 功能，还具有从 IPv6 网络向 IPv4 网络中转发数据包时使用的 IPv4 地址池。此外，通常在 NAT-PT 设备中实现 DNS-ALG（DNS-应用层网关），以帮助提供名称到地址的映射，在 IPv6 网络访问 IPv4 网络的过程中发挥作用。NAT-PT 分为静态 NAT-PT 和动态 NAT-PT。

2.3　配置 IPv6 地址

2.3.1　实验 1：手工配置 IPv6 单播地址

1．实验目的

通过本实验可以掌握：
① 在路由器上配置 IPv6 单播地址的方法。
② 在交换机上启用 IPv6 路由功能的方法。
③ 在交换机上配置 IPv6 单播地址的方法。
④ 通过 EUI-64 方式获得 IPv6 单播地址的方法。
⑤ 手工配置 IPv6 链路本地地址的方法。
⑥ 在计算机上配置 IPv6 单播地址的方法。
⑦ 查看路由器接口 IPv6 配置信息的方法。

2．实验拓扑

手工配置 IPv6 单播地址实验拓扑如图 2-13 所示。

图 2-13　手工配置 IPv6 单播地址实验拓扑

3. 实验步骤

路由器接口的 IPv6 地址可以通过手工静态配置、EUI-64 方式和无状态自动配置等方式获得。本实验中，路由器 R1 的 Gi0/0 接口采用 EUI-64 方式配置 IPv6 地址，其他接口和 PC1 通过手工静态方式配置 IPv6 地址。

（1）配置路由器 R1

```
R1(config)#ipv6 unicast-routing                    //启用 IPv6 单播路由
R1(config)#interface gigabitEthernet0/0
R1(config-if)#ipv6 address 2020:1111::/64 eui-64   //接口通过 EUI-64 方式获得 IPv6 地址
R1(config-if)#no shutdown
R1(config-if)#exit
R1(config)#interface GigabitEthernet0/1
R1(config-if)#ipv6 address 2020:1212::1/64
R1(config-if)#no shutdown
```

（2）配置路由器 R2

```
R2(config)#interface GigabitEthernet0/1
R2(config-if)#ipv6 address 2020:1212::2/64
R2(config-if)#ipv6 address fe80::2 link-local
//配置接口链路本地地址，默认时路由器会自动生成链路本地地址
R2(config-if)#no shutdown
```

（3）配置交换机 S1

```
S1(config)#interface vlan 1
S1(config-if)#ipv6 address 2020:1111::1/64
S1(config-if)#no shutdown
```

【技术要点】

如果在交换机上启用 IPv6 路由功能，首先要进行如下配置：

```
S1(config)#sdm prefer dual-ipv4-and-ipv6 routing   //启用 IPv4 和 IPv6 双栈路由
Changes to the running SDM preferences have been stored, but cannot take effect
until the next reload.    //重新启动交换机后生效
Use 'show sdm prefer' to see what SDM preference is currently active.
S1#show sdm prefer
  The current template is "desktop default" template.   //当前支持默认的 IPv4 路由功能
  The selected template optimizes the resources in the switch to support this level of features for
  8 routed interfaces and 1024 VLANs.
      （此处省略部分输出）
  On next reload, template will be "desktop IPv4 and IPv6 routing" template.
//交换机重新启动后，才能支持 IPv4 和 IPv6 双栈路由功能
S1#reload
S1(config)#ipv6 unicast-routing    //重新启动后才能启用 IPv6 路由
S1#show sdm prefer
  The current template is "desktop IPv4 and IPv6 routing" template.
  The selected template optimizes the resources in the switch to support this level of features for
```

```
        8 routed interfaces and 1024 VLANs.
         （此处省略部分输出）
        number of IPv6 policy based routing aces:        0.25K
        number of IPv6 qos aces:                         0.625K
        number of IPv6 security aces:                    0.5K
```

（4）在计算机 PC1 上配置 IPv6 地址

此处以 Windows 7 操作系统为例说明计算机 PC1 启用 TCP/IPv6 协议栈的步骤：选择桌面上的【网络】图标→右键单击【属性】选项→单击左侧【更改适配器设置】→选择需要启用 TCP/IPv6 协议栈的网卡→右键单击【属性】，在复选框选项中选中【Internet 协议版本 6（TCP/IPv6）】→单击【属性】按钮→在【Internet 协议版本 6（TCP/IPv6）】页面的【常规】选项卡中单击【自动获取 IPv6 地址】单选框→在【IPv6 地址（I）】、【子网前缀长度（U）】和【默认网关（D）】文本框中输入相应的信息，如图 2-14 所示在计算机 PC1 上配置 IPv6 地址。注意，计算机 PC1 的默认网关设置为路由器 R1 的 Gi0/0 接口的链路本地地址。

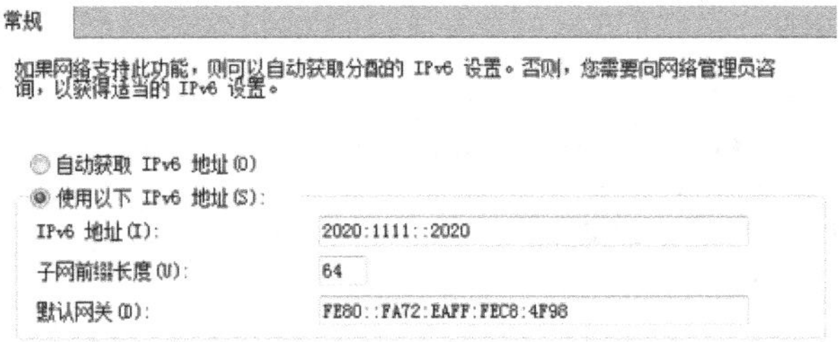

图 2-14 在计算机 PC1 上配置 IPv6 地址

4. 实验调试

（1）查看路由器接口的 IPv6 配置信息

```
R1#show ipv6 interface gigabitEthernet 0/0
GigabitEthernet0/0 is up, line protocol is up
    IPv6 is enabled, link-local address is FE80:: FA72:EAFF:FEC8:4F98
    //本接口启用 IPv6 功能，链路本地地址默认以 FE80::/10 为前缀，通过 EUI-64 方式自动配置，而
    串行接口和环回接口会借用第一个以太网接口的 MAC 地址来生成链路本地地址，而且有可能路由器多个接
    口的链路本地地址相同，所以当 ping 对方的链路本地地址时，需要指定出接口。也可以通过类似命令 ipv6
    address fe80::1 link-local 手工配置接口的链路本地地址，一个接口只能有一个链路本地地址
    No Virtual link-local address(es):
    Global unicast address(es):
        2020:1111::FA72:EAFF:FEC8:4F98, subnet is 2020:1111::/64 [EUI]
    //全球单播地址及子网，该单播地址通过 EUI 方式配置。注意：一个接口下可以配置多个 IPv6 单播地址
    Joined group address(es):           //接口启用 IPv6 功能后会自动加入到一些组播组
    FF02::1                             //表示本地链路上的所有节点
    FF02::2                             //表示本地链路上的所有路由器
    FF02::1:FFC8:4F98   //与本接口链路本地地址和全球单播地址对应的请求节点组播地址
    MTU is 1500 bytes                                     //接口的 MTU
    ICMP error messages limited to one every 100 milliseconds   //ICMPv6 错误消息发送的速率限制
    ICMP redirects are enabled                            //接口启用 ICMPv6 重定向功能
    ICMP unreachables are sent                            //接口可以发送 ICMP 不可达消息
    ND DAD is enabled, number of DAD attempts: 1          //启用重复地址检测，尝试次数为 1
    ND reachable time is 30000 milliseconds (using 30000) //认为邻居的可达时间
```

ND advertised reachable time is 0 (unspecified)
ND advertised retransmit interval is 0 (unspecified)
ND **router advertisements** are sent every 200 seconds　　//RA 发送间隔
ND **router advertisements live** for 1800 seconds　　//RA 生存期
ND advertised default router preference is Medium　　//默认路由器优先级
Hosts use **stateless autoconfig** for addresses.　　//允许主机使用无状态自动配置生成的 IPv6 地址

（2）使用 **ping** 命令测试 IPv6 直连链路的连通性

① ping 路由器 R2 的 Gi0/1 接口地址。

```
R1#ping 2020:1212::2
Type escape sequence to abort.
Sending 5, 100-byte ICMP Echos to 2020:1212::2, timeout is 2 seconds:
!!!!!
Success rate is 100 percent (5/5), round-trip min/avg/max = 1/4/7 ms
```

② ping 交换机 S1 的 VLAN1 的接口地址。

```
R1#ping 2020:1111::1
Type escape sequence to abort.
Sending 5, 100-byte ICMP Echos to 2020:1111::1, timeout is 2 seconds:
!!!!!
Success rate is 100 percent (5/5), round-trip min/avg/max = 0/0/1 ms
```

③ ping 计算机 PC1 的网卡地址。

```
R1#ping 2020:1111::2020
Type escape sequence to abort.
Sending 5, 100-byte ICMP Echos to 2020:1111::2020, timeout is 2 seconds:
!!!!!
Success rate is 100 percent (5/5), round-trip min/avg/max = 0/0/1 ms
```

2.3.2　实验 2：通过 SLAAC 获得 IPv6 地址

1. 实验目的

通过本实验可以掌握：

① SLAAC（Stateless Address Autoconfiguration，无状态地址自动配置）的工作原理和工作过程。

② 路由器和计算机通过 SLAAC 获得 IPv6 地址的方法。

2. 实验拓扑

通过 SLAAC 获得 IPv6 地址实验拓扑如图 2-15 所示。本实验中，计算机 PC1 网卡和路由器 R2 的 Gi0/0 接口的 IPv6 地址通过 SLAAC 方式获得。

图 2-15　通过 SLAAC 获得 IPv6 地址实验拓扑

3. 实验步骤

(1) 配置路由器 R1

```
R1(config)#ipv6 unicast-routing
R1(config)#interface gigabitEthernet0/1
R1(config-if)#ipv6 address 2018:1111::1/64
R1(config-if)#ipv6 address fe80::1 link-local    //配置链路本地地址
R1(config-if)#no shutdown
R1(config-if)#exit
R1(config)#interface gigabitEthernet0/0
R1(config-if)#ipv6 address 2020:1212::1/64
R1(config-if)# no shutdown
```

(2) 在计算机 PC1 上启用 TCP/IPv6 协议栈

在计算机 PC1 上启用 TCP/IPv6 协议栈的步骤和 2.3.1 实验 1 相同，只是在图 2-14 中的【Internet 协议版本 6（TCP/IPv6）】页面的【常规】选项卡中单击【自动获取 IPv6 地址】单选框，然后单击【确定】按钮。

(3) 查看计算机 PC1 的 IPv6 地址

```
C:\>ipconfig /all
以太网适配器 本地连接：
    （此处省略部分输出）
    IPv6 地址 . . . . . . . . . . . . : 2018:1111::c10f:8ab2:cb65:bafd（首选）
    //IPv6 地址，通过收到的前缀 2018:1111/64+本地网卡 MAC 地址使用 EUI-64 方式扩展生成，如
果路由器接口有多个 IPv6 地址，此处就会以相应的前缀自动生成多个 IPv6 地址
    临时 IPv6 地址. . . . . . . . . : 2018:1111::20b9:869c:be61:bb2b（首选）
    //临时 IPv6 地址是 Windows 通过收到的前缀 2018:1111+随机接口 ID 自动生成的，可以在 CMD
下以管理员身份执行 netsh interface ipv6 set privacy state=disable 命令，然后重新启动网卡就不会看到临时
IPv6 地址了
    本地链接 IPv6 地址. . . . . . : fe80::c10f:8ab2:cb65:bafd%5（首选）
    //该网卡的链路本地地址，其中%后面跟的 5 是该网卡的接口标识
    IPv4 地址 . . . . . . . . . . . . : 10.3.24.1（首选）
    子网掩码 . . . . . . . . . . . . : 255.255.255.0
    默认网关. . . . . . . . . . . . : fe80::1%5      //IPv6 默认网关，即路由器 R1 以太网接口 Gi0/1 的链
路本地地址，即使路由器的接口有多个 IPv6 地址，网关都是这个链路本地地址
```

(4) 配置路由器 R2

```
R2(config)#interface gigabitEthernet 0/0
R2(config-if)#ipv6 address autoconfig    //使用 SLAAC 方式配置接口 IPv6 地址、前缀长度和默认网关
```

4. 实验调试

(1) 查看用 RS 和 RA 实现 IPv6 地址自动配置过程

首先在路由器 R1 上开启调试命令 **debug ipv6 nd**，在计算机 PC1 上启用 TCP/IPv6 协议栈后，路由器 R1 会收到 PC1 发送的 RS，然后马上回应 RA，过程如下：

```
R1#debug ipv6 nd
    *May   3 10:02:40.310: ICMPv6-ND: Received RS on GigabitEthernet0/1 from FE80:: C10F:
8AB2:CB65:BAFD   //路由器 R1 从 Gi0/1 接口收到 RS 以及发送 RS 的 PC1 的网卡的链路本地地址
    *May   3 10:02:40.310: ICMPv6-ND: Sending solicited RA on GigabitEthernet0/1
//从 Gi0/1 接口发送 RA
    *May   3 10:02:40.310: ICMPv6-ND: Request to send RA for FE80::1
    *May   3 10:02:40.310: ICMPv6-ND: Setup RA from FE80::1 to FF02::1 on GigabitEthernet0/1
//以上 2 行命令说明 R1 发送以 Gi0/1 接口链路本地地址为源, 以组播地址 FF02::1 为目的 RA 数据包
    *May   3 10:02:40.310: ICMPv6-ND:    MTU = 1500    //MTU 值
    *May   3 10:02:44.310: ICMPv6-ND:        prefix = 2018:1111::/64 onlink autoconfig
//实现 SLAAC 的 IPv6 地址前缀, 如果接口有多个 IPv6 地址, 则发送多个前缀
    *May   3 10:02:44.310: ICMPv6-ND:              2592000/604800 (valid/preferred)
//有效生存期和首选生存期
    *May   3 10:02:44.314: IPV6: source FE80::1 (local)    //发送 RA 的源地址
    *May   3 10:02:44.314:           dest FF02::1 (GigabitEthernet0/1)
     //发送 RA 的目的地址, 即链路上所有节点
    *May   3 10:02:44.314:            traffic class 224, flow 0x0, len 104+0, prot 58, hops 255, originating
//发送 RA 的 IPv6 数据包包头的部分信息, 其中 prot 58 表示数据包类型为 ICMPv6
```

(2) 查看 R2 Gi0/0 接口通过 SLAAC 获得的 IPv6 地址和路由条目

```
① R2#show ipv6 interface brief | section GigabitEthernet0/0
     GigabitEthernet0/0        [up/up]
        FE80::C802:EFF:FEF8:8
        2020:1212::C802:EFF:FEF8:8
//通过收到的前缀 2020:1212/64+接口 MAC 地址使用 EUI-64 方式扩展生成的 IPv6 地址
② R2#show ipv6 route
      (此处省略路由代码部分)
     ND   ::/0 [2/0]
          via FE80::C801:1AFF:FE84:8, GigabitEthernet0/0
     NDp 2020:1212::/64 [2/0]
          via GigabitEthernet0/0, directly connected
     L   2020:1212::C802:EFF:FEF8:8/128 [0/0]
          via GigabitEthernet0/0, receive
```

以上①和②输出表明 R2 的 Gi0/0 接口在通过 SLAAC 获得 IPv6 地址时, 会在路由表中生成 3 条路由条目, 第 1 条是管理距离为 2 的 **ND** 默认路由, 第 2 条是 R1 的 Gi0/0 接口发送 RA 前缀的管理距离为 2 的 **NDp** 路由, 第 3 条是该接口 IPv6 地址的本地(L)路由。

(3) 查看 DAD 工作过程

① 在路由器 R1 的 Gi0/0 接口配置 IPv6 地址 2020:1212::1 后, 显示的 DAD 过程如下:

```
    *May   3 10:09:44.598: IPv6-Addrmgr-ND: DAD request for 2020:1212::1 on GigabitEthernet0/0
//需要对地址 2020:1212::1 进行 DAD
    *May   3 10:09:44.598: ICMPv6-ND: Sending NS for 2020:1212::1 on GigabitEthernet0/0
//从接口 Gi0/0 发送 NS, 源地址为全 0, 目的地址为 2020:1212::1 的节点请求地址
    *May   3 10:09:45.598: IPv6-Addrmgr-ND: DAD: 2020:1212::1 is unique.
//由于没有收到 NA, 由此判断地址唯一
```

② 在路由器 R2 的 Gi0/0 接口上配置相同的 IPv6 地址, R2 开启调试命令 **debug ipv6 nd**, 显示信息如下:

```
    *May   3 10:10:42.374: IPv6-Addrmgr-ND: DAD request for 2020:1212::1 on GigabitEthernet0/0
    //需要对地址 2020:1212::1 进行 DAD
    *May   3 10:10:42.374: ICMPv6-ND: Sending NS for 2020:1212::1 on GigabitEthernet0/0
    //从接口 G0/0 发送 NS，源地址为全 0，目的地址为 2020:1212::1 的节点请求地址
    *May   3 10:10:43.378: ICMPv6-ND: Received NA for 2020:1212::1 on GigabitEthernet0/0 from
2020:1212::1
    //收到 NA，表明链路上其他接口配置了相同的 IPv6 地址
    *May   3 10:10:43.378: %IPV6_ND-4-DUPLICATE: Duplicate address 2020:1212::1 on
GigabitEthernet0/0
    //判断 2020:1212::1 地址重复
```

（4）链路地址解析过程

① 在路由器 R1 上 ping 2020:1212::2（路由器 R2 的 Gi0/0 接口的 IPv6 地址改为静态配置），链路层地址解析过程显示如下：

```
    R1#ping 2020:1212::2
    Type escape sequence to abort.
    Sending 5, 100-byte ICMP Echos to 2020:1212::2, timeout is 2 seconds:
    !!!!
    Success rate is 100 percent (5/5), round-trip min/avg/max = 1/1/4 ms
    *May   3 11:10:02.634: ICMPv6-ND: DELETE -> INCMP: 2020:1212::2
    //在 IPv6 邻居表中，2020:1212::2 表项状态从 DELETE→INCMP（Incomplete），该状态表明正在进行链路层地址解析
    *May   3 11:10:02.634: ICMPv6-ND: Sending NS for 2020:1212::2 on GigabitEthernet0/0
    //发送 NS 到目标地址相关联的节点请求地址
    *May   3 11:10:02.634: ICMPv6-ND: Resolving next hop 2020:1212::2 on interface
GigabitEthernet0/0
    //解析链路层地址
    *May   3 11:10:02.638: ICMPv6-ND: Received NA for 2020:1212::2 on GigabitEthernet0/0 from
2020:1212::2
    //收到对方发送的 NA
    *May   3 11:10:02.638: ICMPv6-ND: Neighbour 2020:1212::2 on GigabitEthernet0/0 : LLA
ca02.0ef8.0008
    //获得对方的 MAC 地址
    *May   3 11:10:02.638: ICMPv6-ND: INCMP -> REACH: 2020:1212::2
    //IPv6 地址 2020:1212::2 对应的链路层地址解析成功，状态变为可达
```

② 查看 IPv6 的邻居表。

```
    R1#show ipv6 neighbors
    IPv6 Address                    Age      Link-layer Addr        State         Interface
    2020:1212::2                    0        ca02.0ef8.0008         REACH         Gi0/0
    FE80::C802:EFF:FEF8:8           0        ca02.0ef8.0008         REACH         Gi0/0
```

以上显示的内容类似 IPv4 的 ARP 表，显示了邻居的 IPv6 地址、链路层地址和状态等信息。可以通过命令 **clear ipv6 neighbors** 清除该表项动态产生的条目，也可以通过下面命令添加静态表项，该表项会一直存在邻居表中。

```
    R1(config)#ipv6 neighbor 2014:1313::3 GigabitEthernet 0/0 0023.3364.4fca
```

【技术要点】

IPv6 邻居节点的状态包括如下几种：

① Incomplete（未完成）：邻居请求（NS）已经发送，在等待邻居发送的邻居通告（NA），该状态表示正在解析地址，但邻居链路层地址尚未确定。

② Reachable（可达）：已经收到邻居的 NA，邻居可达。该状态表示地址解析成功，获得了邻居链路层地址。

③ Stale（陈旧）：自收到上一次可达性确认后链路闲置了 30 秒（默认），表示可达时间（Reachable Time）到达，现在不能确定邻居是否可达。

④ Delay（延时）：对处于 Stale 状态的邻居发送 1 个数据包，邻居的状态切换至 Delay，默认 5 秒内，若有 NA 应答或者来自对方应用层的提示信息，则从 Delay 状态切换为 Reachable 状态；否则由 Delay 状态切换为 Probe 状态。

⑤ Probe（探测）：该状态下每隔 1 秒（默认）发送一次 NS，连续发送 3 次，有应答则切换至 Reachable 状态，无应答则切换至 Empty 状态，即删除表项条目。

⑥ Empty（空闲）：没有邻居节点的缓存表项。

第 3 章　路由和交换原理

路由器和交换机是组建网络时最常见的设备。对于网络技术专业人员而言，掌握路由和交换技术的基本原理以及路由器和交换机的基本配置尤为重要。交换机是局域网中最重要的设备，用于将同一网络中的多个设备连接起来，交换机基于 MAC 地址进行工作。路由器将不同的网络连接起来，负责不同网络之间的数据包传送，路由器使用路由表来确定转发数据包的最佳路径。本章首先介绍路由器组件、路由器启动过程和路由决策过程等内容，然后介绍交换机启动过程、交换机类型、交换原理、交换机转发数据包的方法和交换网络层次结构等内容，最后通过实验详细介绍路由器路由数据包的过程、交换机交换数据包的过程，以及路由器和交换机的密码恢复步骤。

3.1　路由原理概述

3.1.1　路由器组件

路由器是一台特殊用途的计算机，它的主要功能是确定发送数据包的最佳路径并将数据包转发到目的地。路由器包括 CPU（Central Processing Unit，中央处理器）、RAM（Random Access Memory，随机存取存储器）、Flash（闪存）、NVRAM（Non-Volatile RAM，非易失性随机存取存储器）、ROM（Read Only Memory，只读存储器）和类型丰富的接口等组件，但是没有键盘、鼠标和显示器等组件。路由器各个组件及其作用如下所述。

① CPU：执行操作系统指令，如系统初始化、路由功能和交换功能等。

② RAM：也称为内存，用来存储 CPU 所需执行的指令和数据。如路由器运行的配置文件、IP 路由表、ARP 表等都存储在 RAM 中，路由器重新启动或断电，RAM 中的内容会丢失。

③ Flash：用来存储 IOS 映像文件，可以以电子的方式存储和擦除。在大多数型号的 Cisco 路由器中，IOS 映像文件存储在 Flash 中，路由器启动时会解压到 RAM 中运行。路由器重新启动或断电，Flash 中的内容不会丢失。

④ NVRAM：用来存储启动配置文件（startup-config）。路由器配置和更改的信息都存储在 RAM 中运行的配置文件（running-config）中，并由 IOS 立即执行。为了防止路由器重新启动或断电配置文件丢失，必须将配置文件保存到 NVRAM 中，存储文件名默认为 startup-config。路由器重新启动或断电，NVRAM 不会丢失存储在其中的内容。

⑤ ROM：Cisco 设备使用 ROM 来存储引导程序（Bootstrap）、基本诊断软件和有限功能 IOS 映像文件等。ROM 使用的是固件，即内嵌于集成电路中的软件。固件中包含一般不需要修改或升级的软件，如启动指令等。路由器断电或重新启动，ROM 中的内容不会丢失。升级固件一般需要更换芯片。

⑥ 管理端口：管理端口主要有控制台（Console）端口、Mini-B USB 控制台端口和辅助

（AUX）端口。控制台端口用于连接终端（即运行终端模拟器软件的计算机）。在对路由器进行初始配置时，必须使用控制台端口。辅助端口的使用方式与控制台端口类似，此端口通常用于连接调制解调器。

⑦ 网络接口：路由器可以用多个接口连接不同的网络，不同路由器提供的可使用接口数量可能不同。路由器上常见的接口是以太网接口和串行接口。

⑧ 链路指示灯：大多数网络接口在模块旁配有一个或两个 LED 链路指示灯。通常，绿色 LED 表示连接正常，而呈绿色闪烁的 LED 表示链路处于活动状态。如 2911 路由器的千兆位以太网接口的 L（Link）指示灯表示链路是否处于活动状态，S（Speed）指示灯表示接口的运行速率，其闪烁和暂停的频率代表运行速率。又比如当控制台旁边的 EN 指示灯为绿色时，表示连接正常。

3.1.2 路由器启动过程

路由器启动过程主要分为以下 3 个阶段，如图 3-1 所示。

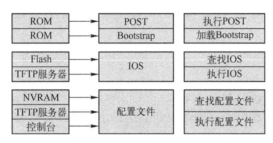

图 3-1 路由器启动过程

1．执行开机自检和加载引导程序

POST（Power-On Self Test，开机自检）过程用于检测路由器硬件。当路由器加电时，ROM 芯片上的软件会执行 POST 程序进行诊断，诊断主要针对 CPU、RAM 和 NVRAM 等在内的硬件组件。POST 完成后，路由器将执行引导（Bootstrap）程序。引导程序的主要任务是查找 IOS 映像文件并将其加载到 RAM 中。

2．查找并加载 IOS

IOS 映像文件通常存储在 Flash 中，也可能存储在 TFTP 服务器上。找到 IOS 映像文件后，开始加载，在 IOS 映像文件解压缩过程中会看到一串#号。路由器寻找 IOS 映像的顺序，还取决于配置寄存器（Configuration Register）的启动域以及其他的设置（如用 boot system 命令可以指定查找 IOS 的顺序）。配置寄存器是一个 2 字节的寄存器，低 4 位就是启动域，不同的值代表从不同的位置查找 IOS，默认时寄存器值为 0x2102，即启动域的值为 2。默认情况下路由器首先从 Flash 中查找 IOS，然后查找 TFTP 服务器。如果不能找到 IOS 映像文件，路由器会进入 ROM 监控（rommon）模式。

3．查找并加载配置文件

IOS 映像文件加载成功后，引导程序会搜索 NVRAM 中的启动配置文件。如果启动配置文件位于 NVRAM 中，路由器会将其复制到 RAM 中作为运行配置文件并执行。如果 NVRAM 中不存在启动配置文件，或者配置寄存器值被设置为 0x2142，路由器会提示是否进入设置（setup）模式。设置模式包含一系列交互式问题，提示用户输入一些基本的配置信息。设置模式不适合复杂的路由器配置，网络管理员一般不会使用该模式，通过【CTRL】+【C】组合键可以退出设置模式。

3.1.3　路由器转发数据包机制

路由器转发数据包机制包括以下 3 种。

1．进程交换

进程交换是一种较早版本的数据包转发机制，当数据包到达路由器某个接口时，将其转发到控制平面，在控制平面上 CPU 将目的地址与其路由表中的条目进行匹配，然后确定送出接口并转发数据包。路由器会对每个数据包执行此操作，也就是说每个数据包都必须由 CPU 单独处理，即使数据流的源 IP 地址和目的 IP 地址相同，因此进程交换机制效率低下，在现代网络中很少使用。

2．快速交换

快速交换也称为基于流（Flow-Based）的交换，这是一种常见的数据包转发机制，使用快速交换缓存来存储下一跳信息。当数据包到达路由器某个接口时，将被转发到控制平面，在控制平面上 CPU 将在快速交换缓存中搜索匹配项。如果不存在匹配项，则对数据包采用进程交换并将其转发到送出接口，整个数据流信息同时会被存储到快速交换缓存中。如果去往同一目的地的另一个数据包到达路由器接口，则缓存中的下一跳信息可以重复使用，无须 CPU 干预。但有一点需要注意，IP 路由表的改变会使快速交换缓存无效，在路由不断变化的网络环境中，快速交换的优点将受到很大抑制。

3．Cisco 快速转发

Cisco 快速转发（Cisco Express Forwarding，CEF）也称为基于拓扑（Topology-Based）的交换，是 Cisco 路由器首选使用的数据包转发机制。CEF 将构建转发信息库（Forwarding Information Base，FIB）和邻接表（Adjacency Table）。FIB 和路由表是同步的，是 CPU 根据路由表进行递归查找而生成的，当网络中路由或拓扑结构发生变化时，IP 路由表就被更新，而这些变化也将反映在 FIB 中，尤为关键的是 FIB 的查询由硬件执行，查询速度快得多。邻接表和 ARP 表类似，主要放置了二层重写时需要的封装信息。FIB 和邻接表在数据转发之前就已经准备好了，这样一有数据要转发，路由器就能直接利用它们进行数据转发和封装，不需要查询路由表和发送 ARP 请求，所以路由效率大大提高。

3.1.4　路由决策

路由是指把数据包从源发送到目的地的行为和动作，而路由器是执行这种行为和动作的设备。当路由器从某个接口收到 IP 数据包时，它会确定使用哪个接口将该数据包转发到目的地。因此路由器转发数据包的行为包括确定数据包的最佳路径和将数据包转发到目的地。路由器使用路由表来确定转发数据包的最佳路径。当路由器收到数据包时，它会检查其目的 IP 地址，并在路由表中搜索最佳匹配的网络地址，一旦找到匹配条目，路由器就会将与出接口相对应的数据链路层信息重新封装到 IP 数据包中进行转发。数据链路层的帧可以是以太帧、PPP 帧或 HDLC 帧等，数据链路封装取决于路由器接口的类型及其连接的介质类型。

路由器路由数据包的过程如图 3-2 所示。数据包从计算机 A 到达服务器 B 的过程如下：当主机 A 要发送 IP 数据包给服务器 B 时，将 IP 数据包先按照以太网帧格式进行封装，然后发送到默认网关，即路由器 R1，R1 从 Gi0/0 接口收到该以太网帧后，首先将数据包解封装（删除二层帧头和帧尾信息），然后 R1 使用数据包的目的 IP 地址在路由表中搜索，查找匹配的网络地址。R1 在其路由表中找到目的网络地址后，确定出接口为 Se0/0/0，R1 将数据包重新封装（二层重写）到 PPP 帧中，然后将数据包转发到 R2。R2 接着执行和上述类似的过程，数据包最后到达服务器 B。在数据包传递的整个过程中，二层信息被重写，但是三层 IP 信息保持不变。

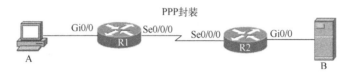

图 3-2　路由器路由数据包的过程

3.2　交换原理概述

3.2.1　交换机启动顺序

Cisco 交换机加电之后，启动顺序如下。

① 交换机将加载存储在 ROM 中的加电自检（POST）程序。POST 会检查 CPU 子系统。它会测试 CPU、RAM 以及构成闪存文件系统的闪存设备部分。

② 交换机加载启动加载程序。启动加载程序是存储在 ROM 中并在 POST 成功完成后立即运行的程序。

③ 启动加载程序，执行低级 CPU 初始化。启动加载程序初始化 CPU 寄存器，寄存器控制物理内存的映射位置、内存量以及内存速度。

④ 启动加载程序初始化系统主板上的闪存文件系统。

⑤ 加载 IOS 映像文件。交换机将 IOS 映像文件加载到内存中并启动交换机。首先交换机尝试使用 Boot 环境变量中的信息自动启动。如果没有设置此变量，启动加载器首先在 Flash 中与 Cisco IOS 映像文件同名的目录中查找交换机上的映像文件，如果在该目录中未找到，则启动加载器软件搜索每一个子目录，然后继续搜索原始目录。如果没有找到 IOS 文件，则进入 switch:模式。比如因误删除 IOS 文件等原因，此时需要通过 XMODEM 方式恢复 IOS。

⑥ 加载配置文件。交换机在 Flash 中查找配置文件 config.text 并加载。如果没有找到配置文件，则提示是否进入设置（setup）模式。

Cisco 交换机前面板的左侧有 Mode 按钮和几个状态 LED 指示灯。不同型号和功能的交换机将具有不同的 LED，而且在交换机前面板上的位置可能不同。其中 Mode 按钮用于在端口状态、端口双工、端口速度和端口 PoE 状态之间进行切换。常见的指示灯如下所述。

① 系统（SYST）LED：显示系统是否通电以及是否正常工作。
② 冗余电源系统（Redundant Power System，RPS）LED：显示冗余电源系统状态。
③ 端口状态（STAT）LED：当端口状态 LED 为绿色时，表示选择了端口状态模式。此模式为默认模式。
④ 端口双工（DUPLEX）LED：当端口双工 LED 为绿色时，表示选择了端口双工模式。
⑤ 端口速度（SPEED）LED：表示选择了端口速度模式。
⑥ 以太网供电（PoE）模式 LED：如果交换机支持 PoE 功能，则存在 PoE 模式 LED。

3.2.2 交换机类型

根据交换机端口的带宽，交换机可分为对称交换机和非对称交换机两类。在对称交换中，交换机端口的带宽相同；在非对称交换中，交换机端口的带宽不相同。非对称交换使更多带宽能专用于连接服务器或者上行链路交换机的端口，以防止产生带宽瓶颈。

在选择交换机设备时企业需要考虑的一些常见因素包括成本、端口密度、冗余电源和 POE 功能、可靠性、端口速度、帧缓冲区及可扩展性等。同时，在选择交换机类型时，网络设计人员必须选择使用固定配置或模块化配置以及堆叠式或非堆叠式交换机。常见的交换机类型如下。

① 固定配置交换机：不支持除交换机出厂配置以外的功能或选件，具体的型号决定了可用的功能和选件。
② 模块化配置交换机：模块化配置交换机配置较灵活，通常有不同尺寸的机箱，允许安装不同数目的模块化板卡。
③ 可堆叠配置交换机：可以使用专用堆叠线缆进行互连，线缆可在交换机之间提供宽带宽的吞吐能力。

3.2.3 交换原理

从传统概念来讲，交换机是二层（数据链路层）设备，基于收到的数据帧中的源 MAC（Media Access Control）地址和目的 MAC 地址进行工作，具有每个端口享用专用的带宽、隔离冲突域、实现全双工操作等优点。当然现在三层交换机使用也非常普及。交换机的作用主要有两个：一是维护内容可寻址存储器（Context Address Memory，CAM）表，该表是 MAC 地址、交换机端口以及端口所属 VLAN 的映射表；二是根据 CAM 表来进行数据帧的转发。对于收到的每个数据帧，交换机都会将数据帧头中的目的 MAC 地址与 MAC 地址表中的地址列表进行比对，如果找到匹配项，表中与 MAC 地址匹配的端口号将被用作数据帧的转发出端口。交换机采用以下 5 种基本操作来完成交换功能。

① 学习：当交换机从某个接口收到数据帧时，交换机会读取数据帧的源 MAC 地址，并在 MAC 地址表中填入该 MAC 地址及其对应的端口。
② 过期：通过学习获取的 MAC 地址表条目具有时间戳，此时间戳用于从 MAC 地址表中删除旧的条目。当某个条目在 MAC 地址表中创建之后，就会使用其时间戳作为起始值开始递减计数。计数值到 0 后，条目被删除，也称为老化。交换机如果从相同端口接收同一源 MAC 地址的帧时，将会刷新 MAC 地址表中的该条目，即重新计时。Cisco 交换机 MAC 地址表条目的老

化时间默认为 300 秒。

③ 泛洪：如果目的 MAC 地址不在 MAC 地址表中，交换机不知道向哪个端口发送数据帧，此时它会将数据帧发送到除接收端口以外的处于同一 VLAN 的所有其他端口，这个过程称为未知单播数据帧泛洪。泛洪还用于发送目的地址为广播或者组播 MAC 地址的数据帧。

④ 转发：转发是指当计算机发送数据帧到交换机时，交换机检查数据帧的目的 MAC 地址，当 MAC 地址表中有相应的表项时，将收到的数据帧从对应的端口转发出去。

⑤ 过滤：在某些情况下，数据帧不会被转发，此过程称为数据帧过滤。前面已经描述了过滤的使用条件：交换机不会将收到的数据帧转发到接收该数据帧的端口。另外，交换机还会丢弃损坏的数据帧，例如，数据帧没有通过循环冗余码校验（Cyclic Redundancy Check，CRC）检查，就会被丢弃。

3.2.4 交换机转发数据包方法

以太网交换机转发数据帧的方法有如下 3 种。

1．存储（Store-and-Forward）转发

存储转发方式是先接收后转发的方式。它把从交换机端口接收的数据帧先全部接收并缓存，然后进行 CRC 检查，把错误数据帧丢弃（例如，如果数据帧太短，小于 64 字节；或者太长，大于 1518 字节；或者数据传输过程中出现了错误，都将被丢弃），最后才取出数据帧的目的地址，查找 MAC 地址表后进行过滤和转发。存储转发方式的延时与数据帧的长度成正比，数据帧越长，接收整个数据帧所花费的时间越多，延时越大，这是它的不足。但是它可以对进入交换机的数据帧进行高级别的错误检测。这种方式可以支持不同速度的端口间的转换，保持高速端口与低速端口间的协同工作。

2．直通（Cut-Through）转发

交换机在输入端口检测到一个数据帧时，检查该数据帧的帧头，只要获取了数据帧的目的 MAC 地址，就开始转发数据帧。它的优点是开始转发前不需要读取整个完整的数据帧，延时非常小，交换过程非常快。它的缺点是因为数据帧的内容没有被交换机缓存下来，所以无法检查所传送的数据帧是否有误，不能提供错误检测能力。

3．无碎片（Fragment-Free）转发

这是改进后的直接转发方式，是介于前两者之间的一种转发方法。由于在正常运行的网络中，冲突大多发生在 64 字节之前，所以无碎片方法在读取数据帧的前 64 字节后，就开始转发该数据帧。这种方式也不提供数据校验，它的数据处理速度虽然比直接转发方式慢，但比存储转发方式快许多。

从上述 3 种交换方法可以看出，交换机的数据转发延时和错误率取决于采用何种交换方法。存储转发方式的延时最大，无碎片转发方式次之、直通转发方式最小；然而存储转发方式的帧错误率最小，无碎片转发方式次之、直通转发方式最大。在采用何种交换方法上，需要折中考虑。现在，许多交换机可以做到在正常情况下采用直通转发方式，而当数据的错误率达到一定程度时，自动转换为存储转发方式。

3.2.5 交换网络层次结构

在企业园区网中采用分层网络设计更容易管理和扩展网络，排除故障也更迅速。典型的分层设计模型可分为接入层、分布层和核心层。在中小型网络中，通常采用紧缩型设计，即分布层和核心层合二为一，各层描述如下。

1. 接入（Access）层

接入（Access）层负责连接终端设备（如 PC、无线接入点和 IP 电话等）以提供对网络中其他部分的访问。接入层的主要目的是提供一种将设备连接到网络中并控制允许网络上的哪些设备间进行通信的方法。接入层设备通常是二层交换机，如 Cisco 的 29 系列交换机。

2. 分布层（Distribution）

分布层（Distribution）先汇聚接入层交换机发送的数据，再将其传输到核心层，最后发送到最终目的地。分布层使用策略控制网络的通信流量并通过在接入层定义的虚拟 LAN（VLAN）之间执行路由功能来划定广播域。利用 VLAN，可以将交换机上的流量分成不同的网段，置于互相独立的子网内。分布层设备通常是三层交换机，如 Cisco 的 35、36、37 和 38 等系列交换机。

3. 核心（Core）层

核心层汇聚所有分布层设备发送的流量。保持高可用性和高冗余性非常重要，因为它必须能够快速转发大量的数据。核心层设备通常也是三层交换机，如 Cisco 的 65 等系列交换机。

三层交换机通常部署在交换网络的核心层和分布层，它的特点是能够构建路由表，支持一些路由协议并转发 IP 数据包，其转发速率接近二层转发速率。三层交换机支持专用硬件，如专用集成电路（Application Specific Integrated Circuit，ASIC）。ASIC 与专用软件数据结构配合使用可简化与 CPU 无关的 IP 数据包的转发。

3.3 理解路由和交换原理

3.3.1 实验 1：理解路由器路由数据包过程

1. 实验目的

通过本实验可以掌握：
① IP 路由原理和路由决策过程。
② 数据包封装和解封装概念。
③ 路由器路由和交换过程。
④ ping 命令原理和执行过程。

2. 实验拓扑

路由器路由数据包过程实验拓扑如图 3-3 所示，设备接口地址信息如表 3-1 所示。

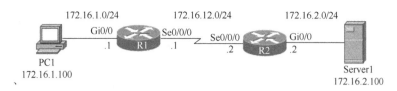

图 3-3 路由器路由数据包过程实验拓扑

表 3-1 图 3-3 设备接口地址信息

设 备 名 称	接 口 名 称	二 层 地 址	三 层 地 址	网 关
路由器 R1	Gi0/0	0090.0c42.7b01	172.16.1.1	—
	Se0/0/0	—	172.16.12.1	—
路由器 R2	Gi0/0	00d0.ba97.d101	172.16.2.2	—
	Se0/0/0	—	172.16.12.2	—
PC1	网卡	0060.3E37.BC77	172.16.1.100	172.16.1.1
Server1	网卡	0060.702B.C127	172.16.2.100	172.16.2.2

本实验强烈建议利用 Cisco Packet Tracer 软件完成，可以清晰查看数据包的结构。本实验的配置在后续章节中介绍，此处只注重路由器对数据包封装、解封装和转发过程。本实验就是在 Cisco Packet Tracer 7.2.1 环境下完成的，假设所有计算机和路由器的 ARP 表为空。提示：计算机可以使用 **arp –d** 命令清空 ARP 缓存表项，路由器可以使用 **clear arp** 命令清空 ARP 缓存表项。

3．实验步骤

数据包从计算机 PC1 到达服务器 Server1 的工作过程如下所述。

① 在计算机 PC1 上执行 ping 172.16.2.100 命令，此时 PC1 首先判断目的 IP 地址和本机 IP 地址不在同一个网段，于是向网关（172.16.1.1）发送 ARP 请求包，此数据包为二层广播包，二层地址信息如下：

源 MAC 地址	目的 MAC 地址	类型
0060.3E37.BC77	FFFF.FFFF.FFFF	0x0806

路由器 R1 收到 ARP 请求包后，以单播方式回复 ARP 应答包，二层地址信息如下：

源 MAC 地址	目的 MAC 地址	类型
0090.0c42.7b01	0060.3E37.BC77	0x0806

计算机 PC1 收到路由器 R1 回复的 ARP 应答包后，更新自己的 ARP 表，此时 PC1 的 ARP 表如下：

```
C:\>arp -a
Internet Address      Physical Address      Type
172.16.1.1            0090.0c42.7b01        dynamic
```

【技术要点】

在实际应用环境中，当路由器的 Gi0/0 接口启动后，会主动发送 Gratuitous ARP（免费

ARP）请求包，处于同一网段的计算机收到该数据包后，就会更新自己的 ARP 缓存表；当计算机网卡启动时，会主动周期性发送 ARP 请求，以便获得网关的 MAC 地址，因此上述①的过程实际是自动完成的，不需要用户发送数据包来触发。

② 计算机 PC1 收到路由器 R1 的 ARP 应答包后，可以进行以太网封装，地址信息如下：

源 MAC 地址	目的 MAC 地址	类型	源 IP 地址	目的 IP 地址	协议
0060.3E37.BC77	0090.0c42.7b01	0x0800	172.16.1.100	172.16.2.100	0x01

③ 计算机 PC1 将该数据包送到默认网关，即路由器 R1，R1 从 Gi0/0 接口收到该数据包后，将数据包解封装（删除二层帧头和帧尾），然后路由器 R1 使用数据包的目的 IP 地址 172.16.2.100 在路由表中搜索，查找匹配的路由条目。在路由表中找到匹配的目的网络地址后，确定出接口为 Se0/0/0，R1 将数据包重新封装（二层重写）到 PPP 帧中，然后将数据包转发到路由器 R2，地址信息如下：

PPP 地址	类型	源 IP 地址	目的 IP 地址	协议
0xFF	0x0021	172.16.1.100	172.16.2.100	0x01

④ 路由器 R2 收到 R1 发送的数据包后，将数据包解封装（删除二层帧头和帧尾），路由器 R2 使用数据包的目的 IP 地址 172.16.2.100 在路由表中搜索，查找匹配的路由条目。在路由表中找到目的网络地址后，发现目的主机位置和自己直连的 Gi0/0 接口网络相同，此时如果路由器 R2 的 ARP 表中没有 172.16.2.100 对应的 ARP 缓存，就发送 ARP 请求包，以便获得 Server1 网卡的 MAC 地址信息，地址信息如下：

源 MAC 地址	目的 MAC 地址	类型
00d0.ba97.d101	FFFF.FFFF.FFFF	0x0806

⑤ Server1 收到路由器 R2 发送的 ARP 请求包后，更新自己的 ARP 表，此时 Server1 的 ARP 表如下：

```
C:\>arp -a
Internet Address      Physical Address      Type
172.16.2.2            00d0.ba97.d101        dynamic
```

⑥ Server1 收到路由器 R2 发送的 ARP 请求包后会以单播方式回复 ARP 应答包，地址信息如下：

源 MAC 地址	目的 MAC 地址	类型
0060.702B.C127	00d0.ba97.d101	0x0806

⑦ 路由器 R2 收到 Server1 回复的 ARP 应答包后，更新自己的 ARP 表，此时路由器 R2 可以对数据包进行重新封装（二层重写），然后将数据包转发到服务器 Server1，地址信息如下：

源 MAC 地址	目的 MAC 地址	类型	源 IP 地址	目的 IP 地址	协议
00d0.ba97.d101	0060.702B.C127	0x0800	172.16.1.100	172.16.2.100	0x01

⑧ Server1 收到数据包后，继续执行和上述类似的过程，数据包最后到达 PC1，完成一次 ping 过程。

以上过程表明，在数据包从计算机 PC1 到达服务器 Server1 的整个传递过程中，二层地址信息会被重写，但是三层 IP 地址信息保持不变。

3.3.2 实验 2：理解交换机交换数据包过程

1．实验目的

通过本实验可以掌握：
① 交换机工作原理和 MAC 地址表构建过程。
② 广播和未知单播的概念和含义。
③ MAC 地址表结构。
④ ping 命令原理和执行过程。

2．实验拓扑

交换机交换数据包过程实验拓扑如图 3-4 所示。

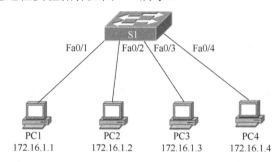

图 3-4　交换机交换数据包过程实验拓扑

本实验使用 Cisco Packet Tracer 7.2.1 软件完成，通过该软件的数据包跟踪功能既可以清晰查看数据包的结构又可以理解数据包的传递过程。交换机选择的是 Cisco 的 2960 交换机，实验初始环境假设所有计算机的 ARP 表为空，交换机的 MAC 地址表也为空。提示：计算机可以使用 **arp –d** 命令清空 ARP 缓存表项，交换机可以使用 **clear mac-address-table** 命令清空 MAC 地址表。

3．实验步骤

为了能够一步一步跟踪数据包转发过程，请点击 Packet Tracer 软件窗口右下角的【Simulation】按钮，窗口右侧会出现【Simulation Panel】浮动窗口，Simulation 工作模式如图 3-5（a）所示，可以点击图中 |◄、►、►| 按钮来实现数据包跟踪功能，其中 |◄ 表示返回上一步数据包跟踪过程，► 表示自动完成数据包跟踪过程，►| 表示进行下一步数据包跟踪，通过 ►| 按钮，可以一步一步查看数据包从一台设备到达下一台设备的过程。在数据包跟踪过程中，随时双击类似信封一样的数据包图标，可以查看进入和流出网络设备数据包结构，如图 3-5（b）所示。Packet Tracer Simulation 工作模式与进入和流出网络设备数据结构如图 3-5 所示。

① 在计算机 PC1 上执行 **ping 172.16.1.4** 命令，此时 PC1 首先判断目的 IP 地址和本机 IP 地址在同一个网段，但是自己的 ARP 表项为空，因此需要获得 PC4 网卡的 MAC 地址，于是

PC1 发送 ARP 请求包，此数据包为二层广播包，交换机收到该广播包后，将 PC1 的 MAC 地址和连接接口对应关系添加到 MAC 地址表中，计算机 PC1 发送 ARP 请求包以及交换机填充 MAC 地址表的过程如图 3-6 所示。

（a） Simulation 工作模式

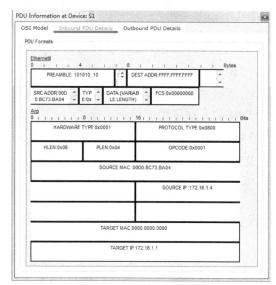
（b）进入和流出网络设备数据包结构

图 3-5　Packet Tracer Simulation 工作模式与进入和流出网络设备数据包结构

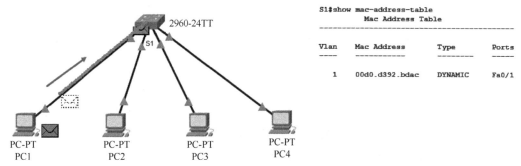

图 3-6　计算机 PC1 发送 ARP 请求包以及交换机填充 MAC 地址表的过程

② 交换机收到该 ARP 广播包后，向除收到该数据包接口外的所有接口转发，计算机 PC2 和 PC3 会直接丢弃该 ARP 广播包，计算机 PC4 以单播方式回复 ARP 应答包，同时更新自己的 ARP 表，交换机处理 ARP 请求包以及 PC4 回复 ARP 应答包的过程如图 3-7 所示。

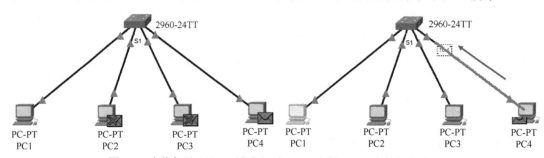

图 3-7　交换机处理 ARP 请求包以及 PC4 回复 ARP 应答包的过程

此时 PC4 的 ARP 表如下：

```
C:\>arp -a
    Internet Address      Physical Address      Type
    172.16.1.1            00d0.d392.bdac        dynamic
```

③ 交换机收到 PC4 发送的 ARP 响应包后，首先将 PC4 的 MAC 地址和连接接口对应关系添加到 MAC 地址表中，同时在 MAC 地址表中查找相关条目，发现是发向 PC1 的 MAC 地址的数据包，于是从 Fa0/1 接口将数据包转发出去，交换机填充 MAC 地址表以及转发 PC4 发送的 ARP 应答包的过程如图 3-8 所示。此时交换机 S1 的 MAC 地址表中有两条记录，分别对应 PC1 和 PC4 的 MAC 地址及其与 S1 连接的接口。

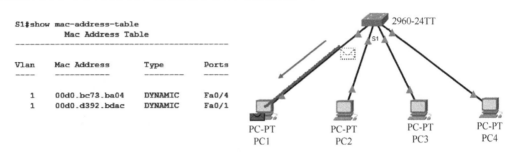

图 3-8 交换机填充 MAC 地址表以及转发 PC4 发送的 ARP 应答包的过程

④ 计算机 PC1 收到 PC4 发送的 ARP 应答包后，首先更新自己的 ARP 表，然后开始发送 ICMP Echo 请求数据包，此时 PC1 的 ARP 表如下：

```
C:\>arp -a
    Internet Address      Physical Address      Type
    172.16.1.4            00d0.bc73.ba04        dynamic
```

⑤ 图 3-9 显示了计算机 PC1 和 PC4 发送 ICMP 数据包以及交换机转发过程。交换机收到 PC1 发送的 ICMP Echo 请求数据包后，在 MAC 地址表中查找相关条目，发现是发向 PC4 的 MAC 地址的数据包，于是从 Fa0/4 接口将数据包转发出去。交换机处理 ICMP Echo 请求的过程如图 3-9（a）。计算机 PC4 收到 PC1 发送的 ICMP Echo 请求数据包后，发送 ICMP Echo 应答数据包，交换机收到 PC4 发送的 ICMP Echo 应答数据包后，查找 MAC 地址表，发现是发向 PC1 的 MAC 地址的数据包，于是从 Fa0/1 接口将数据包转发出去。交换机处理 ICMP Echo 应答的过程如图 3-9（b）所示。

计算机 PC1 收到 ICMP Echo 应答数据包后，就完成了 PC1 ping PC4 的一次完整过程。此时可以点击图 3-5 中的【Reset Simulation】按钮来结束本次调试。

⑥ 在交换机上执行 **clear mac-address-table** 命令清除 MAC 地址表，此时计算机 PC1 和 PC4 的 ARP 表项仍然存在，均包含对方的 IP 地址和 MAC 地址的对应关系。在计算机 PC1 上执行 **ping 172.16.1.4** 命令，ICMP Echo 请求数据包达到交换机后，交换机将 PC1 的 MAC 地址和连接接口对应关系添加到 MAC 地址表中，同时在 MAC 地址表中查找相关条目，但是此时交换机的 MAC 地址表只有一条关于 PC1 的条目，并没有包含关于 PC4 的 MAC 地址的条目，于是交换机向除收到该数据包接口外的所有接口转发，这就是未知单播数据帧泛洪，交换机转发未知单播数据帧的过程如图 3-10 所示。当然计算机 PC2 和 PC3 会直接丢弃该数

据包，只有计算机 PC4 会接收、处理该数据包并发送 ICMP Echo 应答数据包，一旦交换机 S1 的 MAC 地址表中包含数据帧目的 MAC 地址所对应的表项，就不会再泛洪数据帧了，也就是说 S1 收到后续的 ICMP 数据包后直接在 MAC 地址表中查找相关条目并据此转发数据包。

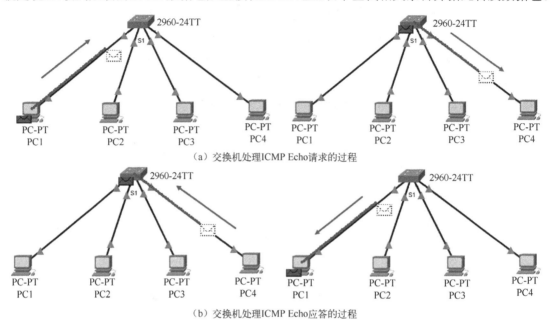

图 3-9　计算机 PC1 和 PC4 发送 ICMP 数据包以及交换机转发过程

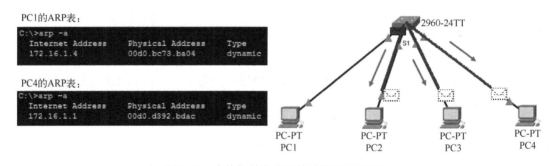

图 3-10　交换机转发未知单播数据帧的过程

通过以上的实验演示，相信读者会进一步加深对交换机工作原理的理解。

【技术要点】

交换机的工作原理总结和提炼如下。

① 交换机基于源 MAC 地址学习来构建 MAC 地址表。
② 交换机基于目标 MAC 地址进行匹配并转发数据包。
③ 交换机从同一接口可以学习到多条 MAC 地址表项。
④ 如果计算机同一个 MAC 地址被交换机多个接口学习到，交换机会选择后学习到的接口来构建 MAC 地址表项。
⑤ 对于收到的未知单播数据帧，交换机会向本机的其他所有接口转发。

⑥ 对于收到的广播或者组播数据帧，交换机会向本机的其他所有接口转发。
⑦ 默认时，交换机学习到的动态的 MAC 地址条目的老化时间是 300 秒。

3.4　恢复路由器和交换机密码

3.4.1　实验 3：恢复路由器密码

1. 实验目的

通过本实验可以掌握：
① 恢复路由器密码的原理。
② 恢复路由器密码的步骤。
③ 修改配置寄存器值的方法。

2. 实验步骤

恢复路由器密码的过程如下所述。
① 路由器冷启动，1 分钟内按【Ctrl+Break】键进入 ROM Monitor 的 rommon 模式，如下所示：

```
System Bootstrap, Version 15.0(1r)M16, RELEASE SOFTWARE (fc1)
Technical Support: http://www.cisco.com/techsupport
Copyright (c) 2012 by cisco Systems, Inc.
Total memory size = 512 MB - On-board = 512 MB, DIMM0 = 0 MB
CISCO2911/K9 platform with 524288 Kbytes of main memory
rommon 1 >
```

② 改变配置寄存器的值，使得路由器开机时不读取 NVRAM 中的配置文件。

```
rommon 1 > confreg 0x2142
```

③ 重启路由器。

```
rommon 2 > reset
//路由器重启后会询问是否进入到 setup 配置模式，用【Ctrl+C】或回答 "n"，退出 setup 模式
```

④ 把配置文件从 NVRAM 复制到内存中，以便保留原有配置文件。

```
Router>enable
Router#copy startup-config running-config
```

⑤ 修改 enable 密码。

```
R1(config)#enable secret cisco123@            //控制台和 VTY 密码也可以一起修改
```

⑥ 把寄存器的值恢复为正常值 0x2102。

```
R1(config)#config-register 0x2102
R1#copy running-config startup-config         //保存配置
```

⑦ 完成密码恢复操作，重启路由器。

```
R1#reload
```

3.4.2 实验4：恢复交换机密码

1. 实验目的

通过本实验可以掌握：
① 恢复交换机密码的原理。
② 恢复交换机密码的步骤。

2. 实验步骤

① 拔掉交换机电源，然后再加电，执行交换机冷启动，此时按住交换机前面板的 **Mode** 键，看到如下提示后进入监控模式。

```
Using driver version 1 for media type 1
Base ethernet MAC Address: d0:c7:89:c2:6c:80
Xmodem file system is available.
The password-recovery mechanism is enabled.
The system has been interrupted prior to initializing the
flash filesystem.  The following commands will initialize
the flash filesystem, and finish loading the operating
system software:
flash_init                               //初始化 Flash
boot                                     //重启系统
switch:
```

② 输入 **flash_init** 命令。

```
switch: flash_init                       //初始化 Flash
Initializing Flash...
    mifs[2]: 0 files, 1 directories
    mifs[2]: Total bytes       :   3870720
    mifs[2]: Bytes used        :      1024
    mifs[2]: Bytes available:      3869696
    mifs[2]: mifs fsck took 0 seconds.
    mifs[3]: 488 files, 11 directories
    mifs[3]: Total bytes       :  27998208
    mifs[3]: Bytes used        :  15779840
    mifs[3]: Bytes available:     12218368
    mifs[3]: mifs fsck took 8 seconds.
...done Initializing Flash.
```

以上信息显示交换机 Flash 初始化完成。
③ 查看 Flash 中的文件。

```
switch: dir flash:
Directory of flash:/
    2  -rwx     17637120   Mar 1 1993 00:41:24 +00:00   3560-ipservicesk9-mz.150-2.SE11.bin
```

```
    3  -rwx         616   Mar 1 1993 11:25:09 +00:00   vlan.dat           //VLAN 数据库文件
    4  -rwx        1543   Jan 8 2018 14:20:31 +00:00   config.text        //交换机的启动配置文件
    6  -rwx           5   Jan 8 2018 14:20:31 +00:00   private-config.text
    7  -rwx        2072   Jan 8 2018 14:20:31 +00:00   multiple-fs
27998208 bytes total (10209280 bytes free)
```

④ 更改配置文件名。

switch: **rename flash:config.text flash:backup.old**
//配置文件改名后，这样在交换机启动时就找不到配置文件，会提示是否进入 setup 模式

⑤ 输入 **boot** 命令重启交换机。

⑥ 当出现如下提示时，输入 n。

Would you like to terminate autoinstall? [yes]:n

⑦ 用 **enable** 命令进入特权模式，并将文件 backup.old 改回 config.text。

Switch#**rename flash:backup.old flash:config.text**

⑧ 将原配置文件复制到内存。

Switch#**copy flash:config.text running-config**

⑨ 修改 enable 密码。

S1(config)#**enable secret cisco123@**

⑩ 保存配置文件。

S1#**copy running-config startup-config**

⑪ 完成交换机密码恢复操作。

第 4 章　静态路由和动态路由

路由器主要功能是确定发送数据包的最佳路径以及将数据包从一个网络传送到另一个网络。路由表是所有数据网络的核心所在，路由器通过搜索存储在路由表中的路由信息将数据包传送到目的地，所以说路由表是路由器工作的核心。路由器构建路由表的方式通常有 3 种：直连路由、静态路由和动态路由。对于静态路由，可通过网络管理员手工配置路由信息来构建路由表。对于动态路由，路由器之间通过路由协议动态交换路由信息来构建路由表。在许多情况下，动态路由协议和静态路由结合使用。本章首先介绍静态路由特征、默认路由及静态路由分类，然后介绍动态路由协议特征、分类、运行过程以及路由表构建及路由查找，最后介绍静态路由配置。

4.1　静态路由概述

4.1.1　静态路由特征

路由器在转发数据包时，首先在路由表中查找相应的路由条目及其对应的出接口，才能知道数据包应该从哪个接口转发出去。作为构建路由表最简单的方式，静态路由的用途、优点和缺点如下所述。

1. 静态路由的用途

① 在不会显著增长的小型网络中，使用静态路由便于维护路由表。在这种情况下，使用动态路由协议可能会增加额外的管理负担。

② 对末节网络进行路由。末节网络是只能通过单条路由访问的网络，因此路由器只有一个邻居，所以没必要在此链路间使用动态路由协议。

③ 使用单一默认路由。如果某个网络在路由表中找不到更匹配的路由条目，则可使用默认路由作为通往该网络的路径。

2. 静态路由的优点

① 占用的 CPU 和内存资源较少。
② 可控性强，便于管理员了解整个网络路由信息。
③ 不需要动态更新路由，可以减少对带宽的占用，提高网络安全性。
④ 简单且易于配置。

3. 静态路由的缺点

① 初始配置和维护耗费管理员大量时间。
② 配置时容易出错，尤其对于大型网络。

③ 当网络拓扑发生变化时，需要管理员手动维护变化的路由信息。
④ 随着网络规模的增长和配置的扩展，维护越来越麻烦。
⑤ 需要管理员对整个网络的情况完全了解后才能进行恰当的操作和配置。

4.1.2 默认路由

所谓默认路由是指路由器在路由表中，当找不到到达目的网络的明细路由或者总结路由时最后会采用的路由，默认路由与所有数据包都匹配。通常连接到 ISP 网络的边缘路由器上往往会配置默认静态路由。需要注意的是，路由器是否使用默认路由转发数据包，还取决于无类路由行为（**IP Classless**）是否开启。

4.1.3 静态路由分类

静态路由常用于连接特定网络，或为末节网络提供最后选用网关。只有一个出口的网络被称为末节网络（Stub Network）。静态路由类型如下所述。
① 标准静态路由：用于连接到特定远程网络的静态路由。
② 默认静态路由：是将 0.0.0.0/0 作为目的 IPv4 地址或者将::/0 作为目的 IPv6 地址的静态路由。需要注意的是明细路由优先于默认路由。
③ 总结静态路由：为了节省内存空间、有效保护内部网络、提高路由表查找效率，将多条静态路由总结成一条静态路由来减少路由表条目的数量。
④ 浮动静态路由：是为主静态路由或动态路由提供备份路径的静态路由。浮动静态路由仅在主路由不可用时使用。实现方法是配置浮动静态路由的管理距离大于主路由的管理距离。

4.2 动态路由概述

4.2.1 动态路由协议特征

动态路由表是路由器之间通过路由协议（如 RIP、EIGRP、OSPF、IS-IS 和 BGP 等）动态交换路由信息构建的路由表。使用动态路由协议最大的好处是，当网络拓扑结构发生变化时，路由器会自动地相互交换路由信息。因此路由器不仅能够自动获知新增加的网络，还可以在当前网络连接失败时找出备用路径。动态路由协议的主要组件如下所述。
① 数据结构：路由协议通常使用保存在内存中的路由表来完成数据包的路由过程。
② 路由协议消息：路由协议使用各种消息发现邻居路由器、交换和维护路由信息。
③ 算法：路由协议使用算法来路由信息并确定最佳路径，比如 RIP 采用贝尔曼-福特算法，OSPF 使用最短路径优先算法，EIGRP 使用扩散更新算法。

1．动态路由协议的功能

① 发现远程网络信息。
② 动态维护最新路由信息。

③ 自动计算并选择通往目的网络的最佳路径。
④ 在当前路径无法使用时找出新的最佳路径。

2．动态路由协议的优点

① 当增加或删除网络时，管理员维护路由配置的工作量较少。
② 当网络拓扑结构发生变化时，路由协议可以自动做出调整来更新路由表。
③ 配置不容易出错。
④ 扩展性好，网络规模越大，越能体现出动态路由的优势。

3．动态路由协议的缺点

① 需要占用额外的资源，如路由器 CPU 时间和内存以及链路带宽等。
② 需要掌握更多的网络知识才能进行配置、验证和故障排除等工作，特别是一些复杂的动态路由协议对管理员的要求相对较高。

4．常见动态路由协议

路由 IP 数据包时常用的动态路由协议如下。
① RIP（Routing Information Protocol）：路由信息协议。
② EIGRP（Enhanced Interior Gateway Routing Protocol）：增强内部网关路由协议。
③ OSPF（Open Shortest Path First）：开放最短路径优先。
④ IS-IS（Intermediate System-Intermediate System）：中间系统-中间系统。
⑤ BGP（Border Gateway Protocol）：边界网关协议。

5．动态路由协议比较

常见动态路由协议的比较如表 4-1 所示。

表 4-1 常见动态路由协议的比较

特 征	协 议				
	距离矢量路由协议			链路状态路由协议	
	RIPv1	RIPv2	EIGRP	OSPF	IS-IS
收敛速度	慢	慢	快	快	快
可扩展性	弱	弱	强	强	强
支持 VLSM	否	是	是	是	是
资源利用率	低	低	中	高	高
实施和维护	简单	简单	复杂	复杂	复杂
度量标准	跳数	跳数	带宽、延时、可靠性、负载	开销	开销

4.2.2 动态路由协议分类

1．IGP 和 BGP

动态路由协议按照作用的 AS（Autonomous System，自治系统）来划分，分为内部网关协议（Interior Gateway Protocols，IGP）和外部网关协议（Exterior Gateway Protocols，EGP）。IGP 用于自治系统内部路由，同时也用于独立网络内部路由。适用 IP 的 IGP 包括 RIP、EIGRP、OSPF 和 IS-IS。而 EGP 用于不同机构管控下的不同自治系统之间的路由，BGP 是目前唯一使用的一种 EGP，也是 Internet 上所使用的路由协议。

2. 距离矢量路由协议和链路状态路由协议

根据路由协议的工作原理，IGP 又可以分为距离矢量（Distance Vector）路由协议和链路状态（Link State）路由协议。距离矢量路由协议主要有 RIP 和 EIGRP，链路状态路由协议主要有 OSPF 和 IS-IS。距离矢量路由协议和链路状态路由协议的区别如表 4-2 所示。

表 4-2 距离矢量路由协议和链路状态路由协议的区别

距离矢量（Distance Vector）	链路状态（Link State）
从网络邻居的角度了解网络拓扑	有整个网络的拓扑信息
频繁、定期发送路由信息，数据包多，收敛慢，EIGRP 支持触发更新	事件触发发送路由信息，数据包少，收敛快
复制完整路由表发送给邻居路由器	仅将链路状态的变化部作传送到其他路由器
简单、占用较少的 CPU 和内存资源	复杂、占用较多的 CPU 和内存资源

距离矢量路由协议和链路状态路由协议应用的场合不尽相同。

（1）距离矢量协议适用的场合

① 网络结构简单、扁平，不需要特殊的分层设计。
② 管理员没有足够的知识来配置链路状态协议和排查其故障。
③ 特定类型的网络拓扑结构，如集中星形 (Hub-and-Spoke) 网络。
④ 无须关注网络最差情况下的收敛时间。

（2）链路状态协议适用的场合

① 网络进行了分层设计，大型网络通常如此。
② 管理员对于网络中采用的链路状态路由协议非常熟悉。
③ 网络对收敛速度的要求极高。

3. 有类路由协议和无类路由协议

路由协议按照所支持的 IP 地址类别又划分为有类（Classful）路由协议和无类（Classless）路由协议。有类路由协议在路由信息更新过程中不发送子网掩码信息，RIPv1 属于有类路由协议。而无类路由协议在路由信息更新过程中发送网络地址和子网掩码，并且支持 VLSM 和 CIDR 等，RIPv2、EIGRP、OSPF、IS-IS 和 BGP 属于无类路由协议。

4.2.3 动态路由协议运行过程

所有路由协议的用途都是获知远程网络，在拓扑发生变化时快速完成调整。所用的方式由该协议所使用的算法及其运行特点决定。一般来说，动态路由协议的运行过程如下：

① 路由器通过其接口发送和接收路由信息。
② 路由器与使用同一路由协议的其他路由器共享路由信息。

③ 路由器通过交换路由信息来了解远程网络。
④ 如果路由器检测到拓扑变化,路由协议可以将这一变化告知其他路由器。

4.3 路由表构建及路由查找

4.3.1 管理距离和度量值

1. 管理距离(Administrative Distance,AD)

管理距离用来定义路由来源的可信程度,范围是 0~255 的整数值,值越小表示路由来源的优先级别越高,0 表示优先级别最高。默认情况下,只有直连网络的管理距离为 0,而且这个值不能更改。静态路由和动态路由协议的管理距离是可以修改的。表 4-3 列出了直连路由、静态路由以及常见动态路由协议的默认管理距离。

表 4-3 默认管理距离

路由类别	管理距离(AD)	路由类别	管理距离(AD)
直连路由	0	OSPF	110
静态路由	1	IS-IS	115
EIGRP 汇总路由	5	RIP	120
外部 BGP(EBGP)	20	外部 EIGRP	170
内部 EIGRP	90	内部 BGP(IBGP)	200

2. 度量值(Metric)

度量值是路由协议用来分配到达远程网络的路由开销的值。对于同一种路由协议,当有多条路径通往同一目的网络时,路由协议使用度量值来确定最佳路径。度量值越小,路径越优先。每一种路由协议都有自己的度量方法,所以不同的路由协议决策出的最佳路径可能不同。IP 路由协议中经常使用的度量标准如下所述。
① 跳数:数据包经过的路由器个数。
② 带宽:链路的数据承载能。
③ 负载:链路的通信使用率。
④ 延时:数据包从源到达目的需要的时间。
⑤ 可靠性:通过接口错误计数或以往链路故障次数来估计出现链路故障的可能性。
⑥ 开销:链路上的费用,OSPF 中的开销值是根据接口带宽计算的。

4.3.2 路由表构建

路由表是保存在 RAM 中的数据文件,存储了与直连网络以及远程网络相关的信息。路由表包含网络与下一跳的关联信息。这些关联信息告知路由器:要以最佳方式到达某一目的地,可以将数据包发送到特定路由器(即在到达最终目的地的途中的下一跳)。下一跳也可以关联到通向最终目的地的送出接口。路由器在查找路由表的过程中通常采用递归查询。路由器通常用以下 3 种途径构建路由表。

① 直连网络：就是直连到路由器某一接口的网络，当然，该接口要处于活动状态，路由器自动将和自己直接连接的网络添加到路由表中。

② 静态路由：通过网络管理员手工配置添加到路由器表中。

③ 动态路由：由路由协议（如 RIP、EIGRP、OSPF、IS-IS 和 BGP 等）通过自动学习来构建路由表。

当路由器添加路由条目到路由表中时，遵循如下原则：

① 有效的下一跳地址。

② 如果下一跳地址有效，路由器通过不同的路由协议学到多条去往同一目的网络的路由，路由器会将管理距离最小的路由条目放入路由表中。

③ 如果下一跳地址有效，路由器通过同一种路由协议学到多条去往同一目的网络的路由，路由器会将度量值最小的路由条目放入路由表中。

【技术要点】

① 每台路由器根据其自身路由表中的信息独立做出转发决定。

② 一台路由器的路由表中包含某些信息并不表示其他路由器也包含相同的信息。

③ 从一个网络能够到达另一个网络并不意味着数据包一定可以返回，也就是说路由信息必须双向可达，才能确保网络可以双向通信。

4.3.3 IPv4 路由表查找过程

要深入理解 IPv4 路由查找过程，首先要熟悉以下相关术语。

① 1 级路由：指子网掩码长度等于或小于网络地址有类（A、B 和 C 类）掩码长度的路由。例如，192.168.1.0/24 属于一级网络路由，因为它的子网掩码长度等于网络有类（C 类）掩码长度。一级路由可以是：

- 默认路由——地址为 0.0.0.0/0 的路由，或者路由代码后紧跟*的路由条目。
- 超网路由——掩码长度小于有类掩码长度的网络地址。
- 网络路由——子网掩码长度等于有类掩码长度的路由。网络路由也可以是父路由。

② 最终路由：指路由条目中包含下一跳 IP 地址或送出接口的路由。

③ 一级父路由：路由条目中不包含网络的下一跳 IP 地址或送出接口的网络路由。父路由实际上是表示存在二级路由的一个标题，二级路由也称为子路由。只要向路由表中添加一个子网，路由器就会在路由表中自动创建一级父路由。

④ 二级路由：有类网络地址的子网路由，二级路由也称为子路由，二级路由的来源可以是直连网络、静态路由或动态路由协议。二级路由也属于最终路由，因为二级路由包含下一跳 IP 地址或送出接口。

路由查找过程遵循最长匹配原则，即最精确匹配。假设路由表中有以下两条静态路由条目：

```
S 172.16.1.0/24 is directly connected, Serial0/0/0
S 172.16.0.0/16 is directly connected, Serial0/0/1
```

当有去往目的 IP 地址为 172.16.1.85 的数据包到达路由器时，IP 地址同时与这两条路由条目匹配，但是与 172.16.1.0/24 路由条目匹配位数更多，所以路由器将使用有 24 位匹配的静态路由转发数据包，即最长匹配。

路由表填充后，接下来就是对收到的数据包基于最长匹配原则执行路由查找过程，具体过程如下。

① 路由器会检查一级路由（包括网络路由和超网路由），查找与 IP 数据包的目的地址最佳匹配的路由。

② 如果最佳匹配的路由是一级最终路由则会使用该路由转发数据包。

③ 如果最佳匹配的路由是一级父路由，则路由器检查该父路由的子路由，以找到最佳匹配的路由。

④ 如果在二级路由中存在匹配的路由，则会使用该子路由转发数据包。

⑤ 如果所有的二级子路由都不符合匹配条件，则判断路由器当前执行的是有类路由行为还是无类路由行为。通过全局命令 **ip classless** 来配置无类路由行为，或者通过全局命令 **no ip classless** 来配置有类路由行为，路由器默认是无类路由行为。

⑥ 如果执行的是有类路由行为，则会终止查找过程并丢弃数据包。

⑦ 如果执行的是无类路由行为,则继续在路由表中搜索一级超网路由或默认路由以寻找匹配条目。

⑧ 如果此时存在匹配位数相对较少的一级超网路由或默认路由,那么路由器会使用该路由转发数据包。

⑨ 如果路由表中没有匹配的路由，则路由器会丢弃数据包。

【提示】

① 如果路由条目中仅有下一跳 IP 地址而没有送出接口，那么必须将其解析为具有送出接口的路由，为此会对下一跳 IP 地址执行递归查找，直到将该路由解析为某个送出接口。

② 有类和无类路由行为不同于有类和无类路由协议。有类和无类路由协议影响路由表的填充方式，而有类和无类路由行为则确定在填充路由表后如何搜索路由表。Cisco 路由器默认路由行为为无类路由行为。

4.4　配置静态路由

4.4.1　实验 1：配置 IPv4 静态路由

1. 实验目的

通过本实验可以掌握：
① 配置带下一跳地址的 IPv4 静态路由的方法。
② 配置带送出接口的 IPv4 静态路由的方法。
③ 配置总结 IPv4 静态路由的方法。
④ 配置浮动 IPv4 静态路由的方法。

⑤ 代理 ARP 的作用。
⑥ 路由表的含义。
⑦ 扩展 ping 命令的使用方法。

2. 实验拓扑

配置 IPv4 静态路由实验拓扑如图 4-1 所示。

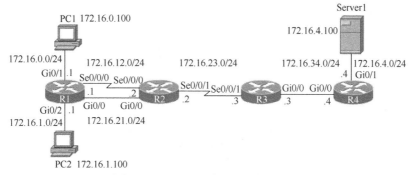

图 4-1 配置 IPv4 静态路由实验拓扑

3. 实验步骤

（1）配置路由器 R1

```
R1(config)#interface GigabitEthernet0/0
R1(config-if)#ip address 172.16.21.1 255.255.255.0
R1(config-if)#no shutdown
R1(config-if)#exit
R1(config)#interface GigabitEthernet0/1
R1(config-if)#ip address 172.16.0.1 255.255.255.0
R1(config-if)#no shutdown
R1(config-if)#exit
R1(config)#interface GigabitEthernet0/2
R1(config-if)#ip address 172.16.1.1 255.255.255.0
R1(config-if)#no shutdown
R1(config-if)#exit
R1(config)#interface Serial0/0/0
R1(config-if)#ip address 172.16.12.1 255.255.255.0
R1(config-if)#no shutdown
R1(config-if)#exit
R1(config)#ip route 0.0.0.0 0.0.0.0 Serial0/0/0 100
//配置带送出接口的静态默认路由，管理距离设置为 100，默认为 1，由于串行链路速率比以太网慢得多，所以该路由作为备份路由，即浮动静态路由
R1(config)#ip route 0.0.0.0 0.0.0.0 172.16.21.2
//配置带下一跳地址的静态默认路由，该路由作为主路由
```

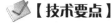【技术要点】

配置静态路由的命令是：

Router(config)#**ip route** *prefix mask* {*address* | *interface* [*address*]} [*distance*] [**permanent**]

命令参数含义如下所述。
① *prefix*：目的网络地址。
② *mask*：目标网络的子网掩码，可对此子网掩码进行修改，实现路由汇总。
③ *address*：将数据包转发到目的网络时使用的下一跳 IP 地址。
④ *interface*：将数据包转发到目的网络时使用的本地送出接口。
⑤ *distance*：静态路由条目的管理距离，默认为 1。
⑥ **permanent**：正常情况下，如果和静态路由条目相关联的接口进入 **down** 状态，该静态路由会被从路由表中删除。**permanent** 参数的含义是即使和静态路由条目相关联的接口进入 **down** 状态，路由条目也不会从路由表中消失。

（2）配置路由器 R2

```
R2(config)#interface GigabitEthernet0/0
R2(config-if)#ip address 172.16.21.2 255.255.255.0
R2(config-if)#no shutdown
R2(config-if)#exit
R2(config)#interface Serial0/0/0
R2(config-if)#ip address 172.16.12.2 255.255.255.0
R2(config-if)#no shutdown
R2(config-if)#exit
R2(config)#interface Serial0/0/1
R2(config-if)#ip address 172.16.23.2 255.255.255.0
R2(config-if)#no shutdown
R2(config-if)#exit
R2(config)#ip route 172.16.0.0 255.255.255.0 172.16.21.1
R2(config)#ip route 172.16.1.0 255.255.255.0 172.16.21.1
R2(config)#ip route 172.16.0.0 255.255.255.0 Serial0/0/0 100
R2(config)#ip route 172.16.1.0 255.255.255.0 Serial0/0/0 100
R2(config)#ip route 172.16.4.0 255.255.255.0 Serial0/0/1
R2(config)#ip route 172.16.34.0 255.255.255.0 Serial0/0/1
```

（3）配置路由器 R3

```
R3(config)#interface GigabitEthernet0/0
R3(config-if)#ip address 172.16.34.3 255.255.255.0
R3(config-if)#no shutdown
R3(config-if)#exit
R3(config)#interface Serial0/0/1
R3(config-if)#ip address 172.16.23.3 255.255.255.0
R3(config-if)#no shutdown
R3(config-if)#exit
R3(config)#ip route 172.16.0.0 255.255.254.0 Serial0/0/1
//配置静态总结路由，将到 172.16.0.0/24 和 172.16.1.0/24 的路由手工总结为 1 条，掩码长度为 23
R3(config)#ip route 172.16.12.0 255.255.255.0 Serial0/0/1
R3(config)#ip route 172.16.21.0 255.255.255.0 Serial0/0/1
R3(config)#ip route 172.16.4.0 255.255.255.0 172.16.34.4
```

（4）配置路由器 R4

```
R4(config)#interface GigabitEthernet0/0
R4(config-if)#ip address 172.16.34.4 255.255.255.0
R4(config-if)#no shutdown
R4(config-if)#exit
R4(config)#interface GigabitEthernet0/1
R4(config-if)#ip address 172.16.4.4 255.255.255.0
R4(config-if)#exit
R4(config)#ip route 0.0.0.0 0.0.0.0 172.16.34.3
//由于 R4 到外部网络只有一个出口，配置默认静态路由比较适合
```

4．实验调试

（1）查看接口 IP 地址和状态

```
R1#show ip interface brief | exclude unassigned
Interface              IP-Address      OK?  Method   Status   Protocol
GigabitEthernet0/0     172.16.21.1     YES  manual   up       up
GigabitEthernet0/1     172.16.0.1      YES  manual   up       up
GigabitEthernet0/2     172.16.1.1      YES  manual   up       up
Serial0/0/0            172.16.12.1     YES  manual   up       up
```

（2）查看路由表

① 查看路由器 R1 的路由表。

```
R1#show ip route
Codes: L - local, C - connected, S - static, R - RIP, M - mobile, B - BGP
       D - EIGRP, EX - EIGRP external, O - OSPF, IA - OSPF inter area
       N1 - OSPF NSSA external type 1, N2 - OSPF NSSA external type 2
       E1 - OSPF external type 1, E2 - OSPF external type 2
       i - IS-IS, su - IS-IS summary, L1 - IS-IS level-1, L2 - IS-IS level-2
       ia - IS-IS inter area, * - candidate default, U - per-user static route
       o - ODR, P - periodic downloaded static route, H - NHRP, l - LISP
       a - application route
       + - replicated route, % - next hop override, p - overrides from PfR
Gateway of last resort is 172.16.21.2 to network 0.0.0.0   //默认路由的下一跳地址
S*       0.0.0.0/0 [1/0] via 172.16.21.2
//*表示默认，/0 掩码表明只需要有零位匹配（即无须匹配）。只要不存在更加精确的匹配，则默
认静态路由将与所有数据包匹配，此路由管理距离为 1，度量值为 0
         172.16.0.0/16 is variably subnetted, 8 subnets, 2 masks
C        172.16.0.0/24 is directly connected, GigabitEthernet0/1
//直连网络路由，管理距离为 0，度量值为 0
L        172.16.0.1/32 is directly connected, GigabitEthernet0/1
//本地路由，管理距离为 0，度量值为 0。IOS 版本 15 以后路由表中会出现以路由器本地活动的接
口地址为目标网络的/32 主机路由
C        172.16.1.0/24 is directly connected, GigabitEthernet0/2
L        172.16.1.1/32 is directly connected, GigabitEthernet0/2
C        172.16.12.0/24 is directly connected, Serial0/0/0
L        172.16.12.1/32 is directly connected, Serial0/0/0
C        172.16.21.0/24 is directly connected, GigabitEthernet0/0
L        172.16.21.1/32 is directly connected, GigabitEthernet0/0
```

以上输出表明，路由器 R1 的路由表中包含 4 条直连路由、4 条本地路由和 1 条静态默认路由条目。输出表明路由表中并没有出现出接口为 Se0/0/0 的静态默认路由，因为其管理距离为 100，大于采用下一跳地址为 172.16.21.2 的静态默认路由的管理距离 1，对于同一条路由，路由器会把管理距离小的路由条目填充到路由表中。而出接口为 Se0/0/0 的静态默认路由是浮动静态路由，起到备份作用。接下来看一下浮动静态路由是如何工作的。

首先模拟网络故障（在路由器 R1 的 Gi0/0 接口上执行 **shutdown** 命令，关闭接口），主链路中断，此时浮动静态路由会出现在 R1 路由表中，如下所示：

```
R1#show ip route static | include 0.0.0.0/0
S*     0.0.0.0/0 is directly connected, Serial0/0/0
//路由器 R1 选择出接口为 Se0/0/0 的静态默认路由，以下命令可以查看路由条目的详细信息
R1#show ip route 0.0.0.0
Routing entry for 0.0.0.0/0, supernet
  Known via "static", distance 100, metric 0 (connected), candidate default path
//路由条目管理距离为 100
  Routing Descriptor Blocks:
  * directly connected, via Serial0/0/0    //路由条目送出接口
      Route metric is 0, traffic share count is 1
```

接着模拟网络故障恢复（在路由器 R1 的 Gi0/0 接口上执行 **no shutdown** 命令，开启接口），此时查看 R1 路由表：

```
R1#show ip route static | include 0.0.0.0/0
S*     0.0.0.0/0 [1/0] via 172.16.21.2
//路由器 R1 重新选择下一跳地址为 172.16.21.2 的静态默认路由，而出接口为 Se0/0/0 的静态默认路由继续起到备份作用
```

② 查看路由器 R2 的路由表。

```
R2#show ip route
(此处路由代码部分省略)
172.16.0.0/16 is variably subnetted, 8 subnets, 2 masks
C       172.16.12.0/24 is directly connected, Serial0/0/0
L       172.16.12.2/32 is directly connected, Serial0/0/0
C       172.16.21.0/24 is directly connected, GigabitEthernet0/0
L       172.16.21.2/32 is directly connected, GigabitEthernet0/0
C       172.16.23.0/24 is directly connected, Serial0/0/1
L       172.16.23.2/32 is directly connected, Serial0/0/1
S       172.16.0.0/24 [1/0] via 172.16.21.1
S       172.16.1.0/24 [1/0] via 172.16.21.1
S       172.16.4.0/24 is directly connected, Serial0/0/1
S       172.16.34.0/24 is directly connected, Serial0/0/1
```

【技术要点】

在路由器 R2 上，当有去往 PC2（172.16.1.100）的数据包到达时，它是怎样查找路由表的呢？首先 R2 通过路由条目 **S 172.16.1.0/24 [1/0] via 172.16.21.1** 确定到达目的地的下一跳的 IP 地址是 **172.16.21.1**，这只是第一步查找，然后它将第二次搜索路由表，以查找与 **172.16.21.1** 匹配的路由对应的出接口，IP 地址 **172.16.21.1** 与直连网络 **172.16.21.0/24** 的路由条目（**C**

172.16.21.0 is directly connected, GigabitEthernet0/0）相匹配，送出接口为 **Gi0/0**，第二次查找获知数据包将从该接口转发出去，上述查找过程称为递归查找。

请注意虽然带送出接口的静态路由显示为直连（**directly connected**），但是管理距离默认情况下是 1，可以通过如下命令来验证：

```
R1#show ip route 172.16.4.0
Routing entry for 172.16.4.0/24
    Known via "static", distance 1, metric 0 (connected)    //静态路由条目管理距离为1
Routing Descriptor Blocks:
  * directly connected, via Serial0/0/1    //送出接口
      Route metric is 0, traffic share count is 1
```

③ 查看路由器 R3 的路由表。

```
R3#show ip route static    //参数 static 表示只查看路由表中的静态路由条目
(此处路由代码部分省略)
     172.16.0.0/16 is variably subnetted, 5 subnets, 3 masks
S        172.16.0.0/23 is directly connected, Serial0/0/1      //总结静态路由
S        172.16.12.0/24 is directly connected, Serial0/0/1
S        172.16.21.0/24 is directly connected, Serial0/0/1
```

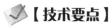【技术要点】

将多条静态路由总结成一条静态路由必须同时满足下面的条件：
- 目的网络地址可以总结成一个网络地址，最好精确总结，避免路由黑洞；
- 多条静态路由都使用相同的送出接口或下一跳 IP 地址。

④ 查看路由器 R4 的路由表。

```
R4#show ip route static
(此处路由代码部分省略)
     Gateway of last resort is 172.16.34.3 to network 0.0.0.0
S*       0.0.0.0/0 [1/0] via 172.16.34.3
```

【技术要点】

带送出接口的静态路由条目后面直接跟着送出接口，路由器只需要查找一次路由表，便能将数据包转发到送出接口。从这点来讲，查找路由的效率比查找带下一跳地址路由条目要高。因此使用送出接口配置的静态路由是大多数串行点对点网络（如 HDLC 和 PPP 封装）的理想选择。

修改路由器 R4 的静态默认路由的配置为送出接口方式配置，说明为什么以太网中配置静态路由条目要选择下一跳地址方式，配置如下：

```
R4(config)#no ip route 0.0.0.0 0.0.0.0 172.16.34.3
R4(config)#ip route 0.0.0.0 0.0.0.0 GigabitEthernet0/0
%Default route without gateway, if not a point-to-point interface, may impact performance
//告警信息的意思是静态默认路由没有网关，如果不是点到点接口，可能会影响性能
```

对于以太网，如果要成功封装以太网帧，必须通过 ARP 协议完成二层 MAC 地址和三层

IP 地址的映射。如果采用带下一跳地址方式配置静态路由，ARP 广播数据包的内容是询问下一跳地址的 MAC 地址，因此下一跳路由器会用自己以太网接口的 MAC 地址应答 ARP。但是在以太网中，如果采用带送出接口的静态路由配置方式，而在 R4 的 ARP 表中没有相应的 ARP 条目，发出的 ARP 广播数据包没有设备回复，则将不能成功封装以太网帧。但是在默认情况下，路由器的以太网接口都启用了 ARP 代理功能，所以当 R4 发出 ARP 广播数据包查询时，R3 收到 ARP 广播数据包后，会查看自己的路由表，如果路由表中有目的地址的路由条目，则用自己的以太网接口 Gi0/0 的 MAC 地址进行响应，使得 R4 可以成功封装以太网帧。假如关闭路由器 R3 的以太网接口 Gi0/0 的 ARP 代理功能，并打开 **debug**，将看到封装失败的信息，操作如下：

```
R3(config)#interface GigabitEthernet0/0
R3(config-if)#no ip proxy-arp         //关闭 ARP 代理功能
R4#debug ip packet                    //打开 debug 功能
R4#clear arp                          //清空 ARP 表
R4#ping 172.16.1.1
Type escape sequence to abort.
Sending 5, 100-byte ICMP Echos to 172.16.1.1, timeout is 2 seconds:
*Apr 24 07:52:58.990: IP: tableid=0, s=172.16.34.4 (local), d=172.16.1.1 (GigabitEthernet0/0), routed via RIB
*Apr 24 07:52:58.990: IP: s=172.16.34.4 (local), d=172.16.1.1 (GigabitEthernet0/0), len 100, sending
*Apr 24 07:52:58.990: IP: s=172.16.34.4 (local), d=172.16.1.1 (GigabitEthernet0/0), len 100, encapsulation failed.    //数据包封装失败
```

【提示】

对于带送出接口的静态路由配置，如果出接口为以太网接口，建议同时使用下一跳地址和送出接口来配置，如下所示：

```
R4(config)#ip route 0.0.0.0 0.0.0.0 GigabitEthernet0/0 172.16.34.3
```

（3）动态查看路由表的添加或删除过程

以下是通过在路由器 R1 上将 Gi0/0 接口关闭，然后再开启，查看路由器 R1 路由表的动态添加和删除过程。

```
R1#debug ip routing    //开启 debug 命令
```

① 关闭接口，查看路由删除过程。

```
R1(config)#interface gigabitEthernet0/0
R1(config-if)#shutdown
*Apr 24 08:32:20.262: is_up: GigabitEthernet0/0 0 state: 6 sub state: 1 line: 0
*Apr 24 08:32:20.262: RT: interface GigabitEthernet0/0 removed from routing table
*Apr 24 08:32:20.262: RT: del 172.16.21.0 via 0.0.0.0, connected metric [0/0]
*Apr 24 08:32:20.262: RT: delete subnet route to 172.16.21.0/24   //删除直连路由条目
*Apr 24 08:32:20.262: RT: del 172.16.21.1 via 0.0.0.0, connected metric [0/0]
*Apr 24 08:32:20.262: RT: delete subnet route to 172.16.21.1/32   //删除本地路由条目
*Apr 24 08:32:20.266: RT: del 0.0.0.0 via 172.16.21.2, static metric [1/0]
*Apr 24 08:32:20.266: RT: delete network route to 0.0.0.0/0       //删除默认路由
*Apr 24 08:32:20.266: RT: default path has been cleared           //默认路由信息被清除
```

```
*Apr 24 08:32:22.262: is_up: GigabitEthernet0/0 0 state: 6 sub state: 1 line: 0
*Apr 24 08:32:23.262: is_up: GigabitEthernet0/0 0 state: 6 sub state: 1 line: 0
```

② 开启接口,查看路由添加过程。

```
R1(config)#interface gigabitEthernet0/0
R1(config-if)#no shutdown
*Apr 24 08:37:10.934: is_up: GigabitEthernet0/0 1 state: 4 sub state: 1 line: 1
*Apr 24 08:37:10.934: RT: updating connected 172.16.21.0/24 (0x0):   //更新直连路由
     via 0.0.0.0 Gi0/0    0 1048578
*Apr 24 08:37:10.934: RT: add 172.16.21.0/24 via 0.0.0.0, connected metric [0/0]
//直连路由被添加到路由表中,同时也可以看到该路由条目的管理距离和度量值都为 0
*Apr 24 08:37:10.934: RT: interface GigabitEthernet0/0 added to routing table
*Apr 24 08:37:10.934: RT: updating connected 172.16.21.1/32 (0x0):   //更新直连路由
     via 0.0.0.0 Gi0/0    0 1048578
*Apr 24 08:37:10.934: RT: add 172.16.21.1/32 via 0.0.0.0, connected metric [0/0]
//本地路由被添加到路由表中,同时也可以看到该路由条目的管理距离和度量值都为 0
*Apr 24 08:37:10.934: RT: updating static 0.0.0.0/0 (0x0):   //更新静态路由
     via 172.16.21.2    0 1048578
*Apr 24 08:37:10.934: RT: add 0.0.0.0/0 via 172.16.21.2, static metric [1/0]
//默认路由被添加到路由表中,同时也可以看到该路由条目的管理距离为 1,度量值为 0
R1#undebug all     //关闭 debug
All possible debugging has been turned off
```

(4)使用扩展 ping 命令测试连通性

标准 ping 命令使用的都是默认参数,而扩展 ping 命令允许设置具体参数,功能更加强大。注意在命令执行过程中,[]内的值即为 ping 命令的默认值,如果选择默认值,直接回车即可。

```
R1#ping    //不带任何参数的 ping 命令,允许输入更多的参数
Protocol [ip]:                              //协议
Target IP address: 172.16.4.100             //目标 IP 地址
Repeat count [5]:                           //重复 ping 操作的次数
Datagram size [100]:                        //ping 数据包的大小
Timeout in seconds [2]:                     //超时时间
Extended commands [n]: y                    //确定是否进一步使用扩展命令
Ingress ping [n]:                           //ping 入口,如果回答 y,则需要指定入口名字
Source address or interface: 172.16.1.1     //源 IP 地址或者接口名字全称
Type of service [0]:                        //服务类型,和 QoS 相关
Set DF bit in IP header? [no]:              //设置 DF 位,确认数据包是否分段
Validate reply data? [no]:                  //验证应答数据
Data pattern [0xABCD]:
//数据的格式,Cisco 的 ping 命令数据部分填充模式为 ABCD
Loose, Strict, Record, Timestamp, Verbose[none]:
    //以上几个参数都是 IP 数据包头的属性。一般使用 Record 和 Verbose 属性,其他属性很少使用。
Record 属性可以用来记录数据包每一跳的地址,Verbose 属性给出每一个应答的响应时间,Timestamp、Loose
和 Strict 都是 IP 数据包头的选项
Sweep range of sizes [n]:       //用于测试大数据包被丢失、处理速度过慢或者分段失败等故障,可
以指定最小和最大数据包以及每次的增量
Type escape sequence to abort.
```

```
Sending 5, 100-byte ICMP Echos to 172.16.4.100, timeout is 2 seconds:
Packet sent with a source address of 172.16.1.1
!!!!!
Success rate is 100 percent (5/5), round-trip min/avg/max = 12/14/16 ms
```

4.4.2 实验 2：配置 IPv6 静态路由

1．实验目的

通过本实验可以掌握：
① 启用 IPv6 路由的方法。
② 配置 IPv6 地址的方法。
③ 配置 IPv6 静态路由和总结路由的方法。
④ 配置 IPv6 默认路由的方法。
⑤ 配置计算机网卡 IPv6 地址的方法。
⑥ 查看 IPv6 接口和路由表的方法。

2．实验拓扑

配置 IPv6 静态路由实验拓扑如图 4-2 所示。

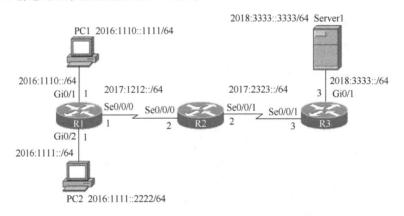

图 4-2　配置 IPv6 静态路由实验拓扑

3．实验步骤

（1）配置路由器 R1

```
R1(config)#ipv6 unicast-routing                //启用 IPv6 单播路由
R1(config)#interface GigabitEthernet0/1
R1(config-if)#ipv6 address 2016:1110::1/64     //配置 IPv6 单播地址
R1(config-if)#no shutdown
R1(config-if)#exit
R1(config)#interface GigabitEthernet0/2
R1(config-if)#ipv6 address 2016:1111::1/64
R1(config-if)#no shutdown
```

第 4 章 静态路由和动态路由

```
R1(config-if)#exit
R1(config)#interface Serial0/0/0
R1(config-if)#ipv6 address 2017:1212::1/64
R1(config-if)#no shutdown
R1(config-if)#exit
R1(config)#ipv6 route 2017:2323::/64 Serial0/0/0      //配置带送出接口的 IPv6 静态路由
R1(config)#ipv6 route 2018:3333::/64 Serial0/0/0
```

（2）配置路由器 R2

```
R2(config)#ipv6 unicast-routing
R2(config)#interface Serial0/0/0
R2(config-if)#ipv6 address 2017:1212::2/64
R2(config-if)#no shutdown
R2(config-if)#exit
R2(config)#interface Serial0/0/1
R2(config-if)#ipv6 address 2017:2323::2/64
R2(config-if)#no shutdown
R2(config-if)#exit
R2(config)#ipv6 route 2016:1110::/31 Serial0/0/0      //配置 IPv6 总结静态路由
R2(config)#ipv6 route 2018:3333::/64 Serial0/0/1
```

【技术要点】

在配置 IPv6 静态路由时，可以使用送出接口方式，也可以使用下一跳地址方式，或者二者结合方式，比如在路由器 R2 上，对于到达前缀为 2018:3333::/64 的静态路由也可以采用如下 3 种配置之一：

```
R2(config)#ipv6 route 2018:3333::/64 2017:2323::3      //配置带下一跳的 IPv6 静态路由
R2(config)#ipv6 route 2018:3333::/64 serial 0/0/1 2017:2323::3
//配置带下一跳和全球单播地址结合的 IPv6 静态路由
R2(config)#ipv6 route 2018:3333::/64 serial 0/0/1 FE80::FA72:EAFF:FEDB:EA78
//配置带下一跳和链路本地地址结合的 IPv6 静态路由
```

（3）配置路由器 R3

```
R3(config)#ipv6 unicast-routing
R3(config)#interface GigabitEthernet0/1
R3(config-if)#ipv6 address 2018:3333::3/64
R3(config-if)#no shutdown
R3(config-if)#exit
R3(config)#interface Serial0/0/1
R3(config-if)#ipv6 address 2017:2323::3/64
R3(config-if)#no shutdown
R3(config-if)#exit
R3(config)#ipv6 route ::/0 serial0/0/1  100
//配置 IPv6 默认静态路由，管理距离为 100
```

（4）配置计算机 PC1、PC2 和 Server1 的 IPv6 地址

计算机配置 IPv6 地址的方法请参考第 2 章 2.3.1 实验 1。

4．实验调试

（1）查看接口的 IPv6 地址和状态

```
R1#show ipv6 interface brief
GigabitEthernet0/1          [up/up]
    FE80::FA72:EAFF:FEC8:4F99      //链路本地地址，由前缀 FE80::/10 经 EUI-64 方式生成
    2016:1110::1                   //全球单播地址
GigabitEthernet0/2          [up/up]
    FE80::FA72:EAFF:FEC8:4F9A
    2016:1111::1
Serial0/0/0                 [up/up]
    FE80::FA72:EAFF:FEC8:4F98
    2017:1212::1
```

（2）查看 IPv6 路由表

① 查看路由器 R1 的 IPv6 路由表。

```
R1#show ipv6 route
IPv6 Routing Table - default - 9 entries
（此处省略 IPv6 路由代码部分）
   C   2016:1110::/64 [0/0]
       via GigabitEthernet0/1, directly connected    //直连 IPv6 路由
   L   2016:1110::1/128 [0/0]
       via GigabitEthernet0/1, receive               //本地 IPv6 路由，也就是接口的 IPv6 地址
   C   2016:1111::/64 [0/0]
       via GigabitEthernet0/2, directly connected
   L   2016:1111::1/128 [0/0]
       via GigabitEthernet0/2, receive
   C   2017:1212::/64 [0/0]
       via Serial0/0/0, directly connected
   L   2017:1212::1/128 [0/0]
       via Serial0/0/0, receive
   S   2017:2323::/64 [1/0]
       via Serial0/0/0, directly connected
   S   2018:3333::/64 [1/0]
       via Serial0/0/0, directly connected
//以上 2 条为静态 IPv6 路由，从路由条目中清楚看到管理距离为 1，度量值为 0
   L   FF00::/8 [0/0]                //该路由是所有 IPv6 组播路由的汇总路由
       via Null0, receive            //指向 Null0 接口的路由主要是为了防止路由环路
```

② 查看路由器 R2 的 IPv6 路由表。

```
R2#show ipv6 route static
（此处省略路由代码部分）
   S   2016:1110::/31 [1/0]          //总结 IPv6 静态路由
       via Serial0/0/0, directly connected
   S   2018:3333::/64 [1/0]
       via Serial0/0/1, directly connected
```

③ 查看路由器 R3 的 IPv6 路由表。

R3#**show ipv6 route static**
（此处省略路由代码部分）
S   ::/0 [100/0]   //管理距离为 100，IPv6 静态默认路由代码 S 后面没有*
       via Serial0/0/1, directly connected   //送出接口

（3）用 ping 命令测试网络连通性

R1#**ping 2018:3333::3333 source 2016:1111::1**
Type escape sequence to abort.
Sending 5, 100-byte ICMP Echos to 2018:3333::3333, timeout is 2 seconds:
Packet sent with a source address of 2016:1111::1
!!!!!
Success rate is 100 percent (5/5), round-trip min/avg/max = 1/2/4 ms
R1#**ping 2018:3333::3333 source 2016:1110::1**
Type escape sequence to abort.
Sending 5, 100-byte ICMP Echos to 2018:3333::3333, timeout is 2 seconds:
Packet sent with a source address of 2016:1110::1
!!!!!
Success rate is 100 percent (5/5), round-trip min/avg/max = 1/2/4 ms

第 5 章 OSPF

OSPF 路由协议是典型的链路状态路由协议，它克服了距离矢量路由协议依赖邻居进行路由决策的缺点，应用非常广泛。OSPF 是一种基于 SPF 算法的路由协议，1989 年，OSPFv1 规范在 RFC 1131 中发布，但是 OSPFv1 是一种实验性的路由协议，未获得实施。1991 年，OSPFv2 在 RFC 1247 中引入，到了 1998 年，OSPFv2 规范在 RFC 2328 中得以更新，也就是 OSPF 的现行 RFC 版本。1999 年，用于 IPv6 的 OSPFv3 在 RFC 2740 中发布。本章重点讨论 OSPF 特征、术语、数据包类型、网络类型、邻居关系建立、OSPF 运行步骤、OSPFv2 和 OSPFv3 的比较以及 OSPFv2 和 OSPFv3 的配置。本章中提及的 OSPF 如果没有特殊说明均代表 OSPFv2。

5.1 OSPF 概述

5.1.1 OSPFv2 特征

OSPF（Open Shortest Path First，开放最短链路优先）作为一种内部网关协议（Interior Gateway Protocol，IGP），用于在同一个自治系统（AS）中的路由器之间交换路由信息，运行 OSPF 的路由器彼此交换并保存整个网络的链路状态信息，从而掌握整个网络的拓扑结构，并独立计算路由。OSPFv2 的特征如下所述。

① 收敛速度快，适应规模较大的网络。
② 是无类别的路由协议，支持不连续子网、VLSM 和 CIDR 以及手工路由总结。
③ 采用组播方式（224.0.0.5 或 224.0.0.6）更新，支持等价负载均衡。
④ 支持区域划分，构成结构化的网络，提供路由分级管理，从而使得 SPF 的计算频率更低，链路状态数据库和路由表更小，链路状态更新的开销更小，同时可以将不稳定的网络限制在特定的区域。
⑤ 支持简单口令和 MD5 验证。
⑥ 采用触发更新，无路由环路，并且可以使用路由标记（Tag）对外部路由进行跟踪，便于监控和控制。
⑦ OSPF 路由协议的管理距离是 110，OSPF 路由协议采用开销（Cost）作为度量标准。
⑧ OSPF 维护邻居表（邻接数据库）、拓扑表（链路状态数据库）和路由表（转发数据库）。
⑨ 为了确保 LSDB（链路状态数据库）同步，OSPF 每隔 30 分钟对链路状态刷新一次。

5.1.2 OSPF 术语

① 链路（Link）：路由器上的一个接口。
② 链路状态（Link State）：有关各条链路状态的信息，用来描述路由器接口及其与邻居

路由器的关系，这些信息包括接口的 IP 地址和子网掩码、网络类型、链路开销以及链路上的所有相邻路由器信息。所有链路状态信息构成链路状态数据库。

③ 区域（Area）：共享链路状态信息的一组路由器。在同一个区域内的路由器有相同的 OSPF 链路状态数据库。

④ 自治系统（Autonomous System，AS）：采用同一种路由协议交换路由信息的路由器及其网络构成一个自治系统。

⑤ 链路状态通告（Link-State Advertisement，LSA）和链路状态更新（Link-State Update，LSU）：LSA 用来描述路由器和链路的状态，LSA 包括的信息有路由器接口的状态和所形成的邻接状态；而 LSU 可以包含一个或多个 LSA。

⑥ 最短路径优先（Shortest Path First，SPF）算法：是 OSPF 路由协议的基础。SPF 算法也被称为 Dijkstra 算法，这是因为 SPF 算法是 Dijkstra 发明的。OSPF 路由器利用 SPF 算法独立地计算出到达目标网络的最佳路由。

⑦ 邻居（Neighbor）关系：如果两台路由器共享一条公共数据链路，并且能够协商 Hello 数据包中所指定的某些参数，它们就形成邻居关系。

⑧ 邻接（Adjacency）关系：相互交换 LSA 的 OSPF 邻居建立的关系，一般，在点到点、点到多点的网络上邻居路由器都能形成邻接关系，而在广播多路访问（Broadcast Multiple Access，BMA）和非广播多路访问（Non-Broadcast Multiple Access，NBMA）网络上，要选举 DR 和 BDR，DR 和 BDR 路由器与所有的邻居路由器形成邻接关系，但是 DRother 路由器（非 DR 路由器）之间不能形成邻接关系，只形成邻居关系。

⑨ 指定路由器（Designated Router，DR）和备份指定路由器（Backup Designated Router，BDR）：为了避免路由器之间建立完全邻接关系而引起的大量开销，OSPF 要求在多路访问的网络中选举一个 DR，每个路由器都与之建立邻接关系。选举 DR 的同时也选举出一个 BDR，在 DR 失效时，BDR 担负起 DR 的职责，而且在同一个 BMA 网络中所有其他路由器只与 DR 和 BDR 建立邻接关系。

⑩ OSPF 路由器 ID：运行 OSPF 路由器的唯一标识，长度为 32 比特，格式和 IP 地址相同。

5.1.3　OSPFv2 数据包类型

每个 OSPF 数据包都具有 OSPF 数据包头部。OSPFv2 数据被封装到 IPv4 数据包中。在该 IPv4 数据包包头中，协议字段被设为 89，目的地址则被设为组播地址（224.0.0.5 或 224.0.0.6）或者单播地址。如果 OSPFv2 组播数据包被封装在以太网帧内，则目的 MAC 地址也是组播地址：01-00-5E-00-00-05 或 01-00-5E-00-00-06。

OSPFv2 数据包包括 5 种类型，每种数据包在 OSPFv2 路由过程中发挥各自的作用。

① Hello 数据包：用于与其他 OSPFv2 路由器建立和维持邻居关系，Hello 数据包的发送周期与 OSPF 网络类型有关。只有 Hello 数据包中的多个参数协商成功，才能形成 OSPFv2 的邻居关系。

② DBD（Database Description，数据库描述）：包含发送方路由器的链路状态数据库的简略列表，接收方路由器使用该数据包与其本地链路状态数据库对比。在同一区域内的所有链路状态路由器的 LSDB 必须保持一致，以构建准确的 SPF 树。

③ LSR（Link-State Request，链路状态请求）：在 LSDB 同步过程中，路由器收到 DBD 数据包后，会查看自己的 LSDB 中不包括哪些 LSA，或者哪些 LSA 比自己的更新，然后把这些 LSA 记录在链路状态请求列表中，接着通过发送 LSR 数据包来请求 DBD 中任何 LSA 条目的详细信息。

④ LSU（Link-State Update，链路状态更新）：用于回复 LSR 或通告新的 OSPFv2 更新信息。

⑤ LSACK（Link-State ACKnowledgement，链路状态确认）：路由器收到 LSU 数据包后，会发送一个 LSACK 数据包来确认接收到了 LSU 数据包。

5.1.4 OSPF 网络类型

OSPF 路由协议为了能够适应二层网络环境，根据路由器所连接的物理网络不同通常将网络划分为广播多路访问（Broadcast MultiAccess，BMA）、非广播多路访问（Non-Broadcast MultiAcces，NBMA）、点到点（Point-to-Point）、点到多点（Point-to-MultiPoint）4 种类型。在每种网络类型中，OSPF 的运行方式不同，包括是否需要 DR 选举等，OSPF 网络类型如表 5-1 所示，表中对不同网络类型进行了比较。

表 5-1 OSPF 网络类型

网 络 类 型	物理网络举例	选举 DR	Hello 间隔	Dead 间隔	邻　　居
广播多路访问	以太网	是	10 秒	40 秒	自动发现
非广播多路访问	帧中继	是	30 秒	120 秒	管理员配置
点到点	PPP、HDLC	否	10 秒	40 秒	自动发现
点到多点	管理员配置	否	30 秒	120 秒	自动发现

5.1.5 OSPF 邻居关系建立

在 OSPF 邻接关系建立的过程中，邻居关系的状态变化过程如下所述。

① Down：路由器没有检测到 OSPF 邻居发送的 Hello 数据包。

② Init：路由器从运行 OSPF 协议的接口收到一个 Hello 数据包，但是邻居列表中没有自己的路由器 ID。

③ Two-way：路由器收到的 Hello 数据包中的邻居列表中包含自己的路由器 ID。如果所有其他需要的参数都匹配，则形成邻居关系。同时，在多路访问的网络中将进行 DR 和 BDR 选举。

④ Exstart：确定路由器主、从角色和 DBD 的序列号。路由器 ID 高的路由器成为主路由器。

⑤ Exchange：路由器间交换 DBD 数据包。

⑥ Loading：每个路由器将收到的 DBD 数据包与自己的链路状态数据库进行比对，然后为缺少、丢失或者过期的 LSA 发出 LSR。每个路由器使用 LSU 信息对邻居的 LSR 进行应答。路由器收到 LSU 信息后，将进行确认。确认可以通过显示确认或者隐式确认方式完成。收到确认后，路由器将从重传列表中删除相应的 LSA 条目。

⑦ Full：链路状态数据库得到同步，建立了完全的邻接关系。

5.1.6 OSPF 运行步骤

OSPF 的运行过程分为如下 5 个步骤。

1．建立邻居关系

所谓邻居关系是指 OSPF 路由器以交换路由信息为目的，在所选择的相邻路由器之间建立的一种关系。路由器首先发送拥有自身路由器 ID 信息的 Hello 数据包，与之相邻的路由器如果收到该 Hello 数据包，就将该数据包内的路由器 ID 信息加入到自己的 Hello 数据包内的邻居列表中。

如果路由器的某接口收到从其他路由器发送的含有自身路由器 ID 信息的 Hello 数据包，则它根据该接口所在网络类型确定是否可以建立邻接关系。在点对点网络中，路由器将直接和对端路由器建立邻居关系，并且该路由器将直接进入第三步操作。若为多路访问网络，该路由器将进入 DR 选举步骤。此过程完成后，路由器之间形成 Two-way 状态。

2．选举 DR/BDR

多路访问网络通常有多个路由器，在这种状况下，OSPF 需要建立作为链路状态更新和 LSA 的中心节点，即 DR 和 BDR。DR 选举利用 Hello 数据包内的路由器 ID 和优先级（Priority）字段值来确定。优先级值最高的路由器成为 DR，优先级值次高的路由器成为 BDR。如果优先级相同，则路由器 ID 最高的路由器成为 DR。

3．发现路由器

路由器与路由器之间首先利用 Hello 数据包中的路由器 ID 信息确认主从关系，然后主、从路由器相互交换链路状态信息摘要。每个路由器对摘要信息进行分析比较，如果收到的信息有新内容，路由器将要求对方发送完整的链路状态信息。这个状态完成后，路由器之间建立完全邻接（Full Adjacency）关系。

4．选择适当的路由

当一个路由器拥有完整的链路状态数据库后，OSPF 路由器依据链路状态数据库的内容，独立地用 SPF 算法计算出到每一个目的网络的最优路径，并将路径存入路由表中。OSPF 利用量度（Cost）计算到目的网络的最优路径，Cost 最小者即为最优路径。

5．维护路由信息

当链路状态发生变化时，OSPF 通过泛洪过程通告给网络上其他路由器。OSPF 路由器接收到包含新信息的链路状态更新数据包后，将更新自己的链路状态数据库，然后用 SPF 算法重新计算路由表。在重新计算过程中，路由器继续使用旧路由表，直到 SPF 完成新路由表计算。新链路状态信息将发送给其他路由器。值得注意的是，即使链路状态没有发生改变，OSPF 路由信息也会自动更新，默认时间为 30 分钟，称为链路状态刷新。

5.1.7 OSPF 路由器类型

当一个 AS 划分成几个 OSPF 区域时，根据一个路由器在相应区域的作用，可以将 OSPF 路由器进行分类，OSPF 路由器类型如图 5-1 所示。

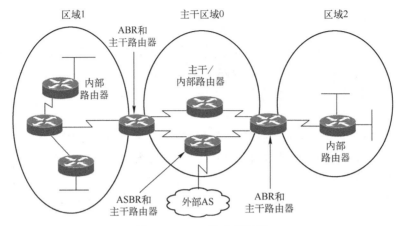

图 5-1 OSPF 路由器类型

① 内部路由器：OSPF 路由器上所有直连的链路都处于同一个区域。
② 主干路由器：具有连接区域 0 接口的路由器。
③ 区域边界路由器（Area Border Router，ABR）：路由器与多个区域相连，对于连接的每个区域，路由器都有一个独立的链路状态数据库。Cisco 建议每台路由器所属区域最多不要超过 3 个。
④ 自治系统边界路由器（Autonomous System Boundary Router，ASBR）：与 AS 外部的路由器相连并互相交换路由信息的路由器。同一台路由器可能属于多种类型 OSPF 路由器，比如可能既是 ABR，同时又是 ASBR。

5.1.8 OSPFv2 LSA 类型

一台路由器中所有有效的 LSA 都被存放在它的链路状态数据库中，正确的 LSA 可以描述一个 OSPF 区域的网络拓扑结构。OSPFv2 中常见的 LSA 有 6 类，表 5-2 所示为 OSPFv2 LSA 类型及相应描述。

表 5-2 OSPFv2 LSA 类型及相应描述

类型代码	LSA 名称及路由代码	描 述
1	路由器 LSA（O）	所有的 OSPF 路由器都会产生这种 LSA，用于描述路由器上连接到某一个区域的链路或是某一接口的状态信息。该 LSA 只在区域内扩散，而不会扩散至其他的区域。链路状态 ID 为本路由器 ID
2	网络 LSA（O）	由 DR 产生，用来描述一个多路访问网络和与之相连的所有路由器，只会在包含 DR 所属的多路访问网络的区域中扩散，不会扩散至其他的 OSPF 区域。链路状态 ID 为 DR 接口的 IP 地址
3	网络汇总 LSA（O IA）	由 ABR 产生，它将一个区域内的网络通告给 OSPF 自治系统中的其他区域。这些条目通过主干区域被扩散到其他的 ABR。链路状态 ID 为目标网络的地址

续表

类型代码	LSA 名称及路由代码	描 述
4	ASBR 汇总 LSA（O IA）	由 ABR 产生，描述到 ASBR 的可达性，由主干区域发送到其他 ABR。链路状态 ID 为 ASBR 路由器 ID
5	外部 LSA（O E1 或 E2）	由 ASBR 产生，含有关于自治系统外的链路信息。链路状态 ID 为外部网络的地址
7	NSSA 外部 LSA（O N1 或 N2）	由 ASBR 产生的关于 NSSA 的信息，可以在 NSSA 区域内扩散，ABR 可以将类型 7 的 LSA 转换为类型 5 的 LSA。链路状态 ID 为外部网络的地址

5.1.9　OSPF 区域类型

OSPF 区域采用两级结构，一个区域所设置的特性控制它所能接收到的链路状态信息的类型。区分不同 OSPF 区域类型的关键在于它们对区域外部路由的处理方式。OSPF 区域类型如下所述。

① 标准区域：可以接收链路更新信息、相同区域的路由信息、区域间路由信息以及外部 AS 的路由信息。标准区域通常与区域 0 连接。

② 主干区域：连接各个区域的中心实体，可以快速高效地传输 IP 数据包，其他区域都要连接到该区域交换路由信息。主干区域也叫区域 0。

③ 末节区域（Stub Area）：不接收外部自治系统的路由信息。

④ 完全末节区域（Totally Stubby Area）：不接收外部自治系统的路由信息和自治系统内其他区域的路由汇总信息。完全末节区域是 Cisco 专有的特性。

⑤ 次末节区域（Not-So-Stubby Area，NSSA）：允许接收以 7 类 LSA 发送的外部路由信息，并且 ABR 要负责把类型 7 的 LSA 转换成类型 5 的 LSA。

5.1.10　OSPFv2 和 OSPFv3 比较

OSPFv2 通过 IPv4 网络层运行，通告 IPv4 路由，OSPFv3 通过 IPv6 网络层运行，通告 IPv6 前缀；两者在路由器上独立运行，OSPFv2 和 OSPFv3 都独立维护自己的邻居表、拓扑表和路由表。OSPFv2 和 OSPFv3 有很多的相似点，同时也有一些差异，二者的相似点和差异如下所述。

1. OSPFv2 和 OSPFv3 之间的相似点

OSPFv3 在工作机制上与 OSPFv2 基本相同，二者的相似点如下所述。

① 都是无类链路状态路由协议。

② 都使用 SPF 算法作路由转发决定。

③ 度量值的计算方法相同，接口下的开销计算公式都是参考带宽 / 接口带宽。

④ 都支持区域分级管理，支持的区域类型也相同，包括骨干区域、标准区域、末节区域、完全末节区域和次末节区域。

⑤ 基本数据包类型相同，包括 Hello、DBD、LSR、LSU 和 LSACK。

⑥ 邻居发现和邻居关系建立机制相同。

⑦ DR 和 BDR 的选举过程相同。

⑧ 路由器 ID 都和 IPv4 地址格式相同。
⑨ 路由器类型相同，包括内部路由器、骨干路由器、区域边界路由器和自治系统边界路由器。
⑩ 接口网络类型相同，包括点到点链路、点到多点链路、BMA 链路、NBMA 链路和虚拟链路。
⑪ LSA 的传播和老化机制相同。

2．OSPFv2 和 OSPFv3 之间的差异

为了在 IPv6 环境中运行，进行 IPv6 数据包的转发，OSPFv3 对 OSPFv2 进行了一些必要的改进，OSPFv2 和 OSPFv3 的主要差异如表 5-3 所示。

表 5-3 OSPFv2 和 OSPFv3 的主要差异

比 较 项	OSPFv2	OSPFv3
通告	IPv4 网络	IPv6 前缀
运行	基于网络	基于链路
源地址	接口 IPv4 地址	接口 IPv6 链路本地地址
目的地址	● 邻居接口单播 IPv4 地址 ● 组播 224.0.0.5 或 224.0.0.6 地址	● 邻居 IPv6 链路本地地址 ● 组播 FF02::5 或 FF02::6 地址
通告网络	路由模式下使用 **network** 命令或接口下使用 **ip ospf** *process-id* **area** *area-id*	接口下使用 **ipv6 ospf** *process-id* **area** *area-id*
IP 单播路由	IPv4 单播路由，路由器默认启用	IPv6 单播路由，使用 **ipv6 unicast-routing** 命令启用
同一链路上运行多个实例	不支持	支持，通过 Instance ID 字段实现
唯一标识邻居	取决于网络类型	通过 Router ID 实现
验证	简单口令或 MD5	使用 IPv6 提供的安全机制来保证自身数据包的安全性
包头	● 版本为 2 ● 包头长度为 24 字节 ● 含有验证字段	● 版本为 3 ● 包头长度为 16 字节 ● 去掉了认证字段，增加了 Instance ID 字段
LSA	有 Options 字段	取消 Options 字段，新增加了链路 LSA（类型 8）和区域内前缀 LSA（类型 9）

5.2 配置单区域 OSPF

5.2.1 实验 1：配置单区域 OSPFv2

1．实验目的

通过本实验可以掌握：
① 启动 OSPFv2 路由进程的方法。
② 启用参与 OSPFv2 路由协议接口的方法。

③ OSPFv2 度量值（Cost）的计算方法。
④ 配置 OSPFv2 计时器参数的方法。
⑤ OSPFv2 计算度量值参考带宽的修改方法。
⑥ 点到点链路上 OSPFv2 的特征。
⑦ 广播多路访问链路上 OSPFv2 的特征。
⑧ 修改 OSPFv2 接口优先级控制 DR 选举的方法。
⑨ 向 OSPFv2 网络注入默认路由的方法。
⑩ 查看和调试 OSPFv2 路由协议相关信息的方法。

2．实验拓扑

配置单区域 OSPFv2 实验拓扑如图 5-2 所示。

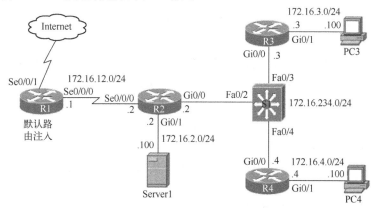

图 5-2　配置单区域 OSPFv2 实验拓扑

3．实验步骤

（1）配置路由器 R1

R1(config)#**ip route 0.0.0.0 0.0.0.0 Serial0/0/1**　　　　//配置到 Internet 的静态默认路由
R1(config)#**router ospf 1**　　　　//启动 OSPFv2 进程
R1(config-router)#**router-id 1.1.1.1**　　　　//配置 OSPFv2 路由器 ID
R1(config-router)#**auto-cost reference-bandwidth 1000**
//修改 OSPFv2 计算度量值参考带宽，单位为 Mbps，默认为 100 Mbps，即 10^8。如果以太网接口的带宽单位是 Gbps，而采用默认参考带宽的单位是 Mbps，计算出来的 Cost 值是 0.1，这显然是不合理的。修改参考带宽要在所有的运行 OSPF 的路由器上配置，目的是确保计算度量值的参考标准一致。另外，当执行命令 **auto-cost reference- bandwidth** 时，系统也会提示如下信息：
　　% OSPF: Reference bandwidth is changed.　　　　//参考带宽改变
　　　　Please ensure reference bandwidth is consistent across all routers.
　　　　//请确保所有路由器的参考带宽一致
R1(config-router)#**network 172.16.12.1 0.0.0.0 area 0**
//配置参与 OSPFv2 的接口范围，该网络范围内的路由器的所有接口都将激活 OSPFv2，通配符掩码越精确，激活接口的范围就越小。对于本实验而言，命令 **network 172.16.12.0 0.0.0.255 area 0** 的作用和命令 **network 172.16.12.1 0.0.0.0 area 0** 的作用是一样的，只是前者的范围更大一些而已。在实际应用中，一般都用接口地址后跟通配符掩码 **0.0.0.0** 来精确匹配某一个接口地址
R1(config-router)#**default-information originate**　　　　//向 OSPFv2 网络注入默认路由
R1(config)#**interface serial0/0/0**

```
R1(config-if)#ip ospf hello-interval 5          //修改接口 OSPFv2 Hello 数据包发送间隔
R1(config-if)#ip ospf dead-interval 20
```
//修改接口 OSPFv2 Dead 时间，默认为 Hello 数据包发送间隔 4 倍。当修改 Hello 间隔时，Dead 时间、Wait 时间自动跟着变化，反之不可以。因为建立 OSPFv2 邻居关系的路由器接口的计时器值必须相同，所以 R2 的 Se0/0/0 接口也必须进行相应修改，即 Hello 间隔修改为 5 秒，Dead 时间修改为 20 秒

【技术要点】

1）OSPFv2 确定路由器 ID 遵循如下顺序。

① 在 OSPFv2 进程中用命令 **router-id** 指定的路由器 ID 优先。用 **clear ip ospf process** 命令可以使配置的新路由器 ID 生效。路由器 ID 并不是 IP 地址，只是格式和 IP 地址相同，通过该命令指定的路由器 ID 可以是任何 IP 地址格式的标识（路由器 ID 不能为 **0.0.0.0**），而该标识不一定要求接口下必须配置这样的 IP 地址。

② 如果没有在 OSPFv2 进程中指定路由器 ID，那么选择 IP 地址最大的环回接口的 IP 地址作为路由器 ID。

③ 如果没有配置环回接口，就选择最大的活动的物理接口的 IP 地址作为路由器 ID。对于②和③，如果想要配置的新路由器 ID 生效，比如配置了更大的环回接口的 IP 地址，可行的方式是保存配置后重启路由器，或者是删除 OSPFv2 配置，然后重新配置 OSPFv2。

④ 建议用命令 **router-id** 来指定路由器 ID，这样可控性比较好；其次建议采用环回接口的 IP 地址作为路由器 ID，因为环回接口比较稳定。

2）OSPFv2 路由进程 ID 的范围为 1~65535，而且只有本地含义，不同路由器的路由进程 ID 可以不同。

3）区域 ID 是 0~4294967295 的十进制数，也可以是 IP 地址的格式。当网络区域 ID 为 0 或 0.0.0.0 时称为主干区域。

4）当使用 **network** 命令时，网络地址的后面可以跟通配符掩码，也可以跟网络掩码，IOS 会自动将其转换成通配符掩码。

5）路由器上任何匹配 **network** 命令中配置的网络地址范围的接口都将启用 OSPFv2，可发送和接收 OSPF 数据包，在高版本 IOS 中，也可以在接口下通过命令 **ip ospf** *process-id* **area** *area-id* 来激活参与 OSPF 的接口。

6）向 OSPFv2 网络注入默认路由的命令 **default-information originate [always] [cost** *metric***] [metric-type** *type***]** 的各参数含义如下所述。

① **always**：无论路由表中是否存在默认路由，路由器都会向 OSPF 网络内注入一条默认路由。

② **cost**：指定初始度量值，默认为 20。

③ **type**：指定路由的类型是 O E1 或 O E2，默认为 O E2。

（2）配置路由器 R2

```
R2(config)#router ospf 1
R2(config-router)#router-id 2.2.2.2
R2(config-router)#log-adjacency-changes
//对 OSPFv2 邻居关系状态变化产生日志，是系统默认配置
```

```
R2(config-router)#auto-cost reference-bandwidth 1000
R2(config-router)#network 172.16.2.2 0.0.0.0 area 0
R2(config-router)#network 172.16.12.2 0.0.0.0 area 0
R2(config-router)#network 172.16.234.2 0.0.0.0 area 0
R2(config-router)#passive-interface gigabitEthernet0/1          //配置被动接口
R2(config-router)#exit
R2(config)#interface serial0/0/0
R2(config-if)#ip ospf hello-interval 5
R2(config-if)#ip ospf dead-interval 20
R2(config-if)#exit
R2(config)#interface gigabitEthernet0/0
R2(config-if)#ip ospf priority 20
//修改 OSPFv2 接口优先级，使得 R2 成为 DR，以太网接口优先级默认为 1
```

（3）配置路由器 R3

```
R3(config)#router ospf 1
R3(config-router)#router-id 3.3.3.3
R3(config-router)#auto-cost reference-bandwidth 1000
R3(config-router)#network 172.16.3.3 0.0.0.0 area 0
R3(config-router)#network 172.16.234.3 0.0.0.0 area 0
R3(config-router)#passive-interface gigabitEthernet0/1
R3(config-router)#exit
R3(config)#interface gigabitEthernet0/0
R3(config-if)#ip ospf priority 10          //修改 OSPFv2 接口优先级，使得 R3 成为 BDR
```

（4）配置路由器 R4

```
R4(config)#router ospf 1
R4(config-router)#router-id 4.4.4.4
R4(config-router)#auto-cost reference-bandwidth 1000
R4(config-router)#network 172.16.4.4 0.0.0.0 area 0
R4(config-router)#network 172.16.234.4 0.0.0.0 area 0
R4(config-router)#passive-interface gigabitEthernet0/1
```

4．实验调试

（1）查看 OSPFv2 邻居的基本信息

```
R2#show ip ospf neighbor
Neighbor ID     Pri    State              Dead Time    Address         Interface
3.3.3.3         10     FULL/BDR           00:00:36     172.16.234.3    GigabitEthernet0/0
4.4.4.4         1      FULL/ DROTHER      00:00:37     172.16.234.4    GigabitEthernet0/0
1.1.1.1         0      FULL/ -            00:00:16     172.16.12.1     Serial0/0/0
```

以上输出表明路由器 R2 有 3 个 OSPFv2 邻居，它们的路由器 ID 分别为 1.1.1.1、3.3.3.3 和 4.4.4.4，其他参数解释如下所述。

① **Pri**：邻居路由器接口的 OSPFv2 优先级。

② **State**：当前邻居路由器的状态，其中 **FULL** 表示建立了邻接关系；**BDR** 表示在 G0/0 接口所在的网络中，路由器 R3 是 **BDR**；**DROTHER** 表示在 G0/0 接口所在的网络中，路由

器 R4 是 **DROTHER**，从而可以清楚地知道路由器 R2 在 G0/0 接口所在的网络中是 DR；"-"表示在点到点的链路上 OSPF 不进行 DR 和 BDR 选举。

③ **Dead Time**：重置 OSPFv2 邻居关系前等待的最长时间。

④ **Address**：邻居接口的 IPv4 地址。

⑤ **Interface**：路由器自己和邻居路由器相连的接口。

【技术要点 1】

关于 DR 选举的过程和原则如下所述。

1）在多路访问网络中，DROTHER 路由器只与 DR 和 BDR 建立邻接关系，DROTHER 路由器之间只建立邻居关系，通过命令 **show ip ospf interface** 可查看运行 OSPF 接口的详细信息，如下所示。

```
R2#show ip ospf interface gigabitEthernet0/0
GigabitEthernet0/0 is up, line protocol is up              //接口状态为 up
  Internet Address 172.16.234.2/24, Area 0, Attached via Network Statement
  //接口地址、掩码、所在区域以及接口激活 OSPF 的方式。接口激活 OSPF 的方式包括以下 2 种：
  ① 在路由模式下通过 network 命令激活该接口，显示为 Attached via Network Statement
  ② 在接口模式下通过 ip ospf 1 area 0 命令激活该接口，显示为 Attached via Interface Enable
  Process ID 1, Router ID 2.2.2.2, Network Type BROADCAST, Cost: 10
  //OSPF 进程 ID、路由器 ID、网络类型和接口开销值
  Topology-MTID    Cost    Disabled    Shutdown    Topology Name
        0           10        no          no           Base
  //以上 2 行显示 OSPF 多拓扑路由的信息，包括多拓扑 ID 和名称等信息
  Transmit Delay is 1 sec, State DR, Priority 20
  //传输延时为 1 秒（可通过命令 ip ospf transmit-delay 命令修改）、接口状态为 DR，接口优先级为 20
  Designated Router (ID) 2.2.2.2, Interface address 172.16.234.2
  //DR 的路由器 ID 及接口地址
  Backup Designated router (ID) 3.3.3.3, Interface address 172.16.234.3
  //BDR 的路由器 ID 及接口地址
  Timer intervals configured, Hello 10, Dead 40, Wait 40, Retransmit 5
  //Hello 数据包发送周期、Dead 时间和 Wait 时间及重传时间。其中 Wait 表示在选举 DR 和 BDR
  之前等待邻居路由器 Hello 数据包的最长时间；Retransmit 表示在没有得到确认的情况下，重传 OSPF 数据
  包等待的时间，默认为 5 秒，可以通过 ip ospf retransmit-interval 命令来修改
    oob-resync timeout 40                       //oob（out-of-band）同步超时时间
    Hello due in 00:00:03                       //距离下一个 Hello 数据包到达的时间
  （此处省略部分输出）
  Neighbor Count is 2, Adjacent neighbor count is 2
  //R2 是 DR，有 2 个邻居，并且与 2 个邻居全部形成邻接关系
    Adjacent with neighbor 3.3.3.3   (Backup Designated Router)    //与 BDR 形成邻接关系
    Adjacent with neighbor 4.4.4.4                                 //与 DROTHER 形成邻接关系
  Suppress hello for 0 neighbor(s)                //接口没有抑制 Hello 数据包
```

2）DR 和 BDR 有自己的组播地址 **224.0.0.6**。

3）DR 和 BDR 的选举是以独立的网络为基础的，也就是说 DR 和 BDR 选举是一个路由器的接口特性，而不是整个路由器的特性。例如，1 台路由器可以是某个多路访问网络的 DR，也可以是另外一个多路访问网络的 BDR。

4）DR 选举的原则：首要因素是时间，该时间就是启用 OSPF 路由协议接口下的 **Wait**

时间。如果通过命令 **ip ospf hello-interval** 调整 Hello 间隔，或者通过命令 **ip ospf dead-interval** 调整 **Dead** 时间，**Wait** 时间都会跟着自动调整。过了该时间，将开始 DR 选举过程。其次，如果在 **Wait** 时间内网络中所有接口都加入 OSPF 进程，或者重新进行 DR 选举，则比较接口优先级（范围为 0～255），优先级最高的路由器被选举为 DR，修改接口优先级的命令是 **ip ospf priority** *priority*。如果接口的优先级被配置为 0，那么该接口将不参与 DR 选举。如果接口优先级相同，最后比较路由器 ID，路由器 ID 最高的路由器被选举为 DR。

5）DR 选举是非抢占的，但下列情况可以重新选举 DR。

① 路由器重新启动或者删除 OSPF 配置，然后再重新配置 OSPF 进程。
② 参与选举的路由器执行 **clear ip ospf process** 命令。
③ DR 出现故障。
④ 将 OSPF 接口的优先级设置为 0。

6）仅当 DR 出现故障，BDR 才会接管 DR 的任务，然后选举新的 BDR；如果 BDR 出现故障，将选举新的 BDR。所以大家经常说的 DR 选举实际先选举的是 BDR，然后把 BDR 提升为 DR，接着再选出新的 BDR。所以在一个需要选举 DR 的网络中不可能出现有 BDR 而没有 DR 的情况；但是，一个网络有 DR，没有BDR 是可能的。

【技术要点 2】

OSPF 邻居关系建立非常复杂，受到多种因素的限制，不能建立邻居关系的常见原因有：

① Hello 间隔或 Dead 时间不同。同一链路上的 Hello 间隔和 Dead 间隔必须相同才能建立邻居关系。
② 建立 OSPF 邻居关系的两个接口所在区域 ID 不同。
③ 特殊区域（如 Stub、NSSA 等）的区域类型不匹配。
④ 身份验证类型或验证信息不一致。
⑤ 建立 OSPF 邻居关系的路由器 ID 相同。
⑥ 接口下应用了拒绝 OSPF 数据包的 ACL，如执行 **access-list 100 deny ospf any any** 命令。
⑦ 链路上的 MTU 不匹配，可以通过命令 **ip ospf mtu-ignore** 忽略 MTU 检测。
⑧ 在多路访问网络中接口的子网掩码不同。

（2）查看 IP 路由协议配置和统计信息

```
R2#show ip protocols | begin Routing Protocol is "ospf 1"
Routing Protocol is "ospf 1"              //当前路由器运行的 OSPFv2 进程 ID
  Outgoing update filter list for all interfaces is not set
  Incoming update filter list for all interfaces is not set
//以上 2 行表明入向和出向都没有配置分布列表
  Router ID 2.2.2.2                       //OSPF 路由器 ID
  Number of areas in this router is 1. 1 normal 0 stub 0 nssa
//本路由器接口所属的区域数量和区域类型
  Maximum path: 4        //默认支持等价路径数目，最大为 32 条（IOS 15.7，路由器为 2911）
  Routing for Networks:
    172.16.2.2 0.0.0.0 area 0
      172.16.12.1 0.0.0.0 area 0
      172.16.234.2 0.0.0.0 area 0
```

```
            //以上 4 行表明通过 network 命令激活 OSPFv2 进程的接口匹配的范围及所在的区域
              Passive Interface(s):
                GigabitEthernet0/1
            //以上 2 行表示 OSPFv2 中配置的被动接口
              Routing Information Sources:
                Gateway           Distance          Last Update
                3.3.3.3           110               03:45:36
                4.4.4.4           110               03:45:11
                1.1.1.1           110               03:34:49
            //以上 5 行表明 OSPFv2 路由信息源、管理距离和最后一次更新时间
              Distance: (default is 110)          //OSPFv2 路由协议默认的管理距离为 110
```

(3) 查看 OSPFv2 进程相关信息

```
              R2#show ip ospf
              Routing Process "ospf 1" with ID 2.2.2.2         //OSPFv2 路由进程 ID 和路由器 ID
              Start time: 02:08:33.472, Time elapsed: 04:26:14.164    //OSPF 进程启动时间和持续的时间
              Supports only single TOS(TOS0) routes            //只支持简单 TOS 路由
              Supports opaque LSA                              //支持不透明 LSA
                Supports Link-local Signaling (LLS)            //支持链路本地信令
                Supports area transit capability               //支持区域传输能力
                Supports NSSA (compatible with RFC 3101)       //支持 NSSA（Not-So-Stubby Area）
                Supports Database Exchange Summary List Optimization (RFC 5243)
              //支持 OSPF 数据库交换汇总列表优化
                Event-log enabled, Maximum number of events: 1000, Mode: cyclic
              //启用事件日志功能，事件最大数量为 1000，模式为循环方式
                Router is not originating router-LSAs with maximum metric
              Initial SPF schedule delay 5000 msecs            //初始 SPF 运算计划延时
                Minimum hold time between two consecutive SPFs 10000 msecs
              //防止路由器持续运行 SPF 算法的保留时间
                Maximum wait time between two consecutive SPFs 10000 msecs
              //路由器运行完一次 SPF 算法后，等待 10 秒才再次运行该算法
              （此处省略部分输出）
                Reference bandwidth unit is 1000 mbps          //计算 OSPFv2 接口开销的参考带宽
                  Area BACKBONE(0)                             //主干区域
                    Number of interfaces in this area is 3     //区域 0 运行 OSPFv2 的接口的数量
                    Area has no authentication                 //区域没有启用验证
                    SPF algorithm last executed 02:45:39.652 ago  //距离上次运行 SPF 的时间
                    SPF algorithm executed 7 times             //SPF 算法运行的次数
                    Area ranges are                            //区域间路由汇总
                    （此处省略部分输出）
```

(4) 查看运行 OSPFv2 接口的信息摘要

```
              R2#show ip ospf interface brief
              Interface    PID    Area    IP Address/Mask       Cost    State    Nbrs F/C
              Gi0/1        1      0       172.16.2.2/24         10      DR       0/0
              Se0/0/0      1      0       172.16.12.2/24        647     P2P      1/1
              Gi0/0        1      0       172.16.234.2/24       10      DR       2/2
```

以上输出显示运行 OSPFv2 接口的名字、进程 ID、接口所在区域、接口地址和掩码、接

口 Cost 值、状态、邻居和邻接的数量。注意 Gi0/1 接口没有 OSPFv2 邻居，自己成为 DR 的角色。

（5）查看 OSPFv2 链路状态数据库的信息

```
R2#show ip ospf database
          OSPF Router with ID (2.2.2.2) (Process ID 1)     //OSPF 路由器 ID 和进程 ID
              Router Link States (Area 0)                  //类型 1 的 LSA
Link ID         ADV Router      Age       Seq#          Checksum    Link count
1.1.1.1         1.1.1.1         1710      0x8000000D    0x00CB95    2
2.2.2.2         2.2.2.2         1709      0x80000011    0x0005E8    4
3.3.3.3         3.3.3.3         1095      0x8000000E    0x003C9A    2
4.4.4.4         4.4.4.4         899       0x8000000F    0x0011BA    2
              Net Link States (Area 0)                     //类型 2 的 LSA
Link ID         ADV Router      Age       Seq#          Checksum
172.16.234.2    2.2.2.2         1135      0x8000000A    0x008BCB
//172.16.234.2 是 DR 路由器接口的 IP 地址
            Type-5 AS External Link States               //类型 5 的 LSA
Link ID         ADV Router      Age       Seq#          Checksum    Tag
0.0.0.0         1.1.1.1         826       0x8000000A    0x000B9A    1
```

以上输出是 R2 的区域 0 的链路状态数据库的信息，如果在 R1、R3 和 R4 上查看 OSPF 链路状态数据库，会发现 R1~R4 的链路状态数据库是相同的。在以上输出中，标题行的含义解释如下所述。

① **Link ID**：标识每个 LSA。

② **ADV Router**：通告链路状态信息的路由器 ID。

③ **Age**：老化时间，范围是 0~60 分钟，老化时间达到 60 分钟的 LSA 条目将被从 LSDB 中删除。

④ **Seq#**：序列号，范围为 0x80000001~0x7FFFFFFF，序列号越大，LSA 越新。为了确保 LSDB 同步，OSPF 每隔 30 分钟刷新链路状态一次，序列号会自动加 1，刷新信息如下所示：

```
00:55:59: OSPF: Build router LSA for area 0, router ID 2.2.2.2, seq 0x80000007, process 1
01:29:33: OSPF: Build router LSA for area 0, router ID 2.2.2.2, seq 0x80000008, process 1
02:02:55: OSPF: Build router LSA for area 0, router ID 2.2.2.2, seq 0x80000009, process 1
```

⑤ **Checksum**：校验和，计算除 Age 字段以外的所有字段。LSA 存放在 LSDB 中，每 5 分钟进行一次校验，以确保该 LSA 没有损坏。

⑥ **Link count**：通告路由器在本区域内的链路数目。

⑦ **Tag**：外部路由的标识，默认为 1。

（6）查看路由表中 OSPFv2 路由

以下输出全部省略路由代码部分。

```
① R1#show ip route ospf
         172.16.0.0/16 is variably subnetted, 2 subnets, 2 masks
O        172.16.2.0/24 [110/657] via 172.16.12.2, 00:37:01, Serial0/0/0
O        172.16.3.0/24 [110/667] via 172.16.12.2, 00:37:01, Serial0/0/0
O        172.16.4.0/24 [110/667] via 172.16.12.2, 00:37:01, Serial0/0/0
O        172.16.234.0/24 [110/657] via 172.16.12.2, 00:37:01, Serial0/0/0
```

② R2#**show ip route ospf**
Gateway of last resort is **172.16.12.1** to network 0.0.0.0
O*E2   0.0.0.0/0 [**110/1**] via 172.16.12.1, 00:39:25, Serial0/0/0   //默认路由
        172.16.0.0/16 is variably subnetted, 8 subnets, 2 masks
O   172.16.3.0/24 [110/20] via 172.16.234.3, 04:56:11, GigabitEthernet0/0
O   172.16.4.0/24 [110/20] via 172.16.234.4, 04:55:46, GigabitEthernet0/0
③ R3#**show ip route ospf**
Gateway of last resort is **172.16.234.2** to network 0.0.0.0
O*E2   0.0.0.0/0 [**110/1**] via 172.16.234.2, 00:40:27, GigabitEthernet0/0
        172.16.0.0/16 is variably subnetted, 7 subnets, 2 masks
O   172.16.2.0/24 [110/20]   via 172.16.234.2, 04:56:46, GigabitEthernet0/0
O   172.16.4.0/24   [110/20] via 172.16.234.4, 04:56:46, GigabitEthernet0/0
O   172.16.12.0/24 [110/657] via 172.16.234.2, 00:40:27, GigabitEthernet0/0
④ R4#**show ip route ospf**
Gateway of last resort is **172.16.234.2** to network 0.0.0.0
O*E2   0.0.0.0/0 [**110/1**] via 172.16.234.2, 00:42:29, GigabitEthernet0/0
        172.16.0.0/16 is variably subnetted, 7 subnets, 2 masks
O   172.16.2.0/24 [110/20]   via 172.16.234.2, 04:58:49, GigabitEthernet0/0
O   172.16.3.0/24   [110/20]   via 172.16.234.3, 04:58:49, GigabitEthernet0/0
O   172.16.12.0/24 [110/657] via 172.16.234.2, 00:42:29, GigabitEthernet0/0

以上①、②、③和④输出结果表明 OSPFv2 路由协议的管理距离是 **110**，同一个区域内通过 OSPF 路由协议学到的路由条目用代码 **O** 表示。路由器 R2、R3 和 R4 的路由表的输出表明，在 R1 上通过命令 **default-information originate** 确实可以向 OSPFv2 网络注入 1 条默认路由，路由类型为 **O E2**，默认度量值为 **1**。OSPFv2 接口 Cost 值计算公式为 10^9/接口带宽（bps），然后取整，而路由的度量值是路由传递方向的所有链路入口的 Cost 之和，环回接口的 Cost 值默认为 1。路由器 R4 路由条目 **172.16.12.0/24** 的度量值为 **657**，计算过程如下：路由条目 **172.16.12.0/24** 到路由器 R4 经过的入接口包括路由器 R2 的 Se0/0/0 接口，路由器 R4 的 Gi0/0 接口，$10^9/1544000+10^9/10^8=657$。当然也可以直接通过命令 **ip ospf cost** *cost* 配置接口的 Cost 值，并且它是优先计算的 Cost 值。

【提示】

① 可以通过命令 **show interfaces** 查看接口的带宽。

② 如果网络中使用了环回接口，则其他路由器学到其所在网络的 OSPF 路由条目的掩码长度默认都是 32 位（不管接口的掩码长度实际是多少），这是环回接口的特性。要使得路由条目的掩码长度和环回接口的掩码长度保持一致，解决的办法是在环回接口下修改网络类型为 **Point-to-Point**，接口下配置命令为 **ip ospf network point-to-point**。

5.2.2 实验 2：配置 OSPFv2 验证

1. 实验目的

通过本实验可以掌握：
① OSPFv2 验证的类型和意义。
② 配置基于区域的 OSPFv2 简单口令验证和 MD5 验证的方法。

③ 配置基于链路的 OSPFv2 简单口令验证和 MD5 验证的方法。

2．实验拓扑

配置 OSPFv2 验证实验拓扑如图 5-3 所示。

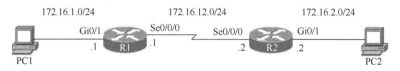

图 5-3　配置 OSPFv2 验证实验拓扑

3．实验步骤

（1）配置路由器 R1

```
R1(config)#router ospf 1
R1(config-router)#router-id 1.1.1.1
R1(config-router)#auto-cost reference-bandwidth 1000
R1(config-router)#network 172.16.1.1 0.0.0.0 area 0
R1(config-router)#network 172.16.12.1 0.0.0.0 area 0
R1(config-router)#passive-interface gigabitEthernet0/1
R1(config-router)#area 0 authentication           //区域 0 启用简单口令验证
R1(config-router)#exit
R1(config)#interface Serial0/0/0
R1(config-if)#ip ospf authentication-key cisco    //配置验证密码
```

（2）配置路由器 R2

```
R2(config)#router ospf 1
R2(config-router)#router-id 2.2.2.2
R2(config-router)#auto-cost reference-bandwidth 1000
R2(config-router)#network 172.16.2.2 0.0.0.0 area 0
R2(config-router)#network 172.16.12.2 0.0.0.0 area 0
R2(config-router)#passive-interface gigabitEthernet0/1
R2(config-router)#area 0 authentication
R2(config-router)#exit
R2(config)#interface Serial0/0/0
R2(config-if)#ip ospf authentication-key cisco
```

4．实验调试

（1）查看运行 OSPFv2 的接口信息

```
R2#show ip ospf interface Serial0/0/0
Internet Address 172.16.12.2/24, Area 0, Attached via Network Statement
  Process ID 1, Router ID 2.2.2.2, Network Type POINT_TO_POINT, Cost: 647
    （此处省略部分输出）
  Simple password authentication enabled            //接口启用了简单口令验证
```

（2）查看运行 OSPFv2 的进程信息

```
R1#show ip ospf
 Routing Process "ospf 1" with ID 1.1.1.1
（此处省略部分输出）
    Area BACKBONE(0)
        Number of interfaces in this area is 2
        Area has simple password authentication    //区域 0 启用简单口令验证
（此处省略部分输出）
```

（3）查看接收（IN）和发送（OUT）的 OSPFv2 数据包

```
R2#debug ip ospf packet                //查看接收（IN）和发送（OUT）的 OSPFv2 数据包
    *Apr 29 08:34:14.377: OSPF-1 PAK : Se0/0/0: OUT: 172.16.12.2->224.0.0.5: ver:2 type:1 len:48 rid:2.2.2.2 area:0.0.0.0 chksum:E693 auth:1
    *Apr 29 08:34:16.989: OSPF-1 PAK : Se0/0/0: IN: 172.16.12.1->224.0.0.5: ver:2 type:1 len:48 rid:1.1.1.1 area:0.0.0.0 chksum:E693 auth:1
```

以上输出表明运行 OSPFv2 的接口 Se0/0/0 接收和发送验证类型为 1 的 Hello 数据包。

（4）配置基于链路的简单口令验证

如果不想针对整个区域验证，而是针对某些关键的链路进行验证，则路由进程下不需要配置基于区域的验证，基于链路的简单口令验证配置步骤如下所述。

① 配置路由器 R1。

```
R1(config)#interface Serial0/0/0
R1(config-if)#ip ospf authentication                //接口启用简单口令验证
R1(config-if)#ip ospf authentication-key cisco      //配置验证密码
```

② 配置路由器 R2。

```
R2(config)#interface Serial0/0/0
R2(config-if)#ip ospf authentication
R2(config-if)#ip ospf authentication-key cisco
```

（5）配置 OSPFv2 MD5 验证

删除上述 OSPF 简单口令验证的配置，保留其他配置，然后配置 OSPFv2 MD5 区域验证。

① 配置路由器 R1。

```
R1(config)#router ospf 1
R1(config-router)#area 0 authentication message-digest    //区域 0 启用 MD5 验证
R1(config-router)#exit
R1(config)#interface Serial0/0/0
R1(config-if)#ip ospf message-digest-key 1 md5 cisco      //配置验证 key id 及密钥
```

② 配置路由器 R2。

```
R2(config)#router ospf 1
R2(config-router)#area 0 authentication message-digest
R2(config-router)#exit
R2(config)#interface Serial0/0/0
```

R2(config-if)#**ip ospf message-digest-key 1 md5 cisco**

（6）查看 OSPFv2 MD5 区域验证情况

R2#**show ip ospf interface Serial0/0/0**
Serial0/0/0 is up, line protocol is up
  Internet Address 172.16.12.2/24, Area 0, Attached via Network Statement
  Process ID 1, Router ID 2.2.2.2, Network Type POINT_TO_POINT, Cost: 647
  （此处省略部分输出）
  Cryptographic authentication enabled
  Youngest key id is 1
//以上 2 行输出信息表明该接口启用了 MD5 验证，而且使用密钥 ID 为 1 进行验证。OSPFv2 的 MD5 验证允许在接口上配置多个密钥，从而可以保证方便、安全地改变密钥。而 **Youngest key id** 和配置顺序有关，最后一次配置的就是 Youngest key id，和 ID 数字本身大小没有关系
R2#**show ip ospf**
  （此处省略部分输出）
  Area BACKBONE(0)
    Number of interfaces in this area is 2
    Area has message digest authentication　　　　//区域 0 采用 MD5 验证
  （此处省略部分输出）
R2#**debug ip ospf packet**
  *Apr 29 08:59:17.733: OSPF-1 PAK : Se0/0/0:　**IN**: 172.16.12.1->**224.0.0.5**: ver:2 type:1 len:48 rid:1.1.1.1 area:0.0.0.0 chksum:0 **auth:2 keyid:1 seq:0x5723**
  *Apr 29 08:59:24.045: OSPF-1 PAK : Se0/0/0:　**OUT**: 172.16.12.2->**224.0.0.5**: ver:2 type:1 len:48 rid:2.2.2.2 area:0.0.0.0 chksum:0 **auth:2 keyid:1 seq:0x5723**

以上输出表明运行 OSPFv2 的接口 S0/0/0 收发验证类型为 2、keyid 为 1、序列号为 0x5723 的 Hello 数据包。

（7）配置基于链路的 MD5 验证

如果不想针对整个区域验证，而是针对某些关键的链路进行验证，则不需要在区域上启用 MD5 验证，基于链路的 MD5 验证配置步骤如下所述。

① 配置路由器 R1。

R1(config)#**interface Serial0/0/0**
R1(config-if)#**ip ospf authentication message-digest**　　　　//接口启用 MD5 验证
R1(config-if)#**ip ospf message-digest-key 1 md5 cisco**　　　　//配置 key id 及密钥

② 配置路由器 R2。

R2(config)#**interface Serial0/0/0**
R2(config-if)#**ip ospf authentication message-digest**
R2(config-if)#**ip ospf message-digest-key 1 md5 cisco**

5.2.3　实验 3：配置单区域 OSPFv3

1．实验目的

通过本实验可以掌握：

① 启用 IPv6 单播路由的方法。
② 启用参与 OSPFv3 路由协议接口的方法。
③ 向 OSPFv3 网络注入默认路由的方法。
④ 配置 OSPFv3 计时器的方法。
⑤ OSPFv3 DR 选举的方法。
⑥ OSPFv3 链路状态数据库的特征和含义。
⑦ OSPFv3 LSA 的类型和特征。
⑧ 查看和调试 OSPFv3 路由协议相关信息的方法。

2．实验拓扑

配置单区域 OSPFv3 实验拓扑如图 5-4 所示。

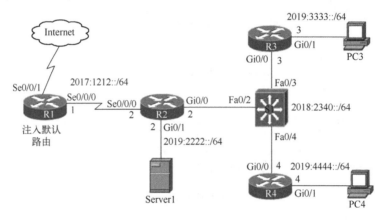

图 5-4　配置单区域 OSPFv3 实验拓扑

3．实验步骤

（1）配置路由器 R1

```
R1(config)#ipv6 unicast-routing              //启动 IPv6 单播路由
R1(config)#ipv6 route::/0 serial0/0/1        //配置 IPv6 静态默认路由
R1(config)#ipv6 router ospf 1                //启动 OSPFv3 路由进程
R1(config-rtr)#router-id 1.1.1.1
//配置 OSPFv3 路由器 ID，如果是纯 IPv6 环境，必须显式配置
R1(config-rtr)#auto-cost reference-bandwidth 1000    //修改计算 Cost 参考带宽
R1(config-rtr)#default-information originate metric 30 metric-type 2
//向 OSPFv3 网络注入一条默认路由，初始度量值为 30，类型为 OE2（默认）
R1(config-rtr)#exit
R1(config)#interface Serial0/0/0
R1(config-if)#ipv6 address 2017:1212::1/64
R1(config-if)#ipv6 ospf 1 area 0    //在接口上启用 OSPFv3 并声明接口所在区域。接口要先配置 IPv6
地址，才能启用 OSPFv3 接口，否则会提示：% OSPFv3: IPV6 is not enabled on this interface
R1(config-if)#ipv6 ospf hello-interval 5        //修改 OSPFv3 Hello 间隔
R1(config-if)#ipv6 ospf dead-interval 20        //修改 OSPFv3 Dead 时间
```

（2）配置路由器 R2

```
R2(config)#ipv6 unicast-routing
R2(config)#ipv6 router ospf 1
R2(config-rtr)#router-id 2.2.2.2
R2(config-rtr)#auto-cost reference-bandwidth 1000
R2(config-rtr)#passive-interface GigabitEthernet0/1    //配置被动接口
R2(config-rtr)#exit
R2(config)#interface GigabitEthernet0/0
R2(config-if)#ipv6 address 2018:2340::2/64
R2(config-if)#ipv6 ospf 1 area 0
R2(config-if)#ipv6 ospf priority 20    //修改接口优先级，控制 DR 选举，默认为 1
R2(config-if)#exit
R2(config)#interface GigabitEthernet0/1
R2(config-if)#ipv6 address 2019:2222::2/64
R2(config-if)#ipv6 ospf 1 area 0
R2(config-if)#exit
R2(config)#interface Serial0/0/0
R2(config-if)#ipv6 address 2017:1212::2/64
R2(config-if)#ipv6 ospf 1 area 0
R2(config-if)#ipv6 ospf hello-interval 5
R2(config-if)#ipv6 ospf dead-interval 20
```

（3）配置路由器 R3

```
R3(config)#ipv6 unicast-routing
R3(config)#ipv6 router ospf 1
R3(config-rtr)#router-id 3.3.3.3
R3(config-rtr)#passive-interface GigabitEthernet0/1
R3(config-rtr)#auto-cost reference-bandwidth 1000
R3(config-rtr)#exit
R3(config)#interface GigabitEthernet0/0
R3(config-if)#ipv6 address 2018:2340::3/64
R3(config-if)#ipv6 ospf 1 area 0
R3(config-if)#ipv6 ospf priority 10
R3(config-if)#exit
R3(config)#interface GigabitEthernet0/1
R3(config-if)#ipv6 address 2019:3333::3/64
R3(config-if)#ipv6 ospf 1 area 0
R3(config-if)#exit
```

（4）配置路由器 R4

```
R4(config)#ipv6 unicast-routing
R4(config)#ipv6 router ospf 1
R4(config-rtr)#router-id 4.4.4.4
R4(config-rtr)#auto-cost reference-bandwidth 1000
R4(config-rtr)#passive-interface GigabitEthernet0/1
R4(config-rtr)#exit
R4(config)#interface GigabitEthernet0/0
R4(config-if)#ipv6 address 2018:2340::4/64
R4(config-if)#ipv6 ospf 1 area 0
```

```
R4(config-if)#exit
R4(config)#interface GigabitEthernet0/1
R4(config-if)#ipv6 address 2019:4444::4/64
R4(config-if)#ipv6 ospf 1 area 0
```

4．实验调试

（1）查看 OSPFv3 邻居信息

```
R2#show ipv6 ospf neighbor
            OSPFv3 Router with ID (2.2.2.2) (Process ID 1)      //OSPFv3 路由器 ID 和进程 ID
Neighbor ID     Pri   State              Dead Time   Interface ID   Interface
3.3.3.3         10    FULL/BDR           00:00:31    4              GigabitEthernet0/0
4.4.4.4         1     FULL/DROTHER       00:00:37    4              GigabitEthernet0/0
1.1.1.1         0     FULL/  -           00:00:16    8              Serial0/0/0
```

以上输出表明路由器 R2 有 3 个 OSPFv3 邻居，都处于邻接状态，在以上输出信息的各字段中，OSPFv3 用 Interface ID 取代了 OSPFv2 的 Address 字段，该字段在路由器上唯一标识运行 OSPFv3 的接口，表示 OSPFv3 邻居路由器接口的 ID，其他字段的含义和 OSPFv2 相同。

（2）查看和 IPv6 路由相关信息

```
R2#show ipv6 protocols
IPv6 Routing Protocol is "connected"
IPv6 Routing Protocol is "application"
IPv6 Routing Protocol is "ospf 1"
    Router ID 2.2.2.2
    Number of areas: 1 normal, 0 stub, 0 nssa
    Interfaces (Area 0):
        GigabitEthernet0/1
        GigabitEthernet0/0
        Serial0/0/0
    Redistribution:
        None
IPv6 Routing Protocol is "ND"
```

以上输出表明路由器 R2 上启动的 OSPFv3 进程 ID 为 1，路由器 ID 为 2.2.2.2，接口 Gi0/0、Gi0/1 和 Se0/0/0 启用 OSPFv3，同属于区域 0，没有其他 IPv6 路由重分布进 OSPFv3 进程中。

（3）查看 OSPFv3 链路状态数据库

```
R2#show ipv6 ospf database
            OSPFv3 Router with ID (2.2.2.2) (Process ID 1)
                Router Link States (Area 0)              //路由器 LSA
ADV Router      Age       Seq#          Fragment ID   Link count   Bits
1.1.1.1         1233      0x80000002    0             1            E
2.2.2.2         832       0x80000004    0             2            None
3.3.3.3         515       0x80000003    0             1            None
4.4.4.4         398       0x80000005    0             1            None
                Net Link States (Area 0)                 //网络 LSA
ADV Router      Age       Seq#          Link ID       Rtr count
2.2.2.2         397       0x80000004    4             3
```

	Link (Type-8) Link States **(Area 0)**			//链路 LSA	
ADV Router	Age	Seq#	Link ID	Interface	
1.1.1.1	1645	0x80000001	8	Se0/0/0	
2.2.2.2	1537	0x80000001	8	Se0/0/0	
2.2.2.2	1553	0x80000001	5	Gi0/1	
2.2.2.2	1570	0x80000002	4	Gi0/0	
3.3.3.3	1473	0x80000002	4	Gi0/0	
4.4.4.4	510	0x80000001	4	Gi0/0	
	Intra Area Prefix Link States **(Area 0)**			//区域内前缀 LSA	
ADV Router	Age	Seq#	Link ID	Ref-lstype	Ref-LSID
1.1.1.1	1308	0x80000001	0	0x2001	0
2.2.2.2	832	0x80000005	0	0x2001	0
2.2.2.2	1150	0x80000001	4096	0x2002	4
3.3.3.3	515	0x80000004	0	0x2001	0
4.4.4.4	398	0x80000004	0	0x2001	0
	Type-5 AS External Link States		//外部 LSA		
ADV Router	Age	Seq#	Prefix		
1.1.1.1	1307	0x80000001	::/0		

以上输出显示了路由器 R2 上 OSPFv3 区域 0 的链路状态数据库的信息,包含路由器 LSA、网络 LSA、链路 LSA、区域内前缀 LSA 和类型 5 的外部 LSA。如果在 R1、R3 和 R4 上查看 OSPFV3 链路状态数据库,会发现 R1~R4 的 OSPFv3 链路状态数据库是相同的。输出标题行的部分解释如下所述。

① ADV Router:指通告链路状态信息的路由器,表现为该路由器的路由器 ID。

② Age:老化时间,范围是 0~60 分钟,老化时间达到 60 分钟的 LSA 条目将被从 LSDB 中删除。

③ Seq#:序列号,范围为 0x80000001~0x7FFFFFFF,序列号越大,LSA 越新。为了确保 LSDB 的同步,OSPF 每隔 30 分钟刷新链路状态一次。

④ Link count:通告路由器在本区域内的链路数目。

⑤ Bits(Options):可选功能,如果相应位置位,表示路由器支持所选的功能,该字段中包含 R 比特、N 比特、E 比特等,比如 E 比特置 1,表示始发路由器是一台 ASBR。

⑥ Ref-lstype:引用的 LSA 的相关类型。

⑦ Ref-LSID:引用的 LSA 的 Link State ID。

⑧ Prefix:LSA 中所包含的 IPv6 地址前缀。

【技术扩展】

OSPFv3 的设计理念之一就是拓扑信息和路由信息分离:计算拓扑的基本 LSA(Router LSA 和 Network LSA)中不再含有路由信息,所以原来 OSPFv2 中这两类 LSA 中所携带的路由信息由新的 LSA 来描述,这就是 Intra Area Prefix LSA。Intra Area Prefix LSA 描述了 Router LSA 和 Network LSA 所携带的路由信息,因此在该 LSA 中需要标明引用的 Router LSA 或 Network LSA,其通过 Referenced LS Type、Referenced Link State ID 和 Referenced Advertising Router 字段来联合标识。

① Referenced LS Type(参考链路状态类型):取值为 0x2001 表明该 LSA 与 Router LSA 相关;取值为 0x2002 表明该 LSA 与 Network LSA 相关。

② Referenced Link State ID（参考链路状态 ID）：取值为 0，表示引用的是 Router LSA 0；取值为 DR 在该条链路上的 Interface ID，表示引用的是 Network LSA。

③ Referenced Advertising Router（参考通告路由器）：引用 LSA 的始发路由器。如果引用的是 Router LSA，该字段值为产生该 LSA 路由器的 Router ID；如果引用的是 Network LSA，该字段值为相应网络的 DR 的 Router ID。

（4）查看 OSPFv3 进程相关信息

```
R2#show ipv6 ospf
 Routing Process "ospfv3 1" with ID 2.2.2.2          //OSPFv3 进程 ID 和路由器 ID
 Supports NSSA (compatible with RFC 3101)            //支持 NSSA（Not-So-Stubby Area）
 Supports Database Exchange Summary List Optimization (RFC 5243)
//支持 OSPF 数据库交换汇总列表优化
 Event-log enabled, Maximum number of events: 1000, Mode: cyclic
//启用事件日志功能，事件最大数量为 1000，模式为循环方式
 Router is not originating router-LSAs with maximum metric
 Initial SPF schedule delay 5000 msecs               //初始 SPF 运算计划延时
 Minimum hold time between two consecutive SPFs 10000 msecs
//防止路由器持续运行 SPF 算法的保留时间
 Maximum wait time between two consecutive SPFs 10000 msecs
//路由器运行完一次 SPF 算法后，等待 10 秒才再次运行该算法
（此处省略部分输出）
 Number of areas in this router is 1. 1 normal 0 stub 0 nssa   //区域的个数及类型
 Graceful restart helper support enabled             //开启 GR helper 功能
 Reference bandwidth unit is 1000 mbps               //计算度量值参考带宽
 RFC1583 compatibility enabled
    Area BACKBONE(0)
        Number of interfaces in this area is 3       //本路由器在该区域接口的数量
        SPF algorithm executed 11 times              //SPF 算法执行的次数
       （此处省略部分输出）
```

（5）查看运行 OSPFv3 接口的详细信息

```
R2#show ipv6 ospf interface GigabitEthernet0/0
GigabitEthernet0/0 is up, line protocol is up
  Link Local Address FE80::FA72:EAFF:FE69:1C78, Interface ID 4   //接口链路本地地址和接口 ID
  Area 0, Process ID 1, Instance ID 0, Router ID 2.2.2.2
//接口所在区域、OSPFv3 进程 ID、实例 ID 和路由器 ID
  Network Type BROADCAST, Cost: 10                   //接口网络类型和接口 Cost 值
  Transmit Delay is 1 sec, State DR, Priority 20     //传输延时时间、状态和接口优先级
  Designated Router (ID) 2.2.2.2, local address FE80::FA72:EAFF:FE69:1C78
  Backup Designated router (ID) 3.3.3.3, local address FE80::FA72:EAFF:FEDB:EA78
//以上 2 行给出 DR 和 BDR 的路由器 ID 及所在链路的链路本地地址
  Timer intervals configured, Hello 10, Dead 40, Wait 40, Retransmit 5
//Hello 周期、Dead 时间、Wait 时间和重传时间
    Hello due in 00:00:00                            //距离下次发送 Hello 数据包的时间
  Graceful restart helper support enabled            //开启 GR helper 功能
（此处省略部分输出）
  Neighbor Count is 2, Adjacent neighbor count is 2
//邻居的个数以及已建立邻接关系的邻居的个数
    Adjacent with neighbor 3.3.3.3   (Backup Designated Router)
```

第 5 章　OSPF

```
         Adjacent with neighbor 4.4.4.4
//以上 2 行说明 DR 路由器 R2 与 R3（BDR）和 R4（DROTHER）形成邻接关系
         Suppress hello for 0 neighbor(s)
```

（6）查看 IPv6 路由表

以下输出全部省略 IPv6 路由代码部分。

```
    ① R1#show ipv6 route | include O|S        //查看 IPv6 路由表中静态和 OSPFv3 路由
S    ::/0 [1/0]
         via Serial0/0/1, directly connected    //静态默认路由
O    2018:2340::/64 [110/657]                   // OSPFv3 默认管理距离是 110
         via FE80::FA72:EAFF:FE69:1C78, Serial0/0/0
         //在 OSPFv3 中，IPv6 路由条目的更新源是邻居的链路本地地址
O    2019:2222::/64 [110/657]                   //OSPFv3 度量值的计算方法和 OSPFv2 相同
         via FE80::FA72:EAFF:FE69:1C78, Serial0/0/0
O    2019:3333::/64 [110/667]
         via FE80::FA72:EAFF:FE69:1C78, Serial0/0/0
O    2019:4444::/64 [110/667]
         via FE80::FA72:EAFF:FE69:1C78, Serial0/0/0
    ② R2#show ipv6 route ospf    //查看 IPv6 路由表中 OSPFv3 路由
OE2::/0 [110/30], tag 1
         via FE80::FA72:EAFF:FED6:F4C8, Serial0/0/0
//该默认路由是在路由器 R1 上执行 default-information originate 命令向 OSPFv3 区域注入的路由，
其 tag 值为 1，度量值为 30
    O    2019:3333::/64 [110/20]
             via FE80::FA72:EAFF:FE69:18B8, GigabitEthernet0/0
    O    2019:4444::/64 [110/20]
             via FE80::FA72:EAFF:FEC8:4F98, GigabitEthernet0/0
    ③ R3#show ipv6 route ospf
OE2::/0 [110/30], tag 1
         via FE80::FA72:EAFF:FE69:1C78, GigabitEthernet0/0
    O    2017:1212::/64 [110/657]
             via FE80::FA72:EAFF:FE69:1C78, GigabitEthernet0/0
    O    2019:2222::/64 [110/20]
             via FE80::FA72:EAFF:FE69:1C78, GigabitEthernet0/0
    O    2019:4444::/64 [110/20]
             via FE80::FA72:EAFF:FEC8:4F98, GigabitEthernet0/0
    ④ R4#show ipv6 route ospf
OE2::/0 [110/30], tag 1
         via FE80::FA72:EAFF:FE69:1C78, GigabitEthernet0/0
    O    2017:1212::/64 [110/657]
             via FE80::FA72:EAFF:FE69:1C78, GigabitEthernet0/0
    O    2019:2222::/64 [110/20]
             via FE80::FA72:EAFF:FE69:1C78, GigabitEthernet0/0
    O    2019:3333::/64 [110/20]
             via FE80::FA72:EAFF:FE69:18B8, GigabitEthernet0/0
```

以上①、②、③和④输出结果表明 OSPFv3 路由协议的管理距离是 **110**，同一个区域内通过 OSPFv3 路由协议学到的路由条目用代码 **O** 表示，同时下一跳地址均为邻居路由器的同一链路的链路本地地址。路由器 R2、R3 和 R4 的 IPv6 路由表的输出表明，在 R1 上通过命令

default-information originate 确实可以向 OSPFv3 网络注入 1 条默认路由,路由类型为 **OE2**,度量值为 **30**。IPv6 路由表中的默认路由是没有*标记的,这点和 IPv4 路由表不同。

5.2.4 实验 4:配置 OSPFv3 验证

1. 实验目的

通过本实验可以掌握:
① OSPFv3 验证的类型和意义。
② 配置基于区域的 OSPFv3 验证和加密方法。
③ 配置基于链路的 OSPFv3 验证和加密方法。

2. 实验拓扑

配置 OSPFv3 验证实验拓扑如图 5-5 所示。

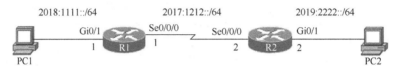

图 5-5 配置 OSPFv3 验证实验拓扑

3. 实验步骤

OSPFv3 本身不提供验证功能,而是依赖于 IPv6 扩展包头的验证功能来保证数据包的完整性和安全性的,可以基于接口或区域配置 OSPFv3 数据包验证和加密,需要注意的是接口验证优先于区域验证。

(1) 配置路由器 R1

```
R1(config)#ipv6 unicast-routing
R1(config)#ipv6 router ospf 1
R1(config-rtr)#router-id 1.1.1.1
R1(config-rtr)#auto-cost reference-bandwidth 1000
R1(config-rtr)#passive-interface GigabitEthernet0/1
R1(config-rtr)#area 0 encryption ipsec spi 1212 esp des 1234567890ABCDEF md5 12345678901234567890123456789012   //开启区域 0 的 OSPFv3 数据包验证和加密功能,指定 IPSec 的 SPI 值和加密、验证算法
```

【提示】

如果只是配置 OSPFv3 验证而不对数据包加密,使用如下命令:

```
R1(config-rtr)#area 0 authentication   ipsec spi 1212 md5 12345678901234567890123456789012
```

(2) 配置路由器 R2

```
R2(config)#ipv6 unicast-routing
R2(config)#ipv6 router ospf 1
R2(config-rtr)#router-id 2.2.2.2
```

```
R2(config-rtr)#auto-cost reference-bandwidth 1000
R2(config-rtr)#passive-interface GigabitEthernet0/1
R2(config-rtr)#area 0 encryption ipsec spi 1212 esp des 1234567890ABCDEF md5 1234567890123
4567890123456789012
```

4．实验调试

（1）查看 OSPFv3 进程信息

```
R2#show ipv6 ospf 1
（此处省略部分输出）
    Area BACKBONE(0)
        Number of interfaces in this area is 2
        DES Encryption MD5 Auth, SPI 1212
//显示区域 0 加密算法为 DES、验证算法为 MD5、IPSec 的 SPI 值为 1212
    （此处省略部分输出）
```

（2）查看运行 OSPFv3 接口信息

```
R2#show ipv ospf interface Serial0/0/0
Serial0/0/0 is up, line protocol is up
    Link Local Address FE80::FA72:EAFF:FE69:1C78, Interface ID 8    //接口链路本地地址和接口 ID
    Area 0, Process ID 1, Instance ID 0, Router ID 2.2.2.2
    Network Type POINT_TO_POINT, Cost: 647                          //OSPFv3 网络类型和接口开销
    DES encryption MD5 auth (Area) SPI 1212, secure socket UP (errors: 0)
//接口上使用基于区域的 OSPFv3 验证和加密算法及 SPI 值
    （此处省略部分输出）
```

（3）查看活动的 IPSec VPN 会话

```
R2#show crypto engine connections active
Crypto Engine Connections
   ID   Type   Algorithm        Encrypt  Decrypt LastSeqN IP-Address
   2001 IPsec  DES+MD5               0       70        0 FE80::FA72:EAFF:FE69:1C78
   2002 IPsec  DES+MD5              69        0        0 FE80::FA72:EAFF:FE69:1C78
```

从以上输出可以看到建立的 IPSec VPN 的会话 ID，使用的加密和验证算法、加密和解密的数据包的数量，以及参与加密和验证的路由器接口的链路本地地址。

（4）配置针对某些关键链路验证和加密

如果不想针对整个区域验证和加密，而是针对某些关键链路进行验证和加密，配置步骤如下所述。

① 配置路由器 R1。

```
R1(config)#interface Serial0/0/0
R1(config-if)#ipv6 ospf encryption ipsec spi 500 esp des 1234567890abcdef md5 12345678901
23456789012345678012                    //接口启用 DES 加密和 MD5 验证
```

② 配置路由器 R2。

```
R2(config)#interface Serial0/0/0
```

```
R2(config-if)#ipv6 ospf encryption ipsec spi 500 esp des 1234567890abcdef md5 12345678901
2345678901234567890 12
R2#show ipv6 ospf interface Serial0/0/0
Serial0/0/0 is up, line protocol is up
  Link Local Address FE80::FA72:EAFF:FE69:1C78, Interface ID 8
  Area 0, Process ID 1, Instance ID 0, Router ID 2.2.2.2
  Network Type POINT_TO_POINT, Cost: 647
  DES encryption MD5 auth SPI 500, secure socket UP (errors: 0)
//接口上使用基于链路的OSPFv3加密算法为DES、验证算法为MD5、IPSec的SPI值为500
(此处省略部分输出)
```

5.3 配置多区域 OSPF

5.3.1 实验 5：配置多区域 OSPFv2

1．实验目的

通过本实验可以掌握：
① 在路由器上启动 OSPFv2 路由进程的方法。
② 启用参与路由协议接口的方法。
③ OSPFv2 LSA 的类型和特征。
④ 不同路由器类型的功能。
⑤ OSPFv2 链路状态数据库的特征和含义。
⑥ E1 路由和 E2 路由的区别。
⑦ 查看和调试 OSPFv2 路由协议相关信息。

2．实验拓扑

配置多区域 OSPFv2 实验拓扑如图 5-6 所示。

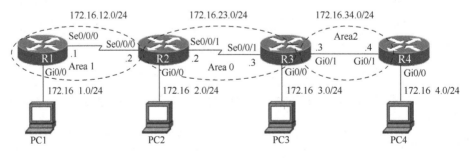

图 5-6　配置多区域 OSPFv2 实验拓扑

3．实验步骤

路由器 R4 的 Gi0/0 接口不激活 OSPFv2，通过重分布进入 OSPFv2 网络。

第 5 章 OSPF

（1）配置路由器 R1

```
R1(config)#router ospf 1
R1(config-router)#router-id 1.1.1.1
R1(config-router)#auto-cost reference-bandwidth 1000
R1(config-router)#network 172.16.1.1 0.0.0.0 area 1
R1(config-router)#network 172.16.12.1 0.0.0.0 area 1
R1(config-router)#passive-interface gigabitEthernet0/0
```

（2）配置路由器 R2

```
R2(config)#router ospf 1
R2(config-router)#router-id 2.2.2.2
R2(config-router)#auto-cost reference-bandwidth 1000
R2(config-router)#network 172.16.12.2 0.0.0.0 area 1
R2(config-router)#network 172.16.23.2 0.0.0.0 area 0
R2(config-router)#network 172.16.2.2 0.0.0.0 area 0
R2(config-router)#passive-interface gigabitEthernet0/0
```

（3）配置路由器 R3

```
R3(config)#router ospf 1
R3(config-router)#router-id 3.3.3.3
R3(config-router)#auto-cost reference-bandwidth 1000
R3(config-router)#network 172.16.23.3 0.0.0.0 area 0
R3(config-router)#network 172.16.3.3 0.0.0.0 area 0
R3(config-router)#network 172.16.34.3 0.0.0.0 area 2
R3(config-router)#passive-interface gigabitEthernet0/0
```

（4）配置路由器 R4

```
R4(config)#router ospf 1
R4(config-router)#router-id 4.4.4.4
R4(config-router)#auto-cost reference-bandwidth 1000
R4(config-router)#network 172.16.34.4 0.0.0.0 area 2
R4(config-router)#redistribute connected subnets        //将直连路由重分布进 OSPF
```

4．实验调试

（1）查看路由表

```
① R1#show ip route ospf
     172.16.0.0/16 is variably subnetted, 9 subnets, 2 masks
O IA    172.16.2.0/24 [110/657] via 172.16.12.2, 00:56:46, Serial0/0/0
O IA    172.16.3.0/24 [110/1295] via 172.16.12.2, 00:55:29, Serial0/0/0
O E2    172.16.4.0/24 [110/20] via 172.16.12.2, 00:00:25, Serial0/0/0
O IA    172.16.23.0/24 [110/1294] via 172.16.12.2, 00:57:11, Serial0/0/0
O IA    172.16.34.0/24 [110/1295] via 172.16.12.2, 00:55:19, Serial0/0/0
② R2#show ip route ospf
     172.16.0.0/16 is variably subnetted, 10 subnets, 2 masks
O       172.16.1.0/24 [110/657] via 172.16.12.1, 00:59:09, Serial0/0/0
O       172.16.3.0/24 [110/648] via 172.16.23.3, 00:57:06, Serial0/0/1
```

```
O E2      172.16.4.0/24 [110/20] via 172.16.23.3, 00:02:03, Serial0/0/1
O IA      172.16.34.0/24 [110/648] via 172.16.23.3, 00:56:56, Serial0/0/10
```
③ R3#**show ip route ospf**
```
     172.16.0.0/16 is variably subnetted, 7 subnets, 2 masks
172.16.0.0/16 is variably subnetted, 10 subnets, 2 masks
O IA      172.16.1.0/24 [110/721] via 172.16.23.2, 00:57:52, Serial0/0/1
O         172.16.2.0/24 [110/74] via 172.16.23.2, 00:57:52, Serial0/0/1
O E2      172.16.4.0/24 [110/20] via 172.16.34.4, 00:02:55, GigabitEthernet0/1
O IA      172.16.12.0/24 [110/711] via 172.16.23.2, 00:57:52, Serial0/0/1
```
④ R4#**show ip route ospf**
```
     172.16.0.0/16 is variably subnetted, 9 subnets, 2 masks
O IA      172.16.1.0/24 [110/722] via 172.16.34.3, 00:03:36, GigabitEthernet0/1
O IA      172.16.2.0/24 [110/75] via 172.16.34.3, 00:03:36, GigabitEthernet0/1
O IA      172.16.3.0/24 [110/2] via 172.16.34.3, 00:03:36, GigabitEthernet0/1
O IA      172.16.12.0/24 [110/712] via 172.16.34.3, 00:03:36, GigabitEthernet0/1
O IA      172.16.23.0/24 [110/65] via 172.16.34.3, 00:03:36, GigabitEthernet0/1
```

以上①、②、③和④输出表明路由表中带有 **O** 的路由是区域内的路由，路由表中带有 **O IA** 的路由是区域间的路由，路由表中带有 **O E2** 的路由是外部自治系统网络被重分布到 OSPF 中的路由。这就是为什么在 R4 上要进行路由重分布，就是为了构造自治系统外部的路由。此外，在路由器 R1、R2 和 R3 上的 **O E2** 路由条目 **172.16.4.0/24** 的度量值都是 20，这是 **O E2** 路由的特征，当把外部自治系统的路由重分布到 OSPF 中时，如果不设置度量值和类型，默认度量值是 20，默认路由类型为 **O E2**。OSPF 的外部路由分为类型 1（在路由表中用代码 **E1** 表示）和类型 2（在路由表中用代码 **E2** 表示），它们计算路由度量值的方式不同。

① 类型 1（E1）：外部路径成本+数据包在 OSPF 网络中所经过各链路成本。
② 类型 2（E2）：外部路径成本，即 ASBR 上的默认设置。
③ OSPF 选路原则的优先顺序如下：O > O IA > O E1 > O E2。

在进行路由重分布时可以通过 **metric-type** 参数设置是类型 1 或 2，也可以通过 **metric** 参数设置外部路径成本，默认为 20。

（2）查看 OSPFv2 的链路状态数据库

① R1#**show ip ospf database**
```
           OSPF Router with ID (1.1.1.1) (Process ID 1)
              Router Link States (Area 1)              //区域 1 类型 1 的 LSA
Link ID         ADV Router      Age         Seq#          Checksum    Link count
1.1.1.1         1.1.1.1         456         0x80000004    0x00A9E5    3
2.2.2.2         2.2.2.2         375         0x80000003    0x00B3A6    2
              Summary Net Link States (Area 1)         //区域 1 类型 3 的 LSA
Link ID         ADV Router      Age         Seq#          Checksum
172.16.2.2      2.2.2.2         375         0x80000002    0x00A5CC
172.16.3.3      2.2.2.2         375         0x80000002    0x002E32
172.16.23.0     2.2.2.2         375         0x80000002    0x0065EA
172.16.34.0     2.2.2.2         375         0x80000002    0x0089AB
              Summary ASB Link States (Area 1)         //区域 1 类型 4 的 LSA
Link ID         ADV Router      Age         Seq#          Checksum
4.4.4.4         2.2.2.2         130         0x80000002    0x00BF43
              Type-5 AS External Link States           //类型 5 的 LSA
```

Link ID	ADV Router	Age	Seq#	Checksum	Tag
172.16.4.0	4.4.4.4	946	0x80000002	0x0065CB	0

② R2#**show ip ospf database**

OSPF Router with ID (2.2.2.2) (Process ID 1)

    Router Link States (Area 0)   //区域 0 类型 1 的 LSA

Link ID	ADV Router	Age	Seq#	Checksum	Link count
2.2.2.2	2.2.2.2	412	0x80000003	0x006208	3
3.3.3.3	3.3.3.3	246	0x80000004	0x00EE73	3

    Summary Net Link States (Area 0)   //区域 0 类型 3 的 LSA

Link ID	ADV Router	Age	Seq#	Checksum
172.16.1.1	2.2.2.2	412	0x80000002	0x00580C
172.16.12.0	2.2.2.2	412	0x80000002	0x00DE7C
172.16.34.0	3.3.3.3	246	0x80000002	0x00CD73

    Summary ASB Link States (Area 0)   //区域 0 类型 4 的 LSA

Link ID	ADV Router	Age	Seq#	Checksum
4.4.4.4	3.3.3.3	246	0x80000002	0x00040B

    Router Link States (Area 1)   //区域 1 类型 1 的 LSA

Link ID	ADV Router	Age	Seq#	Checksum	Link count
1.1.1.1	1.1.1.1	495	0x80000004	0x00A9E5	3
2.2.2.2	2.2.2.2	416	0x80000003	0x00B3A6	2

    Summary Net Link States (Area 1)   //区域 1 类型 3 的 LSA

Link ID	ADV Router	Age	Seq#	Checksum
172.16.2.2	2.2.2.2	416	0x80000002	0x00A5CC
172.16.3.3	2.2.2.2	416	0x80000002	0x002E32
172.16.23.0	2.2.2.2	416	0x80000002	0x0065EA
172.16.34.0	2.2.2.2	416	0x80000002	0x0089AB

    Summary ASB Link States (Area 1)   //区域 1 类型 4 的 LSA

Link ID	ADV Router	Age	Seq#	Checksum
4.4.4.4	2.2.2.2	170	0x80000002	0x00BF43

    Type-5 AS External Link States   //类型 5 的 LSA

Link ID	ADV Router	Age	Seq#	Checksum	Tag
172.16.4.0	4.4.4.4	986	0x80000002	0x0065CB	0

③ R3#**show ip ospf database**

OSPF Router with ID (3.3.3.3) (Process ID 1)

    Router Link States (Area 0)   //区域 0 类型 1 的 LSA

Link ID	ADV Router	Age	Seq#	Checksum	Link count
2.2.2.2	2.2.2.2	455	0x80000003	0x006208	3
3.3.3.3	3.3.3.3	287	0x80000004	0x00EE73	3

    Summary Net Link States (Area 0)   //区域 0 类型 3 的 LSA

Link ID	ADV Router	Age	Seq#	Checksum
172.16.1.1	2.2.2.2	455	0x80000002	0x00580C
172.16.12.0	2.2.2.2	455	0x80000002	0x00DE7C
172.16.34.0	3.3.3.3	287	0x80000002	0x00CD73

    Summary ASB Link States (Area 0)   //区域 0 类型 4 的 LSA

Link ID	ADV Router	Age	Seq#	Checksum
4.4.4.4	3.3.3.3	287	0x80000002	0x00040B

    Router Link States (Area 2)   //区域 2 类型 1 的 LSA

Link ID	ADV Router	Age	Seq#	Checksum	Link count
3.3.3.3	3.3.3.3	287	0x80000003	0x00CA4E	1
4.4.4.4	4.4.4.4	214	0x80000002	0x006FA4	1

```
                    Net Link States (Area 2)              //区域 2 类型 2 的 LSA
Link ID         ADV Router       Age     Seq#         Checksum
172.16.34.3     3.3.3.3          526     0x80000001   0x0059D6
                Summary Net Link States (Area 2)         //区域 2 类型 3 的 LSA
Link ID         ADV Router       Age     Seq#         Checksum
172.16.1.1      3.3.3.3          291     0x80000002   0x00D778
172.16.2.2      3.3.3.3          291     0x80000002   0x002539
172.16.3.3      3.3.3.3          291     0x80000002   0x0072F9
172.16.12.0     3.3.3.3          291     0x80000002   0x005EE8
172.16.23.0     3.3.3.3          291     0x80000002   0x004705
                Type-5 AS External Link States           //类型 5 的 LSA
Link ID         ADV Router       Age     Seq#         Checksum    Tag
172.16.4.0      4.4.4.4          1027    0x80000002   0x0065CB    0
④ R4#show ip ospf database
                OSPF Router with ID (4.4.4.4) (Process ID 1)
                Router Link States (Area 2)              //区域 2 类型 1 的 LSA
Link ID         ADV Router       Age     Seq#         Checksum    Link count
3.3.3.3         3.3.3.3          347     0x80000003   0x00CA4E    2
4.4.4.4         4.4.4.4          268     0x80000002   0x006FA4    2
                Net Link States (Area 2)                 //区域 2 类型 2 的 LSA
Link ID         ADV Router       Age     Seq#         Checksum
172.16.34.3     3.3.3.3          526     0x80000001   0x0059D6
                Summary Net Link States (Area 2)         //区域 2 类型 3 的 LSA
Link ID         ADV Router       Age     Seq#         Checksum
172.16.1.1      3.3.3.3          347     0x80000002   0x00D778
172.16.2.2      3.3.3.3          347     0x80000002   0x002539
172.16.3.3      3.3.3.3          347     0x80000002   0x0072F9
172.16.12.0     3.3.3.3          347     0x80000002   0x005EE8
172.16.23.0     3.3.3.3          347     0x80000002   0x004705
                Type-5 AS External Link States           //类型 5 的 LSA
Link ID         ADV Router       Age     Seq#         Checksum    Tag
172.16.4.0      4.4.4.4          1082    0x80000002   0x0065CB    0
```

以上①、②、③和④输出结果包含了区域 1 的 LSA 类型 1、3、4 的链路状态信息，区域 0 的 LSA 类型 1、3、4 的链路状态信息，区域 2 的 LSA 类型 1、2、3 的链路状态信息以及 LSA 类型 5 的链路状态信息。同时从中可以看到，路由器 R1 和 R2 的区域 1 的链路状态数据库完全相同，路由器 R2 和 R3 的区域 0 的链路状态数据库完全相同，路由器 R3 和 R4 的区域 2 的链路状态数据库完全相同。

（3）查看路由重分布情况

```
R4#show ip ospf
Routing Process "ospf 1" with ID 4.4.4.4
（此处省略部分输出）
   It is an autonomous system boundary router           //路由器是一台 ASBR 路由器
   Redistributing External Routes from,
     connected with metric mapped to 20, includes subnets in redistribution
//以上 2 行表明该路由器将直连路由重分布到 OSPF 进程中，度量值为 20，重分布时携带子网信息
（此处省略部分输出）
```

5.3.2 实验 6：配置多区域 OSPFv3

1．实验目的

通过本实验可以掌握：
① 启用 IPv6 路由的方法。
② 向 OSPFv3 网络注入默认路由的方法。
③ OSPFv3 多区域配置和调试方法。
④ OSPFv3 DR 选举方法。
⑤ OSPFv3 OE1 和 OE2 路由的区别。
⑥ OSPFv3 链路状态数据库的特征和含义。
⑦ OSPFv3 LSA 的类型和特征。

2．实验拓扑

配置多区域 OSPFv3 实验拓扑如图 5-7 所示。

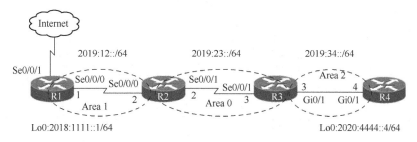

图 5-7　配置多区域 OSPFv3 实验拓扑

3．实验步骤

在路由器 R1 上向 OSPFv3 区域注入一条默认路由，在路由器 R4 上重分布直连路由。

（1）配置路由器 R1

```
R1(config)#ipv6 unicast-routing
R1(config)#ipv6 route::/0 serial0/0/1                    //配置 IPv6 静态默认路由
R1(config)#ipv6 router ospf 1                            //启动 OSPFv3 路由进程
R1(config-rtr)#router-id 1.1.1.1                         //定义路由器 ID，必须显式配置
R1(config-rtr)#default-information originate metric 30 metric-type 2
//向 OSPFv3 网络注入一条默认路由，初始度量值为 30，类型为 OE2
R1(config)#interface loopback 1
R1(config-if)#ipv6 address 2018:1111::1/64
R1(config-if)#ipv6 ospf 1 area 1                         //在接口上启用 OSPFv3，并声明接口所在区域
R1(config-if)#ipv6 ospf network point-to-point           //修改接口 OSPFv3 网络类型
R1(config-if)#exit
R1(config)#interface Serial0/0/0
R1(config-if)#ipv6 address 2019:12::1/64
R1(config-if)#ipv6 ospf 1 area 1
```

（2）配置路由器 R2

```
R2(config)#ipv6 unicast-routing
R2(config)#ipv6 router ospf 1
R2(config-rtr)#router-id 2.2.2.2
R2(config-rtr)#exit
R2(config)#interface Serial0/0/0
R2(config-if)#ipv6 address 2019:12::2/64
R2(config-if)#ipv6 ospf 1 area 1
R2(config-if)#exit
R2(config)#interface Serial0/0/1
R2(config-if)#ipv6 address 2019:23::2/64
R2(config-if)# ipv6 ospf 1 area 0
R2(config-if)#exit
```

（3）配置路由器 R3

```
R3(config)#ipv6 unicast-routing
R3(config)#ipv6 router ospf 1
R3(config-rtr)#router-id 3.3.3.3
R3(config-rtr)#exit
R3(config)#interface GigabitEthernet0/0
R3(config-if)#ipv6 address 2019:34::3/64
R3(config-if)#ipv6 ospf 1 area 2
R3(config-if)#exit
R3(config)#interface Serial0/0/1
R3(config-if)#ipv6 address 2019:23::3/64
R3(config-if)#ipv6 ospf 1 area 0
```

（4）配置路由器 R4

```
R4(config)#ipv6 unicast-routing
R4(config)#interface Loopback4
R4(config-if)#ipv6 address 2020:4444::4/64
R4(config-if)#exit
R4(config)#ipv6 router ospf 1
R4(config-rtr)#router-id 4.4.4.4
R4(config-rtr)#redistribute connected metric-type 1 metric 100    //重分布直连
R4(config)#interface GigabitEthernet0/0
R4(config-if)#ipv6 address 2019:34::4/64
R4(config-if)#ipv6 ospf 1 area 2
R4(config-if)#ipv6 ospf priority 2                //配置接口优先级，控制 DR 选举
```

4．实验调试

（1）查看 IPv6 路由表

以下各命令的输出均省略路由代码部分。

① R1#**show ipv6 route ospf**
  OI 2019:23::/64 [110/128]
      via FE80::FA72:EAFF:FE69:1C78, Serial0/0/0

```
  OI    2019:34::/64 [110/129]
          via FE80::FA72:EAFF:FE69:1C78, Serial0/0/0
  OE1 2020:4444::/64 [110/229]
          via FE80::FA72:EAFF:FE69:1C78, Serial0/0/0
② R2#show ipv6 route ospf
OE2::/0 [110/30], tag 1                              //该路由的 tag 值为 1
          via FE80::FA72:EAFF:FED6:F4C8, Serial0/0/0
  O     2018:1111::/64 [110/65]
          via FE80::FA72:EAFF:FED6:F4C8, Serial0/0/0
  OI    2019:34::/64 [110/65]
          via FE80::FA72:EAFF:FE69:18B8, Serial0/0/1
  OE1 2020:4444::/64 [110/165]
          via FE80::FA72:EAFF:FE69:18B8, Serial0/0/1
③ R3#show ipv6 route ospf
OE2::/0 [110/30], tag 1
          via FE80::FA72:EAFF:FE69:1C78, Serial0/0/1
  OI    2018:1111::/64 [110/129]
          via FE80::FA72:EAFF:FE69:1C78, Serial0/0/1
  OI    2019:12::/64 [110/128]
          via FE80::FA72:EAFF:FE69:1C78, Serial0/0/1
  OE1 2020:4444::/64 [110/101]
          via FE80::FA72:EAFF:FEC8:4F98, GigabitEthernet0/0
④ R4#show ipv6 route ospf
OE2::/0 [110/30], tag 1
          via FE80::FA72:EAFF:FE69:18B8, GigabitEthernet0/0
  OI    2018:1111::/64 [110/130]
          via FE80::FA72:EAFF:FE69:18B8, GigabitEthernet0/0
  OI    2019:12::/64 [110/129]
          via FE80::FA72:EAFF:FE69:18B8, GigabitEthernet0/0
  OI    2019:23::/64 [110/65]
          via FE80::FA72:EAFF:FE69:18B8, GigabitEthernet0/0
```

以上①、②、③和④输出表明 OSPFv3 的外部路由代码为 **OE2** 或 **OE1**，区域间路由代码为 **OI**，区域内路由代码为 **O**，OSPFv3 管理距离为 110；**OE2** 和 **OE1** 路由的区别与 OSPFv2 中的类似；R1 向 OSPFv3 区域注入一条度量值为 30 的 **OE2** 默认路由。

（2）查看 IPv6 路由协议相关信息

```
R2#show ipv6 protocols
（此处省略部分输出）
IPv6 Routing Protocol is "ospf 1"
Router ID 2.2.2.2                                    //路由器 ID
  Area border router                                 //该路由器是 ABR
  Number of areas: 2 normal, 0 stub, 0 nssa          //区域的数量和类型
  Interfaces (Area 0):
    Serial0/0/1
  Interfaces (Area 1):
    Serial0/0/0
```

以上输出表明路由器 R2 上启动的 OSPFv3 进程 ID 为 1，在 Se0/0/1 和 Se0/0/0 接口上启用 OSPFv3；Se0/0/1 接口属于区域 0，Se0/0/0 接口属于区域 1。

（3）查看 OSPFv3 链路状态数据库

```
R3#show ipv6 ospf database
OSPFv3 Router with ID (3.3.3.3) (Process ID 1)            //OSPFv3 路由器 ID 及进程 ID
                Router Link States (Area 0)               //路由器 LSA
ADV Router      Age         Seq#         Fragment ID   Link count    Bits
2.2.2.2         1907        0x8000000E   0             1             B
3.3.3.3         1831        0x8000000D   0             1             B
              Inter Area Prefix Link States (Area 0)      //区域间前缀 LSA
ADV Router      Age         Seq#         Prefix
2.2.2.2         1063        0x80000001   2019:12::/64
2.2.2.2         1063        0x80000001   2018:1111::/64
3.3.3.3         983         0x80000001   2019:34::/64
              Inter Area Router Link States (Area 0)      //区域间路由器 LSA
ADV Router      Age         Seq#         Link ID       Dest RtrID
2.2.2.2         57          0x80000001   16843009      1.1.1.1
3.3.3.3         338         0x80000003   67372036      4.4.4.4
                Link (Type-8) Link States (Area 0)        //链路 LSA
ADV Router      Age         Seq#         Link ID       Interface
2.2.2.2         1420        0x80000008   9             Se0/0/1
3.3.3.3         1333        0x80000005   9             Se0/0/1
              Intra Area Prefix Link States (Area 0)      //区域内前缀 LSA
ADV Router      Age         Seq#         Link ID       Ref-lstype    Ref-LSID
2.2.2.2         901         0x80000006   0             0x2001        0
3.3.3.3         832         0x80000006   0             0x2001        0
                Router Link States (Area 2)               //路由器 LSA
ADV Router      Age         Seq#         Fragment ID   Link count    Bits
3.3.3.3         340         0x8000000E   0             1             B
4.4.4.4         335         0x8000000B   0             1             E
                  Net Link States (Area 2)                //网络 LSA
ADV Router      Age         Seq#         Link ID       Rtr count
3.3.3.3         340         0x80000007   4             2
              Inter Area Prefix Link States (Area 2)      //区域间前缀 LSA
ADV Router      Age         Seq#         Prefix
3.3.3.3         973         0x80000001   2019:23::/64
3.3.3.3         973         0x80000001   2018:1111::/64
3.3.3.3         973         0x80000001   2019:12::/64
              Inter Area Router Link States (Area 2)      //区域间路由器 LSA
ADV Router      Age         Seq#         Link ID       Dest RtrID
3.3.3.3         103         0x80000001   16843009      1.1.1.1
                Link (Type-8) Link States (Area 2)
ADV Router      Age         Seq#         Link ID       Interface
3.3.3.3         1002        0x80000001   4             Gi0/0
4.4.4.4         868         0x80000003   4             Gi0/0
              Intra Area Prefix Link States (Area 2)      //链路 LSA
ADV Router      Age         Seq#         Link ID       Ref-lstype    Ref-LSID
3.3.3.3         386         0x80000007   4096          0x2002        4
                Type-5 AS External Link States            //外部 LSA
ADV Router      Age         Seq#         Prefix
1.1.1.1         1127        0x80000001   ::/0
4.4.4.4         866         0x80000002   2020:4444::/64
```

以上输出显示了路由器 R3 的区域 0 和区域 2 的 OSPFv3 的链路状态数据库的信息。

【技术要点】

① OSPFv3 和 OSPFv2 的 LSA 的对比如表 5-4 所示。

② OSPFv3 的路由器 LSA 和网络 LSA 不携带 IPv6 地址,而是将该功能放入区域内前缀 LSA 中,因此路由器 LSA 和网络 LSA 只代表路由器的节点信息。

③ OSPFv3 加入了新的链路 LSA,提供了路由器链路本地地址,并列出了链路所有 IPv6 的前缀。

表 5-4 OSPFv3 和 OSPFv2 的 LSA 的对比

OSPFv3 LSA		OSPFv2 LSA	
类型代码	名称	类型代码	名称
0x2001	路由器 LSA	1	路由器 LSA
0x2002	网络 LSA	2	网络 LSA
0x2003	区域间前缀 LSA	3	网络汇总 LSA
0x2004	区域间路由器 LSA	4	ASBR 汇总 LSA
0x2005	外部 LSA	5	外部 LSA
0x2007	类型 7 LSA	7	NSSA 外部 LSA
0x2008	链路 LSA		
0x2009	区域内前缀 LSA		

(4) 查看 OSPFv3 邻居信息

```
R2#show ipv6 ospf neighbor
Neighbor ID     Pri    State         Dead Time    Interface ID    Interface
3.3.3.3         1      FULL/ -       00:00:38     7               Serial0/0/1
1.1.1.1         1      FULL/ -       00:00:17     6               Serial0/0/0
```

以上输出表明路由器 R2 有 2 个 OSPFv3 邻居并且状态为 **FULL**。

(5) 查看 OSPFv3 进程信息

```
R4#show ipv6 ospf
Routing Process "ospfv3 1" with ID 4.4.4.4
(此处省略部分输出)
It is an autonomous system boundary router          //ASBR 路由器
  Redistributing External Routes from,
    connected with metric 100 metric-type 1         //重分布直连路由
  (此处省略部分输出)
Number of external LSA 2. Checksum Sum 0x00D2B2     //外部 LSA 条数
Number of areas in this router is 1. 1 normal 0 stub 0 nssa   //区域类型和数量
  Reference bandwidth unit is 100 mbps              //计算 Cost 值的参考带宽
    Area 2
        Number of interfaces in this area is 1
        (此处省略部分输出)
```

第 6 章 IS-IS

近几年来，随着在 ISP 中的广泛应用，IS-IS（Intermediate System，中间系统）路由协议已经变得很普及。IS-IS 最初是由 DECnet 公司开发的，1985 年被 ISO 采纳并更名为 IS-IS，是工作在 OSI 无连接网络服务（CLNS）环境中的链路状态路由协议。1991 年 Cisco 公司的 IOS 开始支持 IS-IS。IS-IS 仅支持 CLNS 路由选择，而集成 IS-IS 支持 IP 和 CLNS 路由选择。本章主要介绍 IS-IS 特征、术语、路由器类型以及单区域和多区域 IS-IS 配置，重点讨论集成 IS-IS 路由协议。

6.1 IS-IS 概述

6.1.1 IS-IS 特征

IS-IS 是一个非常灵活的路由协议，具有很好的可扩展性，而且已经整合了诸如 MPLS（多协议标记交换）之类的特性，其主要特征如下：

① 维护一个链路状态数据库，并使用 SPF 算法来计算最佳路径。
② 用 Hello 数据包建立和维护邻居关系。
③ 使用区域来构造两级层次化的拓扑结构。
④ 在区域之间可以使用路由汇总来减少路由器的负担。
⑤ 支持 VLSM 和 CIDR，支持明文和 MD5 验证。
⑥ 在广播多路访问网络中，通过选举指定 IS（DIS）来管理和控制网络上的泛洪扩散。
⑦ IS-IS 管理距离为 115，采用 Cost（开销）作为度量值。
⑧ 收敛快速，适合大型网络。

虽然 IS-IS 和 OSPF 都是链路状态路由协议，但是二者之间是有区别的，OSPF 和集成 IS-IS 的区别如表 6-1 所示。

表 6-1 OSPF 和集成 IS-IS 的区别

OSPF	集成 IS-IS
区域边界在 ABR 上	区域边界在链路上
每条链路只属于一个区域	每台路由器只属于一个区域
扩展主干时复杂	扩展主干时简单
运行在 IP 上	运行在 CLNS 上
需要 IP 地址	需要 IP 地址和 CLNS 地址
默认度量值与接口带宽成反比	所有接口 Cisco 默认度量值为 10
难以扩展	容易使用 TLV 支持新的协议，如 IPv6

6.1.2 IS-IS 术语

① CLNS（Connectionless Network Service，无连接网络服务）：提供数据的无连接传输，在数据传输之前不需要建立连接，它描述提供给传输层的服务。

② CLNP（Connectionless Network Protocol，无连接网络协议）：是 OSI 参考模型中网络层的一种无连接的网络协议，和 IP 有相同的特质。

③ ES（End System，端系统）：没有路由能力的网络节点。

④ IS（Intermediate System，中间系统）：有数据包转发能力的网络节点，即路由器。

⑤ LSP（Link State Packet，链路状态数据包）：在 IS-IS 协议中 LSP 在区域中交换链路状态信息，以建立链路状态数据库。

⑥ NSAP（Network Service Access Point，网络服务访问点）：是 CLNS 的地址，类似于 IP 包头中的 IP 地址，与 IP 地址不同，CLNS 的地址不代表接口而代表节点，IS-IS 的 LSP 通过 NSAP 地址来标识路由器并建立拓扑表和底层的 IS-IS 路由选择树，因此即使纯粹的 IP 环境也必须有 NSAP 地址。NSAP 地址长度范围为 8～20 字节，其结构如图 6-1 所示，各部分含义如下所述。

IDP（初始域部分）		DSP（域服务部分）		
AFI	IDI	高位DSP	系统ID	NSEL
可变长区域地址 1～13字节			6字节	1字节

图 6-1 NSAP 地址结构

A．AFI 和 IDI 构成 NSAP 地址的初始域部分，其中 AFI 是机构格式标识符，如 39 表示 ISO 数据国别编码，45 表示 E.164，49 表示本地管理，相当于 RFC 1918 的私有地址。IDI 是 AFI 的子域，用来标识、区分 AFI 字段下不同的 IS-IS 路由域。

B．高位 DSP、系统 ID 和 NSEL 构成 NSAP 地址的域服务部分，其中，高位 DSP 用来将域划分为不同的区域。系统 ID 用来标识 OSI 设备。NSEL 用来标识选定的服务，相当于 TCP 协议中的端口号。在 IGP 中运行 IS-IS 时，Cisco 使用最简单的 NSAP 地址格式，即区域地址、系统 ID 和 NSEL 三个部分，如 49.0001.2222.2222.2222.00。

- 可变长区域地址：至少 1 字节，由 AFI 和区域标识符（IDI+高位 DSP）组成。上例中，AFI 的值为 49，区域标识符为 0001。
- 系统 ID：6 字节长的标识符。上例中，系统 ID 为 2222.2222.2222。
- NSEL（网络选择器）：对于路由器，NSEL 总是为 0。

⑦ NET（Network Entity Titles，网络实体标题）：当 NSAP 地址格式中 NSEL 为 0 时的 NSAP 地址。

⑧ SNPA（Subnetwork Point of Attachment，子网连接点）：是和三层地址对应的二层地址，它通常被定义为 LAN 环境中的 MAC 地址，在 HDLC 接口中 SNPA 被设置为"HDLC"。由于 NSAP 和 NET 相当于一个设备或节点，那么 SNPA 就相当于用来区分该设备上的不同接口。

⑨ SNP（Sequence Number PDU，序列号 PDU）：确保 IS-IS 的链路状态数据库同步以及

使用最新的 LSP 计算路由。

⑩ PSNP（Partial SNP，部分 SNP）：确认和请求丢失的链路状态信息，是链路状态数据库中的完整 LSP 的一个子集。

⑪ CSNP（Complete SNP，完整 SNP）：描述链路状态数据库中的完整 LSP 列表。

⑫ DIS（Designated Intermediate System，指定中间系统）：在 IS-IS 中广播链路本身被视为一个伪节点，需要选举一个路由器作为 DIS 来代表该伪节点。

⑬ Level（级别）：IS-IS 规范定义了 4 种类型路由级别，如图 6-2 所示。

A．Level 0：根据 ES 和 IS 进行路由。

B．Level 1：在 IS-IS 区域内根据区域内的系统 ID 进行路由。

C．Level 2：在 IS-IS 区域之间根据区域 ID 进行路由。

D．Level 3：在 IS-IS 域之间进行路由，类似 IP 中的 BGP，Cisco 没有实现 Level 3 路由，是通过 ICMP 路由器发现协议（ICMP Router Discovery Protocol，IRDP）来完成这种功能的。

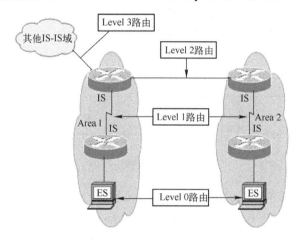

图 6-2　IS-IS 路由级别

6.1.3　IS-IS 路由器类型

IS-IS 路由器类型有 3 种，如图 6-3 所示。

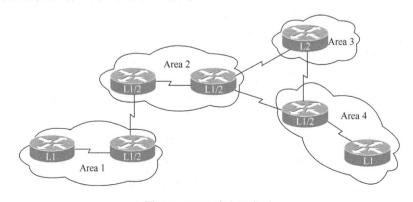

图 6-3　IS-IS 路由器类型

① L1 路由器：通过 LSP 获得所在区域内的路由信息，类似 OSPF 的内部路由器。
② L1/2 路由器：通过 LSP 获得所在区域内和区域间的路由信息，类似 OSPF 的 ABR。
③ L2 路由器：通过 LSP 获得区域间的路由信息，类似 OSPF 的主干路由器。连接 L2 和 L1/2 路由器的路径被称为主干，所有主干都必须是连续的。

6.2 配置集成 IS-IS

6.2.1 实验 1：配置单区域集成 IS-IS

1．实验目的

通过本实验可以掌握：
① 在路由器上启动 IS-IS 路由进程的方法。
② 启用参与路由协议的接口的方法。
③ IS-IS 度量值的计算方法。
④ NET 地址配置的方法。
⑤ DIS 选举的原则及选举控制的方法。
⑥ 查看和调试 IS-IS 路由协议相关信息的方法。

2．实验拓扑

配置单区域集成 IS-IS 实验拓扑如图 6-4 所示。

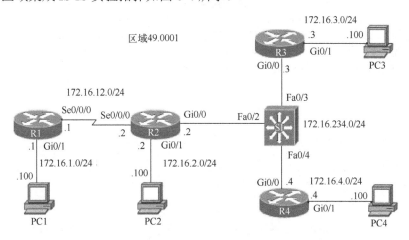

图 6-4 配置单区域集成 IS-IS 实验拓扑

3．实验步骤

（1）配置路由器 R1

```
R1(config)#router isis cisco                          //启动 IS-IS 路由进程，进程名称为 cisco
R1(config-router)#net 49.0001.1111.1111.1111.00       //配置 NET 地址
```

```
R1(config)#interface gigabitEthernet0/1
R1(config-if)#ip router isis cisco              //接口下启用 IS-IS
R1(config)#interface Serial0/0/0
R1(config-if)#ip router isis cisco
```

（2）配置路由器 R2

```
R2(config)#router isis cisco
R2(config-router)#net 49.0001.2222.2222.2222.00
R2(config)#interface gigabitEthernet0/1
R2(config-if)#ip router isis cisco
R2(config)#interface gigabitEthernet0/0
R2(config-if)#ip router isis cisco
R2(config)#interface Serial0/0/0
R2(config-if)#ip router isis cisco
```

（3）配置路由器 R3

```
R3(config)#router isis cisco
R3(config-router)#net 49.0001.3333.3333.3333.00
R3(config)#interface gigabitEthernet0/1
R3(config-if)#ip router isis cisco
R3(config)#interface gigabitEthernet0/0
R3(config-if)#ip router isis cisco
```

（4）配置路由器 R4

```
R4(config)#router isis cisco
R4(config-router)#net 49.0001.4444.4444.4444.00
R4(config)#interface gigabitEthernet0/1
R4(config-if)#ip router isis cisco
R4(config)#interface gigabitEthernet0/0
R4(config-if)#ip router isis cisco
```

4．实验调试

（1）查看 IS-IS 的邻居信息

```
R2#show clns neighbors
System Id     Interface   SNPA            State   Holdtime   Type Protocol
R1            Se0/0/0     *HDLC*          Up      27         L1L2 IS-IS
R3            Gi0/0       f872.ea69.18b8  Up      24         L1L2 IS-IS
R4            Gi0/0       f872.eac8.4f98  Up      9          L1L2 IS-IS
```

从以上输出可以看出，路由器 R2 有 3 个邻居，而且都是 **L1L2** 类型的，这也是运行 IS-IS 的路由器的默认类型。由于 R1 和 R2 是串行连接的，所以 SNPA 为***HDLC***，而 R2 与 R3 和 R4 是通过以太网连接的，所以 SNPA 分别是 R3 和 R4 以太网接口 **Gi0/0** 的 MAC 地址。

【技术要点】

① IS-IS 进程的名字只有本地含义，一台路由器可以启动多个 IS-IS 进程。

② Cisco 路由器支持动态主机名字映射，可以通过命令 **show isis hostname** 查看。

```
R2#show isis hostname
Level   System ID           Dynamic Hostname   (cisco)
 2      4444.4444.4444 R4
 2      3333.3333.3333 R3
 2      1111.1111.1111 R1
     *  2222.2222.2222 R2
```

以上输出清楚地显示了系统 ID 和动态主机名的映射关系，其中 * 表示本地路由器 R2。

③ 默认情况下，IS-IS 发送 Hello 数据包周期为 10 秒，Hold 时间为 30 秒，即 3 倍的关系。可以在接口下通过 **isis hello-interval** 命令修改 Hello 数据包发送的周期，同时通过 **isis hello-multiplier** 命令定义 Hold 时间是 Hello 周期的倍数。

（2）查看和 CLNS 路由协议相关的信息

```
R2#show clns protocol
IS-IS Router: cisco      //IS-IS 路由进程名字，如果不指定，则显示为<Null Tag>
  System Id: 2222.2222.2222.00   IS-Type: level-1-2   //系统 ID 以及 IS-IS 路由器类型
  Manual area address(es):
        49.0001
  Routing for area address(es):
        49.0001
  Interfaces supported by IS-IS:
        Serial0/0/0 - IP
        GigabitEthernet0/1 - IP
        GigabitEthernet0/0 – IP
//以上 4 行表示运行 IS-IS 路由协议的接口
  Redistribute:
    static (on by default)
  Distance for L2 CLNS routes: 110    //L2 CLNS 路由的管理距离
  RRR level: none
  Generate narrow metrics:  level-1-2
  Accept  narrow metrics:   level-1-2
//以上 2 行表示使用和接受"窄"度量
  Generate wide metrics:    none
  Accept  wide metrics:     none
```

（3）查看 CLNS 接口状态的基本信息

```
R2#show clns interface serial0/0/0
Serial0/0/0 is up, line protocol is up
  Checksums enabled, MTU 1500, Encapsulation HDLC
  ERPDUs enabled, min. interval 10 msec.
  CLNS fast switching enabled       //CLNS 快速交换启动
  CLNS SSE switching disabled       //CLNS SSE 交换关闭
  DEC compatibility mode OFF for this interface
  Next ESH/ISH in 47 seconds
  Routing Protocol: IS-IS
    Circuit Type: level-1-2                   //电路类型
    Interface number 0x1, local circuit ID 0x100   //接口号和本地电路 ID
```

```
            Neighbor System-ID: R1                    //IS-IS 邻居路由器系统 ID
            Level-1 Metric: 10, Priority: 64, Circuit ID: R2.00
//接口 Level-1 的度量值、接口优先级以及电路 ID
            Level-1 IPv6 Metric: 10
            Number of active level-1 adjacencies: 1    //该接口活动 L1 邻居的个数
            Level-2 Metric: 10, Priority: 64, Circuit ID: R2.00
//接口 Level-2 的度量值、接口优先级以及电路 ID，接口度量值默认为 10
            Level-2 IPv6 Metric: 10
            Number of active level-2 adjacencies: 1    //该接口活动 L2 邻居的个数
            Next IS-IS Hello in 7 seconds              //距离发送下一个 Hello 数据包的时间
            if state UP                                //接口状态
```

（4）查看 CLNS Level 2 路由信息

```
R2#show clns route
Codes: C - connected, S - static, d - DecnetIV
       I - ISO-IGRP,   i - IS-IS,   e - ES-IS
       B - BGP,        b - eBGP-neighbor
```

因为这条命令用于 OSI 路由选择，所以以上输出没有太多的信息。

（5）查看 IS-IS 的拓扑结构信息

```
R2#show isis topology
IS-IS paths to level-1 routers
System Id          Metric         Next-Hop       Interface       SNPA
R1                 10             R1             Se0/0/0         *HDLC*
R2                 --
R3                 10             R3             Gi0/0           f872.ea69.18b8
R4                 10             R4             Gi0/0           f872.eac8.4f98
IS-IS paths to level-2 routers
System Id          Metric         Next-Hop       Interface       SNPA
R1                 10             R1             Se0/0/0         *HDLC*
R2                 --
R3                 10             R3             Gi0/0           f872.ea69.18b8
R4                 10             R4             Gi0/0           f872.eac8.4f98
```

以上输出表明 IS-IS 为 L1 路由器和 L2 路由器分别维护独立的拓扑结构数据库，其中 **Metric** 是到达目的网络的开销之和。

（6）查看 IS-IS 链路状态数据库

```
R2#show isis database
Tag cisco:
IS-IS Level-1 Link State Database:    // IS-IS Level-1 链路状态数据库
LSPID              LSP Seq Num    LSP Checksum    LSP Holdtime/Rcvd    ATT/P/OL
R1.00-00           * 0x00000005   0x98DA          1152/*               0/0/0
R2.00-00           0x00000007     0x720D          424/1199             0/0/0
R2.01-00           0x00000001     0xB487          0 (436)/0            0/0/0
R3.00-00           0x00000005     0x7785          1111/1198            0/0/0
R4.00-00           0x00000005     0xCCC5          1191/1198            0/0/0
R4.01-00           0x00000001     0xD0C5          425/1198             0/0/0
IS-IS Level-2 Link State Database:            // IS-IS Level-2 链路状态数据库
```

LSPID	LSP Seq Num	LSP Checksum	LSP Holdtime/Rcvd	ATT/P/OL
R1.00-00	* 0x00000008	0xFBF2	1176/*	0/0/0
R2.00-00	0x0000000A	0x1544	430/1199	0/0/0
R2.01-00	0x00000001	0xB487	0 (437)/0	0/0/0
R3.00-00	0x00000007	0x7CE7	430/1198	0/0/0
R4.00-00	0x00000005	0x2FCD	432/1198	0/0/0
R4.01-00	0x00000003	0x7E9E	1119/1198	0/0/0

以上输出表明：IS-IS 为 L1 路由和 L2 路由器分别维护独立的链路状态数据库。由于 IS-IS 是链路状态路由协议，而且 4 台路由器具有相同区域，所以它们的链路状态数据库是相同的；IS-IS 的 LSP 老化时间为 20 分钟，采用倒计时，路由器每隔 15 分钟刷新链路状态一次，序列号会加 1；路由器 R4 是 DIS，LSPID（链路状态协议数据单元 ID）由以下三个部分构成。

① 系统 ID：长度为 6 字节。
② 伪节点 ID：长度为 1 字节，它代表了一个 LAN，当该值非 0 时，表示该路由器为 DIS，系统 ID 和伪节点就构成了电路 ID（Circuit ID），如 R4.01。
③ LSP 分段号：长度为 1 字节，如果是 00，表示所有数据都在单个的 LSP 中。

【技术要点】

IS-IS 中 DIS 的选举原则如下：
① 只有形成邻接关系的路由器才有资格参与选举。
② 接口优先级最高的路由器成为 DIS。
③ 如果接口优先级相同，则接口具有最高 MAC 地址的路由器成为 DIS。
④ DIS 选举是抢占的。
⑤ 接口优先级为 0 的路由器也有可能成为 DIS，这点和 OSPF DR 选举不同。

修改接口优先级的命令是 **isis priority** *priority*，默认是 64，取值范围为 0~127。可以针对 L1 和 L2 分别指定接口优先级。在本例中可以将 R2 的以太网接口的接口优先级改为 100，则 R2 被选为 DIS，显示如下。

```
R2#show isis database | include R2
R2.00-00           * 0x0000000B    0xEF58           1065/*             0/0/0
R2.01-00           * 0x00000003    0x66FA           1066/*             0/0/0
R2.00-00           * 0x00000010    0x46D9           1070/*             0/0/0
R2.01-00           * 0x00000002    0x1AD0           1060/*             0/0/0
R2#show clns interface gigabitEthernet 0/0 | include DR
    DR ID: R2.01    //Level 1 的 DIS
    DR ID: R2.01    //Level 2 的 DIS
```

（7）查看 CLNS Level 1 的路由信息

```
R2#show isis route
IS-IS not running in OSI mode (*) (only calculating IP routes)
(*) Use "show isis topology" command to display paths to all routers
```

由于该命令是针对 OSI 路由选择协议的，所以没有具体的输出。

（8）查看和 IP 路由协议相关的信息

R2#**show ip protocols** | begin Routing Protocol is "isis cisco"
Routing Protocol is "**isis cisco**"
　Invalid after **0** seconds, hold down **0**, flushed after **0**
//更新计时器全部为 0，表示 IS-IS 路由协议采用触发更新
　Outgoing update filter list for all interfaces is not set
　Incoming update filter list for all interfaces is not set
//以上 2 行表明入向和出向都没有配置分布列表
　Redistributing: isis cisco
　Address Summarization:　　　　//地址汇总信息
　　None
　Maximum path: 4　　　　　　　//默认支持等价路径数目
　Routing for Networks:
　　GigabitEthernet0/0
　　GigabitEthernet0/1
　　Serial0/0/0
//以上 4 行表示运行 IS-IS 路由协议的接口
　Routing Information Sources:
　　Gateway　　　　Distance　　　Last Update
　　172.16.4.4　　　115　　　　　00:02:29
　　172.16.3.3　　　115　　　　　00:02:29
　　172.16.1.1　　　115　　　　　00:02:29
//以上 5 行表示路由信息源、管理距离和距离最近一次更新的时间
　Distance: (default is **115**)　　//IS-IS 默认管理距离

（9）查看路由表中 IS-IS 路由

以下输出全部省略路由代码部分。

① R1#**show ip route isis**
　　　172.16.0.0/16 is variably subnetted, 8 subnets, 2 masks
i L1　　172.16.2.0/24　　[**115**/20] via 172.16.12.2, 00:42:36, Serial0/0/0
i L1　　172.16.3.0/24　　[**115**/30] via 172.16.12.2, 00:42:00, Serial0/0/0
i L1　　172.16.4.0/24　　[**115**/30] via 172.16.12.2, 00:41:28, Serial0/0/0
i L1　　172.16.234.0/24 [**115**/20] via 172.16.12.2, 00:42:36, Serial0/0/0
② R2#**show ip route isis**
　　　172.16.0.0/24 is subnetted, 6 subnets
i L1　　172.16.1.0/24 [**115**/20] via 172.16.12.1, 00:09:41, Serial0/0/0
i L1　　172.16.3.0/24 [**115**/20] via 172.16.234.3, 00:09:41, GigabitEthernet0/0
i L1　　172.16.4.0/24 [**115**/20] via 172.16.234.4, 00:09:41, GigabitEthernet0/0
③ R3#**show ip route isis**
　　　172.16.0.0/16 is variably subnetted, 8 subnets, 2 masks
i L1　　172.16.1.0/24　　[115/30] via 172.16.234.2, 00:42:46, GigabitEthernet0/0
i L1　　172.16.2.0/24　　[115/20] via 172.16.234.2, 00:42:56, GigabitEthernet0/0
i L1　　172.16.4.0/24　　[115/20] via 172.16.234.4, 00:42:23, GigabitEthernet0/0
i L1　　172.16.12.0/24 [115/20] via 172.16.234.2, 00:42:56, GigabitEthernet0/0
④ R4#**show ip route isis**
　　　172.16.0.0/16 is variably subnetted, 8 subnets, 2 masks
i L1　　172.16.1.0/2　　[115/30] via 172.16.234.2, 00:14:11, GigabitEthernet0/0
i L1　　172.16.2.0/24　[115/20] via 172.16.234.2, 00:43:32, GigabitEthernet0/0

i L1	172.16.3.0/24	[115/20] via 172.16.234.3, 00:14:11, GigabitEthernet0/0
i L1	172.16.12.0/24	[115/20] via 172.16.234.2, 00:43:32, GigabitEthernet0/0

以上①、②、③和④输出表明区域内的路由代码为 **i L1**，即 Level 1 路由。默认情况下，IS-IS 使用窄度量计算度量值，所有链路都使用 10 作为度量值。

6.2.2 实验 2：配置多区域集成 IS-IS

1．实验目的

通过本实验可以掌握：
① 在路由器上启动 IS-IS 路由进程的方法。
② 启用参与路由协议的接口的方法。
③ L1 和 L2 路由器的区别。
④ 配置 L1 或 L2 路由器的方法。
⑤ 配置 IS-IS 电路类型的方法。
⑥ 配置 IS-IS 区域间路由汇总的方法。
⑦ 向 IS-IS 网络注入默认路由的方法。
⑧ 配置 IS-IS 验证的方法。
⑨ 查看和调试多区域集成 IS-IS 路由协议相关信息的方法。

2．实验拓扑

配置多区域集成 IS-IS 实验拓扑如图 6-5 所示。

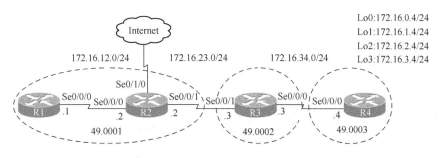

图 6-5　配置多区域集成 IS-IS 实验拓扑

3．实验步骤

IS-IS 区域的划分是基于路由器的，也就是说一个路由器只能属于一个区域，而 OSPF 区域的划分是基于链路的。

（1）配置路由器 R1

```
R1(config)#router isis cisco
R1(config-router)#net 49.0001.1111.1111.1111.00
R1(config-router)#is-type level-1                //将 R1 配置成 IS-IS L1 路由器
R1(config-router)#area-password ccna             //启用 IS-IS 区域验证
```

```
R1(config)#interface Serial0/0/0
R1(config-if)#ip router isis cisco
R1(config-if)#isis password ccnp level-1          //启用 IS-IS level-1 邻居验证
```

(2) 配置路由器 R2

```
R2(config)#router isis cisco
R2(config-router)#net 49.0001.2222.2222.2222.00
R2(config-router)#default-information originate   //向 IS-IS 区域注入默认路由
R2(config-router)#area-password ccna
R2(config-router)#domain-password ccie            //启用 IS-IS 域验证
R2(config)#interface Serial0/0/0
R2(config-if)#ip router isis cisco
R2(config-if)#isis password ccnp level-1
R2(config)#interface Serial0/0/1
R2(config-if)#ip router isis cisco
```

(3) 配置路由器 R3

```
R3(config)#router isis cisco
R3(config-router)#net 49.0002.3333.3333.3333.00
R3(config-router)#is-type level-2-only            //将 R3 配置成 IS-IS L2 路由器
R3(config-router)#domain-password ccie
R3(config)#interface Serial0/0/0
R3(config-if)#ip router isis cisco
R3(config-if)#isis circuit-type level-2-only      //配置 IS-IS 接口电路类型
R3(config-if)#isis password ccsp level-2          //启用 IS-IS level-2 邻居验证
R3(config)#interface Serial0/0/1
R3(config-if)#ip router isis cisco
```

(4) 配置路由器 R4

```
R4(config)#router isis cisco
R4(config-router)#net 49.0003.4444.4444.4444.00
R4(config-router)#summary-address 172.16.0.0 255.255.252.0
//配置 IS-IS 区域间路由汇总
R4(config-router)#is-type level-2-only
R4(config-router)#domain-password ccie
R4(config-router)#passive-interface loopback 0
R4(config-router)#passive-interface loopback 1
R4(config-router)#passive-interface loopback 2
R4(config-router)#passive-interface loopback 3
R4(config)#interface range loopback 0 -3
R4(config-if-range)#ip router isis cisco
R4(config)#interface Serial0/0/0
R4(config-if)#ip router isis cisco
R4(config-if)#isis circuit-type level-2-only
R4(config-if)#isis password ccsp level-2
```

【技术要点】

本节介绍的 IS-IS 的验证被认为是旧命令，对于不支持基于钥匙链验证的低版本的 IOS，采用此方式验证。而对于较新的 IOS 版本，建议采用基于钥匙链的验证（在后面 6.2.3 实验 3 中介绍）。Cisco 的 IOS 支持 3 个级别的验证，可以单独使用，也可以同时使用。下面是对旧命令的三类验证规则的解释。

① 邻居验证：相互连接的路由器接口必须配置相同的密码，同时必须为 L1 和 L2 类型的邻居关系配置各自的验证，L1 邻居验证的密码和 L2 邻居验证的密码可以不同。邻居验证通过命令 **isis password** 配置。本实验中 R1 和 R2 之间的串行链路启用 Level-1 的邻居验证，而 R3 和 R4 之间的串行链路启用 Level-2 的邻居验证。

② 区域验证：区域内的每台路由器必须执行验证，并且必须使用相同的密码。区域验证通过命令 **area-password** 配置。本实验中区域 49.0001 启用区域验证。

③ 域验证：域内的每一个 L2 和 L1/L2 类型的路由器必须执行验证，并且必须使用相同的密码。域验证通过命令 **domain-password** 配置。本实验中 R2、R3 和 R4 都配置了域验证，因为路由器 R1 是 L1 路由器，所以不用配置域验证。

4．实验调试

（1）查看 IS-IS 链路状态数据库

① R1#**show isis database**
Tag cisco:
IS-IS **Level-1** Link State Database:

LSPID	LSP Seq Num	LSP Checksum	LSP Holdtime/Rcvd	ATT/P/OL
R1.00-00	* 0x00000005	0x47DC	875/*	0/0/0
R2.00-00	0x00000006	0xEDB2	977/1199	1/0/0

//ATT 被置位，表明当 L1 区域中的路由器 R1 收到 L1/2 路由器 R2 发送的 ATT 被置位的 L1 LSP 后，它将创建一条指向 L1/2 路由器的默认路由，由于 R1 是 L1 的路由器，所以只有 L1 的链路状态数据库

② R2#**show isis database**
Tag cisco:
IS-IS Level-1 Link State Database:

LSPID	LSP Seq Num	LSP Checksum	LSP Holdtime/Rcvd	ATT/P/OL
R1.00-00	0x00000005	0x47DC	884/1199	0/0/0
R2.00-00	* 0x00000006	0xEDB2	987/*	1/0/0

IS-IS Level-2 Link State Database:

LSPID	LSP Seq Num	LSP Checksum	LSP Holdtime/Rcvd	ATT/P/OL
R2.00-00	* 0x00000005	0x18C5	981/*	0/0/0
R3.00-00	0x00000006	0xA074	1067/1199	0/0/0
R4.00-00	0x00000005	0x5EC7	1068/1198	0/0/0

③ R3#**show isis database**
Tag cisco:
IS-IS Level-2 Link State Database:

LSPID	LSP Seq Num	LSP Checksum	LSP Holdtime/Rcvd	ATT/P/OL
R2.00-00	0x00000005	0x18C5	841/1199	0/0/0
R3.00-00	* 0x00000006	0xA074	927/*	0/0/0
R4.00-00	0x00000005	0x5EC7	927/1199	0/0/0

④ **R4#show isis database**
Tag cisco:
IS-IS Level-2 Link State Database:

LSPID	LSP Seq Num	LSP Checksum	LSP Holdtime/Rcvd	ATT/P/OL
R2.00-00	0x00000005	0x18C5	841/1199	0/0/0
R3.00-00	* 0x00000006	0xA074	927/*	0/0/0
R4.00-00	0x00000005	0x5EC7	927/1199	0/0/0

以上①、②、③和④输出表明：R1 路由器为 L1 路由器，只维护 Level-1 的链路状态数据库；R2 路由器为 L1/2 路由器，同时为 Level 1 和 Level 2 维护单独的链路状态数据库，也表明所在区域有另一台路由器 R1；R3 和 R4 路由器为 L2 路由器，只维护 Level-2 的链路状态数据库。

（2）查看 IS-IS 路由

以下输出全部省略路由代码部分。

① **R1#show ip route isis**
```
        172.16.0.0/24 is subnetted, 2 subnets
i L1    172.16.23.0 [115/20] via 172.16.12.2, Serial0/0/0
i*L1    0.0.0.0/0 [115/10] via 172.16.12.2, Serial0/0/0
```
//该默认路由是由 L1/2 路由器 R2 注入的

② **R2#show ip route isis**
```
        172.16.0.0/16 is variably subnetted, 4 subnets, 2 masks
i L2    172.16.34.0/24 [115/20] via 172.16.23.3, Serial0/0/1
i L2    172.16.0.0/22 [115/30] via 172.16.23.3, Serial0/0/1
```

③ **R3#show ip route isis**
```
        172.16.0.0/16 is variably subnetted, 4 subnets, 2 masks
i L2    172.16.12.0/24 [115/20] via 172.16.23.2, Serial0/0/1
i L2    172.16.0.0/22 [115/20] via 172.16.34.4, Serial0/0/0
i*L2    0.0.0.0/0 [115/10] via 172.16.23.2, Serial0/0/1
```

④ **R4#show ip route isis**
```
        172.16.0.0/16 is variably subnetted, 8 subnets, 2 masks
i L2    172.16.23.0/24 [115/20] via 172.16.34.3, Serial0/0/0
i L2    172.16.12.0/24 [115/30] via 172.16.34.3, Serial0/0/0
i su    172.16.0.0/22 [115/10] via 0.0.0.0, Null0
i*L2    0.0.0.0/0 [115/20] via 172.16.34.3, Serial0/0/0
```

以上①、②、③和④输出表明：由于 R1 为 L1 路由器，所以只有 **i L1** 路由和一条到最近的 L1/2 路由器的默认路由 **i*L1**；由于 R1 和 R2 在同一个区域，所以 R2 应该既有 **i L1** 路由，又有 **i L2** 路由；R3 和 R4 都是 L2 路由器，所以只有 **i L2** 路由；R3 和 R4 都收到一条由 R2 注入的默认路由 **i*L2**；R2 和 R3 都收到路由器 R4 四个环回接口汇总的路由条目，同时 R4 的路由表自动生成一条 **i su** 汇总路由条目，主要是为了避免路由环路。

（3）查看 CLNS 接口状态的基本信息

R3#show clns interface s0/0/0
```
Serial0/0/0 is up, line protocol is up
（此处省略部分输出）    Routing Protocol: IS-IS
    Circuit Type: level-2
（此处省略部分输出）
```

从以上输出可以看到接口的电路类型为 **level-2**。

（4）查看和 IP 路由协议相关的信息

```
R4#show ip protocols | begin Routing Protocol is "isis cisco"
Routing Protocol is "isis cisco"
  Outgoing update filter list for all interfaces is not set
  Incoming update filter list for all interfaces is not set
  Redistributing: isis
  Address Summarization:
    172.16.0.0/255.255.252.0 into level-2
//以上 6 行表示地址汇总信息，该路由类型为 level-2
  Maximum path: 4
  Routing for Networks:
    Serial0/0/0
  Passive Interface(s):
    Loopback0
    Loopback1
    Loopback2
    Loopback3
  Routing Information Sources:
    Gateway          Distance      Last Update
    (this router)    115           14:02:24
    172.16.23.3      115           00:01:30
    172.16.23.2      115           00:01:30
  Distance: (default is 115)
```

（5）查看和 CLNS 路由协议相关的信息

```
① R1#show clns protocol
IS-IS Router: cisco
  System Id: 1111.1111.1111.00   IS-Type: level-1
（此处省略部分输出）
② R2#show clns protocol
IS-IS Router: cisco
  System Id: 2222.2222.2222.00   IS-Type: level-1-2
（此处省略部分输出）
③ R3#show clns protocol
IS-IS Router: cisco
  System Id: 3333.3333.3333.00   IS-Type: level-2
（此处省略部分输出）
④ R4#show clns protocol
IS-IS Router: cisco
  System Id: 4444.4444.4444.00   IS-Type: level-2
（此处省略部分输出）
```

以上①、②、③和④输出表明路由器 R1 的 IS-IS 路由器类型为 L1，路由器 R2 的 IS-IS 路由器类型为 L1/2，路由器 R3 的 IS-IS 路由器类型为 L2，路由器 R4 的 IS-IS 路由器类型为 L2。

6.2.3 实验3：配置集成 IS-IS 验证

1. 实验目的

通过本实验可以掌握：
① IS-IS 验证的类型和意义。
② IS-IS 明文验证的配置和调试方法。
③ IS-IS MD5 验证的配置和调试方法。

2. 实验拓扑

配置集成 IS-IS 验证实验拓扑如图 6-6 所示。

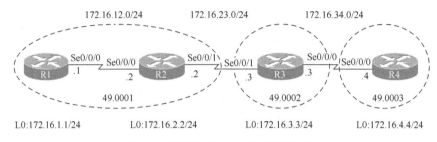

图 6-6 配置集成 IS-IS 验证实验拓扑

3. 实验步骤

新版本的 IOS 支持 IS-IS 基于钥匙链的明文和 HMAC MD5 两种验证方式。本实验中，路由器 R1 和 R2 的邻居采用 level-1 明文验证，路由器 R3 和 R4 的邻居采用 level-2 MD5 验证，区域 49.0001 采用 MD5 验证，域采用 MD5 验证。

（1）配置路由器 R1

```
R1(config)#key chain L1_neighbor_auth
R1(config-keychain)#key 1
R1(config-keychain-key)#key-string cisco
R1(config)#key chain Area_auth
R1(config-keychain)#key 1
R1(config-keychain-key)#key-string ccna
R1(config)#interface Loopback0
R1(config-if)#ip router isis cisco
R1(config)#interface Serial0/0/0
R1(config-if)#ip router isis cisco
R1(config-if)#isis authentication mode text level-1
//配置 IS-IS 邻居验证方式，启用 level-1 邻居验证
R1(config-if)#isis authentication key-chain L1_neighbor_auth level-1    //调用 IS-IS 邻居验证钥匙链
R1(config)#router isis cisco
R1(config-router)#net 49.0001.1111.1111.1111.00
R1(config-router)#is-type level-1
R1(config-router)#authentication mode md5 level-1
```

第 6 章 IS-IS

//配置 IS-IS 区域验证方式，启用 level-1 区域验证
R1(config-router)#**authentication key-chain Area_auth level-1**   //调用 IS-IS 区域验证钥匙链

（2）配置路由器 R2

R2(config)#**key chain L1_neighbor_auth**
R2(config-keychain)#**key 1**
R2(config-keychain-key)#**key-string cisco**
R2(config)#**key chain Area_auth**
R2(config-keychain)#**key 1**
R2(config-keychain-key)#**key-string ccna**
R2(config)#**key chain Domain_auth**
R2(config-keychain)#**key 1**
R2(config-keychain-key)#**key-string ccie**
R2(config)#**interface Loopback0**
R2(config-if)#**ip router isis cisco**
R2(config)#**interface Serial0/0/0**
R2(config-if)#**ip router isis cisco**
R2(config-if)#**isis authentication mode text level-1**
R2(config-if)#**isis authentication key-chain L1_neighbor_auth level-1**
R2(config)#**interface Serial0/0/1**
R2(config-if)#**ip router isis cisco**
R2(config)#**router isis cisco**
R2(config-router)#**net 49.0001.2222.2222.2222.00**
R2(config-router)#**authentication mode md5**
R2(config-router)#**authentication key-chain Area_auth level-1**
R2(config-router)#**authentication key-chain Domain_auth level-2**
//配置 IS-IS 域验证方式，启用 level-2 域验证

（3）配置路由器 R3

R3(config)#**key chain Domain_auth**
R3(config-keychain)#**key 1**
R3(config-keychain-key)#**key-string ccie**
R3(config)#**key chain L2_neighbor_auth**
R3(config-keychain)#**key 1**
R3(config-keychain-key)#**key-string ccnp**
R3(config)#**interface Loopback0**
R3(config-if)#**ip router isis cisco**
R3(config)#**interface Serial0/0/0**
R3(config-if)#**ip router isis cisco**
R3(config-if)#**isis circuit-type level-2-only**
R3(config-if)#**isis authentication mode md5 level-2**
//配置邻居验证方式，启用 level-2 邻居验证
R3(config-if)#**isis authentication key-chain L2_neighbor_auth level-2**
R3(config)#**interface Serial0/0/1**
R3(config-if)#**ip router isis cisco**
R3(config)#**router isis cisco**
R3(config-router)#**net 49.0002.3333.3333.3333.00**
R3(config-router)#**is-type level-2-only**
R3(config-router)#**authentication mode md5 level-2**

R3(config-router)#**authentication key-chain Domain_auth level-2**

（4）配置路由器 R4

R4(config)#**key chain Domain_auth**
R4(config-keychain)#**key 1**
R4(config-keychain-key)#**key-string ccie**
R4(config)#**key chain L2_neighbor_auth**
R4(config-keychain)#**key 1**
R4(config-keychain-key)#**key-string ccnp**
R4(config)#**interface Loopback0**
R4(config-if)#**ip router isis cisco**
R4(config)#**interface Serial0/0/0**
R4(config-if)#**ip router isis cisco**
R4(config-if)#**isis circuit-type level-2-only**
R4(config-if)#**isis authentication mode md5 level-2**
R4(config-if)#**isis authentication key-chain L2_neighbor_auth level-2**
R4(config)#**router isis cisco**
R4(config-router)#**net 49.0003.4444.4444.4444.00**
R4(config-router)#**is-type level-2-only**
R4(config-router)#**authentication mode md5 level-2**
R4(config-router)#**authentication key-chain Domain_auth level-2**

【技术要点】

① 邻居验证、区域验证和域验证可以根据需要使用明文或 MD5 验证方式。

② 在邻居之间进行验证时，可以对 L1 和 L2 类型的邻居分别验证，可以使用不同的钥匙链。

③ 在进行区域验证时，区域内每台路由器都必须使用相同的验证方式。

④ 在进行域验证时，IS-IS 域内的每台 L2 和 L1/2 路由器都必须使用相同的验证方式。

⑤ 当使用 **isis authentication mode** 和 **isis authentication key-chain** 命令时，如果没有指定关键字 **level-1** 或 **level-2**，默认是 **level-1** 和 **level-2**。

⑥ 邻居验证只用来验证邻居关系的建立，而区域验证可以验证 L1 类型的链路状态数据库信息的交换。例如，区域 49.0001 验证没有配置正确，邻居验证配置正确，路由器 R1 和 R2 仍然可以形成邻居关系，但是不会进行 L1 的 LSP 交换。

⑦ 域验证可以用来验证 L2 路由信息的交换，但是不会去验证 L2 类型的邻居关系。

4．实验调试

以下输出全部省略路由代码部分。

（1）查看路由器 R1 的 IS-IS 路由

```
R1#show ip route isis
     172.16.0.0/24 is subnetted, 4 subnets
i L1    172.16.23.0 [115/20] via 172.16.12.2, Serial0/0/0
i L1    172.16.2.0 [115/20] via 172.16.12.2, Serial0/0/0
i*L1    0.0.0.0/0 [115/10] via 172.16.12.2, Serial0/0/0
```

(2) 查看路由器 R2 的 IS-IS 路由

```
R2#show ip route isis
     172.16.0.0/24 is subnetted, 7 subnets
i L2    172.16.34.0 [115/20] via 172.16.23.3, Serial0/0/1
i L2    172.16.4.0 [115/30] via 172.16.23.3, Serial0/0/1
i L1    172.16.1.0 [115/20] via 172.16.12.1, Serial0/0/0
i L2    172.16.3.0 [115/20] via 172.16.23.3, Serial0/0/1
```

(3) 查看路由器 R3 的 IS-IS 路由

```
R3#show ip route isis
     172.16.0.0/24 is subnetted, 7 subnets
i L2    172.16.12.0 [115/20] via 172.16.23.2, Serial0/0/1
i L2    172.16.4.0 [115/20] via 172.16.34.4, Serial0/0/0
i L2    172.16.1.0 [115/30] via 172.16.23.2, Serial0/0/1
i L2    172.16.2.0 [115/20] via 172.16.23.2, Serial0/0/1
```

(4) 查看路由器 R4 的 IS-IS 路由

```
R4#show ip route isis
     172.16.0.0/24 is subnetted, 7 subnets
i L2    172.16.23.0 [115/20] via 172.16.34.3, Serial0/0/0
i L2    172.16.12.0 [115/30] via 172.16.34.3, Serial0/0/0
i L2    172.16.1.0 [115/40] via 172.16.34.3, Serial0/0/0
i L2    172.16.2.0 [115/30] via 172.16.34.3, Serial0/0/0
i L2    172.16.3.0 [115/20] via 172.16.34.3, Serial0/0/0
```

以上输出表明邻居验证、区域验证和域验证通过，路由信息正确。

6.2.4 实验 4：配置 IPv6 集成 IS-IS

1．实验目的

通过本实验可以掌握：
① 启动 IPv6 集成 IS-IS 路由进程的方法。
② 启用参与 IS-IS 路由协议的接口的方法。
③ IPv6 IS-IS 的 L1 和 L2 路由的区别。
④ 配置 IS-IS L1 或 L2 路由器类型的方法。
⑤ 配置 IPv6 IS-IS 接口电路类型的方法。
⑥ 配置 IPv6 IS-IS 区域间路由汇总的方法。
⑦ 向 IPv6 IS-IS 区域注入默认路由的方法。
⑧ 查看和调试 IPv6 多区域集成 IS-IS 路由协议相关信息的方法。

2．实验拓扑

配置 IPv6 集成 IS-IS 实验拓扑如图 6-7 所示。

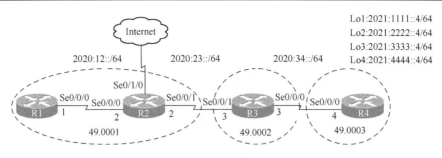

图 6-7 配置 IPv6 集成 IS-IS 实验拓扑

3. 实验步骤

本实验中，在路由器 R4 上手工汇总 4 条环回接口所在网络的路由，同时在路由器 R2 上向 IPv6 IS-IS 区域注入一条默认路由。

（1）配置路由器 R1

```
R1(config)#ipv6 unicast-routing
R1(config)#router isis cisco                              //启动 IS-IS 路由进程
R1(config-router)#net 49.0001.1111.1111.1111.00           //配置 NET 地址
R1(config-router)#is-type level-1                         //将 R1 配置成 L1 路由器
R1(config)#interface Serial0/0/0
R1(config-if)#ipv6 address 2020:12::1/64
R1(config-if)#ipv6 router isis cisco                      //接口启用 IPv6 IS-IS
```

（2）配置路由器 R2

```
R2(config)#ipv6 unicast-routing
R2(config)#ipv6 route ::/0 Serial0/1/0
R2(config)#router isis cisco
R2(config-router)#net 49.0001.2222.2222.2222.00
R2(config-router)#address-family ipv6                     //进入 IPv6 地址族
R2(config-router-af)#default-information originate        //向 IPv6 IS-IS 区域注入默认路由
R2(config-router-af)#exit-address-family                  //退出 IPv6 地址族
R2(config)#interface Serial0/0/0
R2(config-if)#ipv6 address 2020:12::2/64
R2(config-if)#ipv6 router isis cisco
R2(config)#interface Serial0/0/1
R2(config-if)#ipv6 address 2020:23::2/64
R2(config-if)#ipv6 router isis cisco
```

（3）配置路由器 R3

```
R3(config)#ipv6 unicast-routing
R3(config)#router isis cisco
R3(config-router)#net 49.0002.3333.3333.3333.00
R3(config-router)#is-type level-2-only                    //将 R3 配置成 L2 路由器
R3(config)#interface Serial0/0/0
R3(config-if)#ipv6 address 2020:34::3/64
R3(config-if)#ipv6 router isis cisco
```

```
R3(config-if)#isis circuit-type level-2-only          //配置接口电路类型
R3(config)#interface Serial0/0/1
R3(config-if)#ipv6 address 2020:23::3/64
R3(config-if)#ipv6 router isis cisco
```

（4）配置路由器 R4

```
R4(config)#ipv6 unicast-routing
R4(config)#router isis cisco
R4(config-router)#net 49.0003.4444.4444.4444.00
R4(config-router)#is-type level-2-only
R4(config-router)#address-family ipv6
R4(config-router-af)#summary-prefix 2021::/16   //配置区域间路由前缀汇总
R4(config-router-af)#exit-address-family
R4(config)#interface Serial0/0/0
R4(config-if)#ipv6 address 2020:34::4/64
R4(config-if)#ipv6 router isis cisco
R4(config-if)#isis circuit-type level-2-only
R4(config)#interface range loopback 1 -4
R4(config-if-range)#ipv6 router isis cisco
```

4．实验调试

（1）查看 IS-IS 数据库

① R1#**show isis database**
```
IS-IS Level-1 Link State Database:
LSPID                  LSP Seq Num      LSP Checksum    LSP Holdtime/Rcvd    ATT/P/OL
R1.00-00             * 0x00000004       0xF03C          947/*                0/0/0
R2.00-00               0x00000004       0x0A1E          1059/1199            1/0/0
```
② R2#**show isis database**
```
Tag cisco:
IS-IS Level-1 Link State Database:
LSPID                  LSP Seq Num      LSP Checksum    LSP Holdtime/Rcvd    ATT/P/OL
R1.00-00               0x00000004       0xF03C          921/1199             0/0/0
R2.00-00             * 0x00000004       0x0A1E          1034/*               1/0/0
IS-IS Level-2 Link State Database:
LSPID                  LSP Seq Num      LSP Checksum    LSP Holdtime/Rcvd    ATT/P/OL
R2.00-00             * 0x00000005       0xEB44          1029/*               0/0/0
R3.00-00               0x00000004       0x2C63          1122/1199            0/0/0
R4.00-00               0x00000005       0x5F66          1131/1198            0/0/0
```
③ R3#**show isis database**
```
Tag cisco:
IS-IS Level-2 Link State Database:
LSPID                  LSP Seq Num      LSP Checksum    LSP Holdtime/Rcvd    ATT/P/OL
R2.00-00               0x00000005       0xEB44          939/1199             0/0/0
R3.00-00             * 0x00000004       0x2C63          1034/*               0/0/0
R4.00-00               0x00000005       0x5F66          1042/1199            0/0/0
```
④ R4#**show isis database**
Tag cisco:
IS-IS **Level-2** Link State Database:

LSPID	LSP Seq Num	LSP Checksum	LSP Holdtime/Rcvd	ATT/P/OL
R2.00-00	0x00000005	0xEB44	1009/1104	0/0/0
R3.00-00	0x00000004	0x2C63	1009/1199	0/0/0
R4.00-00	* 0x00000005	0x5F66	1018/*	0/0/0

以上输出表明：路由器 R1 为 L1 路由器，只维护 Level-1 的链路状态数据库；路由器 R2 为 L1/2 路由器，同时为 Level-1 和 Level-2 维护单独的链路状态数据库，也表明所在区域有另一台路由器 R1；路由器 R3 和 R4 为 L2 路由器，只维护 Level-2 的链路状态数据库。

（2）查看和 CLNS 路由协议相关的信息

```
R2#show clns protocol
IS-IS Router: cisco
    System Id: 2222.2222.2222.00    IS-Type: level-1-2
    //系统 ID 和 IS-IS 路由器类型
    Manual area address(es):
        49.0001
    Routing for area address(es):
        49.0001
    Interfaces supported by IS-IS:    //启用 IPv6 IS-IS 接口
        Serial0/0/1 - IPv6
        Serial0/0/0 - IPv6
    Redistribute:
        static (on by default)    //默认重分布静态路由
    Distance for L2 CLNS routes: 110
    RRR level: none
    Generate narrow metrics: level-1-2
    Accept narrow metrics:   level-1-2
    Generate wide metrics:   none
    Accept wide metrics:     none
```

（3）查看 IS-IS 的邻居

```
R2#show clns neighbors
System Id    Interface    SNPA      State   Holdtime   Type  Protocol
R1           Se0/0/0      *HDLC*    Up      21         L1    IS-IS
R3           Se0/0/1      *HDLC*    Up      29         L2    IS-IS
```

以上输出表明路由器 R2 有 2 个邻居，路由器 R1 是 **L1** 类型，路由器 R3 是 **L2** 类型。由于 R1 和 R2 以及 R2 和 R3 之间的串行链路采用默认的 HDLC 封装，所以 SNPA 为 ***HDLC***。如果串行接口采用 PPP 封装，则 SNPA 为 ***PPP***。

（4）查看 IPv6 IS-IS 路由

以下输出均省略路由代码部分。

① R1#**show ipv6 route isis**
I1 ::/0 [115/10]
     via FE80::FA72:EAFF:FE69:1C78, Serial0/0/0
I1 2020:23::/64 [115/20]
     via FE80::FA72:EAFF:FE69:1C78, Serial0/0/0
② R2#**show ipv6 route isis**

```
    I2   2020:34::/64 [115/20]
              via FE80::FA72:EAFF:FE69:18B8, Serial0/0/1
    I2   2021::/16 [115/30]
              via FE80::FA72:EAFF:FE69:18B8, Serial0/0/1
③ R3#show ipv6 route isis
    I2   ::/0 [115/10]
              via FE80::FA72:EAFF:FE69:1C78, Serial0/0/1
    I2   2020:12::/64 [115/20]
              via FE80::FA72:EAFF:FE69:1C78, Serial0/0/1
    I2   2021::/16 [115/20]
              via FE80::FA72:EAFF:FEC8:4F98, Serial0/0/0
④ R4#show ipv6 route isis
    I2   ::/0 [115/20]
              via FE80::FA72:EAFF:FE69:18B8, Serial0/0/0
    I2   2020:12::/64 [115/30]
              via FE80::FA72:EAFF:FE69:18B8, Serial0/0/0
    I2   2020:23::/64 [115/20]
              via FE80::FA72:EAFF:FE69:18B8, Serial0/0/0
    IS   2021::/16 [115/10]
              via Null0, directly connected    //此路由是手工汇总后自动产生的,用于防止路由环路
```

以上输出表明:在 IPv6 IS-IS 中,Level-1 的路由代码为 **I1**,Level-2 的路由代码为 **I2**,管理距离为 **115**,接口的 Cost 值默认都为 10;由于 R1 为 L1 路由器,所以只有 **I1** 的路由条目和一条到最近的 L1/2 路由器 R2 的默认路由条目;R3 和 R4 都是 L2 路由器,所以只有 **I2** 的路由条目;R1、R3 和 R4 都收到一条由 R2 注入的默认路由 **::/0**;R2 和 R3 都收到路由器 R4 四个环回接口汇总的路由条目,同时 R4 的路由表自动生成一条指向 Null0 接口的路由代码为 **IS** 的路由条目,主要是为了避免路由环路。

(5) 查看 CLNS 接口的信息

```
R3#show clns interface Serial0/0/0
Serial0/0/0 is up, line protocol is up
    Checksums enabled, MTU 1500, Encapsulation HDLC
    ERPDUs enabled, min. interval 10 msec.
    CLNS fast switching enabled
    CLNS SSE switching disabled
    DEC compatibility mode OFF for this interface
    Next ESH/ISH in 47 seconds
    Routing Protocol: IS-IS
        Circuit Type: level-2                       //电路类型
        Interface number 0x0, local circuit ID 0x100  //本地电路 ID
        Neighbor System-ID: R4
//邻居系统 ID,可以通过命令 show isis hostname 查看主机名和系统 ID 的映射关系
        Level-2 Metric: 10, Priority: 64, Circuit ID: R3.00
//接口 Level-2 的度量值、接口优先级以及电路 ID
        Level-2 IPv6 Metric: 10                     //接口 Cost 值
        Number of active level-2 adjacencies: 1     //该接口活动 L2 邻居的个数
        Next IS-IS Hello in 241 milliseconds        //距离发送下一个 Hello 数据包的时间
        if state UP                                 //接口状态
```

第 7 章　路由重分布与路径控制

当网络中运行多种路由协议时，必须在不同的路由选择协议之间共享路由信息，才能保证网络连通性。为了保证网络的伸缩性、稳定性、安全性和快速收敛，必须对路由信息的更新进行控制和优化。策略路由比传统的基于目标网络进行路由的转发机制更加灵活，路由器将通过路由策略决定如何对收到的数据包进行处理。本章介绍路由重分布、路径控制及相关配置。

7.1　路由重分布概述

7.1.1　路由重分布定义

在不同的路由协议之间交换路由信息的过程被称为路由重分布（Route Redistribution）。路由重分布为网络中高效地支持多种路由协议提供了可能，执行路由重分布的路由器被称为边界路由器，因为它们位于两个或多个自治系统的边界上。

在进行路由重分布时，度量标准和管理距离是必须要考虑的问题。每一种路由协议都有自己的度量标准，所以在进行重分布时必须转换度量标准，使得它们兼容。种子度量值（Seed Metric）是在路由重分布时定义的，它是一条通过外部重分布进来的路由的初始度量值。路由协议默认的种子度量值如表 7-1 所示。

表 7-1　默认的种子度量值

执行路由重分布的路由协议	默认种子度量值
OSPF	BGP 为 1，其他为 20
IS-IS	0
BGP	IGP 的度量值

7.1.2　路由重分布考虑的问题

1. 路由反馈问题

路由器有可能将从一个自治系统学到的路由信息发送回该自治系统，特别是在做双向重分布的时候，一定要注意。

2. 次优路由问题

每一种路由协议的度量标准不同，所以路由器通过重分布所选择的路径可能并非最佳路径。一般可通过路由过滤或者修改管理距离来解决路由重分布的次优路由问题。

3. 收敛时间问题

因为不同路由协议的收敛时间不同，如 OSPF 的收敛速度要比 RIP 快得多。

7.2 路径控制概述

为了保证网络的高效运行以及在路由重分布时避免次优路由或者路由环路现象发生，有必要对路由更新进行控制，常用的方法有被动接口、默认路由、静态路由、路由映射表、前缀列表和策略路由。在对路径进行控制时，可能采用一种或者多种方法的组合，下面介绍其中几种方法。

7.2.1 路由映射表（Route Map）

路由映射表可以比作复杂的访问控制列表，可以用于路径控制、策略路由以及 QoS 等。定义路由映射表的命令为 **route-map** *map-tag* **[permit | deny]** *[sequence-number]*。通常每个 Route Map 陈述中都包含 **match** 和 **set** 语句。

match 用来定义匹配条件，常用的匹配条件包括 IP 地址、接口、度量值、标记（tag）、路由类型以及数据包长度等。当有多个匹配条件时，逻辑关系必须搞清楚。格式为 **match ip address a b c**，表示逻辑或，只要有一个条件匹配即可。格式为

match ip address a
match ip address b
match ip address c

则表示逻辑与，必须匹配所有的条件。

set 定义当符合匹配条件时所采取的行为。常见 **set** 行为如表 7-2 所示。

表 7-2 常见 set 行为

set 行为	描述
set ip next hop	设定数据包的下一跳地址
set interface	设定数据包出接口
set ip default next hop	设定默认的下一跳地址，用于当路由表里没有到达目的地址路由条目的时候
set default interface	设定默认的出接口
set ip precedence	设定 IP 数据包的优先级
set metric	设定路由的度量值
set tag	设定路由的标记值

路由映射表具有如下特征：

① 一个 Route Map 的末尾默认行为是 **deny any**。这个 **deny** 的执行结果依赖于何处使用 Route Map。比如，在执行策略路由时，如果一个数据包对于 Route Map 没有匹配项，它会正常转发数据包，而在进行路由重分布时，对于路由条目，如果 Route Map 没有匹配项，则被过滤掉。

② 一个 Route Map 可以包含多个 Route Map 陈述，它们的执行顺序像 ACL 一样，按照从上到下顺序执行。如果 Route Map 陈述中没有指定 **match** 的条件，则意味着匹配所有。

③ 序号指定了条件检查的顺序，不写编号则编号默认为 10，但是序号不会自动递增。

④ 在 Route Map 陈述中不指定 **deny** 或 **permit** 参数则默认为 **permit** 参数。

⑤ 在删除 Route Map 语句时，没写编号则删除整个 Route Map 所有陈述。

7.2.2　前缀列表

前缀列表（Prefix List）的作用类似于 ACL，但比 ACL 更为灵活，且更易于理解。前缀列表的特点如下。

① 编辑的方便性：在配置前缀列表时，可以指定序号，只要序号不是连续的，以后就可以方便地插入条目，或者删除针对某个序号的条目，而不是整个前缀列表。

② 执行的高效性：在大型列表的加载和路由查找方面性能比 ACL 有显著改进。

③ 灵活性：可以在前缀列表中指定掩码的长度，也可以指明掩码长度的范围。

配置前缀列表的命令如下：

ip prefix-list *list-name* [**seq** *seq-value*] {**deny** | **permit**} *network/length* [**ge** *ge-value*] [**le** *le-value*]

各参数的含义如下所述。

① *list name*：前缀列表名，区分大小写。

② **seq** *seq-value*：32 比特序号，用于确定语句被处理的次序。默认序号以 5 递增，5、10、15 等。

③ **deny** | **permit**：匹配条目时所要采取的行为，如果前缀不与前缀列表中任何条目匹配，将被拒绝。

④ *network/length*：前缀和前缀长度。

⑤ **ge** *ge-value*：匹配的前缀长度范围。如果只指定了 **ge** 参数，该范围为 *ge-value*～32。

⑥ **le** *le-vlaue*：匹配的前缀长度的范围。如果只指定了 **le** 属性，该范围为 *length*～*le-value*。

在上述命令中，**ge** 和 **le** 为可选参数，对于前缀长度匹配范围，要满足下列条件，*length*<*ge-value*<=*le-value*<=32。如果只定义了 **ge**，掩码长度的匹配范围为 *ge-value*<=掩码长度<=32；如果只定义了 **le**，掩码长度的匹配范围为 *length*<=掩码长度<=*le-value*；如果同时定义了 **ge** 和 **le**，掩码长度的匹配范围为 *ge-value*<=掩码长度<=*le-value*；如果既没有定义 **ge** 也没有定义 **le**，掩码长度的匹配范围只能是 *length*，也就是精确匹配 *network/length* 的路由条目。

下面是定义的前缀列表及匹配结果实例。

① ip prefix-list test1 seq 5 permit 0.0.0.0/0 ge 32　　//匹配所有主机路由

② ip prefix-list test2 seq 10 permit 0.0.0.0/0 le 32　　//匹配所有路由

③ ip prefix-list test3 seq 15 permit 0.0.0.0/0 ge 1　　//匹配默认路由外的所有路由

④ ip prefix-list test4 seq 20 permit 0.0.0.0/1 ge 8 le 8　　//匹配 A 类地址

⑤ ip prefix-list test5 seq 25 permit 128.0.0.0/2 ge 16 le 16　　//匹配 B 类地址

⑥ ip prefix-list test6 seq 30　　permit 192.0.0.0/3 ge 24 le 24　　//匹配 C 类地址

⑦ ip prefix-list test7 seq 35 permit 192.168.0.0/16 le 20　　//匹配以 192.168 开头的、掩码长度为 16～20（包括 16 和 20）的所有路由

⑧ ip prefix-list test8 seq 40 permit 192.168.0.0/16 ge 20   //匹配以 192.168 开头的、掩码长度为 20～32（包括 20 和 32）的所有路由，比如 192.168.0.0/16 和 192.168.128.0/18 不能匹配，但 192.168.64.0/24 的路由能匹配

7.2.3 策略路由

策略路由（Policy-Based Routing，PBR）提供了一种根据网络管理者制定的策略来进行数据包转发的机制。基于策略的路由比传统路由能力更强，使用更灵活，它使网络管理者不仅能够根据目的地址而且能够根据协议类型、数据包大小、应用或 IP 源地址来选择转发路径。策略路由的策略由路由映射表来定义。

7.3 配置路由重分布

7.3.1 实验 1：配置 IPv4 路由重分布

1．实验目的

通过本实验可以掌握：
① 种子度量值的含义和修改方法。
② 路由重分布的含义。
③ IS-IS 重分布直连路由的配置方法。
④ IS-IS 和 OSPF 双向重分布的配置方法。
⑤ OSPF 重分布直连路由的配置方法。
⑥ 路由重分布的查看和调试方法。

2．实验拓扑

IPv4 路由重分布配置实验拓扑如图 7-1 所示。

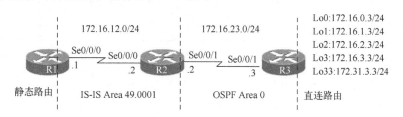

图 7-1　IPv4 路由重分布配置实验拓扑

3．实验步骤

（1）配置路由器 R1

R1(config)#**ip route 192.168.1.0 255.255.255.0 null0**
//构造一条指向 Null0 的静态路由，以便该静态路由通过重分布进入 IS-IS 进程
R1(config)#**router isis cisco**

R1(config-router)#**net 49.0001.1111.1111.1111.00**
R1(config-router)#**redistribute static**　　//将静态路由重分布到 IS-IS 进程中
R1(config)#**interface Serial0/0/0**
R1(config-if)#**ip router isis cisco**

（2）配置路由器 R2

R2(config)#**router isis cisco**
R2(config-router)#**net 49.0001.2222.2222.2222.00**
R2(config-router)#**redistribute ospf 1 metric 30**　　//将 OSPF 路由重分布到 IS-IS 进程中
R2(config)#**interface Serial0/0/0**
R2(config-if)#**ip router isis cisco**
R2(config)#**router ospf 1**
R2(config-router)#**router-id 2.2.2.2**
R2(config-router)#**network 172.16.23.2 0.0.0.0 area 0**
R2(config-router)#**redistribute isis cisco subnets**
//将 IS-IS 路由重分布到 OSPF 进程中，**subnets** 参数指定可以重分布子网路由，否则只重分布主类网络的路由进入 OSPF 进程
R2(config-router)#**redistribute connected subnets**

（3）配置路由器 R3

R3(config)#**access-list 1 permit 172.16.0.0 0.0.254.0**
//该 ACL 用于匹配 172.16.X.0，X 代表偶数
R3(config)#**access-list 2 permit 172.16.1.0 0.0.254.0**
//该 ACL 用于匹配 172.16.X.0，X 代表奇数
R3(config)#**route-map CONN permit 10**　　　　　　//配置路由映射表
R3(config-route-map)#**match ip address** 1　　　　　//匹配 ACL 1
R3(config-route-map)#**set metric 200**　　　　　　　//设置初始度量值
R3(config-route-map)#**exit**
R3(config)#**route-map CONN permit 20**
R3(config-route-map)#**match ip address** 2
R3(config-route-map)#**set metric 100**
R3(config-route-map)#**set metric-type type-1**　　　//设置 OSPF 外部路由类型为 O E1，默认为 O E2
R3(config-route-map)#**exit**
R3(config)#**route-map CONN permit 30**
R3(config-route-map)#**exit**
//以上路由映射表 CONN 是为在 OSPF 重分布直连路由时调用的，其含义如下：对于 172.16 开头的第三位是偶数的路由条目，设置度量值为 100，路由类型为 O E2（默认，不用配置）；对于 172.16 开头的第三位是奇数的路由条目，设置度量值为 200，路由类型为 O E1，而其他路由条目采用默认配置，即度量值为 20，路由类型为 O E2。路由映射表 CONN 序号为 30 的陈述没有配置 **match** 和 **set** 命令，表示匹配所有，不执行任何行为
R3(config)#**router ospf 1**
R3(config-router)#**router-id 3.3.3.3**
R3(config-router)#**network 172.16.23.3 0.0.0.0 area 0**
R3(config-router)#**redistribute connected subnets route-map CONN**
//在 OSPF 进程中重分布直连路由时调用路由映射表

4．实验调试

（1）查看路由表

以下输出均省略路由代码部分以及以 C 和 L 开头的路由条目。

第 7 章 路由重分布与路径控制

① R1#**show ip route**
   172.16.0.0/16 is variably subnetted, 7 subnets, 2 masks
i L2 172.16.0.0/24 [**115/40**] via 172.16.12.2, 00:31:47, Serial0/0/0
i L2 172.16.1.0/24 [115/40] via 172.16.12.2, 00:31:47, Serial0/0/0
i L2 172.16.2.0/24 [115/40] via 172.16.12.2, 00:31:47, Serial0/0/0
i L2 172.16.3.0/24 [115/40] via 172.16.12.2, 00:31:47, Serial0/0/0
i L2 172.16.23.0/24 [115/40] via 172.16.12.2, 00:31:47, Serial0/0/0
   172.31.0.0/24 is subnetted, 1 subnets
i L2 172.31.3.0 [115/40] via 172.16.12.2, 00:31:47, Serial0/0/0
S   192.168.1.0/24 is directly connected, Null0

以上输出表明路由器 R1 通过 IS-IS 路由协议学到从路由器 R2 重分布到 IS-IS 进程中的路由，路由代码为 **i L2**，度量值为 40，包括 R1 到 R2 链路的开销值 10 再加上初始度量值 30。

② R2#**show ip route**
（此处省略 C 和 L 路由条目）
   172.16.0.0/16 is variably subnetted, 8 subnets, 2 masks
O E2 172.16.0.0/24 [110/**200**] via 172.16.23.3, 00:35:06, Serial0/0/1
O E1 172.16.1.0/24 [110/**164**] via 172.16.23.3, 00:33:29, Serial0/0/1
O E2 172.16.2.0/24 [110/**200**] via 172.16.23.3, 00:35:06, Serial0/0/1
O E1 172.16.3.0/24 [110/**164**] via 172.16.23.3, 00:33:29, Serial0/0/1
   172.31.0.0/24 is subnetted, 1 subnets
O E2 172.31.3.0 [110/**20**] via 172.16.23.3, 00:33:19, Serial0/0/1
i L2 192.168.1.0/24 [115/**10**] via 172.16.12.1, 00:23:33, Serial0/0/0

以上输出表明从路由器 R1 上重分布到 IS-IS 进程中的静态路由被路由器 R2 学习到，路由代码为 **i L2**，在路由器 R3 上重分布进 OSPF 进程中的直连路由也被路由器 R2 学习到，OSPF 路由的度量值及路由类型同 R3 上路由映射表 **CONN** 设置的策略是一致的。

③ R3#**show ip route ospf**
   172.16.0.0/16 is variably subnetted, 11 subnets, 2 masks
O E2 172.16.12.0/24 [110/20] via 172.16.23.2, 00:36:43, Serial0/0/1
O E2 192.168.1.0/24 [110/20] via 172.16.23.2, 00:36:43, Serial0/0/1

以上输出表明从路由器 R2 上重分布到 OSPF 进程中的 IS-IS 路由被路由器 R3 学习到。由于 R2 的 OSPF 进程在重分布 IS-IS 路由时没有指定路由类型和初始度量值，所以二者均采用默认设置，即路由类型为 O E2，初始度量值 20。

以上①、②和③输出表明每台路由器都学到整个网络的路由信息，从而实现了不同路由协议之间 IPv4 路由信息的共享。

（2）查看路由协议相关信息

R2#**show ip protocols | begin Routing Protocol is "ospf 1"**
Routing Protocol is "**ospf 1**" //运行 OSPF 进程，进程号为 1
 Outgoing update filter list for all interfaces is not set
 Incoming update filter list for all interfaces is not set
 Router ID 2.2.2.2
 It is an **autonomous system boundary router** //ASBR 路由器
 Redistributing External Routes from, **connected**, **includes subnets** in redistribution
  isis, includes subnets in redistribution

//IS-IS 和直连路由被重分布到 OSPF 进程中，subnets 表示能够重分布子网路由到 OSPF 进程中
　　Number of areas in this router is 1. 1 normal 0 stub 0 nssa
　　Maximum path: 4
　　Routing for Networks:
　　　　172.16.23.2 0.0.0.0 area 0
　　Routing Information Sources:
　　　　Gateway　　　　　　Distance　　　　　Last Update
　　　　3.3.3.3　　　　　　110　　　　　　　00:36:28
　　Distance: (default is 110)
Routing Protocol is "**isis cisco**"　　//运行 IS-IS 进程 cisco
　　Outgoing update filter list for all interfaces is not set
　　Incoming update filter list for all interfaces is not set
　　Redistributing: ospf 1 (internal, external 1 & 2, nssa-external 1 & 2)
　　//OSPF 路由被重分布到 IS-IS 进程中。可以重分布到 IS-IS 进程中的 OSPF 路由包括区域内路由、区域间路由、外部路由以及 NSSA 区域路由
　　Redistributing: isis cisco
　　Address Summarization:
　　　　None
　　Maximum path: 4
　　Routing for Networks:
　　　　Serial0/0/0
　　Routing Information Sources:
　　　　Gateway　　　　　　Distance　　　　　Last Update
　　　　172.16.12.1　　　　115　　　　　　　00:11:44
　　Distance: (default is 115)

以上输出表明路由器 R2 运行 IS-IS 和 OSPF 两种路由协议，而且实现了双向重分布。

（3）查看路由映射表的信息

```
R3#show route-map CONN
route-map CONN, permit, sequence 10      //序号为 10 的路由映射表陈述
  Match clauses:                         //匹配条件
    ip address (access-lists): 1         //匹配 ACL 1
  Set clauses:                           //执行行为
    metric 200                           //设置初始度量值为 200
  Policy routing matches: 0 packets, 0 bytes  //策略路由匹配的数据包个数和字节数
route-map CONN, permit, sequence 20
  Match clauses:
    ip address (access-lists): 2
  Set clauses:
    metric 100                           //设置初始度量值为 100
    metric-type type-1                   //设置 OSPF 外部路由类型为 O E1
  Policy routing matches: 0 packets, 0 bytes
route-map CONN, permit, sequence 30
  Match clauses:                         //匹配条件空表示匹配所有
  Set clauses:                           //执行行空表示不执行任何行为
  Policy routing matches: 0 packets, 0 bytes
```

7.3.2 实验 2：配置前缀列表控制路由更新

1. 实验目的

通过本实验可以掌握：
① 前缀列表的使用方法和含义。
② 在路由映射表中用前缀列表设置匹配条件的方法。
③ 用路由映射表控制路由更新的方法。

2. 实验拓扑

配置前缀列表控制路由更新实验拓扑如图 7-2 所示。

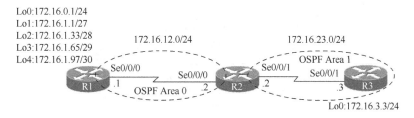

图 7-2 配置前缀列表控制路由更新实验拓扑

3. 实验步骤

（1）配置路由器 R1

```
R1(config)#ip prefix-list CONN1 seq 5 permit 172.16.0.0/16 ge 24 le 28
R1(config)#ip prefix-list CONN2 seq 5 permit 172.16.0.0/16 ge 29
R1(config)#route-map CONN permit 10
R1(config-route-map)#match ip address prefix-list CONN1    //匹配前缀列表
R1(config-route-map)#set metric 100
R1(config-route-map)#set metric-type type-1
R1(config-route-map)#exit
R1(config)#route-map CONN permit 20
R1(config-route-map)#match ip address prefix-list CONN2
R1(config-route-map)#set metric 200
R1(config-route-map)#set tag 200
R1(config-route-map)#exit
R1(config)#route-map CONN permit 30
R1(config-route-map)#exit
R1(config)#router ospf 1
R1(config-router)#router-id 1.1.1.1
R1(config-router)#network 172.16.12.1 0.0.0.0 area 0
R1(config-router)#redistribute connected subnets route-map CONN
```

（2）配置路由器 R2

```
R2(config)#router ospf 1
```

```
R2(config-router)#router-id 2.2.2.2
R2(config-router)#network 172.16.12.2 0.0.0.0 area 0
R2(config-router)#network 172.16.23.2 0.0.0.0 area 1
```

(3)配置路由器 R3

```
R3(config)#router ospf 1
R3(config-router)#router-id 3.3.3.3
R3(config-router)#network 172.16.3.3 0.0.0.0 area 1
R3(config-router)#network 172.16.23.3 0.0.0.0 area 1
```

4．实验调试

(1)查看路由表

```
R2#show ip route ospf
       172.16.0.0/16 is variably subnetted, 8 subnets, 6 masks
O        172.16.3.3/32 [110/782] via 172.16.23.3, 00:08:50, Serial0/0/1
O E1     172.16.1.32/28 [110/881] via 172.16.12.1, 00:08:55, Serial0/0/0
O E1     172.16.0.0/24 [110/881] via 172.16.12.1, 00:08:55, Serial0/0/0
O E1     172.16.1.0/27 [110/881] via 172.16.12.1, 00:08:55, Serial0/0/0
//以上 3 条路由条目匹配前缀列表 CONN1
O E2     172.16.1.96/30 [110/200] via 172.16.12.1, 00:08:55, Serial0/0/0
O E2     172.16.1.64/29 [110/200] via 172.16.12.1, 00:08:55, Serial0/0/0
//以上 2 条路由条目匹配前缀列表 CONN2
```

(2)查看前缀列表信息

```
R1#show ip prefix-list
ip prefix-list CONN1: 1 entries
    seq 5 permit 172.16.0.0/16 ge 24 le 28
ip prefix-list CONN2: 1 entries
    seq 5 permit 172.16.0.0/16 ge 29
```

(3)查看路由映射表相关信息

```
R1#show route-map
route-map CONN, permit, sequence 10
  Match clauses:
    ip address prefix-lists: CONN1
  //如果没有 prefix-lists 关键字，表示匹配的是命名的 ACL
  Set clauses:
    metric 100
    metric-type type-1
  Policy routing matches: 0 packets, 0 bytes
route-map CONN, permit, sequence 20
  Match clauses:
    ip address prefix-lists: CONN2
  Set clauses:
    metric 200
    tag 200
```

```
        Policy routing matches: 0 packets, 0 bytes
route-map CONN, permit, sequence 30
        Match clauses:
        Set clauses:
        Policy routing matches: 0 packets, 0 bytes
```

7.3.3 实验 3：配置 IPv6 路由重分布

1．实验目的

通过本实验可以掌握：
① 种子度量值的含义和修改方法。
② IPv6 路由重分布的含义。
③ IPv6 IS-IS 重分布直连路由的配置方法。
④ IPv6 IS-IS 和 OSPFv3 双向重分布的配置方法。
⑤ OSPFv3 重分布直连路由的配置方法。
⑥ IPv6 前缀列表的使用方法和含义。
⑦ IPv6 路由重分布的查看和调试方法。

2．实验拓扑

配置 IPv6 路由重分布实验拓扑如图 7-3 所示。

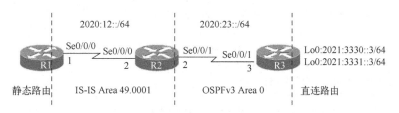

图 7-3　配置 IPv6 路由重分布实验拓扑

3．实验步骤

（1）配置路由器 R1

```
R1(config)#ipv6 unicast-routing
R1(config)#ipv6 route 2019:1111::/64 Null0
R1(config)#router isis cisco
R1(config-router)#net 49.0001.1111.1111.1111.00
R1(config-router)#is-type level-2-only
R1(config-router)#address-family ipv6
R1(config-router-af)#redistribute static metric 30    //重分布静态路由到 IS-IS 进程中
R1(config-router-af)#exit-address-family
R1(config)#interface Serial0/0/0
R1(config-if)#ipv6 address 2020:12::1/64
R1(config-if)#ipv6 router isis cisco
```

（2）配置路由器 R2

```
R2(config)#ipv6 unicast-routing
R2(config)#ipv6 router ospf 1
R2(config-rtr)#router-id 2.2.2.2
R2(config-rtr)#auto-cost reference-bandwidth 1000
R2(config-rtr)#redistribute isis cisco metric 100 metric-type 1
R2(config-rtr)#redistribute connected   metric 100 metric-type 1
//以上 2 行表示重分布 IPv6 IS-IS 和直连路由到 OSPFv3 进程中
R2(config)#router isis cisco
R2(config-router)#net 49.0001.2222.2222.2222.00
R2(config-router)#is-type level-2-only
R2(config-router)#address-family ipv6
R2(config-router-af)#redistribute ospf 1          //重分布 OSPFv3 路由到 IPv6 IS-IS 进程中
R2(config-router-af)#redistribute connected   //重分布直连路由到 IPv6 IS-IS 进程中
R2(config-router-af)#exit-address-family
R2(config)#interface Serial0/0/0
R2(config-if)#ipv6 address 2020:12::2/64
R2(config-if)# ipv6 router isis cisco
R2(config)#interface Serial0/0/1
R2(config-if)#ipv6 address 2020:23::2/64
R2(config-if)#ipv6 ospf 1 area 0
```

（3）配置路由器 R3

```
R3(config)#ipv6 prefix-list A1 seq 5 permit 2021:3330::/64   //定义 IPv6 前缀列表
R3(config)#ipv6 prefix-list A2 seq 5 permit 2021:3331::/64
R3(config)#route-map CONN permit 10
R3(config-route-map)#match ipv6 address prefix-list A1       //匹配前缀列表
R3(config-route-map)#set metric-type type-1
R3(config-route-map)#set metric 100
R3(config)#route-map CONN permit 20
R3(config-route-map)#match ipv6 address prefix-list A2
R3(config-route-map)#set tag 100
R3(config-route-map)#set metric 200
R3(config)#ipv6 router ospf 1
R3(config-rtr)#router-id 3.3.3.3
R3(config-rtr)#auto-cost reference-bandwidth 1000
R3(config-rtr)#redistribute connected route-map CONN    //重分布直连路由并调用 route-map
R3(config)#interface Serial0/0/1
R3(config-if)#ipv6 address 2020:23::3/64
R3(config-if)#ipv6 ospf 1 area 0
```

4．实验调试

（1）查看 IPv6 路由

以下输出均省略路由代码部分以及以 C 和 L 开头的路由条目。

① R1#**show ipv6 route ospf**
S   2019:1111::/64 [1/0]

```
               via Null0, directly connected
I2    2020:23::/64 [115/10]
               via FE80::FA72:EAFF:FE69:1C78, Serial0/0/0
I2    2021:3330::/64 [115/10]
               via FE80::FA72:EAFF:FE69:1C78, Serial0/0/0
I2    2021:3331::/64 [115/10]
               via FE80::FA72:EAFF:FE69:1C78, Serial0/0/0
```

以上输出表明路由器 R1 通过 IPv6 IS-IS 学到从路由器 R2 重分布到 IPv6 IS-IS 进程中的 OSPFv3 路由和直连路由，路由代码为 **I2**，度量值为 10，即 R1 到 R2 链路开销值 10 再加上初始值 0。

```
② R2#show ipv6 route
I2    2019:1111::/64 [115/40]
               via FE80::FA72:EAFF:FED6:F4C8, Serial0/0/0
OE1   2021:3330::/64 [110/747]
               via FE80::FA72:EAFF:FEC8:4F98, Serial0/0/1
OE2   2021:3331::/64 [110/200], tag 100
               via FE80::FA72:EAFF:FEC8:4F98, Serial0/0/1
```

以上输出表明从路由器 R1 上重分布到 IPv6 IS-IS 进程中的静态路由被路由器 R2 学习到，路由代码为 **I2**，度量值为 40，包括 R1 到 R2 链路的开销值 10 加上初始度量值 30。在路由器 R3 上重分布到 OSPFv3 进程中的直连路由也被路由器 R2 学习到，OSPFv3 路由的度量值及路由类型同 R3 上路由映射表 **CONN** 设置的策略是一致的。

```
③ R3#show ipv6 route
OE1   2019:1111::/64 [110/747]
               via FE80::FA72:EAFF:FE69:1C78, Serial0/0/1
OE1   2020:12::/64 [110/747]
               via FE80::FA72:EAFF:FE69:1C78, Serial0/0/1
```

以上输出表明从路由器 R2 上重分布到 OSPFv3 进程中的 IPv6 IS-IS 路由和直连路由被路由器 R3 学习到。由于 R2 的 OSPFv3 进程在重分布 IPv6 IS-IS 路由和直连时指定了路由类型和初始度量值，所以 OSPFv3 路由类型为 OE1，初始度量值 100。

以上①、②和③输出表明每台路由器都学到整个网络的路由信息，从而实现了不同路由协议之间 IPv6 路由信息的共享。

（2）查看 IPv6 路由协议相关信息

```
R2#show ipv6 protocols
IPv6 Routing Protocol is "connected"
IPv6 Routing Protocol is "application"
IPv6 Routing Protocol is "isis cisco"
    Interfaces:
        Serial0/0/0
    Redistribution:
        Redistributing protocol connected at level 2
//直连路由进入 IS-IS 进程，路由类型为 level 2
        Redistributing protocol ospf 1 (internal, external 1 & 2, nssa-external 1 & 2) at level 2    //OSPFv3
```
路由进入 IPv6 IS-IS 进程，路由类型为 level 2；可以重分布到 IPv6 IS-IS 进程中的 OSPFv3 路由包括区域内

路由、区域间路由、外部路由以及 NSSA 区域路由
```
IPv6 Routing Protocol is "ND"
IPv6 Routing Protocol is "ospf 1"
    Router ID 2.2.2.2
    Autonomous system boundary router    //ASBR 路由器
    Number of areas: 1 normal, 0 stub, 0 nssa
    Interfaces (Area 0):
        Serial0/0/1
    Redistribution:
//以下 2 行表示 OSPFv3 进程在重分布直连和 IPv6 IS-IS 路由时路由类型和初始度量值的设置
        Redistributing protocol connected with metric 100 type 1
        Redistributing protocol isis cisco level 2 with metric 100 type 1
```

以上输出表明路由器 R2 上 OSPFv3 和 IPv6 IS-IS 之间路由双向重分布的情况。

（3）查看 IPv6 前缀列表信息

```
R3#show ipv6 prefix-list
ipv6 prefix-list A1: 1 entries
    seq 5 permit 2021:3330::/64
ipv6 prefix-list A2: 1 entries
    seq 5 permit 2021:3331::/64
```

（4）查看路由映射表相关信息

```
R3#show route-map
route-map CONN, permit, sequence 10
    Match clauses:
        ipv6 address prefix-list A1
    Set clauses:
        metric 100
        metric-type type-1
    Policy routing matches: 0 packets, 0 bytes
route-map CONN, permit, sequence 20
    Match clauses:
        ipv6 address prefix-list A2
    Set clauses:
        metric 200
        tag 100
    Policy routing matches: 0 packets, 0 bytes
```

7.4 配置策略路由

7.4.1 实验 4：配置 IPv4 策略路由

1. 实验目的

通过本实验可以掌握：

① 用 Route Map 定义路由策略的方法。

② 在接口下应用路由策略的方法。
③ 基于源 IP 地址的策略路由的配置和调试方法。
④ 基于数据包长度的策略路由的配置和调试方法。
⑤ 基于应用的策略路由的配置和调试方法。

2．实验拓扑

配置 IPv4 策略路由实验拓扑如图 7-4 所示。整个网络运行 OSPF，读者自己完成 OSPF 配置。

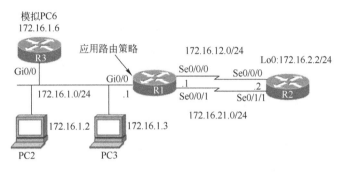

图 7-4 配置 IPv4 策略路由实验拓扑

3．实验步骤

（1）配置基于源 IPv4 地址的策略路由

实验设计如下：在路由器 R1 的 Gi0/0 接口下应用路由策略 CCNA，为从主机 PC2 来的数据设置下一跳地址为 172.16.12.2；为从主机 PC3 来的数据设置下一跳地址为 172.16.21.2；所有其他数据包正常转发。路由器 R1 配置如下：

```
R1(config)#access-list 1 permit 172.16.1.2
R1(config)#access-list 2 permit 172.16.1.3
R1(config)#route-map CCNA permit 10
R1(config-route-map)#match ip address 1
R1(config-route-map)#set ip next-hop 172.16.12.2          //设置下一跳地址
R1(config)#route-map CCNA permit 20
R1(config-route-map)#match ip address 2
R1(config-route-map)#set ip next-hop 172.16.21.2
R1(config)#interface GigabitEthernet0/0
R1(config-if)#ip policy route-map CCNA                    //接口下应用路由策略
```

完成以上配置后，按照如下步骤测试基于源 IPv4 地址的策略路由。
① 在主机 PC2 上 ping 地址 172.16.2.2，路由器 R1 上显示的调试信息如下：

```
R1#debug ip policy    //查看策略路由匹配情况
01:15:48: IP: s=172.16.1.2 (GigabitEthernet0/0), d=172.16.2.2, len 100, FIB policy match
01:15:48: IP: s=172.16.1.2 (GigabitEthernet0/0), d=172.16.2.2, len 100, PBR Counted
```

01:15:48: IP: s=172.16.1.2 (GigabitEthernet0/0), d=172.16.2.2, **g=172.16.12.2**, len 100, FIB **policy routed**

以上输出信息表明源地址为 172.16.1.2 的主机发送给目的主机 172.16.2.2 的数据包在路由器 R1 的接口 Gi0/0 匹配路由策略，执行策略路由，设置数据包下一跳地址为 172.16.12.2。

② 在主机 PC3 上 ping 地址 172.16.2.2，路由器 R1 上显示的调试信息如下：

01:18:06: IP: s=172.16.1.3 (GigabitEthernet0/0), d=172.16.2.2, len 100, **FIB policy match**
01:18:06: IP: s=172.16.1.3 (GigabitEthernet0/0), d=172.16.2.2, len 100, PBR Counted
01:18:06: IP: s=172.16.1.3 (GigabitEthernet0/0), d=172.16.2.2, **g=172.16.21.2**, len 100, FIB **policy routed**

以上输出信息表明源地址为 172.16.1.3 的主机发送给目的主机 172.16.2.2 的数据包在路由器 R1 的接口 Gi0/0 匹配路由策略，执行策略路由，设置数据包下一跳地址为 172.16.21.2。

③ 在主机 PC6 上 ping 地址 172.16.2.2，路由器 R1 上显示的调试信息如下：

01:20:03: IP: s=172.16.1.6 (GigabitEthernet0/0), d=172.16.2.2, len 100, FIB **policy rejected (no match) - normal forwarding**

以上输出信息表明源地址为 172.16.1.6 的主机发送到目的主机 172.16.2.2 数据包在路由器 R1 的接口 Gi0/0 不匹配路由策略（**no match**），策略拒绝（**policy rejected**），数据包正常转发。

④ 查看在接口上应用的路由策略

```
R1#show ip policy
Interface        Route map
Gi0/0            CCNA
```

以上输出信息表明在路由器 R1 的 Gi0/0 接口应用了路由策略 **CCNA**。

⑤ 查看定义的所有路由策略及路由策略的匹配情况

```
R1#show route-map CCNA
route-map CCNA, permit, sequence 10
  Match clauses:
    ip address (access-lists): 1
  Set clauses:
    ip next-hop 172.16.12.2    //执行行为，设置下一跳 IP 地址
  Policy routing matches: 10 packets, 1140 bytes   //匹配策略路由数据包的数量和字节数
route-map CCNA, permit, sequence 20
  Match clauses:
    ip address (access-lists): 2
  Set clauses:
    ip next-hop 172.16.21.2
  Policy routing matches: 5 packets, 570 bytes    //匹配策略路由数据包的数量和字节数
```

（2）配置基于数据包长度的策略路由

实验设计如下：在路由器 R1 的 Gi0/0 接口应用 IP 策略路由 CCNP，使得对长度为 64～100 字节的数据包的出接口为 Se0/0/0；长度为 101～1 000 字节的数据包的出接口为 Se0/0/1；所有其他数据包正常转发。路由器 R1 配置如下：

R1(config)#**route-map CCNP permit 10**
R1(config-route-map)#**match length 64 100**
R1(config-route-map)#**set interface Serial0/0/0**
R1(config)#**route-map CCNP permit 20**
R1(config-route-map)#**match length 101 1000**
R1(config-route-map)#**set interface Serial0/0/1**
R1(config)#**interface GigabitEthernet0/0**
R1(config-if)#**ip policy route-map CCNP**
R1(config-if)#**exit**
R1(config)#**ip local policy route-map CCNP**
//配置本地策略路由，因为在接口下应用的路由策略对路由器本地产生的数据包不起作用，所以，如果需要对本地路由器产生的数据包执行策略路由，需要配置本地策略

完成以上配置后，按照如下步骤测试基于数据包长度的策略路由。

① 在主机 PC6 上执行扩展 ping 命令，数据包长度为 90 字节，在路由器 R1 上查看策略路由匹配信息如下：

R3#**ping 172.16.2.2 repeat 1 size 90**
R1#**debug ip policy**
01:28:48: IP: s=172.16.1.6 (GigabitEthernet0/0), d=172.16.2.2, **len 90, FIB policy match**
01:28:48: IP: s=172.16.1.6 (GigabitEthernet0/0), d=172.16.2.2, len 90, PBR Counted
01:28:48: IP: s=172.16.1.6 (GigabitEthernet0/0), d=172.16.2.2 **(Serial0/0/0)**, len 90, FIB **policy routed**

以上输出信息表明长度为 90 字节的数据包在路由器 R1 的接口 Gi0/0 匹配路由策略，执行策略路由，设置数据包出接口为 Se0/0/0。

② 在主机 PC6 上执行扩展 ping 命令，数据包长度为 300 字节，在路由器 R1 上查看策略路由匹配信息如下：

R3#**ping 172.16.2.2 repeat 1 size 300**
01:31:46: IP: s=172.16.1.6 (GigabitEthernet0/0), d=172.16.2.2, len **300**, FIB **policy match**
01:31:46: IP: s=172.16.1.6 (GigabitEthernet0/0), d=172.16.2.2, len 300, PBR Counted
01:31:46: IP: s=172.16.1.6 (GigabitEthernet0/0), d=172.16.2.2 **(Serial0/0/1)**, len 300, FIB **policy routed**

以上输出信息表明长度为 300 字节的数据包在路由器 R1 的接口 Gi0/0 匹配路由策略，执行策略路由，设置数据包出接口为 Se0/0/1。

③ 在主机 PC6 上执行扩展 ping 命令，数据包长度为 1 200 字节，在路由器 R1 上查看策略路由匹配信息如下：

R3#**ping 172.16.2.2 repeat 1 size 1200**
01:35:55: IP: s=172.16.1.6 (GigabitEthernet0/0), d=172.16.2.2, len **1200**, FIB **policy rejected(no match) - normal forwarding**

以上输出信息表明长度为 1 200 字节的数据包在路由器 R1 的接口 Gi0/0 不匹配路由策略，数据包正常转发。

④ 查看定义的所有路由策略及路由策略的匹配情况：

R1#**show route-map CCNP**
route-map CCNP, permit, sequence **10**
　Match clauses:

```
            length 64 100              //匹配条件，数据包长度范围为 64~100 字节
        Set clauses:
            interface Serial0/0/0      //执行行为，设置出接口
        Policy routing matches: 2 packets, 208 bytes    //匹配策略路由数据包的数量和字节数
    route-map CCNP, permit, sequence 20
        Match clauses:
            length 101 1000
        Set clauses:
            interface Serial0/0/1
        Policy routing matches: 236 packets,145544 bytes    //匹配策略路由数据包的数量和字节数
```

⑤ 查看在接口上应用的路由策略：

```
R1#show ip policy
Interface        Route map
local            CCNP             //本地应用的路由策略
Gi0/0            CCNP             //接口应用的路由策略
```

（3）配置基于应用的策略路由

实验设计如下：在路由器 R1 的 Gi0/0 接口应用 IP 路由策略 CCIE，使得对 HTTP 数据包设置下一跳地址为 172.16.12.2，并且设置 IP 数据包优先级为 flash；为 Telnet 数据包设置下一跳地址为 172.16.21.2，并且设置 IP 数据包优先级为 critical；所有其他数据包正常转发。路由器 R1 和 R2 配置如下：

```
R1(config)#ip access-list extended HTTP
R1(config-ext-nacl)#permit tcp any any eq 80
R1(config)#ip access-list extended TELNET
R1(config-ext-nacl)#permit tcp any any eq 23
R1(config)#route-map CCIE permit 10
R1(config-route-map)#match ip address HTTP
R1(config-route-map)#set ip precedence flash
R1(config-route-map)#set ip next-hop 172.16.12.2
R1(config)#route-map CCIE permit 20
R1(config-route-map)#match ip address TELNET
R1(config-route-map)#set ip precedence critical
R1(config-route-map)#set ip next-hop 172.16.21.2
R1(config)#interface GigabitEthernet0/0
R1(config-if)#ip policy route-map CCIE
R1(config-if)#exit
R1(config)#ip local policy route-map CCIE

R2(config)#ip http server                       //开启路由器 HTTP 服务
R2(config)#line vty 0 4
R2(config-line)#no login
R2(config-line)#privilege level 15
```

完成以上配置后，按照如下步骤测试基于应用的策略路由。
① 在主机 PC2 上访问 172.16.2.2 的 Web 服务。
路由器 R1 上显示的调试信息如下：

```
R1#debug ip policy
02:22:29: IP: s=172.16.1.2 (GigabitEthernet0/0), d=172.16.2.2, len 44, FIB policy match
02:22:29: IP: s=172.16.1.2 (GigabitEthernet0/0), d=172.16.2.2, len 44, PBR Counted
02:22:29: IP: s=172.16.1.2 (GigabitEthernet0/0), d=172.16.2.2, g=172.16.12.2, len 44, FIB policy routed
```

以上输出信息表明 HTTP 的数据包在路由器 R1 的接口 Gi0/0 匹配路由策略，执行策略路由，设置数据包下一跳地址为 172.16.12.2。

② 在主机 PC2 上访问 172.16.2.2 的 Telnet 服务。

路由器 R1 上显示的调试信息如下：

```
02:23:49: IP: s=172.16.1.2 (GigabitEthernet0/0), d=172.16.2.2, len 44, FIB policy match
02:23:49: IP: s=172.16.1.2 (GigabitEthernet0/0), d=172.16.2.2, len 44, PBR Counted
02:23:49: IP: s=172.16.1.2 (GigabitEthernet0/0), d=172.16.2.2, g=172.16.21.2, len 44, FIB policy routed
```

以上输出信息表明 Telnet 数据包在路由器 R1 的接口 Gi0/0 匹配路由策略，执行策略路由，设置数据包下一跳地址为 172.16.21.2。

③ 在主机 PC2 上 ping 172.16.2.2。

路由器 R1 上显示的调试信息如下：

```
02:27:28: IP: s=172.16.1.2 (GigabitEthernet0/0), d=172.16.2.2, len 100, FIB policy rejected (no match) - normal forwarding
```

以上输出信息表明 ping 数据包在路由器 R1 的接口 Gi0/0 不匹配路由策略，数据包正常转发。

7.4.2 实验 5：配置 IPv6 策略路由

1．实验目的

通过本实验可以掌握：
① 用 Route Map 定义路由策略的方法。
② 在接口下应用 IPv6 路由策略的方法。
③ 基于源 IPv6 地址的策略路由的配置和调试方法。

2．实验拓扑

配置 IPv6 策略路由实验拓扑如图 7-5 所示。整个网络运行 OSPFv3 实现 IPv6 可达性。

3．实验步骤

本实验中，在路由器 R1 的 Gi0/0 接口应用 IPv6 路由策略，为从主机 PC3 来的数据设置出接口为 Se0/0/0；为从主机 PC4 来的数据设置出接口为 Se0/0/1；所有其他数据包正常转发。

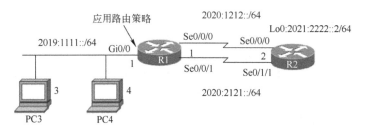

图 7-5　配置 IPv6 策略路由实验拓扑

（1）配置路由器 R1

  R1(config)#**ipv6 unicast-routing**
  R1(config)#**ipv6 access-list P1**　　//配置 IPv6 ACL
  R1(config-ipv6-acl)#**permit ipv6 host 2019:1111::3 any**
  R1(config)#**ipv6 access-list P2**
  R1(config-ipv6-acl)#**permit ipv6 host 2019:1111::4 any**
  R1(config)#**route-map PBR permit 10**　　//定义路由策略
  R1(config-route-map)#**match ipv6 address P1**
  R1(config-route-map)#**set interface Serial0/0/0**
  R1(config)#**route-map PBR permit 20**
  R1(config-route-map)#**match ipv6 address P2**
  R1(config-route-map)#**set interface Serial0/0/1**
  R1(config)#**ipv6 router ospf 1**
  R1(config-rtr)#**router-id 1.1.1.1**
  R1(config)#**interface gigabitEthernet0/0**
  R1(config-if)#**ipv6 address 2019:1111::1/64**
  R1(config-if)#**ipv6 ospf 1 area 0**
  R1(config-if)#**ipv6 policy route-map PBR**　　//在接口下应用路由策略
  R1(config)#**interface Serial0/0/0**
  R1(config-if)#**ipv6 address 2020:1212::1/64**
  R1(config-if)#**ipv6 ospf 1 area 0**
  R1(config)#**interface Serial0/0/1**
  R1(config-if)#**ipv6 address 2020:2121::1/64**
  R1(config-if)#**ipv6 ospf 1 area 0**

（2）配置路由器 R2

  R2(config)#**ipv6 unicast-routing**
  R1(config)#**ipv6 router ospf 1**
  R1(config-rtr)#**router-id　2.2.2.2**
  R2(config)#**interface Loopback0**
  R2(config-if)#**ipv6 address 2021:2222::2/64**
  R2(config-if)#**ipv6 ospf 1 area 0**
  R2(config)#**interface Serial0/0/0**
  R2(config-if)#**ipv6 address 2020:1212::2/64**
  R2(config-if)#**ipv6 ospf 1 area 0**
  R2(config)#**interface Serial0/1/0**
  R2(config-if)#**ipv6 address 2020:2121::2/64**
  R2(config-if)#**ipv6 ospf 1 area 0**

4．实验调试

（1）在主机 PC3 上 ping 路由器 R2 环回接口 0

路由器 R1 上显示的调试信息如下：

```
R3#ping 2021:2222::2 repeat 1
R1#debug ipv6 policy
01:55:31: IPv6 PBR (CEF): GigabitEthernet0/0, matched src 2019:1111::3 dst 2021:2222::2 protocol 58
01:55:31: IPv6 PBR (CEF): Policy route via Serial0/0/0
```

以上输出信息表明源地址为 2019:1111::3 的主机发送给目的主机 2021:2222::2 的数据包（协议号 58 表示是 ICMPv6 数据包）在路由器 R1 的接口 Gi0/0 匹配路由策略，执行策略路由，设置数据包出接口为 Se0/0/0。

（2）在主机 PC4 上 ping 路由器 R2 环回接口 0

路由器 R1 上显示的调试信息如下：

```
R3#ping 2021:2222::2 repeat 1
02:10:17: IPv6 PBR (CEF): GigabitEthernet0/0, matched src 2019:1111::4 dst 2021:2222::2 protocol 58
02:10:17: IPv6 PBR (CEF): Policy route via Serial0/0/1
```

以上输出信息表明源地址为 2019:1111::4 的主机发送给目的主机 2021:2222::2 的数据包（协议号 58 表示是 ICMPv6 数据包）在路由器 R1 接口 Gi0/0 匹配路由策略，执行策略路由，设置数据包出接口为 Se0/0/1。

（3）查看接口上应用的 IPv6 路由策略

```
R1#show ipv6 policy
Interface                 Routemap
GigabitEthernet0/0        PBR
```

以上输出信息表明在路由器 R1 的 Gi0/0 接口应用了路由策略 PBR。

（4）查看定义的 IPv6 路由策略及路由策略的匹配情况

```
R1#show route-map
route-map PBR, permit, sequence 10
  Match clauses:
    ipv6 address P1
  Set clauses:
    interface Serial0/0/0
  Policy routing matches: 20 packets, 1316 bytes    //匹配策略路由的数据的数量和字节数
route-map PBR, permit, sequence 20
  Match clauses:
    ipv6 address P2
  Set clauses:
    interface Serial0/0/1
  Policy routing matches: 28 packets, 1828 bytes    //匹配策略路由的数据的数量和字节数
```

第 8 章 BGP

通常可以将路由协议分为 IGP（内部网关协议）和 EGP（外部网关协议）两类。EGP 主要用于 ISP 之间交换路由信息。目前使用最为广泛的 EGP 是 BGP 版本 4，它是第一个支持 CIDR 和路由汇总的 BGP 版本。而 RFC 4760 中定义的 BGP4+是对 BGP4 的扩展，支持包括 IPv6 在内的多种协议。本章重点讨论 BGP 的特征、术语、属性、消息类型、路由决策、邻居状态以及 BGP 的配置。

8.1 BGP 概述

8.1.1 BGP 特征

BGP 被称为是基于策略的路径向量路由协议，它的任务是在自治系统之间交换路由信息，同时确保没有路由环路，其特征如下所述。
① 用属性（Attribute）描述路径，丰富的属性特征方便实现基于策略的路由控制。
② 使用 TCP（端口 179）作为传输协议，继承了 TCP 的可靠性和面向连接的特性。
③ 通过 Keepalive 信息来检验 TCP 的连接。
④ 拥有自己的 BGP 邻居表、BGP 表和路由表。
⑤ 支持 VLSM 和 CIDR。
⑥ 支持 MD5 身份验证。
⑦ 采用增量更新和触发更新。
⑧ 适合在大型网路中使用。
当网络满足下列一个或者多个条件时，建议使用 BGP。
① 自治系统允许数据包穿越它前往其他自治系统。
② 自治系统有多条到达其他自治系统的连接。
③ 必须对进入或者离开自治系统的数据包进行路由策略控制。
当网络符合下面的条件时，不建议使用 BGP。
① 与 Internet 或者另一个自治系统只有单一连接。
② 路由器没有足够的 CPU 处理能力和足够的内存处理 BGP 进程。
③ 对 BGP 路由操纵理解有限，无法预计启动 BGP 后的结果。

8.1.2 BGP 术语

① 对等体（Peer）：当两台 BGP 路由器之间建立了一条基于 TCP 的连接后，就称它们为邻居或对等体；
② 自治系统（AS）：是一组处于统一管理控制和策略下的路由器或主机，它们使用内部

网关路由协议决定如何在自治系统内部路由数据包，并使用自治系统间路由协议决定如何把数据包路由到其他自治系统。AS 号由因特网注册机构分配，长度为 16 比特（在 RFC 4893 中描述了长度为 32 位的扩展 AS 号），范围为 1～65535，其中 64512～65535 私有使用。

③ IBGP：当 BGP 在一个 AS 内运行时，被称为内部 BGP（IBGP）。

④ EBGP：当 BGP 运行在 AS 之间时，被称为外部 BGP（EBGP）。

⑤ NLRI（网络层可达性信息）：是 BGP 更新报文的一部分，用于列出通过该路径可到达的目的地的集合。

⑥ 同步：在 BGP 能够通告路由之前，该路由必须存在于当前的 IP 路由表中。也就是说，BGP 和 IGP 必须在网络能被通告前同步。命令 **no synchronization** 可以关闭同步。

⑦ IBGP 水平分割：通过 IBGP 学到的路由信息不能通告给其他的 IBGP 邻居。

8.1.3 BGP 属性

BGP 具有丰富的属性，为路由控制带来很大的方便，BGP 路径属性分为以下 4 类。

（1）公认必遵（Well-Known Mandatory）

公认必遵属性是 BGP 更新信息中必须包含的信息，并且是必须被所有 BGP 厂商设备所能识别的属性，该属性包括 ORIGIN、AS_PATH 和 Next_HOP 三个属性。

① ORIGIN（起源）属性：该属性说明了路由信息的来源，有 IGP、EGP 和 INCOMPLETE 三个可能的源。路由器在多个路由选择的处理过程中使用该信息。ORIGIN 属性优先级从低到高的顺序为 IGP<EGP<INCOMPLETE，路由器选择具有最低优先级的路径。

② AS_PATH（AS 路径）属性：包含在 BGP 更新信息中的路由信息所经过的 AS 号的序列。

③ Next_HOP（下一跳）属性：路由器所获得的 BGP 路由的下一跳。对 EBGP 会话来说，下一跳就是通告该路由的邻居路由器的源地址。对于 IBGP 会话，有两种情况，一是起源 AS 内部的路由的下一跳就是通告该路由的邻居路由器的源地址；二是由 EBGP 注入 AS 的路由，它的下一跳会不变地被带入 IBGP 中。

（2）公认自决（Well-Known Discretionary）

公认自决属性必须被所有 BGP 设备所识别，但在 BGP 更新信息中可以发送，也可以不发送，该属性包括 LOCAL_PREF 和 ATOMIC_AGGREGATE 两个属性。

① LOCAL_PREF（本地优先级）属性：用于告诉自治系统内的路由器当有多条路径时怎样离开自治系统。本地优先级越高，路由优先级越高。该属性仅仅在 IBGP 邻居之间传递。

② ATOMIC_AGGREGATE（原子聚合）属性：指出已被丢失了的信息。当进行路由聚合时会导致信息丢失，因为聚合来自具有不同属性的不同源。

（3）可选过渡（Optional Transitive）

可选过渡属性并不要求所有的 BGP 实现都支持。如果该属性不能被 BGP 进程识别，它就会去看过渡标志。如果过渡标志被设置了，BGP 进程会接受该属性并将它不加改变地传送，该属性包括 AGGREGATOR 和 COMMUNITY 两个属性。

① AGGREGATOR（聚合者）属性：标明了实施路由聚合的 BGP 路由器 ID 和聚合路

由的路由器的 AS 号。

② COMMUNITY（团体）属性：指共享一个公共属性的一组路由器。

（4）可选非过渡（Optional Nontransitive）

可选非过渡属性并不要求所有的 BGP 都支持。如果这些属性被发送到不能对其识别的路由器，这些属性将会被丢弃，不能传送给 BGP 邻居，该属性包括 MED、ORIGINATOR_ID 和 CLUSTER_LIST 三个属性。

① MED（Multi-Exit Discriminators，多出口区分）属性：通知 AS 外的路由器采用哪一条路径到达 AS。它也被认为是路由的外部度量，低的 MED 值表示高的优先级。MED 属性在自治系统间交换，但 MED 属性不能传递到第三方 AS。默认情况下，仅当路径来自同一个自治系统的不同邻居时，路由器才比较它们的 MED 属性。

② ORIGINATOR_ID（起源 ID）属性：路由反射器会附加到该属性上，它携带本 AS 源路由器的路由器 ID，用以防止环路。

③ CLUSTER_LIST（簇列表）属性：该属性显示了采用的反射路径。

8.1.4　BGP 消息类型

① BGP 包头：BGP 消息类型主要包括 Open、Update、Notification、Keepalive 和 Route-refresh。这些消息具有相同的包头，长度为 19 字节，包括用来检测对等体之间同步的丢失以及支持验证功能时用来验证消息的 16 字节的标记字段；2 字节的长度字段和 1 字节的消息类型字段。

② Open 消息：是 TCP 连接建立后发送的第一个消息，用于建立 BGP 对等体之间的连接关系。

③ Update 消息：用于在对等体之间交换路由信息。它既可以发布可达路由信息，也可以撤销不可达的路由信息。

④ Notification 消息：当 BGP 检测到错误状态时，就向对等体发出 Notification 消息，之后 BGP 连接会立即中断。

⑤ Keepalive 消息：BGP 会周期性（Cisco 默认为 60 秒）地向对等体发出 Keepalive 消息，用来保持连接的有效性。其消息格式中只包含 BGP 包头，没有附加其他任何字段。Keepalive 消息的发送周期是保持时间的 1/3，但该时间不能低于 1 秒。如果协商后的保持时间为 0，则不发送 Keepalive 消息。

⑥ Route-refresh 消息：用来要求对等体重新发送指定地址族的路由信息。

8.1.5　BGP 路由决策

BGP 使用很多属性描述路由特性，这些属性和每一条路由一起在 BGP 更新消息中被发送。路由器使用这些属性去选择到目的地的最佳路由。理解 BGP 路由判定的过程非常重要，下面按优先顺序给出了路由器在 BGP 路径选择中的判定过程。

① 如果下一跳不可达，则不考虑该路由。

② 优先选取具有最大权重（Weight）值的路径，权重是 Cisco 专有属性。

③ 优先选取具有最高本地优先级的路由。

④ 优先选取源自于本路由器（即下一跳为 **0.0.0.0**）的 BGP 路由。
⑤ 优先选取具有最短 AS 路径的路由。
⑥ 优先选取有最低起源代码（IGP<EGP<INCOMPLETE）的路由。
⑦ 优先选取具有最小 MED 值的路径。
⑧ 在 EBGP 路由和联盟 EBGP 路由中，首选 EBGP 路由，在联盟 EBGP 路由和 IBGP 路由中，首选联盟 EBGP 路由。
⑨ 优先选取离 IGP 邻居最近的路径。
⑩ 优先选取最老的 EBGP 路径。
⑪ 优先选取具有最低 BGP 路由器 ID 的路径；
⑫ 优先选取邻居 IP 地址最小的路径。

8.1.6　BGP 邻居状态

BGP 建立邻居有限状态机如图 8-1 所示，共有如下 6 种状态。

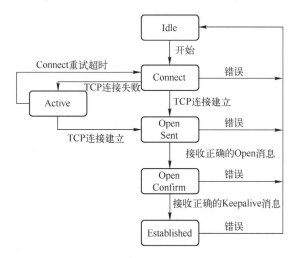

图 8-1　BGP 建立邻居有限状态机

① Idle（空闲）状态：这是初始状态，BGP 进程检查是否有前往指定邻居的路由。如果没有路由，则保持空闲状态；如果有路由，则进入连接状态。

② Connect（连接）状态：该状态下，BGP 等待完成 TCP 连接。如果连接成功，则向对等体发送 Open 消息，然后状态进入 OpenSent 状态；如果连接失败，则继续侦听是否有对等体启动连接，并进入 Active 状态。

③ Active（激活）状态：该状态下，BGP 试图建立 TCP 连接，如果连接成功，则向对等体发送 Open 消息，并转至 OpenSent 状态。

④ OpenSent（打开发送）状态：该状态下，BGP 等待对等体的 Open 消息。收到 Open 消息后对其进行检查，如果发现错误，本地发送 Notification 消息给对等体，并进入空闲状态；如果消息没有错误，BGP 发送 Keepalive 消息，并进入 OpenConfirm 状态。

⑤ OpenConfirm（打开确认）状态：该状态下，BGP 等待 Keepalive 消息或 Notification 消息。如果收到 Keepalive 消息，则进入 Established 状态；如果收到 Notification 消息，则进

入空闲状态。

⑥ Established（已建立）状态：该状态下，BGP 可以和其他对等体交换 Update、Notification 和 Keepalive 消息，开始路由选择。如果收到了正确的 Update 和 Keepalive 消息，就认为对端处于正常运行状态，本地重置保持时间计时器；如果收到 Notification 消息，则进入空闲状态；如果 TCP 连接中断，则关闭 BGP 连接，回到空闲状态。

8.2 配置基本 BGP

8.2.1 实验 1：配置 IBGP 和 EBGP

1. 实验目的

通过本实验可以掌握：
① 启动 BGP 路由进程的方法。
② BGP 进程中通告网络的方法。
③ IBGP 邻居和 EBGP 邻居的配置方法。
④ BGP 路由更新源和 next-hop-self 的配置方法。
⑤ BGP 路由汇总的配置方法。
⑥ 查看和调试 BGP 路由协议的方法。

2. 实验拓扑

配置 IBGP 和 EBGP 实验拓扑如图 8-2 所示。

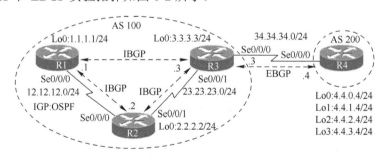

图 8-2　配置 IBGP 和 EBGP 实验拓扑

3. 实验步骤

因为本实验中 IBGP 路由器（R1、R2 和 R3）形成全互连的邻居关系，所以路由器 R1、R2 和 R3 均关闭同步，这也是 Cisco 路由器的默认配置。AS 100 内部路由器之间运行 OSPF 路由协议，实现网络的连通性，以便为建立 BGP 邻居关系提供 TCP 连接。

（1）配置路由器 R1

```
R1(config)#interface loopback 0
R1(config-if)#ip ospf network point-to-point
```

```
R1(config)#router ospf 1
R1(config-router)#router-id 1.1.1.1
R1(config-router)#network 1.1.1.1 0.0.0.0 area 0
R1(config-router)#network 12.12.12.1 0.0.0.0 area 0
R1(config)#router bgp 100                       //启动 BGP 进程
R1(config-router)#no synchronization       //关闭同步,高版本 IOS 默认配置
R1(config-router)#bgp router-id 1.1.1.1
```
//配置 BGP 路由器 ID,如果建立邻居关系的两台路由器的 BGP 路由器 ID 相同,会出现类似如下的信息:04:53:11: %BGP-3-NOTIFICATION: received from neighbor 3.3.3.3 2/3 (**BGP identifier wrong**) 4 bytes 03030303,提示 BGP 标识符错误,不能建立邻居关系
```
R1(config-router)#neighbor 2.2.2.2 remote-as 100        //指定 BGP 邻居路由器及所在的 AS
R1(config-router)#neighbor 2.2.2.2 update-source Loopback0  //指定 BGP 更新源
R1(config-router)#neighbor 3.3.3.3 remote-as 100
R1(config-router)#neighbor 3.3.3.3 update-source Loopback0
R1(config-router)#network 1.1.1.0 mask 255.255.255.0        //通告网络
R1(config-router)#no auto-summary         //关闭自动汇总,高版本 IOS 默认配置
```

(2)配置路由器 R2

```
R2(config)#interface loopback 0
R2(config-if)#ip ospf network point-to-point
R2(config)#router ospf 1
R2(config-router)#router-id 2.2.2.2
R2(config-router)#network 2.2.2.2 0.0.0.0 area 0
R2(config-router)#network 12.12.12.2 0.0.0.0 area 0
R2(config-router)#network 23.23.23.2 0.0.0.0 area 0
R2(config)#router bgp 100
R2(config-router)#bgp router-id 2.2.2.2
R2(config-router)#neighbor 1.1.1.1 remote-as 100
R2(config-router)#neighbor 1.1.1.1 update-source Loopback0
R2(config-router)#neighbor 3.3.3.3 remote-as 100
R2(config-router)#neighbor 3.3.3.3 update-source Loopback0
```

(3)配置路由器 R3

```
R3(config)#interface loopback 0
R3(config-if)#ip ospf network point-to-point
R3(config)#router ospf 1
R3(config-router)#router-id 3.3.3.3
R3(config-router)#network 3.3.3.3 0.0.0.0 area 0
R3(config-router)#network 23.23.23.3 0.0.0.0 area 0
R3(config)#router bgp 100
R3(config-router)#bgp router-id 3.3.3.3
R3(config-router)#neighbor 1.1.1.1 remote-as 100
R3(config-router)#neighbor 1.1.1.1 update-source Loopback0
R3(config-router)#neighbor 1.1.1.1 next-hop-self       //配置下一跳自我,即对从 EBGP 邻居传入的路
```
由,在通告给 IBGP 邻居时,强迫路由器通告自己是发送 BGP 更新信息的下一跳,而不是 EBGP 邻居
```
R3(config-router)#neighbor 2.2.2.2 remote-as 100
R3(config-router)#neighbor 2.2.2.2 update-source Loopback0
R3(config-router)#neighbor 2.2.2.2 next-hop-self
R3(config-router)#neighbor 34.34.34.4 remote-as 200
```

（4）配置路由器 R4

```
R4(config)#ip route 4.4.0.0 255.255.252.0 null0
//在 IGP 路由表中构建该汇总路由，否则不能在 BGP 中用 network 命令通告
R4(config)#router bgp 200
R4(config-router)#bgp router-id 4.4.4.4
R4(config-router)#neighbor 34.34.34.3 remote-as 100
R4(config-router)#network 4.4.0.0 mask 255.255.255.0
R4(config-router)#network 4.4.1.0 mask 255.255.255.0
R4(config-router)#network 4.4.2.0 mask 255.255.255.0
R4(config-router)#network 4.4.3.0 mask 255.255.255.0
R4(config-router)#network 4.4.0.0 mask 255.255.252.0
//用 network 命令进行路由汇总通告，该配置是为了说明在 BGP 中，network 命令不仅可以通告
直连路由，还可以通告 IGP 路由表中的其他路由条目，从功能上讲，该条路由可以取代上面通告的 4 条直连
子网路由。本实验汇总和明细路由都被通告了，实际应用中不需要
```

【技术要点】

① 一台路由器只能启动一个 BGP 进程，当配置多个进程时会提示如下的错误信息：BGP is **already running**; AS is 100。

② 命令 **neighbor** 后边跟的是邻居路由器 BGP 路由更新源的地址。

③ BGP 中的 **network** 命令与 IGP 中的不同，它只是将 IGP 中存在的路由条目（可以是直连路由、静态路由或动态路由）在 BGP 中通告。同时 **network** 命令使用参数 **mask** 来通告单独的子网。如果 BGP 的自动汇总功能没有关闭，而且在 IGP 路由表中存在子网路由，在 BGP 中可以用 **network** 命令通告主类网络，当然也可以通过参数 **mask** 来通告单独的子网。如果 BGP 的自动汇总功能关闭，则通告必须通过参数 **mask** 严格匹配掩码长度。

④ 在命令 **neighbor** 后边跟 **update-source** 参数是用来指定 BGP 更新源的。如果网络中有多条路径，那么用环回接口建立 TCP 连接并作为 BGP 路由的更新源会增加 BGP 的稳定性。

⑤ 在命令 **neighbor** 后边跟 **next-hop-self** 参数是为了解决下一跳可达性问题，因为当路由通过 EBGP 注入 AS 时，从 EBGP 获得的下一跳地址会被不变地在 IBGP 中传递，**next-hop-self** 参数使得路由器会把自己作为发送 BGP 更新信息的下一跳来通告给 IBGP 邻居。

⑥ BGP 的下一跳是指 BGP 路由表中路由条目的下一跳，也就是相应 **neighbor** 命令所指的地址。

4．实验调试

（1）查看 TCP 连接信息摘要

```
R3#show tcp brief
TCB        Local Address        Foreign Address      (state)
64752BAC   3.3.3.3.11002        1.1.1.1.179          ESTAB
64753B5C   3.3.3.3.11000        2.2.2.2.179          ESTAB
6472708    34.34.34.3.11001     34.34.34.4.179       ESTAB
```

以上输出表明路由器 R3 与路由器 R1、R2 和 R4 的 179 端口建立了 TCP 连接。建立 TCP

连接的双方使用 BGP 路由更新源的地址。只要两台路由器之间建立了一条 TCP 连接，就可以形成 BGP 邻居关系。

（2）查看 BGP 邻居的详细信息

> R3#**show ip bgp neighbors 34.34.34.4**
> BGP neighbor is **34.34.34.4**，　**remote AS** 200, **external** link
> //BGP 邻居的地址和所在 AS，external 表示建立的是 EBGP 邻居关系
> 　　BGP version **4, remote router ID** 4.4.4.4　　//BGP 版本和远程邻居的 BGP 路由器 ID
> 　　BGP state = **Established**, up for 00:50:29　//BGP 邻居关系的状态以及建立的时间
> 　　Last read 00:00:21, **hold time is 180, keepalive interval is 60 seconds**
> 　　//默认的保持时间和 Keepalive 消息的发送周期，可以通过命令 **timers bgp** *keepalive holdtime* 来调整，该命令对所有邻居生效，如果想针对某个邻居调整，命令为 **neighbor** *ip-address* **timers** *keepalive holdtime*，调整之后，在进行 BGP 连接建立时会协商使用小的值
> 　　（此处省略部分输出）

以上输出表明路由器有一台外部 BGP 邻居路由器 R4（**34.34.34.4**）在 AS 200 中。此邻居的路由器 ID 是 **4.4.4.4**。命令 **show ip bgp neighbors** 显示出的信息最重要的一部分是 **BGP state=** 那一行。此行给出了 BGP 连接的状态。**Established** 状态表示 BGP 对等体间的会话正在运行，可以交换 BGP 路由信息。

（3）查看 BGP 的摘要信息

> R3#**show ip bgp summary**
> BGP router **identifier** 3.3.3.3, **local AS** number 100　　//BGP 路由器 ID 及本地 AS
> **BGP table version** is 8, **main routing table version** 8
> //BGP 表的版本号（当 BGP 表变化时号码会逐次加 1）和注入主路由表的最后版本号
> 6 network entries using 792 bytes of memory
> 6 path entries using 312 bytes of memory
> 3/2 BGP path/bestpath attribute entries using 504 bytes of memory
> 1 BGP AS-PATH entries using 24 bytes of memory
> 0 BGP route-map cache entries using 0 bytes of memory
> 0 BGP filter-list cache entries using 0 bytes of memory
> Bitfield cache entries: current 2 (at peak 2) using 64 bytes of memory
> BGP using 1696 total bytes of memory
> //以上 8 行显示了 BGP 使用内存的情况
> BGP activity 6/0 prefixes, 6/0 paths, scan interval 60 secs
> //BGP 活动的前缀、路径和扫描间隔
>
> | Neighbor | V | AS | MsgRcvd | MsgSent | TblVer | InQ | OutQ | Up/Down | State/PfxRcd |
> |---|---|---|---|---|---|---|---|---|---|
> | 1.1.1.1 | 4 | 100 | 58 | 58 | 8 | 0 | 0 | 00:44:01 | 1 |
> | 2.2.2.2 | 4 | 100 | 51 | 49 | 8 | 0 | 0 | 00:43:54 | 0 |
> | 34.34.34.4 | 4 | 200 | 19 | 19 | 8 | 0 | 0 | 00:15:21 | 5 |

以上 4 行输出的邻居表的各个字段的含义如下。

① **Neighbor**：BGP 邻居的路由器 ID。

② **V**：BGP 的版本。

③ **AS**：邻居所在的 AS 号码。

④ **MsgRcvd**：接收的 BGP 数据包数量。

⑤ **MsgSent**：发送的 BGP 数据包数量。

⑥ **TblVer**：发送给该邻居的最后一个 BGP 表的版本号。

⑦ **InQ/OutQ**：入站队列或出站队列中等待处理的数据包数量。
⑧ **Up/Down**：保持邻居关系的时间。
⑨ **State/PfxRcd**：BGP 连接的状态或者收到的路由前缀数量。

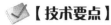【技术要点】

为了确保能够建立 BGP 邻居关系，**neighbor** 命令指定的邻居地址必须可达（但是两端不能全都通过默认路由实现可达性，因为用默认路由不可以主动发起 BGP 连接），同时要确保发送方路由器的更新源地址（BGP 路由器默认以到达邻居的出接口为更新源）和接收方路由器 **neighbor** 命令所指定的地址相同。BGP 邻居无法建立的可能原因如下所述。

如果 BGP 邻居关系一直停在 **Idle** 状态，可能的原因如下。
① 没有去往邻居的路由。
② **neighbor** 命令指的邻居的地址不正确。
③ BGP 路由器 ID 相同。

如果 BGP 邻居关系一直停在 **Active** 状态，可能的原因如下。
① 邻居没有到更新源的路由。
② 邻居的 **neighbor** 命令指的地址不正确。
③ 邻居没有配置 **neighbor** 命令。
④ 邻居的 **neighbor** 命令配置的 AS 号不正确。
⑤ 双方配置的 BGP 更新源不匹配。
⑥ 两端都通过默认路由实现更新源可达性。

（4）查看 BGP 表的信息

```
R3#show ip bgp
BGP table version is 11, local router ID is 3.3.3.3
//BGP 表的版本号和路由器的 BGP 路由器 ID
Status codes: s suppressed, d damped, h history, * valid, > best, i - internal,
              r RIB-failure, S Stale                //BGP 路由状态代码区
Origin codes: i - IGP, e - EGP, ? – incomplete      //BGP 路由起源代码区
   Network          Next Hop        Metric LocPrf Weight Path
r>i1.1.1.0/24       1.1.1.1              0    100      0 i
*> 4.4.0.0/24       34.34.34.4           0             0 200 i
*> 4.4.0.0/22       34.34.34.4           0             0 200 i
*> 4.4.1.0/24       34.34.34.4           0             0 200 i
*> 4.4.2.0/24       34.34.34.4           0             0 200 i
*> 4.4.3.0/24       34.34.34.4           0             0 200 i
```

以上输出表明了路由器 R3 的 BGP 表的内容，包括从 EBGP 邻居 R4 学到的 5 条路由和从 IBGP 邻居 R1 学到的 1 条路由。其中，路由条目表项的状态代码（**Status codes**）的含义解释如下。

① s：表示路由条目被抑制。
② d：表示路由条目由于被惩罚而受到抑制，从而阻止了不稳定路由的发布。
③ h：表示该路由正在被惩罚，但还未达到抑制阈值而使它被抑制。
④ *：表示该路由条目有效。

⑤ >: 表示该路由条目最优，可以被传递。达到最优的重要前提是下一跳可达。
⑥ i: 表示该路由条目是从 IBGP 邻居学到的。
⑦ r: 表示将 BGP 表中的路由条目安装到 IP 路由表中的操作失败。
⑧ S: 表示该路由条目过期。用于支持 NSF 的路由器中。

【技术要点】

路由器 R3 的 BGP 路由条目 **r> i1.1.1.0/24   1.1.1.1   0 100 0 i** 的含义如下所述。

① **r**: 因为路由器 R3 通过 OSPF 学到 **1.1.1.0/24** 路由条目，其管理距离为 110，而通过 IBGP 学到 **1.1.1.0/24** 路由条目的管理距离是 200，而且关闭了同步，BGP 表中的路由条目安装到 IP 路由表中的操作失败，所以出现代码 **r**，可以通过命令 **show ip bgp rib-failure** 显示没有安装到路由表中的 BGP 路由以及没有安装的原因，如下所示。

```
R3#show ip bgp rib-failure
Network              Next Hop           RIB-failure                RIB-NH Matches
1.1.1.0/24           1.1.1.1            Higher admin distance       n/a
//路由条目没有被安装到路由表的原因是应为管理距离大，因为通过 OSPF 学到该路由的管理距离
是 110，而通过 IBGP 学到该路由的管理距离为 200，管理距离小的路由条目被安装到路由表中
```

② **>**: 表示该路由条目最优，可以被传递。
③ **i**: 紧跟>的 **i**，表示该路由条目是从 IBGP 邻居学到的。
④ **1.1.1.1**: 表示该 BGP 路由的下一跳，即邻居的 BGP 路由更新源。
⑤ **0**（标题栏对应 Metric）: 表示该路由外部度量值，即 MED 值为 0。
⑥ **100**: 表示该路由本地优先级为 100。
⑦ **0**（标题栏对应 Weight）: 表示该路由的权重值为 0，如果是本地产生的，默认权重值是 32768；如果是从 BGP 邻居学来的，默认权重值为 0。
⑧ 由于该路由是通过相同 AS 的 IBGP 邻居传递来的，所以 PATH 字段为空。
⑨ **i**: 最后的 **i**，表示路由条目来源为 IGP，它是路由器 R1 用 **network** 命令通告的。在起源代码（**Origin codes**）中，**i** 的含义表示路由条目的来源为 IGP，**e** 的含义表示路由条目来源为 EGP，**?** 的含义表示路由条目来源不清楚，通常是从 IGP 重分布到 BGP 的路由条目。

（5）查看路由表中的 BGP 路由

```
① R1#show ip route bgp
     4.0.0.0/8 is variably subnetted, 5 subnets, 2 masks
B       4.4.0.0/24 [200/0] via 3.3.3.3, 00:22:39
B       4.4.0.0/22 [200/0] via 3.3.3.3, 00:22:39
B       4.4.1.0/24 [200/0] via 3.3.3.3, 00:22:40
B       4.4.2.0/24 [200/0] via 3.3.3.3, 00:22:40
B       4.4.3.0/24 [200/0] via 3.3.3.3, 00:22:40
② R3#show ip route bgp
     4.0.0.0/8 is variably subnetted, 5 subnets, 2 masks
B       4.4.0.0/24 [20/0] via 34.34.34.4, 01:11:28
B       4.4.0.0/22 [20/0] via 34.34.34.4, 01:11:28
B       4.4.1.0/24 [20/0] via 34.34.34.4, 01:11:28
B       4.4.2.0/24 [20/0] via 34.34.34.4, 01:11:28
B       4.4.3.0/24 [20/0] via 34.34.34.4, 01:12:53
```

以上输出表明 IBGP 的管理距离是 200，EBGP 的管理距离是 20。由于在路由器 R3 的 IBGP 邻居配置了 **next-hop-self** 参数，所以看到路由器 R1 的 BGP 路由条目的下一跳为 **3.3.3.3**，即 R3 的 BGP 的更新源。

（6）测试网络的连通性

在路由器 R4 上 ping 1.1.1.1，结果是不通的，原因很简单，就是路由器 R1 和 R2 的路由表中没有所 ping 数据包源地址所属网络 34.34.34.0 的路由，此时如果执行扩展 ping 命令就能 ping 通，测试结果如下：

① R4#**ping 1.1.1.1**
Type escape sequence to abort.
Sending 5, 100-byte ICMP Echos to 1.1.1.1, timeout is 2 seconds:
.....
Success rate is 0 percent (0/5)
② R4#**ping 1.1.1.1 source 4.4.0.4**
Type escape sequence to abort.
Sending 5, 100-byte ICMP Echos to 1.1.1.1, timeout is 2 seconds:
Packet sent with a source address of 4.4.0.4
!!!!!

如果一定要用标准 ping 命令的话，无非就是让路由器 R1 和 R2 学到 **34.34.34.0** 的路由，方法很多，比如在路由器 R3 的 OSPF 进程中重分布直连网络。

（7）验证 BGP 同步

在 R1 上打开 BGP 同步，然后查看 BGP 表。

R1(config)#**router bgp 100**
R1(config-router)#**synchronization**   //打开同步
R1#**clear ip bgp ***   //重置 BGP 连接
R1#**show ip bgp**
BGP table version is 1, local router ID is 1.1.1.1
Status codes: s suppressed, d damped, h history, * valid, > best, i - internal,
              r RIB-failure, S Stale
Origin codes: i - IGP, e - EGP, ? - incomplete

Network	Next Hop	Metric	LocPrf	Weight	Path
*> 1.1.1.0/24	0.0.0.0	0		32768	i
* i4.4.0.0/24	3.3.3.3	0	100	0	200 i
* i4.4.0.0/22	3.3.3.3	0	100	0	200 i
* i4.4.1.0/24	3.3.3.3	0	100	0	200 i
* i4.4.2.0/24	3.3.3.3	0	100	0	200 i
* i4.4.3.0/24	3.3.3.3	0	100	0	200 i

以上输出表明 R1 从 AS 200 学到的 BGP 路由不是被优化的，因为 R1 的 IGP 路由表中并没有这些路由条目。

（8）验证 IBGP 水平分割

删除路由器 R1 和 R3 之间的邻居关系，保持路由器 R1 和 R2 建立邻居关系，路由器 R2 和 R3 建立邻居关系，配置如下。

```
R1(config)#router bgp 100
R1(config-router)#no synchronization
R1(config-router)#no neighbor 3.3.3.3
R3(config)#router bgp 100
R3(config-router)#no neighbor 1.1.1.1
```

在路由器 R1 和 R2 上查看 BGP 表：

① R1#**show ip bgp**
```
BGP table version is 2, local router ID is 1.1.1.1
Status codes: s suppressed, d damped, h history, * valid, > best, i - internal,
              r RIB-failure, S Stale
Origin codes: i - IGP, e - EGP, ? - incomplete
   Network          Next Hop         Metric LocPrf Weight Path
*> 1.1.1.0/24       0.0.0.0               0         32768 i
```
② R2#**show ip bgp**
```
BGP table version is 8, local router ID is 2.2.2.2
Status codes: s suppressed, d damped, h history, * valid, > best, i - internal,
              r RIB-failure, S Stale
Origin codes: i - IGP, e - EGP, ? - incomplete
   Network          Next Hop         Metric LocPrf Weight Path
r>i1.1.1.0/24       1.1.1.1               0    100      0 i
*>i4.4.0.0/24       3.3.3.3               0    100      0 200 i
*>i4.4.0.0/22       3.3.3.3               0    100      0 200 i
*>i4.4.1.0/24       3.3.3.3               0    100      0 200 i
*>i4.4.2.0/24       3.3.3.3               0    100      0 200 i
*>i4.4.3.0/24       3.3.3.3               0    100      0 200 i
```

以上①和②输出表明路由器 R2 并没有将路由器 R3 通告的 BGP 路由通告给路由器 R1，这也进一步验证了 IBGP 水平分割的基本原理：通过 IBGP 学到的路由不能通告给相同 AS 内的其他的 IBGP 邻居。通常的解决办法有两个：IBGP 形成全互连邻居关系或使用路由反射器。

8.2.2 实验 2：配置 BGP 验证、地址聚合和 EBGP 多跳

1. 实验目的

通过本实验可以掌握：
① BGP 邻居 MD5 验证的配置和调试方法。
② EBGP 多跳的原理和配置方法。
③ BGP 地址聚合的配置和调试方法。

2. 实验拓扑

配置 BGP 验证、地址聚合和 EBGP 多跳实验拓扑如图 8-3 所示。

3. 实验步骤

本实验中，路由器 R1 和路由器 R2 用环回接口 0 作为 BGP 更新源建立 EBGP 邻居关系，并通过静态路由实现环回接口 0 的可达性。

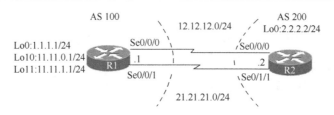

图 8-3 配置 BGP 验证、地址聚合和 EBGP 多跳实验拓扑

（1）配置路由器 R1

```
R1(config)#ip route 2.2.2.0 255.255.255.0 Serial0/0/0
R1(config)#ip route 2.2.2.0 255.255.255.0 Serial0/0/1
//配置静态路由实现 BGP 更新源可达性
R1(config)#router bgp 100
R1(config-router)#bgp router-id 1.1.1.1
R1(config-router)#neighbor 2.2.2.2 remote-as 200
R1(config-router)#neighbor 2.2.2.2 password cisco123        //配置 BGP 邻居身份验证
R1(config-router)#neighbor 2.2.2.2 ebgp-multihop 2          //配置 EBGP 多跳
R1(config-router)#neighbor 2.2.2.2 update-source Loopback0
R1(config-router)#network 11.11.0.0 mask 255.255.255.0
R1(config-router)#network 11.11.1.0 mask 255.255.255.0
R1(config-router)#aggregate-address 11.11.0.0 255.255.254.0 as-set summary-only
//配置地址聚合，as-set 参数可以使 BGP 聚合路由不丢失原来的 AS-PATH 属性，从而避免路由环
路；summary-only 参数可以抑制明细路由，只传递汇总路由
```

（2）配置路由器 R2

```
R2(config)#ip route 1.1.1.0 255.255.255.0 Serial0/0/0
R2(config)#ip route 1.1.1.0 255.255.255.0 Serial0/1/1
R2(config)#router bgp 200
R2(config-router)#bgp router-id 2.2.2.2
R2(config-router)#neighbor 1.1.1.1 remote-as 100
R2(config-router)#neighbor 1.1.1.1 password cisco123
R2(config-router)#neighbor 1.1.1.1 ebgp-multihop 2
R2(config-router)#neighbor 1.1.1.1 update-source Loopback0
```

【技术要点】

① 当 EBGP 对等体之间有多条物理链路时，建议使用环回接口来建立邻居关系，这样可以增加 BGP 连接的稳定性。但是默认情况下，EBGP 在建立邻居关系时，使用直连物理接口，即 TTL 为 1。由于环回接口不是直连的，所以必须通过命令 **neighbor {*ip-address* | *peer- group-name*} ebgp-multihop [*ttl*]** 启用多跳 EBGP。如果没有配置 *ttl* 可选项，默认将 TTL 设置为 255。

② BGP 对等体之间采用 MD5 身份验证方式。

4．实验调试

（1）BGP 邻居 MD5 身份验证调试

① 如果路由器 R1 配置 BGP 邻居 MD5 身份验证，R2 没有配置 BGP 邻居 MD5 身份验

证,则 R1 上提示的信息如下:

%TCP-6-BADAUTH: **No MD5 diges**t from 2.2.2.2(17898) to 1.1.1.1(179) tableid – 0

② 如果路由器 R1 和 R2 都配置 MD5 身份验证,但是配置的密码不同,则 R1 上提示的信息如下:

%TCP-6-BADAUTH: **Invalid MD5 digest** from 2.2.2.2(49845) to 1.1.1.1(179) tableid – 0

(2)查看 BGP 表

此处省略 BGP 表中状态代码部分、起源代码部分和路由表中路由代码部分。

① R1#**show ip bgp**

	Network	Next Hop	Metric	LocPrf	Weight	Path
s>	11.11.0.0/24	0.0.0.0	0		32768	i
*>	11.11.0.0/23	0.0.0.0		100	32768	i
s>	11.11.1.0/24	0.0.0.0	0		32768	i

② R2#**show ip bgp**

	Network	Next Hop	Metric	LocPrf	Weight	Path
*>	**11.11.0.0/23**	1.1.1.1	0		0	100 i

以上输出表明路由器 R1 向邻居 **2.2.2.2** 通告聚合路由 **11.11.0.0/23** 路由条目。路由器 R1 上所有被聚合的明细路由被标记为 **s**,表示被抑制,不能传递给 BGP 邻居 R2。

(3)查看路由表

R1#**show ip route bgp | include 11.11.0.0**
B   11.11.0.0/23 [200/0], 00:14:46, **Null0**
//配置地址聚合后,系统自动产生一条指向 Null0 的路由,主要目的是防止路由环路

8.2.3 实验 3:配置路由反射器(RR)

1. 实验目的

通过本实验可以掌握:
① 路由反射器的反射原理和反射规则。
② 路由反射器和客户端的配置和调试方法。
③ ORIGINATOR_ID 属性和 CLUSTER_LIST 属性的特征。

2. 实验拓扑

配置路由反射器实验拓扑如图 8-4 所示。本实验中,路由器 R2 作为路由反射器,路由器 R1 和 R3 作为它的客户端,AS 100 内运行 OSPF。注意:在 R1~R3 的环回接口 0 上通过命令 **ip ospf network point-to-point** 修改 OSPF 网络类型为点到点类型,本实验配置不再给出。

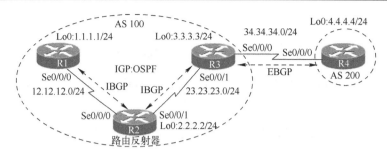

图 8-4 配置路由反射器实验拓扑

3. 实验步骤

（1）配置路由器 R1

```
R1(config)#router ospf 1
R1(config-router)#network 1.1.1.1 0.0.0.0 area 0
R1(config-router)#network 12.12.12.1 0.0.0.0 area 0
R1(config)#router bgp 100
R1(config-router)#bgp router-id 1.1.1.1
R1(config-router)#neighbor 2.2.2.2 remote-as 100
R1(config-router)#neighbor 2.2.2.2 update-source Loopback0
R1(config-router)#network 1.1.1.0 mask 255.255.255.0
```

（2）配置路由器 R2

```
R2(config)#router ospf 1
R2(config-router)#network 2.2.2.2 0.0.0.0 area 0
R2(config-router)#network 12.12.12.2 0.0.0.0 area 0
R2(config-router)#network 23.23.23.2 0.0.0.0 area 0
R2(config)#router bgp 100
R2(config-router)#bgp router-id 2.2.2.2
R2(config-router)#neighbor 1.1.1.1 remote-as 100
R2(config-router)#neighbor 1.1.1.1 update-source Loopback0
R2(config-router)#neighbor 1.1.1.1 route-reflector-client    //配置 RR 客户端
R2(config-router)#neighbor 3.3.3.3 remote-as 100
R2(config-router)#neighbor 3.3.3.3 update-source Loopback0
R2(config-router)#neighbor 3.3.3.3 route-reflector-client
```

（3）配置路由器 R3

```
R3(config)#router ospf 1
R3(config-router)#network 3.3.3.3 0.0.0.0 area 0
R3(config-router)#network 23.23.23.3 0.0.0.0 area 0
R3(config)#router bgp 100
R3(config-router)#bgp router-id 3.3.3.3
R3(config-router)#neighbor 2.2.2.2 remote-as 100
R3(config-router)#neighbor 2.2.2.2 update-source Loopback0
R3(config-router)#neighbor 2.2.2.2 next-hop-self
R3(config-router)#neighbor 34.34.34.4 remote-as 200
```

（4）配置路由器 R4

```
R4(config)#router bgp 200
R4(config-router)#bgp router-id 4.4.4.4
R4(config-router)#neighbor 34.34.34.3 remote-as 100
R4(config-router)#network 4.4.4.0 mask 255.255.255.0
```

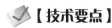【技术要点】

当一个 AS 包含多个 IBGP 对等体时，路由反射器非常有用。因为 IBGP 客户只需要和路由反射器建立邻居关系，从而降低了 IBGP 的连接数量。路由反射器和它的客户合称为一个簇。路由反射器是解决 IBGP 水平分割问题的重要手段。路由反射器的反射规则如下：
① 如果路由是从非客户的 IBGP 邻居学来的，则 RR 只将它反射给客户。
② 如果路由是从客户学来的，RR 会将它反射给所有的非客户和客户（除了发起该路由的客户）。
③ 如果路由是从 EBGP 邻居学来的，RR 会将它反射给所有的非客户和客户。

4．实验调试

（1）查看 BGP 邻居信息

```
R2#show ip bgp neighbors 1.1.1.1
BGP neighbor is 1.1.1.1,   remote AS 100, internal link
  BGP version 4, remote router ID 1.1.1.1
  BGP state = Established, up for 00:31:06
  Last read 00:00:07, hold time is 180, keepalive interval is 60 seconds
  （此处省略部分输出）
 For address family: IPv4 Unicast
  BGP table version 4, neighbor version 4
  Index 1, Offset 0, Mask 0x2
  Route-Reflector Client   //路由反射器的客户端
（此处省略部分输出）
```

以上输出表明邻居 1.1.1.1 是路由反射器的客户端。

（2）查看 BGP 路由的详细信息

```
R2#show ip bgp 4.4.4.0
BGP routing table entry for 4.4.4.0/24, version 4
Paths: (1 available, best #1, table Default-IP-Routing-Table)
  Advertised to non peer-group peers:              //通告给非对等体组的对等体
  1.1.1.1
    200, (Received from a RR-client)   //该 BGP 路由起源 AS 号码，从 RR 客户端收到该路由条目
      3.3.3.3 (metric 2297856) from 3.3.3.3 (3.3.3.3)
        Origin IGP, metric 0, localpref 100, valid, internal, best
```

以上输出表明 BGP 路由条目 **4.4.4.0/24** 是从 RR 的客户端收到的，客户端是 3.3.3.3，并且将它反射给 1.1.1.1。注意上面输出中 **3.3.3.3** 指的是 BGP 路由器 ID。

```
R1#show ip bgp 4.4.4.0
```

```
BGP routing table entry for 4.4.4.0/24, version 3
Paths: (1 available, best #1, table Default-IP-Routing-Table)
  Not advertised to any peer
  200      //该 BGP 路由起源 AS 号码
    3.3.3.3 (metric 2809856) from 2.2.2.2 (2.2.2.2)
      Origin IGP, metric 0, localpref 100, valid, internal, best
      Originator: 3.3.3.3, Cluster list: 2.2.2.2
```

以上输出表明在 AS 100 内 BGP 路由条目 4.4.4.0/24 的创造者是 3.3.3.3，簇 ID 是 2.2.2.2。

【术语】

① ORIGINATOR_ID（起源 ID）：由路由反射器生成，是本 AS 内路由创造者的路由器 ID。

② CLUSTER_ID（簇 ID）：一个 AS 内的每个簇必须用一个唯一的 4 字节的簇 ID 来标识，如果簇内只有一个 RR，那么簇 ID 就是 RR 的路由器 ID。当 RR 收到更新信息时，它会检查 CLUSTER_LIST，如果发现在列表中有自己的簇 ID，就知道出现了路由环路，从而可以有效避免环路。

8.2.4 实验 4：配置 MBGP

1. 实验目的

通过本实验可以掌握：
① 启动 BGP 路由进程的方法。
② 在 BGP 进程中通告 IPv6 网络的方法。
③ 配置 IBGP 和 EBGP 邻居的方法。
④ 配置 BGP 路由更新源和下一跳自我的方法。

2. 实验拓扑

配置 MBGP 实验拓扑如图 8-5 所示。本实验中，IBGP 路由器（R1、R2 和 R3）形成全互连的邻居关系，IBGP 路由器之间运行的 IGP 是 OSPFv3，使得互相学到环回接口的 IPv6 路由，为 IBGP 使用环回接口作为更新源建立邻居关系提供连通性。

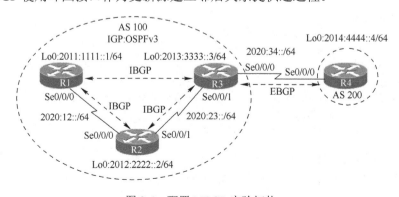

图 8-5 配置 MBGP 实验拓扑

3. 实验步骤

（1）配置路由器 R1

```
R1(config)#ipv6 unicast-routing
R1(config)#ipv6 router ospf 1              //启动 OSPFv3 进程，进程号为 1
R1(config-rtr)#router-id 1.1.1.1
R1(config)#interface Loopback0
R1(config-if)#ipv6 address 2011:1111::1/64
R1(config-if)#ipv6 ospf 1 area 0
R1(config-if)#ipv6 ospf network point-to-point
R1(config)#interface Serial0/0/0
R1(config-if)#ipv6 address 2020:12::1/64
R1(config-if)# ipv6 ospf 1 area 0
R1(config)#router bgp 100                  //启动 BGP 进程
R1(config-router)#bgp router-id 1.1.1.1    //配置 BGP 路由器 ID
R1(config-router)#no bgp default ipv4-unicast   //关闭 IPv4 地址族 BGP 路由交换功能
R1(config-router)#neighbor 2012:2222::2 remote-as 100        //指定邻居及所在的 AS
R1(config-router)#neighbor 2012:2222::2 update-source Loopback0   //指定 BGP 更新源
R1(config-router)#neighbor 2013:3333::3 remote-as 100
R1(config-router)#neighbor 2013:3333::3 update-source Loopback0
R1(config-router)#address-family ipv6              //进入 IPv6 地址族
R1(config-router-af)#neighbor 2012:2222::2 activate    //激活邻居
R1(config-router-af)#neighbor 2013:3333::3 activate
R1(config-router-af)#network 2011:1111::/64            //通告 IPv6 前缀
R1(config-router-af)#exit-address-family
```

（2）配置路由器 R2

```
R2(config)#ipv6 unicast-routing
R2(config)#ipv6 router ospf 1
R2(config-rtr)#router-id 2.2.2.2
R2(config)#interface Loopback0
R2(config-if)#ipv6 address 2012:2222::2/64
R2(config-if)# ipv6 ospf 1 area 0
R2(config-if)#ipv6 ospf network point-to-point
R2(config)#interface Serial0/0/0
R2(config-if)#ipv6 address 2020:12::2/64
R2(config-if)# ipv6 ospf 1 area 0
R2(config)#interface Serial0/0/1
R2(config-if)#ipv6 address 2020:23::2/64
R2(config-if)# ipv6 ospf 1 area 0
R2(config)#router bgp 100
R2(config-router)#bgp router-id 2.2.2.2
R2(config-router)#no bgp default ipv4-unicast
R2(config-router)#neighbor 2011:1111::1 remote-as 100
R2(config-router)#neighbor 2011:1111::1 update-source Loopback0
R2(config-router)#neighbor 2013:3333::3 remote-as 100
R2(config-router)#neighbor 2013:3333::3 update-source Loopback0
R2(config-router)#address-family ipv6
```

```
R2(config-router-af)#neighbor 2011:1111::1 activate
R2(config-router-af)#neighbor 2013:3333::3 activate
R2(config-router-af)#exit-address-family
```

(3) 配置路由器 R3

```
R3(config)#ipv6 unicast-routing
R3(config)#ipv6 router ospf 1
R3(config-rtr)#router-id 3.3.3.3
R3(config)#interface Loopback0
R3(config-if)#ipv6 address 2013:3333::3/64
R3(config-if)#ipv6 ospf 1 area 0
R3(config-if)#ipv6 ospf network point-to-point
R3(config)#interface Serial0/0/0
R3(config-if)#ipv6 address 2020:34::3/64
R3(config)#interface Serial0/0/1
R3(config-if)#ipv6 address 2020:23::3/64
R3(config-if)#ipv6 ospf 1 area 0
R3(config)#router bgp 100
R3(config-router)#bgp router-id 3.3.3.3
R3(config-router)#no bgp default ipv4-unicast
R3(config-router)#neighbor 2011:1111::1 remote-as 100
R3(config-router)#neighbor 2011:1111::1 update-source Loopback0
R3(config-router)#neighbor 2012:2222::2 remote-as 100
R3(config-router)#neighbor 2012:2222::2 update-source Loopback0
R3(config-router)#neighbor 2020:34::4 remote-as 200
R3(config-router)#address-family ipv6
R3(config-router-af)#neighbor 2011:1111::1 activate
R3(config-router-af)#neighbor 2011:1111::1 next-hop-self     //配置下一跳自我
R3(config-router-af)#neighbor 2012:2222::2 activate
R3(config-router-af)#neighbor 2012:2222::2 next-hop-self
R3(config-router-af)#neighbor 2020:34::4 activate
R3(config-router-af)#exit-address-family
```

(4) 配置路由器 R4

```
R4(config)#ipv6 unicast-routing
R4(config)#interface Loopback0
R4(config-if)#ipv6 address 2014:4444::4/64
R4(config)#interface Serial0/0/0
R4(config-if)#ipv6 address 2020:34::4/64
R4(config)#router bgp 200
R4(config-router)#bgp router-id 4.4.4.4
R4(config-router)#no bgp default ipv4-unicast
R4(config-router)#neighbor 2020:34::3 remote-as 100
R4(config-router)#address-family ipv6
R4(config-router-af)#neighbor 2020:34::3 activate
R4(config-router-af)#network 2014:4444::/64
R4(config-router-af)#exit-address-family
```

4．实验调试

（1）查看 TCP 连接信息摘要

```
R3#show tcp brief
TCB          Local Address      Foreign Address      (state)
23B1B38C     2020:34::3.179     2020:34::4.51816     ESTAB
3FC76418     2013:3333::3.179   2011:1111::1.58430   ESTAB
3A0BDC14     2013:3333::3.179   2012:2222::2.46484   ESTAB
```

以上输出表明路由器 R1、R2 和 R4 与路由器 R3 的 179 端口建立了 TCP 连接，说明 IPv6 BGP 也使用 TCP（端口 179）作为传输协议。

（2）查看 IPv6 BGP 连接的摘要信息

```
R3#show ip bgp ipv6 unicast summary
BGP router identifier 3.3.3.3, local AS number 100    //BGP 路由器 ID 及本地 AS
BGP table version is 5, main routing table version 5
//BGP 表的版本号（BGP 表变化时号码会逐次加 1）
2 network entries using 336 bytes of memory
2 path entries using 224 bytes of memory
2/2 BGP path/bestpath attribute entries using 320 bytes of memory
1 BGP AS-PATH entries using 24 bytes of memory
0 BGP route-map cache entries using 0 bytes of memory
0 BGP filter-list cache entries using 0 bytes of memory
BGP using 904 total bytes of memory
//以上 7 行显示了 BGP 使用内存的情况
BGP activity 2/0 prefixes, 2/0 paths, scan interval 60 secs
//前缀、路径和扫描间隔

Neighbor       V   AS    MsgRcvd MsgSent  TblVer  InQ OutQ  Up/Down   State/PfxRcd
2011:1111::1   4   100     10      11       5     0    0   00:03:23       1
2012:2222::2   4   100      8       8       5     0    0   00:03:05       0
2020:34::4     4   200      6       7       5     0    0   00:01:55       1
```

（3）查看 IPv6 BGP 表的信息

```
① R3#show ip bgp ipv6 unicast
BGP table version is 3, local router ID is 3.3.3.3
Status codes: s suppressed, d damped, h history, * valid, > best, i - internal,
              r RIB-failure, S Stale
Origin codes: i - IGP, e - EGP, ? - incomplete
     Network          Next Hop        Metric LocPrf Weight Path
r>i  2011:1111::/64   2011:1111::1       0    100     0     i
*>   2014:4444::/64   2020:34::4         0            0   200 i
② R4#show ip bgp ipv6 unicast
BGP table version is 3, local router ID is 4.4.4.4
Status codes: s suppressed, d damped, h history, * valid, > best, i - internal,
              r RIB-failure, S Stale
Origin codes: i - IGP, e - EGP, ? - incomplete
```

Network	Next Hop	Metric	LocPrf	Weight	Path
*> 2011:1111::/64	2020:34::3			0	100 i
*> 2014:4444::/64	::	0		32768	i

IPv6 BGP 表中代码和各 BGP 路由条目的含义请参考 8.2.1 实验 1，这里不在一一解释。

（4）查看 BGP 路由信息

以下输出全部省略路由代码部分。

① R1#**show ipv6 route bgp**
B   2014:4444::/64 [**200**/0]
    via 2013:3333::3
② R2#**show ipv6 route bgp**
B   2014:4444::/64 [**200**/0]
    via 2013:3333::3
③ R3#**show ipv6 route bgp**
B   2014:4444::/64 [**20**/0]
    via FE80::FA72:EAFF:FEC8:4F98, Serial0/0/0
④ R4#**show ipv6 route bgp**
B   2011:1111::/64 [**20**/0]
    via FE80::FA72:EAFF:FE69:18B8, Serial0/0/0

以上输出省略路由代码部分，路由表条目中 IPv6 IBGP 的管理距离是 200，而 IPv6 EBGP 的管理距离是 20。

（5）测试网络连通性

R4#**ping 2011:1111::1 source 2014:4444::4**
Type escape sequence to abort.
Sending 5, 100-byte ICMP Echos to 2011:1111::1, timeout is 2 seconds:
Packet sent with a source address of 2014:4444::4
!!!!!
Success rate is 100 percent (5/5), round-trip min/avg/max = 96/117/132 ms

8.3 配置 BGP 属性控制选路

BGP 具有丰富的属性，但本节只研究 ORIGIN、AS-PATH、LOCAL_PREF、Weight 和 MED 属性。本节的实验是一个有机的整体，根据 BGP 路由判定的顺序（优先级别从低到高）设计实验，每个分解实验都是以较高的优先级别影响前面分解实验的 BGP 路由选路。实验拓扑如图 8-6 所示，通过修改 ORIGIN、AS-PATH、LOCAL_PREF、Weight 属性来控制在 AS 100 内路由器 R1、R2 和 R3 对路由器 R4 上通告的 4.4.4.0/24 路由的选路。最后通过在路由器 R2 和 R3 上发布环回接口来控制从路由器 R4 进入 AS 100 的选路。本实验中，IBGP 路由器（R1、R2 和 R3）形成全互连的邻居关系，IGP 运行 OSPF 路由协议。在完成每个分解实验后，最好用 **clear ip bgp** *命令清除一下 BGP 表，然后再查看结果。请读者对照 BGP 判定原则仔细研究和体会本节实验的目的。

8.3.1 实验 5：配置 BGP ORIGIN 属性控制选路

1．实验目的

通过本实验可以掌握：
① BGP 路由传递的条件。
② ORIGIN 属性代码的优先级。
③ BGP ORIGIN 属性的配置及用 ORIGIN 属性选路的原则。

2．实验拓扑

配置 BGP 属性控制选路实验拓扑如图 8-6 所示。

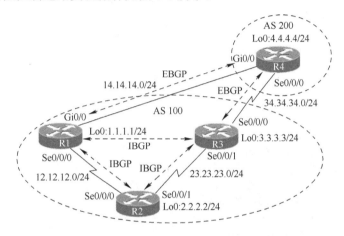

图 8-6　配置 BGP 属性控制选路实验拓扑

3．实验步骤

本实验中，在路由器 R4 上设置 BGP 路由条目 4.4.4.0/24 的起源代码属性为 EGP，并通过 EBGP 邻居 14.14.14.1 传入 AS 100 内，然后观察路由器 R1、R2 和 R3 对路由器 R4 上通告的 BGP 路由条目 4.4.4.0/24 的选路。OSPF 配置请参考 8.2.1 实验 1。

（1）配置路由器 R1

```
R1(config)#router bgp 100
R1(config-router)#bgp router-id 1.1.1.1
R1(config-router)#neighbor 2.2.2.2 remote-as 100
R1(config-router)#neighbor 2.2.2.2 update-source Loopback0
R1(config-router)#neighbor 2.2.2.2 next-hop-self
R1(config-router)#neighbor 3.3.3.3 remote-as 100
R1(config-router)#neighbor 3.3.3.3 update-source Loopback0
R1(config-router)#neighbor 3.3.3.3 next-hop-self
R1(config-router)#neighbor 14.14.14.4 remote-as 200
```

（2）配置路由器 R2

```
R2(config)#router bgp 100
R2(config-router)#bgp router-id 2.2.2.2
R2(config-router)#neighbor 1.1.1.1 remote-as 100
R2(config-router)#neighbor 1.1.1.1 update-source Loopback0
R2(config-router)#neighbor 3.3.3.3 remote-as 100
R2(config-router)#neighbor 3.3.3.3 update-source Loopback0
```

（3）配置路由器 R3

```
R3(config)#router bgp 100
R3(config-router)#bgp router-id 3.3.3.3
R3(config-router)#neighbor 1.1.1.1 remote-as 100
R3(config-router)#neighbor 1.1.1.1 update-source Loopback0
R3(config-router)#neighbor 1.1.1.1 next-hop-self
R3(config-router)#neighbor 2.2.2.2 remote-as 100
R3(config-router)#neighbor 2.2.2.2 update-source Loopback0
R3(config-router)#neighbor 2.2.2.2 next-hop-self
R3(config-router)#neighbor 34.34.34.4 remote-as 200
```

（4）配置路由器 R4

```
R4(config)#ip prefix-list 1 permit 4.4.4.0/24
R4(config)#route-map ORIGIN permit 10
R4(config-route-map)#match ip address prefix-list 1
R4(config-route-map)#set origin egp 900          //设置起源代码
R4(config)#route-map ORIGIN permit 20
R4(config)#router bgp 200
R4(config-router)#bgp router-id 4.4.4.4
R4(config-router)#neighbor 14.14.14.1 remote-as 100
R4(config-router)#neighbor 14.14.14.1 route-map ORIGIN out
//对出向为去往邻居 14.14.14.1 的路由设置策略
R4(config-router)#neighbor 34.34.34.3 remote-as 100
R4(config-router)#network 4.4.4.0 mask 255.255.255.0
R4#clear ip bgp *
```

4．实验调试

在路由器 R1、R2 和 R3 上查看 BGP 表。

① R1#show ip bgp

Network	Next Hop	Metric	LocPrf	Weight	Path
*>i4.4.4.0/24	3.3.3.3	0	100	0	200 i
*	14.14.14.4	0		0	200 e

② R2#show ip bgp

Network	Next Hop	Metric	LocPrf	Weight	Path
*>i4.4.4.0/24	3.3.3.3	0	100	0	200 i

③ R3#show ip bgp

Network	Next Hop	Metric	LocPrf	Weight	Path
*> 4.4.4.0/24	34.34.34.4	0		0	200 i

以上输出表明路由器 R1 学到两条关于 4.4.4.0/24 的 BGP 路由，但是由于起源代码 **i** 优先于 **e**，所以从路由器 R3 学到的 BGP 路由被优化，而从邻居路由器 R4 学到的路由不能被优化（路由代码为*，没有>），不能继续通告给路由器 R2 和 R3，所以路由器 R2 和 R3 只有一条关于 4.4.4.0/24 的路由。

8.3.2　实验 6：配置 BGP AS-PATH 属性控制选路

1．实验目的

通过本实验可以掌握：
① 用 AS-PATH 属性防止路由环路的原理。
② 配置和修改 AS-PATH 属性的方法。
③ BGP 用 AS-PATH 属性选路的原则。

2．实验拓扑

实验拓扑如图 8-6 所示。

3．实验步骤

路由器 R1、R2 和 R3 上的配置和前面 8.3.1 实验 5 相同，在路由器 R4 上修改 BGP 路由条目 4.4.4.0/24 的 AS_PATH 属性，并通过 EBGP 邻居 34.34.34.3 传入 AS 100 内，然后观察路由器 R1、R2 和 R3 对路由器 R4 上通告的 BGP 路由条目 4.4.4.0/24 的选路，配置如下：

```
R4(config)#ip prefix-list 1 permit 4.4.4.0/24
R4(config)#route-map ASPATH permit 10
R4(config-route-map)#match ip address prefix-list 1
R4(config-route-map)#set as-path prepend 600 700   //为匹配的路由条目追加 AS
R4(config)#route-map ASPATH permit 20
R4(config)#router bgp 200
R4(config-router)#neighbor 34.34.34.3 route-map ASPATH out
R4#clear ip bgp *
```

4．实验调试

在路由器 R1、R2 和 R3 上查看 BGP 表。

```
① R1#show ip bgp
   Network          Next Hop         Metric LocPrf Weight Path
*> 4.4.4.0/24       14.14.14.4            0             0 200 e
② R2#show ip bgp
   Network          Next Hop         Metric LocPrf Weight Path
*>i4.4.4.0/24       1.1.1.1               0    100      0 200 e
③ R3#show ip bgp
   Network          Next Hop         Metric LocPrf Weight Path
*>i4.4.4.0/24       1.1.1.1               0    100      0 200 e
*                   34.34.34.4            0             0 200 600 700 i
```

以上输出表明路由器 R3 学到两条关于 4.4.4.0/24 的路由,但是由于下一跳为 1.1.1.1 的路由的 AS-PATH 属性值比下一跳为 34.34.34.4 的路由的 AS-PATH 属性值短,所以优选下一跳为 1.1.1.1 的路由,而下一跳为 34.34.34.4 的路由不能被优化(路由代码为*,没有>符号),不能继续通告给路由器 R1 和 R2,所以路由器 R1 和 R2 只有一条 4.4.4.0/24 的 BGP 路由。同时,也说明 BGP 在进行路由判定时,AS-PATH 属性是优于 ORIGIN 属性的。

> 【提示】
>
> 上述的配置也可以在路由器 R3 上完成,配置如下:
>
> R3(config)#**ip prefix-list 1 seq 5 permit 4.4.4.0/24**
> R3(config)#**route-map ASPATH permit 10**
> R3(config-route-map)#**match ip address prefix-list 1**
> R3(config-route-map)#**set as-path prepend 600 700**
> R3(config-route-map)#**route-map ASPATH permit 20**
> R3(config)#**router bgp 100**
> R3(config-router)#**neighbor 34.34.34.4 route-map ASPATH in**

路由器 R3 的 BGP 表显示如下:

```
R3#show ip bgp
   Network          Next Hop         Metric LocPrf Weight Path
*>i4.4.4.0/24       1.1.1.1              0    100      0 200 e
*                   34.34.34.4           0             0 600 700 200 i
```

通过对比发现,如果在 R4 上配置 AS_PATH 属性并应用到出向,AS_PATH 的属性为 **200 600 700**,而如果在 R3 上配置 AS_PATH 属性并应用到入向,AS_PATH 的属性为 **600 700 200**。结论:在配置追加 AS_PATH 时,如果应用到出向,是将 AS_PATH 追加到右边;如果应用到入向,是将 AS_PATH 追加到左边。为了保持实验的连续性,请将在路由器 R3 上配置的关于 AP_PATH 属性的修改删除,继续使用 R4 的关于 AS_PATH 属性的配置。

8.3.3 实验 7:配置 BGP LOCAL_PREF 属性控制选路

1. 实验目的

通过本实验可以掌握:
① 配置 LOCAL_PREF 属性的方法。
② BGP 用 LOCAL_PREF 属性选路的原则。

2. 实验拓扑

实验拓扑如图 8-6 所示。

3. 实验步骤

路由器 R1、R2 和 R4 上的配置和 8.3.2 实验 6 相同,修改路由器 R3 从邻居 R4 收到的关于 BGP 路由条目 **4.4.4.0/24** 的本地优先级属性,然后观察路由器 R1、R2 和 R3 对路由器 R4 上通告的 BGP 路由条目 4.4.4.0/24 的选路,配置如下:

```
R3(config)#ip prefix-list 1 permit 4.4.4.0/24
R3(config)#route-map LOCAL_PREF permit 10
R3(config-route-map)#match ip address prefix-list 1
R3(config-route-map)#set local-preference 2000     //修改本地优先级属性
R3(config)#route-map LOCAL_PREF permit 20
R3(config-router)#neighbor 34.34.34.4 route-map LOCAL_PREF in
//对从邻居 34.34.34.4 进入的路由条目设置策略
R3#clear ip bgp *
```

4．实验调试

在路由器 R1、R2 和 R3 上查看 BGP 表。

① R1#**show ip bgp**

Network	Next Hop	Metric	LocPrf	Weight	Path
* 4.4.4.0/24	14.14.14.4	0		0	200 e
*>i	3.3.3.3	0	**2000**	0	200 600 700 i

② R2#**show ip bgp**

Network	Next Hop	Metric	LocPrf	Weight	Path
*>i4.4.4.0/24	3.3.3.3	0	**2000**	0	200 600 700 i

③ R3#**show ip bgp**

Network	Next Hop	Metric	LocPrf	Weight	Path
*> 4.4.4.0/24	34.34.34.4	0	**2000**	0	200 600 700 i

以上输出表明路由器 R1 学到两条关于 4.4.4.0/24 的 BGP 路由,但是由于下一跳为 3.3.3.3 的路由本地优先级的值比下一跳为 14.14.14.4 的路由的本地优先级的值高,所以优选下一跳为 3.3.3.3 的路由,而下一跳为 14.14.14.4 的路由不能被优化,不能继续通告给路由器 R2 和 R3,所以路由器 R2 和 R3 只有一条关于 4.4.4.0/24 的 BGP 路由。同时,也说明 BGP 在进行路由判定时,本地优先级属性是优于 AS-PATH 属性的。

【技术要点】

① 默认情况下,本地优先级的值为 100。
② 本地优先级属性只在 AS 内部传递,不会通告给 EBGP 邻居。
③ 本地优先级属性值越高,路由的优选程度越高。
④ 路由模式下命令 **bgp default local-preference** 也可以修改本地优先级属性,只是说用 route-map 设置本地优先级灵活性更大。

8.3.4　实验 8：配置 BGP Weight 属性控制选路

1．实验目的

通过本实验可以掌握:
① 配置 Weight 属性的方法。
② BGP 用 Weight 属性选路的原则。

2．实验拓扑

实验拓扑如图 8-6 所示。

3．实验步骤

路由器 R2、R3 和 R4 上的配置和 8.3.3 实验 7 相同，修改路由器 R1 从邻居 R2、R3 和 R4 收到的路由条目的 Weight 属性，使得路由器 R1 优选从路由器 R4 学到的路由条目，配置如下：

```
R1(config)#router bgp 100
R1(config-router)#neighbor 2.2.2.2 weight 200     //为从 2.2.2.2 学到路由设置权重值
R1(config-router)#neighbor 3.3.3.3 weight 200     //为从 3.3.3.3 学到路由设置权重值
R1(config-router)#neighbor 14.14.14.4 weight 500  //为从 14.14.14.4 学到路由设置权重值
R1#clear ip bgp *
```

4．实验调试

在路由器 R1、R2 和 R3 上查看 BGP 表。

① R1#show ip bgp

Network	Next Hop	Metric	LocPrf	Weight	Path
*> 4.4.4.0/24	14.14.14.4	0		**500**	200 e
* i	3.3.3.3	0	2000	**200**	200 600 700 i

② R2#show ip bgp

Network	Next Hop	Metric	LocPrf	Weight	Path
* i4.4.4.0/24	1.1.1.1	0	100	0	200 e
*>i	3.3.3.3	0	2000	0	200 600 700 i

③ R3#show ip bgp

Network	Next Hop	Metric	LocPrf	Weight	Path
* i4.4.4.0/24	1.1.1.1	0	100	0	200 e
*>	34.34.34.4	0	2000	0	200 600 700 i

以上输出表明路由器 R1 学到两条关于 4.4.4.0/24 的 BGP 路由，但是由于下一跳为 14.14.14.4 的路由 Weight 属性值比下一跳为 3.3.3.3 的路由的 Weight 属性值大，所以优选下一跳为 14.14.14.4 的路由。因为 Weight 属性只影响路由器 R1 自身选路，所以对于路由器 R2 和 R3 仍然通过本地优先级选路。路由器 R1 的选路说明 BGP 在路由判定时 Weight 属性是优于本地优先级属性的。同时，注意 Weight 属性值越大，优先级越高。

8.3.5　实验 9：配置 MED 属性控制选路

1．实验目的

通过本实验可以掌握：
① 配置 MED 属性的方法。
② BGP 用 MED 属性选路的原则。

2．实验拓扑

实验拓扑如图 8-6 所示。本实验需要在路由器 R2 上添加一个环回地址 Lo1:20.1.1.2/24，并在 BGP 进程中通告；在路由器 R3 上添加一个环回地址 Lo1:30.1.1.3/24，并在 BGP 进程中通告。通过设置 MED 属性，使得在路由器 R4 上访问 30.1.1.3 时走 R4→R3→R4 路径；在路由器 R4 上访问 20.1.1.2 时走 R4→R1→R2→R1→R4 的路径。

3．实验步骤

路由器 R4 上的配置和 8.3.4 实验 8 相同，修改路由器 R1、R2、R3 配置如下：

（1）配置路由器 R1

```
R1(config)#ip prefix-list 20 permit 20.1.1.0/24
R1(config)#ip prefix-list 30 permit 30.1.1.0/24
R1(config)#route-map MED permit 10
R1(config-route-map)#match ip address prefix-list 20
R1(config-route-map)#set metric 50        //设置 MED 值
R1(config)#route-map MED permit 20
R1(config-route-map)#match ip address prefix-list 30
R1(config-route-map)#set metric 100
R1(config)#route-map MED permit 30
R1(config-route-map)#router bgp 100
R1(config-router)#neighbor 14.14.14.4 route-map MED out
```

（2）配置路由器 R2

```
R2(config-if)#router bgp 100
R2(config-router)#network 20.1.1.0 mask 255.255.255.0
R2(config-router)#neighbor 1.1.1.1 weight 1000
R2(config-router)#neighbor 3.3.3.3 weight 500
//以上 2 行修改 weight 属性的目的是为了控制从 R4 来的数据包按设定路径返回
```

（3）配置路由器 R3

```
R3(config)#ip prefix-list 20    permit 20.1.1.0/24
R3(config)#ip prefix-list 30    permit 30.1.1.0/24
R3(config)#route-map MED permit 10
R3(config-route-map)#match ip address prefix-list 20
R3(config-route-map)#set metric 100
R3(config)#route-map MED permit 20
R3(config-route-map)#match ip address prefix-list 30
R3(config-route-map)#set metric 50
R3(config)#route-map MED permit 30
R3(config)#router bgp 100
R3(config-router)#network 30.1.1.0 mask 255.255.255.0
R3(config-router)#neighbor 34.34.34.4 route-map MED out
```

4．实验调试

（1）在路由器 R4 查看 BGP 表

```
R4#show ip bgp
   Network          Next Hop         Metric LocPrf    Weight Path
*> 4.4.4.0/24       0.0.0.0              0            32768 i
*  20.1.1.0/24      34.34.34.3         100              0 100 i
*>                  14.14.14.1          50              0 100 i
*> 30.1.1.0/24      34.34.34.3          50              0 100 i
*                   14.14.14.1         100              0 100 i
```

以上输出表明路由器 R4 学到的 BGP 路由携带了 MED 的值，而且优选 MED 值小的路径。

【技术要点】

① MED 属性只用来向 EBGP 邻居发送。

② MED 属性用来影响外部 AS 选路。

③ 进入到一个 AS 中的 MED 属性是不会从这个 AS 中再传递出去的。

④ MED 的值越小，路由的优选程度越高。

（2）用扩展 **ping** 命令跟踪数据包的路径

① 跟踪在路由器 R4 上访问 20.1.1.2 时数据包经过的路径。

```
R4#ping
Protocol [ip]:
Target IP address: 20.1.1.2
Repeat count [5]: 1
Datagram size [100]:
Timeout in seconds [2]:
Extended commands [n]: y
Source address or interface: 4.4.4.4
Type of service [0]:
Set DF bit in IP header? [no]:
Validate reply data? [no]:
Data pattern [0xABCD]:
Loose, Strict, Record, Timestamp, Verbose[none]: r
Number of hops [ 9 ]: 6
Loose, Strict, Record, Timestamp, Verbose[RV]:
Sweep range of sizes [n]:
Type escape sequence to abort.
Sending 1, 100-byte ICMP Echos to 20.1.1.2, timeout is 2 seconds:
Packet sent with a source address of 4.4.4.4
Packet has IP options:   Total option bytes= 27, padded length=28
 Record route: <*>
   (0.0.0.0)
```

        (0.0.0.0)
        (0.0.0.0)
        (0.0.0.0)
        (0.0.0.0)
        (0.0.0.0)
    Reply to request 0 (16 ms).   Received packet has options
     Total option bytes= 28, padded length=28
     Record route:
        (14.14.14.4)
        (12.12.12.1)
        (20.1.1.2)
        (12.12.12.2)
        (14.14.14.1)
        (4.4.4.4)
        <*>
     End of list
    Success rate is 100 percent (1/1), round-trip min/avg/max = 16/16/16 ms
```

以上输出表明在 R4 上访问 20.1.1.2 时走 R4→R1→R2→R1→R4 的路径。

② 跟踪在路由器 R4 上访问 30.1.1.3 时数据包经过的路径。

```
    R4#ping
    Protocol [ip]:
    Target IP address: 30.1.1.3
    Repeat count [5]: 1
    Datagram size [100]:
    Timeout in seconds [2]:
    Extended commands [n]: y
    Source address or interface: 4.4.4.4
    Type of service [0]:
    Set DF bit in IP header? [no]:
    Validate reply data? [no]:
    Data pattern [0xABCD]:
    Loose, Strict, Record, Timestamp, Verbose[none]: r
    Number of hops [9]: 4
    Loose, Strict, Record, Timestamp, Verbose[RV]:
    Sweep range of sizes [n]:
    Type escape sequence to abort.
    Sending 1, 100-byte ICMP Echos to 30.1.1.3, timeout is 2 seconds:
    Packet sent with a source address of 4.4.4.4
    Packet has IP options: Total option bytes= 19, padded length=20
     Record route: <*>
        (0.0.0.0)
        (0.0.0.0)
        (0.0.0.0)
        (0.0.0.0)
    Reply to request 0 (16 ms).   Received packet has options

```
    Total option bytes= 20, padded length=20
    Record route:
        (34.34.34.4)
        (30.1.1.3)
        (34.34.34.3)
        (4.4.4.4)
        <*>
    End of list
    Success rate is 100 percent (1/1), round-trip min/avg/max = 16/16/16 ms
```

以上输出表明在路由器 R4 上访问 30.1.1.3 时走 R4→R3→R4 路径。

第 9 章 VLAN、Trunk、EtherChannel 和 VLAN 间路由

VLAN、Trunk 和 EtherChannel 技术在部署和实施企业局域网时应用广泛。VLAN 技术可以很容易地控制广播域的大小。有了 VLAN，交换机之间的级联链路就需要 Trunk 技术来保证该链路可以同时传输多个 VLAN 的数据。管理员可以手动配置交换机之间链路上的 Trunk，也可以让交换机自动协商。交换机之间连接多条级联链路可以增加主干链路带宽，EtherChannel 能够使用两台设备之间的多条物理链路创建一条逻辑链路。在交换机上划分 VLAN 后，VLAN 间的计算机就无法通信了。VLAN 间的通信需要借助第三层路由功能来实现。实现路由功能的设备可以是路由器，也可以是三层交换机。本章主要介绍 VLAN、Trunk、EtherChannel 和 VLAN 间路由的概念、原理及配置。

9.1 VLAN 概述

9.1.1 VLAN 简介

交换机能够隔离冲突域，然而不能隔离广播域，通过多台交换机连接在一起的所有计算机都在一个广播域中，任何一台计算机发送广播包，其他计算机都会收到，广播信息不仅消耗了大量的网络带宽，而且收到广播信息的计算机还要消耗一部分 CPU 时间来对其进行处理。

虚拟局域网（Virtual Local Area Network，VLAN）是通过软件功能将物理交换机端口划分成一组逻辑上的设备或用户，这些设备和用户不受物理网段的限制，可以根据功能、部门及应用等因素将其组织起来，从而实现虚拟工作组的技术。VLAN 工作在 OSI 的第二层，是交换机端口的逻辑组合，可以把在同一交换机上的端口组合成一个 VLAN，也可以把在不同交换机上的端口组合成一个 VLAN。一个 VLAN 就是一个广播域，VLAN 之间的通信必须通过第三层路由功能来实现。与传统的局域网技术相比较，VLAN 技术更加灵活和高效，具有增强网络安全、降低成本、提高网络性能、减小广播域大小、提高管理效率和简化项目管理与应用管理等优点。

Cisco 交换机上 VLAN 分为普通 VLAN 和扩展 VLAN，VLAN ID 范围为 1～4094。普通 VLAN 用于中小型商业网络和企业网络，VLAN ID 的范围为 1～1005，其中 1002～1005 保留给令牌环 VLAN 和 FDDI VLAN 使用。VLAN1 和 VLAN1002～1005 是自动创建的，不能删除。普通 VLAN 信息存储在文件名为 **vlan.dat** 的 VLAN 数据库文件中，该文件位于交换机的 Flash 中。VTP（VLAN Trunk Protocol，VLAN 中继协议）只能识别普通范围 VLAN。扩展

VLAN 可让服务提供商扩展自己的基础架构以适应更多的客户。某些企业的规模很大，需要使用扩展范围的 VLAN ID，VLAN ID 的范围为 1006～4094。扩展 VLAN 支持的 VLAN 功能比普通 VLAN 少，扩展 VLAN 信息保存在运行配置文件中。

9.1.2 VLAN 类型

VLAN 类型可以按流量类别或者特定功能进行定义，常见的 VLAN 类型如下所述。

① 数据 VLAN：用于传送用户的数据流量。

② 默认 VLAN：交换机加载默认配置进行初始启动后，所有交换机端口都成为默认 VLAN 的成员。Cisco 交换机的默认 VLAN 是 VLAN1，它不能重命名或删除。

③ 本征 VLAN：本征 VLAN 分配给 IEEE 802.1q Trunk 端口。Trunk 端口是交换机之间互联的端口，支持单一物理链路传输多个 VLAN 的流量，在这些流量中，其中有一个 VLAN 的流量可以不携带 VLAN 标记，这个 VLAN 就是本征（Native）VLAN。Cisco 交换机的默认本征 VLAN 是 VLAN1。

④ 管理 VLAN：用于访问交换机管理功能的 VLAN。Cisco 交换机的默认管理 VLAN 是 VLAN1。要创建管理 VLAN，需要为该 VLAN 的交换机虚拟接口（SVI）分配 IP 地址和子网掩码，用户可以通过 HTTP、Telnet、SSH 或 SNMP 管理交换机。

⑤ Voice VLAN：用于单独传送 IP 语音（VoIP）的 VLAN。VoIP 流量要求网络中有足够的带宽来保证语音质量。一般通过 QoS 为其分配较高的 IP 优先级（通常为 5），并且应该绕过网络中的拥塞区域进行路由，传输延时要求小于 150 毫秒。

9.1.3 VLAN 划分

VLAN 的划分方法通常包括基于端口划分 VLAN 和基于 MAC 地址划分 VLAN 两种。

（1）基于端口划分 VLAN

基于端口的 VLAN 划分方法是最简单、有效的 VLAN 划分方法。管理员以手动方式把交换机某一端口指定为某一 VLAN 的成员。基于端口划分 VLAN 的缺点是当用户从一个端口移动到另一个端口时，网络管理员必须对交换机端口所属 VLAN 成员进行重新配置。

（2）基于 MAC 地址划分 VLAN

该方法使用 VLAN 成员策略服务器（VLAN Membership Policy Server，VMPS）根据连接到交换机端口的设备的源 MAC 地址，动态地将端口分配给 VLAN。当设备移动时，交换机能够自动识别其 MAC 地址并将其所连端口配置到相应的 VLAN。这种 VLAN 属于动态 VLAN。基于 MAC 地址划分 VLAN 可以允许网络设备从一个物理位置移动到另一个物理位置，并且自动保留其所属 VLAN 的成员身份。

9.1.4 私有 VLAN

私有 VLAN（Private VLAN，PVLAN）技术通常用于企业内部网络，用来控制连接到交换机不同端口的主机或网络设备之间的通信。每个 PVLAN 包含主 VLAN（Primary VLAN）和辅助 VLAN（Secondary VLAN）2 种类型。辅助 VLAN 包含隔离 VLAN（Isolated VLAN）和团体 VLAN（Community VLAN）2 种类型。与 PVLAN 类型相对应，交换机端口分为以下

3 种类型。

（1）Isolated Port（隔离端口）

划分到隔离 VLAN 中的端口，属于辅助 VLAN，不可以和处于相同隔离 VLAN 内的其他隔离端口所连接的主机通信，也不可以和连接到其他团体 VLAN 的主机通信，只可以与混杂端口所连接的主机通信。每个 PVLAN 中只能有一个隔离 VLAN。

（2）Community Port（团体端口）

划分到团体 VLAN 中的端口，属于辅助 VLAN，可以与属于相同团体 VLAN 内的端口所连接的主机以及混杂端口所连接的主机通信。每个 PVLAN 可以有多个团体 VLAN。

（3）Promiscuous Port（混杂端口）

划分到主 VLAN 中的端口，属于主 VLAN，可以和所有其所关联的隔离 VLAN 和团体 VLAN 的主机通信。混杂端口通常与路由器或三层交换机端口相连，用于实现 VLAN 间路由。

PVLAN 对于保证接入网络主机的数据通信安全是非常有效的，用户只需与自己的默认网关连接，一个 PVLAN 不需要多个 VLAN 和 IP 子网就能提供具备二层数据通信安全性的连接，所有的用户都接入 PVLAN，从而实现了所有用户与默认网关的连接，而与 PVLAN 内的其他用户通信可以通过辅助 VLAN 进行控制。

9.2 Trunk 概述

9.2.1 Trunk 简介

当一个 VLAN 跨过不同的交换机时，连接在不同交换机端口的同一 VLAN 的计算机如何实现通信？可以在交换机之间为每一个 VLAN 都增加连线。然而这样在有多个 VLAN 时会占用交换机太多的端口，而且扩展性很差。主流的方案是采用 Trunk 技术实现跨交换机的 VLAN 内主机通信。Trunk 技术使得在一条物理线路上可以传送多个 VLAN 的信息，交换机从属于某一 VLAN 的端口接收到数据，在 Trunk 链路上进行传输前，会加上一个标记，标识该数据所属的 VLAN，数据到了对方交换机，交换机会把该标记去掉，只发送到属于对应 VLAN 端口的主机。

有 2 种常见的 Trunk 帧标记技术：ISL（Inter-Switch Link，交换机间链路）和 IEEE 802.1q。

ISL 技术为 Cisco 私有，对原有的帧进行重新封装，新添加一个 26 字节帧头和 4 字节的帧校验序列（FCS），即 ISL 封装增加了 30 字节。由于 ISL 的私有性，实际中很少使用，Cisco 的低端交换机如 2960 也不支持。

IEEE 802.1q 技术是国际标准，得到所有厂家的支持。该技术在原有以太帧的源 MAC 地址字段后插入 4 字节的标记（TAG）字段，同时用新的 FCS 字段替代了原有的 FCS 字段，IEEE 802.1q 帧格式如图 9-1 所示，插入 4 字节标记的各个字段的含义如下所述。

① 标记协议 ID（Tag Protocol Identifier，TPID）：16 比特，该字段为固定值 0x8100。

② 优先级（Priority，PRI）：3 比特，IEEE 802.1p 优先级。

③ 规范格式标识符（Canonical Format Indicator，CFI）：1 比特，对于以太网，该位为 0。
④ VLAN ID（VID）：12 比特，标识帧的所属 VLAN ID。

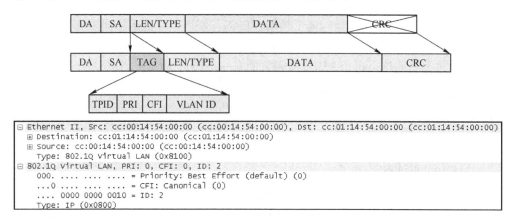

图 9-1　IEEE 802.1q 帧格式

Trunk 链路上无论是 ISL 的重新封装，还是 IEEE 802.1q 的插入标记，都将直接导致帧头变大，从而影响链路传输效率，可以在 Trunk 链路上指定一个本征 VLAN（Native VLAN），来自 Native VLAN 的数据帧通过 Trunk 链路时将不重新封装，以原有的帧格式传输。显然 Trunk 链路的两端指定的本征 VLAN 要一致，否则将有可能导致数据帧从一个 VLAN 发送到另一个 VLAN，还可能导致 CDP 信息报错以及交换环路等问题。但是本征 VLAN 有可能导致 VLAN 跳跃攻击，因此在实际应用中，通常把本征 VLAN 配置为一个不存在的 VLAN，即所有经过 Trunk 链路的 VLAN 数据帧都插入标记。

9.2.2　Voice VLAN

在现代网络中 IP 电话普遍使用。为了保证 IP 语音质量，通常用单独的 VLAN 来承载 IP 语音流量，这样 IP 电话和交换机之间的链路上存在语音 VLAN 和数据 VLAN 的流量，这个链路似乎应该配置为 Trunk 链路才对。然而为了安全等原因，交换机上的端口通常配置为 Access 模式。但是 Access 模式端口是不会接收进行了 Trunk 封装的数据帧的。Voice VLAN 可以解决这个矛盾。在交换机端口上配置了 Voice VLAN 后，IP 电话把语音数据进行 Trunk 封装（标签为 Voice VLAN 的 ID）发给交换机，交换机端口虽然为 Access 模式端口，但是会正常接收该数据帧；对于计算机发送的数据流量则保持原有的帧格式，经过 IP 电话后发送到交换机。

9.3　EtherChannel 概述

9.3.1　EtherChannel 简介

EtherChannel（以太通道）是由 Cisco 公司开发的、应用于交换机之间的多链路捆绑技术。它的基本原理是将两台设备间多条以太物理链路捆绑在一起组成一条逻辑链路，形成一个端口通道（PortChannel），从而达到带宽倍增的目的。除了增加带宽，EtherChannel 还可以在多条链路上实现负载分担。在一条或多条链路发生故障时，只要还有链路正常工作，流量将转移到其他链路上,整个切换过程在几毫秒内完成,从而起到冗余的作用,增强了网络的稳定性和可靠性。配置 EtherChannel 的链路被视为一个端口参与 STP 运算,因此当 STP 阻塞一条 EtherChannel 链路时,它就阻塞了整个 EtherChannel 下的所有物理端口。在 EtherChannel 中,流量在各个链路上的负载分担可以根据源 IP 地址、目的 IP 地址、源 MAC 地址、目的 MAC 地址、源 IP 地址和目的 IP 地址组合、源 MAC 地址和目的 MAC 地址组合等来进行配置。

EtherChannel 可以捆绑 Access 端口、Trunk 端口以及三层端口。一条 EtherChannel 最多可以捆绑 16 个端口,其中最多可以有 8 个端口是活动的。不同类型的交换机支持的以太通道数量也不相同。在配置 EtherChannel 时,同一组中的全部端口的配置(如 Trunk 封装、速率和双工模式等)必须相同,因此 Trunk 端口和 Access 端口是不能捆绑在一起的。

9.3.2 PAgP 和 LACP 协商规律

EtherChannel 可以手工配置,也可以自动协商。目前有 2 个 EtherChannel 协商协议:端口聚合协议(Port Aggregation Protocol,PAgP)和链路聚合控制协议(Link Aggregation Control Protocol,LACP),PAgP 是 Cisco 私有的协议,而 LACP 是国际标准。这 2 个协议各自有不同的工作模式,不同模式组合会有不同的协商结果。PAgP 协商规律如表 9-1 所示,LACP 协商规律如表 9-2 所示,两个表中的 ON 表示管理员手工配置了 EtherChannel。

表 9-1 PAgP 协商规律

	ON	Desirable(期望)	Auto(自动)
ON	√	×	×
Desirable(期望)	×	√	√
Auto(自动)	×	√	×

表 9-2 LACP 协商规律

	ON	Active(主动)	Passive(被动)
ON	√	×	×
Active(主动)	×	√	√
Passive(被动)	×	√	×

9.4 VLAN 间路由概述

9.4.1 传统 VLAN 间路由

传统 VLAN 间路由的实现方法是通过将不同的物理路由器接口连接至不同的物理交换机端口来执行 VLAN 间路由。传统 VLAN 间路由实现如图 9-2 所示,图中两台 PC 虽然在同一台交换机上,但是处于不同 VLAN 中,所以它们之间的通信也必须使用路由器。要实现它们之间的通信,可以在每个 VLAN 上选择一个以太网接口和路由器连接。在路由器的以太网接口上配置 IP 地址,PC 上的默认网关指向同一 VLAN 中的路由器以太网接口地址即可。采用这种方法，如果要实现 N 个 VLAN 间通信，则路由器需要 N 个以太网接口，同时也会占用交换机 N 个端口，扩展性很差，在实际应用中并不可行。

9.4.2 单臂路由

单臂路由通过单个物理接口实现网络中多个 VLAN 之间数据流量的传递，单臂路由实现 VLAN 间通信如图 9-3 所示。路由器只需要一个以太网接口和交换机连接，交换机的这个端口被设置为 Trunk 端口。在路由器上创建多个子接口作为不同 VLAN 主机的默认网关。子接口是基于软件的虚拟接口，与单个物理接口相关联。路由器的软件中配置了子接口，并且每个子接口上都分别配置了 IP 地址和 IEEE 802.1q 封装的 VLAN，实现子接口和 VLAN 的对应关系。根据各自的 VLAN 分配，子接口被配置到不同的子网中。可使用路由器物理接口和子接口实现 VLAN 间路由，路由器物理接口和子接口对比如表 9-3 所示。

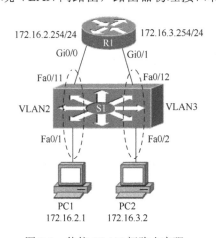

图 9-2 传统 VLAN 间路由实现

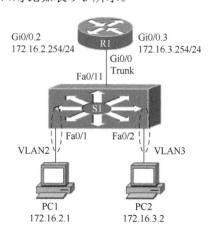

图 9-3 单臂路由实现 VLAN 间通信

表 9-3 路由器物理接口和子接口对比

物理接口	子接口
每个 VLAN 流量占用一个物理接口	多个 VLAN 流量占用同一个物理接口
无带宽争用	带宽争用
连接到 Access 模式交换机端口	连接到 Trunk 模式交换机端口
成本高	成本低
连接配置较复杂	连接配置较简单

在图 9-3 中，单臂路由的工作过程如下：当交换机 S1 收到 VLAN2 中的计算机 PC1 发送的以太网 II 格式的数据帧后，从其 Trunk 端口 Fa0/11 发送数据帧给路由器 R1，由于该链路是 Trunk 链路，所以数据帧进行 IEEE 802.1q 封装，数据帧中携带 VLAN2 的标签，数据帧到达路由器 R1 后，R1 对其进行解封装并查找路由表，发现数据要转发到 VLAN3，于是路由器 R1 把数据帧重新用 VLAN3 的标签进行 IEEE 802.1q 封装，通过 Trunk 链路发送到交换机 S1 的 Trunk 端口 Fa0/11，S1 收到该帧后去掉 VLAN3 标签，将以太网 II 格式的数据帧发送给 VLAN3 中的计算机 PC2，从而实现了 VLAN2 和 VLAN3 间主机的通信。

9.4.3 三层交换

单臂路由在实现 VLAN 间路由时，由于交换机利用单一链路与路由器相连，容易带来带宽瓶颈、单点故障和转发速率较慢等问题，而且需要购买昂贵的路由器设备。在实际网络工程应用中，多采用三层交换机的路由功能来实现 VLAN 间路由。三层交换机通常采用硬件来实现数据转发，其路由数据包效率和转发性能非常高。

从使用者的角度可以把三层交换机看成二层交换机和路由器的组合，这个虚拟的路由器和每个 VLAN 都有一个端口进行连接，不过这个端口是交换虚拟端口（SVI）。目前 Cisco 主要采用 CEF 技术实现三层交换。只要在 VLAN 端口上配置 IP 地址，PC 上的网关指向对应 SVI 地址即可。Cisco 三层交换机均支持路由端口和 SVI 两种类型三层端口，路由端口类似于 Cisco IOS 路由器物理端口。端口配置命令 **switchport** 或 **no switchport** 可以将三层交换机配置成交换端口或路由端口，不同的三层交换机端口默认配置不一样，例如 3560 或者 3750 交换机端口默认是交换端口，而 65 系列交换机端口默认是路由端口。要实现三层交换，需要在交换机上开启路由功能。

在三层交换机上使用 SVI 实现 VLAN 间路由的优点如下所述。
① 由硬件完成交换和路由功能，所以转发效率比单臂路由器要快很多。
② 不需要外部链路，避免单点故障。
③ 可在交换机之间使用二层以太通道（EtherChannel）技术以获得更大带宽。
④ 数据包不需要离开交换机，即在交换机内部处理，所以延时非常小。

9.5 配置 VLAN 和 Trunk

9.5.1 实验 1：创建 VLAN 和划分端口

1. 实验目的

通过本实验可以掌握：
① VLAN 的概念。
② 创建 VLAN 的方法。
③ 把交换机端口划分到 VLAN 中的方法。

2. 实验拓扑

创建 VLAN 和划分端口实验拓扑如图 9-4 所示。

3. 实验步骤

（1）实验准备

```
S1#erase startup-config        //删除存储在 Flash 中的配置文件 config.text
S1#delete vlan.dat             //删除 VLAN 数据库文件 vlan.dat
S1#reload
```

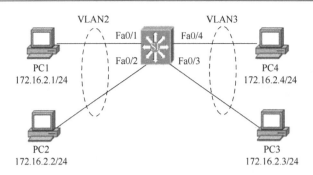

图 9-4 创建 VLAN 和划分端口实验拓扑

（2）创建 VLAN

```
S1(config)#vlan 2                    //创建 VLAN
S1(config-vlan)#name VLAN2           //命名 VLAN，如果不配置，默认名字为 VLAN0002
S1(config-vlan)#mtu 1500
//配置最大传输单元（Maximum Transmission Unit，MTU），默认值就是 1 500 字节
S1(config-vlan)#state active         //配置 VLAN 状态，创建 VLAN 后，默认状态就是 active
S1(config-vlan)#no shutdown          //开启 VLAN，默认就是开启的，shutdown 命令可关闭 VLAN
S1(config-vlan)#exit                 //执行 exit 命令后，创建的 VLAN 才会生效
S1(config)#vlan 3
S1(config-vlan)#name VLAN3
S1(config-vlan)#exit
```

（3）把交换机端口划分到 VLAN 中

```
S1(config)#interface fastEthernet0/1
S1(config-if)#switchport mode access        //配置交换机端口模式为 access
S1(config-if)#switchport access vlan 2      //把该端口划分到 VLAN2 中
S1(config)#interface fastEthernet0/2
S1(config-if)#switchport mode access
S1(config-if)#switchport access vlan 2
S1(config)#interface range fastEthernet0/3-4  //批量配置端口，减少配置工作量
S1(config-if-range)#switchport mode access
S1(config-if-range)#switchport access vlan 3
```

【技术要点】

① 当创建的 VLAN 是普通 VLAN 时，配置的命令不会出现在 running-config 文件中，VLAN 信息保存在 vlan.dat 数据库文件中。如果要创建扩展 VLAN，首先要把交换机的 VTP 工作模式配置为透明模式，此时创建 VLAN 的全部命令（包括普通 VLAN 和扩展 VLAN）都会出现在 running-config 文件中。

② 如果要删除 VLAN，使用 **no vlan vlan_id** 命令即可。删除某一 VLAN 后，分配给此 VLAN 的任何端口都将处于非活动状态，因此要记着把该 VLAN 中的端口重新划分到相应的 VLAN 中，否则将导致端口处于非活动状态，不能转发数据包，执行 **show vlan** 命令时也看不到属于被删除 VLAN 的端口。

③ 如果交换机上不存在 VLAN，**switchport access vlan** *vlan-id* 命令会强制创建一个

VLAN，VLAN 的名字为默认名，即 VLANXXXX，其中 XXXX 为 VLAN ID，例如，VLAN2 的默认名字就是 VLAN0002。如果在默认配置的接口上输入 switchport access vlan 10 命令，则交换机将显示以下消息：% Access VLAN does not exist.Creating vlan 10。

④ 可以使用 **vlan 100，200，301-307** 命令一次性创建多个 VLAN。

4．实验调试

（1）查看 VLAN 的信息

```
S1#show vlan
VLAN Name                          Status      Ports
---- ------------------------------ --------- -------------------------------
1    default                        active    Fa0/5, Fa0/6, Fa0/7, Fa0/8
                                              Fa0/9, Fa0/10, Fa0/11, Fa0/12
                                              Fa0/13, Fa0/14, Fa0/15, Fa0/16
                                              Fa0/17, Fa0/18, Fa0/19, Fa0/20
                                              Fa0/21, Fa0/22, Fa0/23, Fa0/24
                                              Gi0/1, Gi0/2
2    VLAN2                          active    Fa0/1, Fa0/2
3    VLAN3                          active    Fa0/3, Fa0/4
1002 fddi-default                   act/unsup
1003 token-ring-default             act/unsup
1004 fddinet-default                act/unsup
1005 trnet-default                  act/unsup
```

//以上输出的第一列是 VLAN ID；第二列是 VLAN 名字，第三列是 VLAN 的状态，active 或 act 为激活，unsup 为非挂起；第四列列出了本交换机上属于该 VLAN 的端口，默认情况下，交换机所有端口属于 VLAN1，当前各有 2 个端口被划分到 VLAN2 和 VLAN3 中。交换机默认存在 5 个 VLAN，包括 VLAN1 和 VLAN1002～VLAN1005，而 VLAN1002～VLAN1005 是淘汰的技术使用的 VLAN ID，这里只关注类型为以太网（enet）的 VLAN 即可

```
VLAN Type  SAID    MTU   Parent RingNo BridgeNo Stp  BrdgMode Trans1 Trans2
---- ----- ------- ----- ------ ------ -------- ---- -------- ------ ------
1    enet  100001  1500  -      -      -        -    -        0      0
2    enet  100002  1500  -      -      -        -    -        0      0
3    enet  100003  1500  -      -      -        -    -        0      0
```

//以上输出显示各个 VLAN 的类型、SAID（Security Association Identifier）和最大传输单元等信息，其中 SAID 等于 100000+VLAN ID；其他列的信息较少用到

```
Remote SPAN VLANs     //没有配置 SPAN（交换机端口分析）的 VLAN
------------------------------------------------------------------

Primary Secondary Type                    Ports     //没有配置私有 VLAN
------- --------- ----                    --------------------------------
```

（2）查看 VLAN 的汇总信息

```
S1#show vlan summary
Number of existing VLANs          : 7    //全部 VLAN 数量
  Number of existing VTP VLANs    : 7    //普通 VLAN 数量
  Number of existing extended VLANs : 0  //扩展 VLAN 数量
```

(3) 查看交换端口的信息

```
S1#show interfaces  fastEthernet0/1 switchport
Name: Fa0/1           //端口的名字
Switchport: Enabled   //端口是交换端口,no switchport 命令把端口配置为三层端口
Administrative Mode: static access      //管理员已经配置端口为 access 模式
Operational Mode: static access
//端口当前的操作模式为静态 access 模式,有可能管理员配置的是自动协商,而最终结果为静态
access 模式
Administrative Trunking Encapsulation: negotiate   //端口默认的 Trunk 封装方式为 negotiate 模式
Operational Trunking Encapsulation: native
//端口的 Trunk 封装方式为 native 方式,即不对帧进行重新封装,也就是不插入 Tag
Negotiation of Trunking: Off       //已经关闭 Trunk 的自动协商功能
Access Mode VLAN: 2 (VLAN2)        //端口属于 VLAN2
Trunking Native Mode VLAN: 1 (default)
//端口的本征 VLAN 是 VLAN1,VLAN1 为默认的 Native VLAN,接口模式为 access,此项没什
么意义
Administrative Native VLAN tagging: enabled    //管理的本征 VLAN 启用标记功能
Voice VLAN: none                   //本端口没有配置 Voice VLAN
(此处省略部分输出)
```

(4) 测试 VLAN 内主机之间的通信状态

PC1 和 PC2 可以通信,PC3 和 PC4 也可以通信,其他主机之间都不可以通信。

9.5.2 实验 2:配置私有 VLAN

1. 实验目的

通过本实验可以掌握:
① PVLAN 的类型。
② PVLAN 的端口类型。
③ PVLAN 的通信规则。
④ PVLAN 的配置和调试方法。

2. 实验拓扑

配置私有 VLAN 实验拓扑如图 9-5 所示。

3. 实验步骤

```
S1(config)#vtp mode transparent               //当 VTP 模式为透明模式时才能配置 PVLAN
S1(config)#vlan 101                           //创建辅助 VLAN
S1(config-vlan)#private-vlan community        //配置辅助 VLAN 是团体 VLAN
S1(config)#vlan 102                           //创建辅助 VLAN
S1(config-vlan)#private-vlan isolated         //配置辅助 VLAN 是隔离 VLAN
S1(config)#vlan 100                           //创建主 VLAN
S1(config-vlan)#private-vlan primary          //配置 PVLAN 的主 VLAN
S1(config-vlan)#private-vlan association 101-102    //将主 VLAN 和辅助进行关联
```

第 9 章 VLAN、Trunk、EtherChannel 和 VLAN 间路由

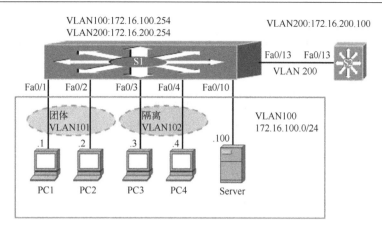

图 9-5 配置私有 VLAN 实验拓扑

```
S1(config)#vlan 200                                //创建普通 VLAN，实现 PVLAN 和普通 VLAN 间通信
S1(config-vlan)#exit
S1(config)# interface range fastEthernet0/1-2
S1(config-if-range)#switchport private-vlan host-association 100 101
//将端口划入主 VLAN100 的辅助 VLAN101 中
S1(config-if-range)#switchport mode private-vlan host      //配置端口的模式
S1(config)# interface range fastEthernet0/3-4
S1(config-if-range)#switchport private-vlan host-association 100 102
//将端口划入主 VLAN100 的辅助 VLAN102 中
S1(config-if-range)#switchport mode private-vlan host      //配置端口的模式
S1(config)#interface FastEthernet0/10
S1(config-if)#switchport mode private-vlan promiscuous     //端口配置为混杂端口
S1(config-if)#switchport private-vlan mapping 100 101-102
//配置主 VLAN 和辅助 VLAN 间的映射关系
S1(config)#interface FastEthernet0/13
S1(config-if)#switchport mode access
S1(config-if)#switchport access vlan 200
//把端口划入普通 VLAN200 中，用于接入交换机 S2
S1(config)#ip routing                              //开启路由功能，用于实现 VLAN 间路由
S1(config)#interface Vlan200
S1(config-if)#ip address 172.16.200.254 255.255.255.0
S1(config)#interface Vlan100
S1(config-if)#ip address 172.16.100.254 255.255.255.0
S1(config-if)#private-vlan mapping 101-102
//设置辅助 VLAN 的权限，允许这些辅助 VLAN 下的端口连接的主机访问外部的 VLAN
```

4．实验调试

（1）查看 PVLAN 主机端口的信息

```
S1#show interfaces fa0/1 switchport
Name: Fa0/1
Switchport: Enabled
Administrative Mode: private-vlan host     //管理模式为 PVLAN 主机端口
Operational Mode: private-vlan host        //运行模式为 PVLAN 主机端口
```

（此处省略部分输出）
Administrative private-vlan host-association: 100 (VLAN0100) 101 (VLAN0101)
//在管理上将 PVLAN 的主 VLAN 和辅助 VLAN 的主机关联
（此处省略部分输出）
Operational private-vlan:
　　100 (VLAN0100) 101 (VLAN0101)　　//将 PVLAN 的主 VLAN 和辅助 VLAN 的主机关联
Trunking VLANs Enabled: ALL
Pruning VLANs Enabled: 2-1001
Capture Mode Disabled
Capture VLANs Allowed: ALL

（2）查看 PVLAN 混杂端口的信息

S1#**show interfaces fa0/10 switchport**
Name: Fa0/10
Switchport: **Enabled**
Administrative Mode: private-vlan promiscuous　　//管理模式为 PVLAN 混杂端口
Operational Mode: private-vlan promiscuous　　//运行模式为 PVLAN 混杂端口
（此处省略部分输出）
Administrative private-vlan mapping: 100 (VLAN0100) 101 (VLAN0101) 102 (VLAN0102)
//管理上 PVLAN 的主 VLAN 和辅助 VLAN 的映射
（此处省略部分输出）
Operational private-vlan:
　　100 (VLAN0100) 101 (VLAN0101) 102 (VLAN0102)
//运行上 PVLAN 的主 VLAN 和辅助 VLAN 的映射
（此处省略部分输出）

（3）查看 PVLAN 的映射

S1#**show interfaces private-vlan mapping**
Interface Secondary VLAN Type
--------- -------------- -----------------
vlan100　　101　　　　　　community
vlan100　　102　　　　　　isolated
//以上输出显示了主 VLAN 端口下允许访问外部 VLAN 的辅助 VLAN 以及辅助 VLAN 的类型

（4）查看私有 VLAN 的信息

S1#**show vlan private-vlan**
Primary Secondary Type　　　　　　　　Ports
------- --------- ----------------- ------------------------------
100　　　101　　　community　　　　Fa0/1, Fa0/2, Fa0/10
100　　　102　　　isolated　　　　　Fa0/3, Fa0/4, Fa0/10
//以上输出显示了 PVLAN 的主 VLAN、辅助 VLAN、辅助 VLAN 类型以及属于辅助 VLAN 的相应端口，可以看到混杂端口同时属于辅助 VLAN

（5）查看 PVLAN 的类型

S1#**show vlan private-vlan type**
Vlan Type
---- -----------------
100　　**primary**　　　　　　　　　　//主 VLAN

101	**community**	//团体 VLAN
102	**isolated**	//隔离 VLAN

（6）PVLAN 连通性测试

以上配置如果正确无误，测试结果应该符合表 9-4 所示的 PVLAN 连通性测试结果，√表示通，×表示不通，从而很好地验证了 PVLAN 的通信规则。

表 9-4 PVLAN 连通性测试结果

	PC1	PC2	PC3	PC4	Server	S2（VLAN200）
PC1	√	√	×	×	√	√
PC2	√	√	×	×	√	√
PC3	×	×	√	×	√	√
PC4	×	×	×	√	√	√
Server	√	√	√	√	√	√
S2（VLAN200）	√	√	√	√	√	

9.5.3 实验 3：配置 Trunk

1. 实验目的

通过本实验可以掌握：
① Native VLAN 的含义和配置方法。
② IEEE 802.1q 封装的含义和配置方法。
③ Trunk 的配置和调试方法。

2. 实验拓扑

配置 Trunk 实验拓扑如图 9-6 所示。

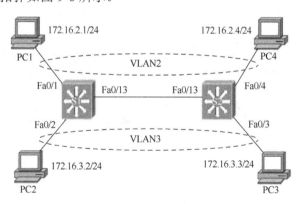

图 9-6 配置 Trunk 实验拓扑

3. 实验步骤

（1）在交换机 S1、S2 上创建 VLAN 并把端口划分到相应的 VLAN 中
① 配置交换机 S1。

```
S1(config)#vlan 2
S1(config-vlan)#name VLAN2
S1(config-vlan)#exit
S1(config)#vlan 3
S1(config-vlan)#name VLAN3
S1(config-vlan)#exit
S1(config)#interface fastEthernet0/1
S1(config-if)#switchport mode access
S1(config-if)#switchport access vlan 2
S1(config)#interface fastEthernet0/2
S1(config-if)#switchport mode access
S1(config-if)#switchport access vlan 3
```

② 配置交换机 S2。

```
S2(config)#vlan 2
S2(config-vlan)#name VLAN2
S2(config-vlan)#exit
S2(config)#vlan 3
S2(config-vlan)#name VLAN3
S2(config-vlan)#exit
S2(config)#interface fastEthernet0/3
S2(config-if)#switchport mode access
S2(config-if)#switchport access vlan 3
S2(config-if)#interface fastEthernet0/4
S2(config-if)#switchport mode access
S2(config-if)#switchport access vlan 2
```

（2）配置 Trunk

① 配置交换机 S1。

```
S1(config)#interface fastEthernet0/13
S1(config-if)#switchporttrunk encanpsulation dot1q        //配置 Trunk 链路的封装类型
S1(config-if)#switchport mode trunk
//配置端口模式为 Trunk。被配置为 Trunk 的端口，执行命令 show vlan 时将看不到该端口
S1(config-if)#switchport trunk native vlan 199
//在 Trunk 链路上配置 Native VLAN，默认 Native VLAN 为 VLAN1
S1(config-if-range)#switchport nonegotiate        //关闭链路 DTP 自动协商功能
S1(config-if-range)#switchport trunk allowed vlan 1-3
//配置 Trunk 链路只允许 VLAN1～VLAN3 的数据包通过
```

【技术要点】

switchport trunk allowed vlan 命令有以下选项。
- VLAN ID：VLAN 列表，可以采用 2、3、4～100 这种形式，其含义为 Trunk 链路上允许列表中指明的 VLAN 的数据流量通过；
- add：在原有的列表中允许新增加的 VLAN 数据通过 Trunk 链路；
- all：允许所有的 VLAN 数据通过 Trunk 链路，这是默认配置；
- except：除指定 VLAN 以外的 VLAN 的数据都允许通过 Trunk 链路；

第 9 章 VLAN、Trunk、EtherChannel 和 VLAN 间路由

- none：不允许任何 VLAN 的数据通过 Trunk 链路；
- remove：在原有的列表中禁止指定的 VLAN 数据通过 Trunk 链路；
- 需要注意的是，如果 Trunk 链路上允许的 VLAN 列表配置不正确，可能造成网络连通性出现问题。

② 配置交换机 S2。

```
S2(config)#interface fastEthernet0/13
S2(config-if)#switchport trunk encapsulation dot1q
S2(config-if)#switchport mode trunk
S2(config-if)#switchport trunk native vlan 199
S2(config-if)#switchport nonegotiate
S2(config-if)#switchport trunk allowed vlan 1-3
```

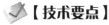【技术要点】

① 在配置 Trunk 时，同一链路的两端封装要相同，不能一端是 ISL，另一端是 dot1q。
② 配置 Native VLAN 为不存在的 VLAN 是避免 VLAN 跳跃攻击，提升网络安全。
③ 如果 Trunk 链路两端的 Native VLAN 不相同，CDP 会检测到 Native VLAN 不匹配，交换机 S2 提示如下信息：

```
*Dec  8 01:50:20.775: %CDP-4-NATIVE_VLAN_MISMATCH: Native VLAN mismatch discovered
on FastEthernet0/13 (1), with S1 FastEthernet0/13 (199).
```

④ 从网络安全角度考虑，关闭 Trunk 的自动协商功能，直接把端口配置为 Trunk 模式。

4．实验调试

（1）查看端口 Trunk 信息

```
S1#show interfaces trunk
Port        Mode       Encapsulation    Status        Native vlan
Fa0/13      on         IEEE 802.1q      trunking      199
```
//以上显示了交换机 S1 配置为 Trunk 的端口、模式、封装类型、状态和本征 VLAN。由于已经将端口手工配置为 Trunk 模式，并且关闭了自动协商功能，所以状态一列总是显示为 **trunking**，即使对方配置为 access 模式，或者封装为 ISL，所以不要被这种假象迷惑，一定要确认对方的 Trunk 配置也正确。如果是端口自动协商为 Trunk 模式，封装一列显示信息为 **n-802.1q**，其中 n 表示 Trunk 是经过 DTP 协商形成的

```
Port        Vlans allowed on trunk
Fa0/13      1-3
```
//以上显示管理员在 Trunk 链路上允许 VLAN1～VLAN3 的数据流量通过。默认允许所有的 VLAN（VLAN1～VLAN4094）的数据在 Trunk 链路上通过

```
Port        Vlans allowed and active in management domain
Fa0/13      1-3
```
//以上显示 Trunk 链路实际允许状态为活跃（active）的 VLAN1～VLAN3 的数据通过。假设把 VLAN3 的状态设置为 suspend 或者关闭（shutdown），则这里会显示 1-2

```
Port        Vlans in spanning tree forwarding state and not pruned
Fa0/13      1-3
```
//以上显示了 Trunk 链路的端口没有被修剪掉的 VLAN。如果显示 none，可能是因为交换机默认启用 STP 功能阻塞该端口

（2）查看交换端口信息

```
S1#show interfaces fastEthernet 0/13 switchport
Name: Fa0/13
Switchport: Enabled
Administrative Mode: trunk                //管理员已经配置端口为 Trunk 模式
Operational Mode: trunk                   //当前端口的操作模式为 Trunk 模式
Administrative Trunking Encapsulation: dot1q   //管理员配置的 Trunk 封装方式为 dot1q
Operational Trunking Encapsulation: dot1q      //当前端口的 Trunk 封装方式为 dot1q
Negotiation of Trunking: Off              //Trunk 自动协商功能关闭
Access Mode VLAN: 1 (default)
Trunking Native Mode VLAN: 199 (Inactive)
//Trunk 链路的本征 VLAN，Inactive 表明该 VLAN 不存在
Administrative Native VLAN tagging: enabled
（此处省略部分输出）
```

（3）测试 VLAN 内主机之间的通信状态

PC1 和 PC4 可以通信，PC2 和 PC3 也可以通信。测试结果说明同一个 VLAN 中的主机是可以跨越 Trunk 链路进行通信的。

9.6 配置 EtherChannel 和 VoIP

9.6.1 实验 4：配置 EtherChannel

1．实验目的

通过本实验可以掌握：
① EtherChannel 的工作原理。
② PAgP 和 LACP 的特征。
③ 二层 EtherChannel 的配置和调试方法。
④ 三层 EtherChannel 的配置和调试方法。

2．实验拓扑

配置 EtherChannel 实验拓扑如图 9-7 所示。

图 9-7　配置 EtherChannel 实验拓扑

3．实验步骤

构成 EtherChannel 的端口必须具有相同的特性，包括 Trunk 的状态和 Trunk 的封装方式等。配置 EtherChannel 有手工配置和自动协商（协商协议为 PAgP 或 LAGP）2 种方法。手工

配置就是管理员指明哪些端口形成 EtherChannel；自动协商就是让链路自动协商建立 EtherChannel。

（1）手工配置 EtherChannel

① 配置交换机 S1。

```
S1(config)#interface port-channel 1
//创建端口通道，要指定一个唯一的通道组号，组号的范围是 1~6，组号只有本地含义。
S1(config-if)#exit
S1(config)#interface range fastEthernet0/13 -14
S1(config-if-range)#channel-group 1mode on
//划分物理端口到端口通道并指明端口通道通过手工配置
S1(config-if-range)#switchport trunk encapsulation dot1q
S1(config-if-range)#switchport mode trunk
S1(config-if-range)#exit
//物理端口的 Trunk 配置会被自动继承到端口通道 port-channel 1 上
S1(config)#port-channel load-balancedst-ip    //配置端口通道的负载均衡方式。负载均衡方式有
dst-ip、dst-mac、src-dst-ip、src-dst-mac、src-ip、src-mac，默认采用基于源 MAC 地址的负载均衡方式
```

② 配置交换机 S2。

```
S2(config)#interface port-channel 1              //链路两端的端口通道组号可以不一样
S2(config-if)#exit
S2(config)#interface range fastEthernet0/13 -14
S2(config-if-range)#channel-group 1mode on
S2(config-if-range)#switchport trunk encapsulation dot1q
S2(config-if-range)#switchport mode trunk
S2(config)#port-channel load-balancedst-ip
```

（2）验证手工配置 EtherChannel

```
S1#show etherchannel summary              //查看 EtherChannel 汇总信息
Flags:   D - down         P - bundled in port-channel
         I - stand-alone  s - suspended
         H - Hot-standby (LACP only)
         R - Layer3       S - Layer2
         U - in use       f - failed to allocate aggregator
         M - not in use, minimum links not met
         u - unsuitable for bundling
         w - waiting to be aggregated
         d - default port
Number of channel-groups in use: 1        //使用的 channel-groups 数目
Number of aggregators:           1        //聚合的数目
Group  Port-channel  Protocol    Ports
------+-------------+-----------+-----------------------------------------------
1      Po1(SU)         -         Fa0/13(P)   Fa0/14(P)
```

以上输出表明组号为 1 的端口通道已经形成，端口通道 Po1 的标志为 SU，其中 S 表示该端口为二层端口，U 表示正在使用，SU 表示 EtherChannel 正常工作。在协商协议部分显示为"-"，表示端口通道是手工配置的。交换机的 Fa0/13 和 Fa0/14 端口是该端口通道的成员端

口，P 表示相应物理端口已经聚合到端口通道，物理端口一开始是 w 状态，表示等待被聚合，聚合成功为 P 状态，假如参与聚合的物理端口的特性不一致，比如 Trunk 封装等原因，状态显示为 s，表示被挂起。

```
S1#show etherchannel load-balance                              //查看以太通道负载均衡方式
EtherChannel Load-Balancing Operational State (dst-ip):        // EtherChannel 负载均衡方式
  Non-IP: Destination MAC address
    IPv4: Destination IP address
    IPv6: Destination IP address
```

以上输出表明 EtherChannel 的负载均衡方式，IPv4 和 IPv6 数据包均基于目的 IP 地址进行负载均衡，而对于非 IP 数据包则基于目的 MAC 地址进行负载均衡。

【提示】

选择正确的负载均衡方式可以使得负载均衡效率更高，假设图 9-7 中的交换机 S2 上连接的是服务器，多台客户端计算机连接在交换机 S1 上，这时在交换机 S1 上应该配置基于源 IP 地址的负载均衡方式，而在交换机 S2 上应该配置基于目的 IP 地址的负载均衡方式，从而可以提升物理链路的利用率。

（3）配置采用 PAgP 协商 EtherChannel

① 配置交换机 S1。

```
S1(config)#default interface range fastEthernet0/13 -14       //将端口恢复为出厂配置
S1(config)#interface range fastEthernet0/13 -14
S1(config-if-range)#channel-protocol pagp
//配置采用 PAgP 协商 EtherChannel，PAgP 是默认协议，可以不配置
S1(config-if-range)#channel-group 1 mode desirable
//配置 PAgP 协商模式，PAgP 协商包每 30 秒发送一次
S1(config-if-range)#switchport trunk encapsulation dot1q
S1(config-if-range)#switchport mode trunk
```

② 配置交换机 S2。

```
S2(config)#default interface range fastEthernet0/13 -14
S2(config)#interface range fastEthernet0/13 -14
S2(config-if-range)#channel-protocol pagp
S2(config-if-range)#channel-group 1 mode auto
S2(config-if-range)#switchport trunk encapsulation dot1q
S2(config-if-range)#switchport mode trunk
```

（4）验证采用 PAgP 协商 EtherChannel 的结果

```
S1#show etherchannel summary                //查看 EtherChannel 汇总信息
（此处省略 Flags 的部分输出）
Group  Port-channel  Protocol    Ports
------+-------------+-----------+-----------------------------------------------
1      Po1(SU)       PAgP        Fa0/13(P)  Fa0/14(P)
```

以上输出表明 EtherChannel 协商成功，协商协议为 PAgP。注意应在链路的两端都进行检

查，确认两端都形成端口通道才行，SU 表示 EtherChannel 正常工作。

```
S1#show etherchannel port-channel            //查看 EtherChannel 的端口通道信息
             Channel-group listing:
             ----------------------
Group: 1 /组号
----------
             Port-channels in the group:
             ---------------------------
Port-channel: Po1                            //端口通道名称
------------
Age of the Port-channel   = 0d:00h:11m:05s        //端口通道形成的时长
Logical slot/port   = 2/1          Number of ports = 2    //加入端口通道中的物理端口数目
GC                  = 0x00010001   HotStandBy port = null
//热备份端口为空，表示物理端口全部处于使用状态
Port state          = Port-channel Ag-Inuse       //端口的状态
Protocol            =     PAgP                    //使用的协商协议
Ports in the Port-channel:                        //加入端口通道的端口
Index   Load    Port       EC state        No of bits
------+------+------+-------------------+-----------
  0     00     Fa0/13     Desirable-Sl        0
  0     00     Fa0/14     Desirable-Sl        0
//以上 4 行给出端口通道包含的端口信息，包括索引、负载、物理端口、EtherChannel 状态等
Time since last port bundled:      0d:00h:03m:41s    Fa0/14    //最后一个端口被聚合以来的时间
Time since last port Un-bundled: 0d:00h:04m:04s    Fa0/14    //最后一个端口非被聚合以来的时间
S1#showetherchannel protocol                      //查看 EtherChannel 协商使用的协议
             Channel-group listing:
             ----------------------
Group: 1
--------
Protocol:   PAgP                                  //EtherChannel 协商协议
```

（5）配置采用 LACP 协商 EtherChannel

① 配置交换机 S1。

```
S1(config)#default interface range fastEthernet0/13 -14
S1(config)#lacp system-priority 100         //配置 LACP 系统优先级，默认为 32768
S1(config)#interface fastEthernet0/13
S1(config-if)#channel-protocol lacp         //配置采用 LACP 协商 EtherChannel
S1(config-if)#channel-group 1mode active    //配置 LACP 协商模式
S1(config-if)#lacp port-priority 1313       //配置 LACP 端口优先级，默认为 32768
S1(config-if)#switchport trunk encapsulation dot1q
S1(config-if)#switchport mode trunk
S1(config-if)#exit
S1(config)#interface fastEthernet0/14
S1(config-if)#channel-protocol lacp         //配置采用 LACP 协商 EtherChannel
S1(config-if)#channel-group 1mode active
S1(config-if)#lacp port-priority 1414
S1(config-if)#switchport trunk encapsulation dot1q
S1(config-if)#switchport mode trunk
```

② 配置交换机 S2。

```
S2(config)#default interface range fastEthernet0/13 -14
S2(config)#lacp system-priority 200
S2(config)#interface range fastEthernet0/13 -14
S2(config-if-range)#channel-protocol lacp
S2(config-if-range)#channel-group 1 mode passive          //配置 LACP 协商模式
S2(config-if-range)#switchport trunk encapsulation dot1q
S2(config-if-range)#switchport mode trunk
```

【技术要点】

① 交换机激活某端口的 LACP 后，该端口将通过发送 LACPDU 向对端通告自己的系统优先级、系统 MAC 地址、端口优先级和端口号。对端接收到这些信息后，将这些信息与自己的属性进行比较，选择能够聚合的端口，从而双方可以对端口加入或退出某个动态聚合组达成一致。

② 由于交换机每个 EtherChannel 组所能支持的最大端口数有限制，如果当前的成员端口数量超过了可聚合的最大端口数的限制，则本端系统和对端系统会进行协商，根据交换机 LACP 系统 ID 来决定端口的状态，LACP 系统 ID 小的一方为主动端。在主动端首先比较 LACP 端口优先级，端口优先级小的端口被选中，如果 LACP 端口优先级相同，则比较端口号，端口号小的被选中并加入 EtherChannel 组。

（6）验证采用 LACP 协商 EtherChannel 的结果

```
S1#show etherchannel summary
（此处省略部分输出）
Group   Port-channel   Protocol      Ports
------+-------------+-----------+-----------------------------------------
1       Po1(SU)        LACP         Fa0/13(P)    Fa0/14(P)
```

以上输出表明 EtherChannel 协商成功，协商协议为 **LACP**。注意应在链路的两端都进行检查，确认两端都形成端口通道才行，**SU** 表示 EtherChannel 正常工作。

```
S1#show etherchannel protocol                     //查看 EtherChannel 协商协议
              Channel-group listing:
              ----------------------

Group: 1
----------
Protocol:   LACP                                  //EtherChannel 协商协议
S1#show lacp sys-id                               //查看 LACP 系统 ID
100, d0c7.89ab.1180                               //系统 ID 由系统优先级+交换机基准 MAC 地址构成
S2#show lacp neighbor                             //查看 LACP 邻居信息
Flags:   S - Device is requesting Slow LACPDUs
         F - Device is requesting Fast LACPDUs
         A - Device is in Active mode        P - Device is in Passive mode

Channel group 1 neighbors
Partner's information:
                            LACP port                   Admin    Oper   Port    Port
```

Port	Flags	Priority	Dev ID	Age	key	Key	Number	State
Fa0/13	SA	1313	d0c7.89ab.1180	15s	0x0	0x1	0x110	0x3D
Fa0/14	SA	1414	d0c7.89ab.1180	5s	0x0	0x1	0x111	0x3D

以上输出显示了交换机 S2 的 LACP 邻居 S1 的信息，其中，在 Flags 字段中，**SA** 中的 **S** 表示设备采用慢速（Slow）发送 LACP 数据包，**A** 表示 LACP 的模式为 Active。LACP 发送信息的频率可以配置为每隔 1 秒或者 30 秒发送一个 LACP 数据包，这两种发送频率都是由 IEEE 802.3ad 标准所规定的。配置为 Fast，对端发送 LACP 信息的周期为 1 秒；配置为 Slow，对端发送 LACP 信息的周期为 30 秒。本实验平台的 3560 交换机不支持 Fast 方式（65 系列交换机支持），端口下配置的命令为 **lacp rate fast**。LACP 信息的超时时间为 LACP 信息发送周期的 3 倍。两端配置的超时时间可以不一致。但为了便于维护，建议用户配置一致的 LACP 信息超时时间。以上输出还显示了通过本交换机端口连接的邻居端口的 LACP 端口优先级、设备 ID、老化时间、管理 Key、操作 Key、端口号和端口状态。

```
S2#show lacp internal                          //查看本地 LACP 信息
Flags:   S - Device is requesting Slow LACPDUs
         F - Device is requesting Fast LACPDUs
         A - Device is in Active mode     P - Device is in Passive mode
Channel group 1
                            LACP port   Admin   Oper   Port     Port
Port     Flags    State     Priority    Key     Key    Number   State
Fa0/13   SP       bndl      32768       0x1     0x1    0x110    0x3C
Fa0/14   SP       bndl      32768       0x1     0x1    0x111    0x3C
```

以上输出显示交换机 S2 自己的 LACP 信息，其中在 Flags 字段中，**SP** 中的 **S** 表示设备采用慢速（Slow）发送 LACP 数据包，**P** 表示 LACP 的模式为 Passive，状态字段显示交换机端口的聚合情况，**bndl** 表示链路聚合成功。同时，以上输出还显示了本交换机端口的 LACP 端口优先级、管理 Key、操作 Key、端口号和端口状态。

（7）配置三层 EtherChannel

① 配置交换机 S1。

```
S1(config)#no interface port-channel 1
S1(config)#interface port-channel 1
S1(config-if)#no switchport                    //配置端口为路由端口，即三层端口
S1(config-if)#ip address 172.16.12.1 255.255.255.0
S1(config)#default interface range fastEthernet0/13 -14
S1(config)#interface range fastEthernet0/13 -14
S1(config-if-range)#no switchport
S1(config-if-range)#channel-protocol lacp
S1(config-if-range)#channel-group 1mode active
```

② 配置交换机 S2。

```
S2(config)#no interface port-channel 1
S2(config)#interface port-channel 1
S2(config-if)#no switchport
S2(config-if)#ip address 172.16.12.2 255.255.255.0
```

```
S2(config)#default interface range fastEthernet0/13 -14
S2(config)#interface range fastEthernet0/13 -14
S2(config-if-range)#no switchport
S2(config-if-range)#channel-protocol lacp
S2(config-if-range)#channel-group 1 mode passive
```

（8）验证三层 EtherChannel

```
S1#show etherchannel summary
（此处省略部分输出）
Group  Port-channel  Protocol     Ports
------+-------------+------------+-----------------------------------------
1      Po1(RU)       LACP         Fa0/13(P)   Fa0/14(P)
```

以上输出表明组号为 1 的 EtherChannel 已经形成，端口通道 Po1 的标志为 **RU**，其中 **R** 表示该端口为三层端口即路由端口，**U** 表示正在使用，**RU** 表示 EtherChannel 正常工作。

```
② S1#ping 172.16.12.2
Type escape sequence to abort.
Sending 5, 100-byte ICMP Echos to 172.16.12.2, timeout is 2 seconds:
!!!!!
Success rate is 100 percent (5/5), round-trip min/avg/max = 1/3/8 ms
```

以上输出表明三层 EtherChannel 可以正常通信。

9.6.2 实验 5：配置 VoIP

1．实验目的

通过本实验可以掌握：
① CME 的配置方法。
② Voice VLAN 的含义和配置方法。
③ CDP 功能与开启方法以及 QoS 的配置方法。
④ IP 电话注册和使用方法。

2．实验拓扑

配置 VoIP 实验拓扑如图 9-8 所示。

3．实验步骤

本实验中，CME（Call Manager Express）是一个集成在 Cisco IOS 中的 IP 电话解决方案，使中小型企业能够在单一平台上部署语音、数据和视频。在实际应用中可以减少企业成本的投入，最大限度地实现企业数据、语音通信的应用。VoIP 具体内容已经超出本书讨论范围，但是为了保持实验的完整性，本实验给出完整的配置。路由器 R1 和 R2 分别创建子接口，分别对应 Data VLAN 和 Voice VLAN，最终可实现在网络上传输 Voice VLAN 和 Data VLAN 数据的功能。本实验所涉及的知识比较多，比如 VLAN 间路由、DHCP 和 QoS 等，建议读者先补充这些知识，再完成本实验比较好。本实验通过 OSPF 实现整个网络连通性。

第 9 章 VLAN、Trunk、EtherChannel 和 VLAN 间路由

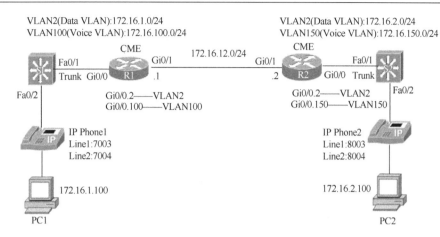

图 9-8 配置 VoIP 实验拓扑

（1）配置路由器 R1

```
R1(config)#interface GigabitEthernet0/0
R1(config-if)#no shutdown                          //开启物理接口
R1(config)#interface GigabitEthernet0/0.2          //创建子接口
R1(config-subif)#encapsulation dot1Q 2             //定义子接口承载 Data VLAN 流量
R1(config-subif)#ip address 172.16.1.1 255.255.255.0
//在子接口上配置 IP 地址，这个地址就是 VLAN 2 主机 PC1 的默认网关
R1(config)#interface GigabitEthernet0/0.100
R1(config-subif)#encapsulation dot1Q 100           //定义子接口承载 Voice VLAN 流量
R1(config-subif)#ip address 172.16.100.1 255.255.255.0
//该地址通过后面的 DHCP 配置作为 IP 电话 1 的网关
R1(config)#interface GigabitEthernet0/1
R1(config-if)#ip address 172.16.12.1 255.255.255.0
R1(config-if)#no shutdown
R1(config)#router ospf 1
R1(config-router)#router-id 1.1.1.1
R1(config-router)#network 172.16.1.1 0.0.0.0 area 0
R1(config-router)#network 172.16.100.1 0.0.0.0 area 0
R1(config-router)#network 172.16.12.1 0.0.0.0 area 0
R1(config)#ip dhcp pool R1                         //创建 DHCP 地址池，为 IP 电话分配 IP 地址等信息
R1(dhcp-config)#network 172.16.100.0 255.255.255.0
R1(dhcp-config)#default-router 172.16.100.1        //配置 IP 电话的网关
R1(dhcp-config)#option 150 ip 172.16.100.1
//指定 IP 电话下载映像配置文件的 TFTP 服务器地址
R1(config)#telephony-service                       //进入电话配置模式，开启 CME 功能
R1(config-telephony)#max-ephones 5                 //配置所支持的最大 IP 电话数目
R1(config-telephony)#max-dn 10                     //配置可存在的最大分机数目
R1(config-telephony)#ip source-address 172.16.100.1 port 2000
//IP 电话注册到 CME 路由器时使用的 IP 地址和端口号，默认端口为 2000
R1(config-telephony)#system message Shenzhen Polytechnic
//IP 电话显示屏底端显示自定义字串
R1(config-telephony)#keepalive 300                 //电话注册允许时间
R1(config-telephony)#max-conferences 8 gain -6     //三方通话最大数目
R1(config-telephony)#transfer-system full-consult  //指定呼叫转接方法
```

```
R1(config-telephony)#create cnf-files              //生成 XML 配置文件
R1(config)#ephone-dn  1  dual-line                 //创建有两个信道的分机
R1(config-ephone-dn)#number 7003                   //配置有效分机号码
R1(config-ephone-dn)#name zhang                    //将姓名与 ephone-dn 关联
R1(config)#ephone-dn  2  dual-line
R1(config-ephone-dn)#number 7004
R1(config-ephone-dn)#name wang
R1(config)#ephone  1                               //进入物理电话配置
R1(config-ephone)#mac-address 001E.F7C2.2AEE       //配置 IP 电话的 MAC 地址
R1(config-ephone)#type 7960
```
//配置 IP 电话的类型，如果是软电话，此处配置为 CIPC，如果在计算机上安装软电话，请在 Cisco 网站下载 Cisco IP Communicator 软件
```
R1(config-ephone)#button   1:1 2:2
```
//将线路按钮与 ephone-dn 的号码对应起来，例如 1:1 的含义：其中第一个 1 是指 IP 电话上的线路按钮，:是分隔符，第二个 1 是 ephone-dn 的号码，因此 1:1 的意为 IP 电话的线路按钮 1 与 ephone-dn 1 中的 7003 号码联系起来，2:2 的意思为 IP 电话的线路按钮 2 与 ephone-dn 2 中的 7004 号码联系起来
```
R1(config)#dial-peer voice 1000 voip               //定义拨号对等体
R1(config-dial-peer)#destination-pattern 8...
```
//指定用于拨号对等体的前缀，其中.匹配任何数字
```
R1(config-dial-peer)#session target ipv4:172.16.12.2
```
//配置 VoIP 会话目标地址，即配置 VoIP 拨号路由

（2）配置路由器 R2

```
R2(config)#interface GigabitEthernet0/0
R2(config-if)#no shutdown
R2(config)#interface GigabitEthernet0/0.2
R2(config-subif)#encapsulation dot1Q 2
R2(config-subif)#ip address 172.16.2.2 255.255.255.0
R2(config)#interface GigabitEthernet0/0.150
R2(config-subif)#encapsulation dot1Q 150
R2(config-subif)#ip address 172.16.150.2 255.255.255.0
R2(config)#interface GigabitEthernet0/1
R2(config-if)#ip address 172.16.12.2 255.255.255.0
R2(config-if)#no shutdown
R2(config)#router ospf 1
R2(config-router)#router-id 2.2.2.2
R2(config-router)#network 172.16.12.2 0.0.0.0 area 0
R2(config-router)#network 172.16.2.2 0.0.0.0 area 0
R2(config-router)#network 172.16.150.2 0.0.0.0 area 0
R2(config)#ip dhcp pool R2
R2(dhcp-config)#network 172.16.150.0 255.255.255.0
R2(dhcp-config)#default-router 172.16.150.2
R2(dhcp-config)#option 150 ip 172.16.150.2
R2(config)#telephony-service
R2(config-telephony)#max-ephones 5
R2(config-telephony)#max-dn 10
R2(config-telephony)#ip source-address 172.16.150.2 port 2000
R2(config-telephony)#system messageR2
R2(config-telephony)#keepalive 300
R2(config-telephony)#max-conferences 8 gain 6
```

```
R2(config-telephony)#transfer-system full-consult
R2(config-telephony)#create cnf-files
R2(config)#ephone-dn  1  dual-line
R2(config-ephone-dn)#number 8003
R2(config-ephone-dn)#name sun
R2(config)#ephone-dn  2  dual-line
R2(config-ephone-dn)#number 8004
R2(config-ephone-dn)#name wu
R2(config)#ephone  1
R2(config-ephone)#mac-address 001B.D512.64F4
R2(config-ephone)#type 7960
R2(config-ephone)#button   1:1 2:2
R2(config)#dial-peer voice 7000 voip
R2(config-dial-peer)#destination-pattern 7...
R2(config-dial-peer)#session target ipv4:172.16.12.1
```

(3)配置交换机 S1

```
S1(config)#vlan 2
S1(config-vlan)#name DataVLAN
S1(config)#VLAN 100
S1(config-vlan)#name VoiceVLAN
S1(config)#interface FastEthernet0/1
S1(config-if)#switchport trunk encapsulation dot1q
//将交换机与路由器相连的端口配置成 Trunk 端口
S1(config-if)#switchport mode trunk
S1(config-if)#switchport nonegotiate
S1(config)#mls qos                          //在交换机上启用 QoS 功能
S1(config)#interface FastEthernet0/2
S1(config-if)#switchport access vlan 2
S1(config-if)#switchport mode access
S1(config-if)#switchport voice vlan 100     //配置 Voice VLAN
S1(config-if)#mls qos trust device cisco-phone
//交换机信任来自 Cisco IP 电话的流量优先级
S1(config-if)#spanning-tree portfast        //配置 STP 快速端口
```

(4)配置交换机 S2

```
S2(config)#vlan 2
S2(config-vlan)#name DataVLAN
S2(config)#vlan 150
S2(config-vlan)#name VoiceVLAN
S2(config)#interface FastEthernet0/1
S2(config-if)#switchport trunk encapsulation dot1q
S2(config-if)#switchport mode trunk
S2(config-if)#switchport nonegotiate
S2(config)#mls qos
S2(config)#interface FastEthernet0/2
S2(config-if)#switchport access vlan 2
S2(config-if)#switchport mode access
S2(config-if)#switchport voice vlan 150
```

S2(config-if)#**mls qos trust device cisco-phone**
S2(config-if)#**spanning-tree portfast**

4. 实验调试

(1) 查看 VLAN 摘要信息

```
S1#show vlan brief
VLAN Name                              Status       Ports
---- -------------------------------   ---------    -------------------------------
（此处省略 VLAN1 部分）
2    DataVLAN                          active       Fa0/2
100  VoiceVLAN                         active       Fa0/2
//以上输出表明 Fa0/2 既在 DataVLAN（VLAN2）中，也在 VoiceVLAN（VLAN100）中
（此处省略部分输出）
```

(2) 查看交换端口信息

```
S1#show interfaces fastEthernet0/2 switchport
Name: Fa0/2
Switchport: Enabled
Administrative Mode: static access          //管理员配置端口为 access 模式
Operational Mode: static access             //接口当前的操作模式为 access 模式
Administrative Trunking Encapsulation: negotiate
Operational Trunking Encapsulation: native
Negotiation of Trunking: Off
Access Mode VLAN: 2 (DataVLAN)              //该端口属于 VLAN2
Trunking Native Mode VLAN: 1 (default)
Administrative Native VLAN tagging: enabled
Voice VLAN: 100 (VoiceVLAN)                 //VoiceVLAN 为 VLAN100
（此处省略部分输出）
```

(3) 查看交换机端口以太网供电情况

```
S1#show power inline
Available:370.0(w)  Used:6.3(w)  Remaining:363.7(w)
//交换机 POE 供电总量、使用和剩余容量
Interface Admin   Oper    Power    Device              Class Max
                          (Watts)
--------- ------ ---------- ------- -------------------- ----- ----
Fa0/1     auto    off       0.0     n/a                  n/a   15.4
Fa0/2     auto    on        6.3     IP Phone 7960        0     15.4
//端口 POE 管理模式、操作模式、使用容量、连接设备类型和端口最大供电能力
（此处省略部分输出）
```

(4) 查看 CDP 邻居信息

```
S1#show cdp neighbors
Capability Codes: R - Router, T - Trans Bridge, B - Source Route Bridge
                  S - Switch, H - Host, I - IGMP, r - Repeater, P - Phone,
                  D - Remote, C - CVTA, M - Two-port Mac Relay
```

Device ID	Local Intrfce	Holdtme	Capability	Platform	Port ID
SEP001EF7C22AEE Fas 0/2		146	H P	IP Phone	**Port 1**
//交换机通过 Fa0/2 端口和 IP 电话的端口 1 连接，SEP 后面的字符串是 IP 电话的 MAC 地址					
R1	Fas 0/1	167	R S I	CISCO2911	Gig 0/0

（5）测试连通性

① PC2 ping PC1 可以通信，说明 Data VLAN 的通信正常。

② 拨打 IP 电话。

拨打前，应该能看到 IP 电话 1 的 line1 号码为 7003，line2 号码为 7004，IP 电话 2 的 line1 号码为 8003，line2 号码为 8004，表示 IP 电话在 CME 注册成功，如图 9-9 所示为 IP 电话在 CME 注册成功后屏幕信息。在 IP 电话 1 摘机拨打号码 8003 和 8004，对方均有振铃，说明 Voice VLAN 的通信正常。

图 9-9   IP 电话在 CME 注册成功后屏幕信息

9.7   配置单臂路由和三层交换

9.7.1   实验 6：配置单臂路由实现 VLAN 间路由

1. 实验目的

通过本实验可以掌握：

① 路由器以太网接口上的子接口的配置和调试方法。

② 单臂路由实现 VLAN 间路由的配置和调试方法。

2. 实验拓扑

实验拓扑如图 9-3 所示。S1 实际上是三层交换机，这里并不使用它的三层交换功能。

3. 实验步骤

（1）配置交换机 S1

```
S1(config)#vlan 2
S1(config-vlan)#exit
```

```
S1(config)#vlan 3
S1(config-vlan)#exit
S1(config)#interface fastethernet0/1
S1(config-if)#switchport mode access
S1(config-if)#switchport access vlan 2
S1(config)#interface fastethernet0/2
S1(config-if)#switchport mode access
S1(config-if)#switchport access vlan 3
S1(config)#interface fastethernet0/11
S1(config-if)#switchport trunk encapsulation dot1q
S1(config-if)#switchport mode trunk    //与路由器相连的接口被配置成 Trunk 端口
```

（2）配置路由器 R1

```
R1(config)#interface gigabitEthernet0/0
R1(config-if)#no shutdown
R1(config)#interface gigabitEthernet0/0.2
//创建子接口，子接口的编号一般建议和 VLAN 号码对应
R1(config-subif)#encapsulation dot1q 2    //定义子接口承载哪个 VLAN 的流量
R1(config-subif)#ip address 172.16.2.254 255.255.255.0
//在子接口上配置 IP 地址，这个地址就是 VLAN2 主机的默认网关
R1(config)#interface gigabitEthernet0/0.3
R1(config-subif)#encapsulation dot1q 3
R1(config-subif)#ip address 172.16.3.254 255.255.255.0
```

4．实验调试

（1）查看路由表

```
R1#show ip route
（此处省略路由代码部分）
Gateway of last resort is not set
     172.16.0.0/16 is variably subnetted, 4 subnets, 2 masks
C       172.16.2.0/24 is directly connected, GigabitEthernet0/0.2
L       172.16.2.254/32 is directly connected, GigabitEthernet0/0.2
C       172.16.3.0/24 is directly connected, GigabitEthernet0/0.3
L       172.16.3.254/32 is directly connected, GigabitEthernet0/0.3
```

以上输出表明 R1 的路由表中存在两条直连路由，其出接口为相应子接口。

（2）从 PC1 上 ping PC2

PC1 可以 ping 通 PC2，表明 VLAN2 和 VLAN3 两个 VLAN 间的主机已经可以通过单臂路由进行通信了。

9.7.2　实验 7：配置三层交换实现 VLAN 间路由

1．实验目的

通过本实验可以掌握：
① 三层交换的概念。

② 三层交换实现 VLAN 间路由的配置和调试方法。
③ CEF 的 FIB 表和邻接表的含义。

2．实验拓扑

配置三层交换实现 VLAN 间路由实验拓扑如图 9-10 所示。

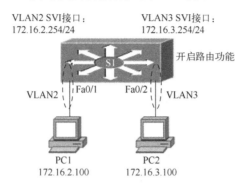

图 9-10　配置三层交换实现 VLAN 间路由实验拓扑

3．实验步骤

配置交换机 S1：

```
S1(config)#vlan 2
S1(config-vlan)#exit
S1(config)#vlan 3
S1(config-vlan)#exit
S1(config)#interface fastethernet0/1
S1(config-if)#switchport mode access
S1(config-if)#switchport access vlan 2
S1(config)#interface fastethernet0/2
S1(config-if)#switchport mode access
S1(config-if)#switchport access vlan 3
S1(config)#ip routing                    //开启 S1 的路由功能
S1(config)#interface vlan 2              //创建 VLAN2 端口
S1(config-if)#ip address 172.16.2.254 255.255.255.0
//在 VLAN 端口上配置 IP 地址即可，VLAN2 端口上的 IP 地址就是 PC1 的默认网关
S1(config)#int vlan 3
S1(config-if)#ip address 172.16.3.254 255.255.255.0
//在 VLAN 端口上配置 IP 地址，VLAN3 端口上的 IP 地址就是 PC2 的网关
```

【技术要点】

① 要在三层交换机上启用路由功能，还需要启用 CEF 功能（配置命令为 **ip cef**），Cisco 交换机默认已经启用。和路由器一样，三层交换机上同样可以运行路由协议。在三层交换机上，可以有多个 SVI 处于 up 状态，任何一个激活 SVI 都可以作为管理端口（即作为 Telnet 或者 SSH 的目标地址）。

② 默认情况下，在管理员创建 SVI 后，如果满足下列条件，SVI 的线路协议（**Line**

Protocol）就会自动处于 up 状态。
- 相应 VLAN 存在，即通过 vlan vlan-id 命令创建的 VLAN，或者通过 VTP 学到状态为活动（active）的 VLAN。
- 存在相应 SVI，并且它的状态不是管理关闭（Administratively Down）或管理员已经对该 SVI 执行了 shutdown 命令。
- 交换机上至少有一个端口被划分到相应 VLAN 中，而且该端口线路协议处于 up 状态，或者交换机上有 Trunk 端口，且该 VLAN 在 Trunk 链路的 VLAN 列表中被允许。如果启用了 STP，该端口要处于转发状态。

③ 在三层交换机端口下执行 no switchport 命令，可以将该端口配置为路由端口，该端口下可以配置 IP 地址，功能类似路由器的以太网端口，配置如下：

```
S1(config)#interface fastethernet0/1
S1(config-if)#no switchport
S1(config-if)#ip address 172.16.2.254 255.255.255.0
```

如果对 S1 上的全部端口都这样配置，S1 实际上成了具有 24 个以太网端口的路由器了。实际应用中不建议这样做，因为这样太浪费端口，最多可以为 24 个 VLAN 提供网关，不具有扩展性。

4．实验调试

（1）查看 SVI 的 IP 地址

```
S1#show ip interface brief | exclude unassigned
Interface      IP-Address      OK?Method Status      Protocol
Vlan2          172.16.2.254    YES manual up         up
Vlan3          172.16.3.254    YES manual up         up
```

（2）查看 S1 的路由表

```
S1#show ip route
（此处省略路由代码部分）
        172.16.0.0/16 is variably subnetted, 4 subnets, 2 masks
C          172.16.2.0/24 is directly connected, Vlan2
L          172.16.2.254/32 is directly connected, Vlan2
C          172.16.3.0/24 is directly connected, Vlan3
L          172.16.3.254/32 is directly connected, Vlan3
```

以上输出表明在 S1 的路由表中存在 2 条直连路由，并且出端口为 SVI。

（3）查看 CEF 表

```
S1#show ip cef
Prefix                  Next Hop            Interface
172.16.2.0/24           attached            Vlan2
172.16.2.0/32           receive             Vlan2
172.16.2.100/32         attached            Vlan2
172.16.2.254/32         receive             Vlan2
172.16.2.255/32         receive             Vlan2
```

172.16.3.0/24	attached	Vlan3
172.16.3.0/32	receive	Vlan3
172.16.3.100/32	attached	Vlan3
172.16.3.254/32	receive	Vlan3
172.16.3.255/32	receive	Vlan3
（此处省略部分输出）		

以上输出显示了交换机 S1 的 CEF 表的内容，CEF 表显示了转发信息库（Forwarding Information Base，FIB）的内容，FIB 的条目是 IP 路由表条目递归后的结果。由于 FIB 包含了所有必需的路由信息，当网络拓扑或路由发生变化时，IP 路由表被更新，FIB 的内容随之发生变化。

（4）查看 CEF 邻接表的封装信息

```
S1#show adjacency
Protocol Interface             Address
IP       Vlan2                 172.16.2.100(8)
Encap length 14
//以太网帧头部的长度，6 字节（目的 MAC 地址）+6 字节（源 MAC 地址）+2 字节（类型）
    F872EAD6F4C8D0C789AB11C10800
//以太网二层重写的信息，包括目的 MAC 地址、源 MAC 地址和类型字段的值
                               L2 destination address byte offset 0
                               L2 destination address byte length 6
                               Link-type after encap: ip
//以太网帧类型字段的值
    Provider: ARPA
IP       Vlan3                 172.16.3.100(8)
Encap length 14
    F872EA691C78D0C789AB11C20800
                               L2 destination address byte offset 0
                               L2 destination address byte length 6
                               Link-type after encap: ip
    Provider: ARPA
```

以上输出显示了交换机 S1 的 CEF 邻接表的信息，CEF 利用邻接表提供数据包二层重写所需的信息。FIB 中的每一项都指向邻接表里的某个下一跳。若相邻节点间能通过数据链路层实现相互转发，则这些节点被列入邻接表中。

（5）检查连通性

PC1 可以 **ping** 通 PC2，表明 VLAN2 和 VLAN3 之间的主机通过三层交换已经可以通信了。

第 10 章　STP

为了减少网络的故障时间，网络设计中经常会采用冗余拓扑，冗余是保持网络可靠性的关键设计。设备之间的多条物理链路能够提供冗余路径，当单个链路或端口发生故障时，网络可以继续运行，同时冗余链路可以增加网络容量，提供流量负载分担。为避免产生二层交换环路，可以通过 STP 来管理二层冗余，STP 可以让具有冗余拓扑的网络在故障发生时自动调整网络的数据转发路径。Cisco 的 PVST+可以解决 STP 不能实现负载分担的问题。STP 重新收敛时间较长，通常需要 30～50 秒，RSTP 和 MSTP 可以解决该问题。本章主要介绍交换机上用于防止二层交换环路的 STP、STP 防护 RSTP 和 MSTP 技术的工作原理和配置。

10.1　STP 概述

10.1.1　STP 简介

为了增加局域网的冗余性，网络设计中常常会引入冗余链路，然而这样却会引起交换环路。交换环路会带来广播风暴、同一帧的多个拷贝、交换机 CAM 表不稳定等问题，对网络性能有着极为严重的影响。STP（Spanning Tree Protocol，生成树协议）可以解决这些问题。STP（IEEE 802.1d）会阻塞可能导致环路的冗余路径，以确保网络中所有目的地之间只有一条逻辑路径。当一个端口阻止流量进入或离开时，称该端口处于阻塞（Block）状态。阻塞冗余路径对于防止交换环路非常关键。为了提供冗余功能，这些物理路径实际上依然存在，只是被禁用以免产生环路。一旦网络发生故障，需要启用处于阻塞状态的端口，STP 就会重新计算路径，将必要的端口解除阻塞，使阻塞端口进入转发状态。

BPDU（Bridge Protocol Data Unit，网桥协议数据单元）是运行 STP 功能的交换机之间交换的数据帧，包含有 2 种类型：一种是配置（Configuration）BPDU，用于生成树计算；另一种是拓扑变化通知（Topology Change Notification，TCN）BPDU，用于通知网络拓扑的变化。理解 BPDU 各个字段含义对于掌握 STP 的工作原理至关重要，这里重点介绍 BPDU 网桥 ID、路径开销、端口 ID 和 BPDU 计时器字段。

1. 网桥 ID

网桥 ID（Bridge ID，BID）：用于确定网络中的根桥，包含网桥优先级、扩展系统 ID 和 MAC 地址三部分。根桥选举时会用到网桥 ID，网桥 ID 最小的交换机成为根桥。

① 网桥优先级：一个可自定义的值，用来影响根桥选举。交换机的优先级越小成为根桥的可能性越大。Cisco 交换机 STP 的默认优先级值是 32768。

② 扩展系统 ID：早期的 STP 用于不使用 VLAN 的网络中，BPDU 帧中不含扩展系统 ID，所有交换机构成一棵简单的生成树。随着 VLAN 技术出现，Cisco 对 STP 进行了改进，加入了对 VLAN 的支持，即在优先级字段中分出低 12 比特作为扩展系统 ID，它的值就是 VLAN 的 ID，这就是 Cisco 的 STP 版本，称为 PVST+（Per VLAN STP，每个 VLAN 生成树）。PVST+的好处是可以灵活地基于每个 VLAN 控制哪些端口要转发数据或者被阻塞，从而实现负载均衡。使用扩展系统 ID 后，用于表示网桥优先级的 16 比特只剩下高位 4 比特，所以网桥优先级的值只能是 4096（2^{12}）的倍数，范围为 0～61440，即优先级步长为 4096。在 Cisco 的交换机上，网桥的优先级要加上 VLAN 的 ID。

③ MAC 地址：交换机的基准 MAC 地址，用 **show version** 命令可以查看到。

2. 路径开销

选举出根桥后，生成树算法会确定其他交换机到达根桥的最佳路径。路径开销是指到根桥的路径上所有端口开销（Cost）的总和。STP 使用的端口开销值由 IEEE 定义，万兆位以太网端口的端口开销为 2，千兆位以太网端口的端口开销为 4，百兆位以太网端口的端口开销为 19，10 兆位以太网端口的端口开销为 100。

3. 端口 ID

端口 ID 由交换机端口的优先级和端口编号构成。Cisco 交换机端口优先级默认值为 128，范围为 0～240（步长为 16）。端口编号不一定就是端口的号码，比如如果交换机有 2 个千兆位端口，24 个百兆位端口，Fa0/2 的端口编号应该是 4，因为 1 和 2 已经分配给千兆位口了，默认时该端口的端口 ID 为 128.4。

4. BPDU 计时器

BPDU 计时器决定了 STP 的性能和状态转换的时间，具体介绍如下。

① Hello Time：交换机发送 BPDU 的时间间隔。默认值为 2 秒，取值范围为 1～10 秒。

② Forward Delay（转发延时）：交换机处于侦听和学习状态的时间。这个计时器实际上决定了 2 个时间，即交换机端口从监听状态进入学习状态以及从学习状态进入转发状态的时间间隔。默认值为 15 秒，即交换直径为 7 时的取值，范围为 4～30 秒。该值和交换直径有关系，修改交换直径，该值自动调整。

③ Max Age（最大老化时间）：交换机端口保存配置 BPDU 的最长时间。当交换机收到 BPDU 时，会保存 BPDU，同时还会启动计时器开始倒计时，如果在 Max Age 时间内还没有收到新的 BPDU，那么交换机将认为邻居交换机无法联系，网络拓扑发生了变化，从而开始新的 STP 计算。默认为 20 秒，即交换直径为 7 时的取值，范围为 6～40 秒。修改交换直径，该值自动调整，例如，当交换直径配置为 5 时，最大老化时间调整为 16 秒，转发延时时间调整为 12 秒。

考虑到交换机系统优化问题，不建议单独调整 STP 转发延时和最大老化时间的值，如果有必要，直接通过 **spanning-tree vlan***vlan-id* **root primary diameter** *diameter* 命令调整交换直径的值，然后由系统自动计算转发延时和最大老化时间。

10.1.2 STP 端口角色和端口状态

1. 端口角色

STP 运行时首先会选出根桥，而根桥在网络拓扑中的位置决定了如何确定端口角色。在交换机工作过程中，端口会被自动配置为以下 4 种不同的端口角色。

① 根端口（Root Port）：是非根桥上的端口，该端口具有到根桥的最佳路径。根端口从根桥接收 BPDU 帧并向下转发。一个网桥只能有一个根端口。根端口可以使用所接收数据帧的源 MAC 地址填充 CAM 表。

② 指定端口（Designated Port）：是根桥和非根桥上的端口。通常根桥上的交换机所有端口都是指定端口。而对于非根桥，指定端口是指根据需要接收 BPDU 帧或向根桥转发 BPDU 帧的交换机端口。一个网段只能有一个指定端口。指定端口也可以使用所接收数据帧的源 MAC 地址填充 CAM 表。

③ 非指定端口（Non-Designated Port）：是被阻塞的交换机端口，此端口不会转发数据帧，也不会使用接收数据帧的源地址填充 CAM 表，但是可以转发 BPDU 帧。

④ 禁用端口（Disabled Port）：是处于管理性关闭状态的交换机端口。禁用端口不参与生成树计算过程。

2. 端口状态

当网络的拓扑发生变化时，交换机端口会从一个状态向另一个状态过渡，这些状态与 STP 的运行以及交换机的工作原理有着重要的关系。STP 端口状态及行为如表 10-1 所示。

表 10-1 STP 端口状态及行为

行为	端口状态				
	阻塞 Blocking	监听 Listening	学习 Learning	转发 Forwarding	禁用 Disabled
接收并处理 BPDU	能	能	能	能	不能
学习 MAC 地址	不能	不能	能	能	不能
转发收到的数据帧	不能	不能	不能	能	不能

端口处于各种端口状态的时间长短取决于 BPDU 计时器的设置。默认情况下，交换机 STP 端口状态过渡和停留时间如图 10-1 所示。

STP 的收敛时间通常需要 30～50 秒。如果端口上连接的只是计算机或者其他不运行 STP 的设备，也就意味着端口开启后要等 2 个转发延时的时间后端口才能正常工作。假如接入交换机端口的是 IP 电话，默认要等 30 秒才能使用，这显然无法忍受。为了减少收敛时间，可以使用 PortFast 技术。该技术使得交换机端口一旦有设备接入，端口就立即进入转发状态，而不必等待生成树收敛。端口设置了 PortFast（端口下配置命令为 **spanning-tree portfast**）功能后，端口开启或者关闭，交换机将不再发送 TCN 消息。

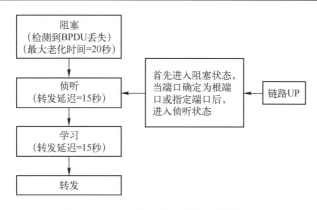

图 10-1　STP 端口状态过渡和停留时间

10.1.3　STP 收敛

收敛是指网络在一段时间内确定作为根桥的交换机、经过所有不同的端口状态并且将所有交换机端口设置为其最终的生成树端口角色，而所有潜在的交换环路都被消除的过程。STP 收敛过程分为以下 3 个步骤。

1. 选举根桥

为了在网络中形成一个没有环路的拓扑，在 STP 运行时，网络中的交换机首先要选举根桥。每个交换机都具有唯一的网桥 ID。当交换机开机时，假设自己就是根桥，然后开始发送 BPDU 帧，在 BPDU 帧中，根桥 ID 等于自己的网桥 ID。每台交换机在从邻居交换机收到 BPDU 帧时，都会将所收到的 BPDU 帧内的根桥 ID 与自己的根桥 ID 进行比较。如果收到的 BPDU 帧的根桥 ID 比其目前自己的根桥 ID 更小，那么根桥 ID 字段会更新以指示竞选根桥角色的新的最佳候选者。如何比较根桥 ID 大小呢？首先比较优先级，如果优先级相同，就比较 MAC 地址。交换机上的根桥 ID 字段更新后，交换机随后将在所有后续 BPDU 帧中包含新的根桥 ID，这样就可确保最小的根桥 ID 最终能传递给网络中的所有其他邻接交换机。根桥的选举过程最终是会收敛的，也就是说网络中的交换机最终会一致认可某一交换机是根桥，根桥选举便完成。STP 收敛过程举例如图 10-2 所示，3 台交换机构成的 VLAN1 的 STP 优先级都相同（默认值 32768+1= 32769），然而交换机 S1 的 MAC 地址为 AA-AA-AA-AA-AA-AA，比其他交换机的 MAC 地址小，所以它被选举为根桥，根桥 S1 上的所有端口为指定端口。

2. 选举根端口

选举了根桥后，交换机开始为每一个交换机端口配置端口角色。需要确定的第一个角色是根端口。根端口是到达根桥的路径开销最小的交换机端口。确定根端口竞选获胜的原则按以下顺序进行，一旦比较出大小，就不再往下比较。

① 到达根桥的最小的开销值。
② 发送者最小的网桥 ID。
③ 发送者最小的端口 ID。
④ 接收者最小的端口 ID。

在图 10-2 中，交换机 S3 从 Fa0/21 端口到达根桥的 Cost 为 19，从 Fa0/22 端口到达根桥的 Cost 为 19+19=38，因此交换机 S3 上 Fa0/21 端口就是根端口。同样交换机 S2 从 Fa0/23 端口到达根桥的 Cost 为 19，从 Fa0/21 端口到达根桥的 Cost 为 19+19=38，因此交换机 S2 上的 Fa0/23 端口就是根端口。

有时候通过比较到达根桥的开销值并不能确定根端口。确定根端口举例如图 10-3 所示，图中，S1 为根桥，此时 S2 的 2 条链路到达根桥的开销值都是 19，所以继续比较发送者谁的网桥 ID 最小；因为 BPDU 都是 S1 发送的，所以也相同，继续比较发送者谁的端口 ID 最小；假设 S1 的 Fa0/2 端口 ID 为 128.2，Fa0/1 的端口 ID 为 128.1，比较到这里最终分出胜负，交换机 S2 的端口 Fa0/2 为根端口，相应的 Fa0/1 端口被阻塞。

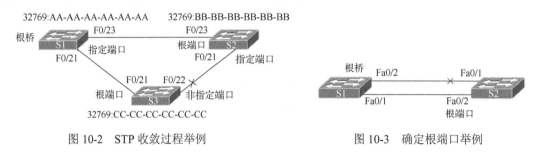

图 10-2　STP 收敛过程举例　　　　　图 10-3　确定根端口举例

3．选举指定端口和非指定端口

当交换机确定了根端口后，还必须将剩余端口确定为指定端口或非指定端口，以完成逻辑无环生成树的创建。交换网络中的每个网段只能有一个指定端口。当 2 个非根端口的交换机端口连接到同一个网段时，会发生竞选端口角色的情况。这 2 台交换机会交换 BPDU 帧，以确定哪个交换机端口是指定端口，哪一个是非指定端口，竞选的原则和根端口竞选原则的比较顺序相同。

在图 10-2 中，在交换机 S2 和 S3 之间的链路上，两个端口不能同时处于转发数据的状态，否则将导致环路的产生，必须在该链路上选举一个指定端口。由于 S2 和 S3 到达根桥的开销值都为 19，所以要进一步比较发送者谁的网桥 ID 最小。S2 具有较小的网桥 ID，因此 S2 上的 Fa0/21 成为指定端口，而 S3 上的 Fa0/22 成为了非指定端口，处于阻断状态。

10.1.4　STP 拓扑变更

当交换机检测到拓扑更改（如端口被阻塞或者手工将端口关闭）时，会通知生成树的根桥，然后根桥将该拓扑更改信息泛洪到整个网络。在 IEEE 802.1d 的 STP 运行中，交换机会一直通过根端口从根桥接收配置 BPDU 帧，它不会向根桥发送 BPDU。为了将拓扑更改信息通知根桥，引入了一种特殊的 BPDU，称为拓扑更改通知（TCN）BPDU。当交换机检测到拓扑更改时，它便开始通过根端口沿着去往根桥的方向发送 TCN。TCN 是一种非常简单的 BPDU，只包含 BPDU 的前 3 个字段，它按 BPDU 间隔发送。交换机收到 TCN 后，立即发回拓扑更改确认（TCA）位置位的配置 BPDU，以确认收到 TCN。此交换过程会持续到根桥作出响应为止。TCN 与 TCA 的发送如图 10-4 所示，在该图中，交换机 E 检测到拓扑更改，它向交换机 B 发出 TCN，交换机 B 收到该 TCN 后使用 TCA 向交换机 E 予以确认。交换机 B

继续发送 TCN 给根桥 A，根桥 A 同样也使用 TCA 向交换机 B 予以确认，此时根桥获知网络中发生了拓扑更改，如图 10-5 所示为根桥发送 TC 信息。根桥发送的拓扑更改（TC）位置位的配置 BPDU 将传播到网络中的每台交换机，所有的交换机都将知道网络中发生了拓扑更改，都将自己的 MAC 地址表老化时间缩短为转发延时时间。

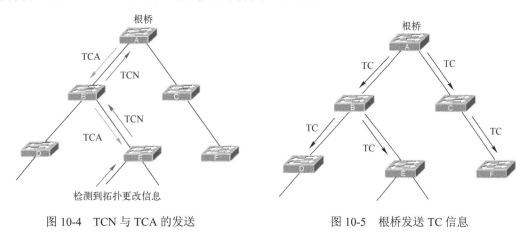

图 10-4　TCN 与 TCA 的发送　　　　　图 10-5　根桥发送 TC 信息

10.1.5　STP 防护

STP 并没有措施对交换机的身份进行认证。在稳定的网络中，如果接入非法交换机将可能给网络中的 STP 运行带来灾难性的破坏，因此需要特定的技术保护 STP。最常使用的就是 BPDU Guard 和 Root Guard 技术。

1. PortFast 和 BPDU Guard

STP 的收敛时间通常需要 30～50 秒。而 PortFast 技术使得交换机端口一旦有设备接入，端口就立即进入转发状态，而不必等待生成树收敛的 2 个转发延时。BPDU Guard 主要和 PortFast 特性配合使用。启用的 PortFast 端口一旦接入的是交换机很可能造成交换环路。BPDU Guard 可以使得 PortFast 端口一旦接收到 BPDU，就关闭该端口。

2. Root Guard

端口启用 Root Guard（根防护）能够将端口强制设为指定端口，进而防止对端交换机成为根桥。设置了根防护的端口如果收到了一个优于原 BPDU 的新的 BPDU，它将把本端口设为 Blocking（禁止）状态，过了一段时间，如果再收到更差的 BPDU，它会恢复该端口原状态，这一点不同于 BPDU Guard。

10.2　RSTP 和 MSTP 概述

10.2.1　RSTP 简介

RSTP（IEEE 802.1w）是 IEEE 802.1d 标准的一种发展。RSTP 的术语大部分都与 IEEE

802.1d STP 的术语一致。绝大多数参数都没有变动，所以熟练掌握 STP 知识后，学习 RSTP 非常容易。RSTP 能够达到相当快的收敛速度，有时甚至只需几百毫秒。RSTP 的特征如下所述。

① 集成了 IEEE 802.1d 的很多增强技术，如 PortFast、UplinkFast、BackboneFast，这些增强功能不需要额外配置。

② RSTP 使用与 IEEE 802.1d 相同的 BPDU 格式，不过其版本字段被设置为 2 以代表是 RSTP，并且标志字段 8 比特全部被使用。

③ RSTP 能够主动确认端口是否能安全转换到转发状态，而不需要依靠任何计时器来作出判断。

④ RSTP 定义了边缘端口。边缘端口是指永远不会用于连接到其他交换机设备的交换机端口。当启用时，此类端口会立即转换到转发状态，端口下执行 **spanning-tree portfast** 命令就将该交换机端口配置为边缘端口。

⑤ 非边缘端口分为点对点（Point-to-Point）和共享（Shared）2 种链路类型。链路类型是 RSTP 自动确定的（全双工链路就是点对点类型，半双工就是共享类型），但可以使用配置命令进行更改。RSTP 在点对点类型的链路上才能实现快速收敛。

RSTP 能够向下与 IEEE 802.1d 兼容，RSTP 发送 BPDU 和填充标志字节的方式与 IEEE 802.1d 略有差异。由于 BPDU 被用作保持活动（Keepalive）的检测机制，连续 3 次未收到 BPDU 就表示网桥与其相邻的根桥或指定网桥失去连接。快速老化意味着故障能够被快速检测到。

RSTP 端口只有丢弃、学习和转发 3 种状态。

① 丢弃（Discarding）：稳定的活动拓扑以及拓扑同步和更改期间都会出现此状态。丢弃状态禁止转发数据帧，因而可以阻止二层环路。

② 学习（Learning）：稳定的活动拓扑以及拓扑同步和更改期间都会出现此状态。学习状态会接收数据帧来填充 MAC 地址表，以限制未知单播帧泛洪。

③ 转发（Forwarding）：仅在稳定的活动拓扑中出现此状态。转发状态的交换机端口决定了拓扑。拓扑发生变化后或在同步期间，只有当提议和同意过程完成后才会转发数据帧。

10.2.2 RSTP 提议 / 同意机制

RSTP 端口角色中的根端口和指定端口的确定方法和 STP 一致，而对于非指定口则进一步分为替代（Alternate）端口和备份（Backup）端口，如图 10-6 所示。Alternate 端口是由于收到其他网桥更优的 BPDU 而被阻塞的端口，Backup 端口是由于收到本交换机其他端口发出的更优的 BPDU 而被阻塞的端口。在图 10-6 中，S3 的 Fa0/1 端口是该网段的指定端口，S2 从 Fa0/1 端口接收到 S3 发送的更优的 BPDU，所以 S2 的 Fa0/1 端口为 Alternate 端口；S3 的 Fa0/2 端口接收到 S3 自己的 Fa0/1 端口发出的更优的 BPDU，所以为 Backup 端口。当 S2 的根端口出现故障时，S2 的替代端口将立即进入转发状态；而当 S3 指定端口出现故障时，S3 备份端口将立即进入转发状态，从而大大减少收敛时间。

RSTP 使用提议 / 同意（Proposal/Agreement，P/A）握手机制来完成快速收敛，如图 10-7 所示。在图 10-7 中，假设 S2 有一条新的链路连接到根桥，当链路 up 时，S1 的 p0 端口和 S2 的 p1 端口同时进入指定阻断状态，然后 S1 从 p0 端口发送提议 BPDU。由于 S2 从 p1 端口收到更优的 BPDU，S2 开始同步新的消息给其他的端口，p2 端口为替代端口，同步中保持不变；p3 端口为指定端口，同步中必须阻断；p4 端口为边缘端口，同步中保持不变，S2 通过 p1 端口给根桥 S1 发送同意 BPDU，p0 端口和 p1 端口握手成功，p1 端口成为 S2 新的根端口，p0 端口和 p1 端口直接进入转发状态。这时 p3 端口为指定端口，还处于阻断状态。同样，就像 p0 端口和 p1 端口，按照提议／同意握手机制，p3 端口也会在其链路上完成快速收敛。提议／同意握手机制收敛很快，端口状态转变中无须依赖任何定时器。

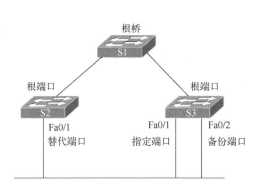

图 10-6　替代端口和备份端口

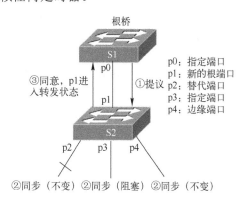

图 10-7　RSTP 使用提议／同意握手机制

10.2.3　MSTP 简介

在 PVST 中，交换机为每个 VLAN 都构建一棵 STP 树，不仅会为 CPU 带来很大负载（特别是低端交换机），也会占用大量的带宽。MSTP（Multiple Spanning Tree Protocol）则可把多个 VLAN 映射到一个 STP 实例上，每个实例都运行 RSTP，从而减少了资源浪费。

MSTP 中引入了实例（Instance）和域（Region）的概念。实例就是多个 VLAN 的一个集合，这种通过将多个 VLAN 捆绑到一个实例中的方法可以节省通信开销和资源占用。MSTP 各个实例拓扑的计算是独立的，通过控制这些实例上 STP 选举，就可以实现负载均衡。域由配置名（Configuration Name）、修订级别（Revision Level）、配置标识格式选择器（Configuration Identifier Format Selector）、VLAN 与实例的映射关系组成，其中配置名、配置标识格式选择器和修订级别在 BPDU 数据包中都有相关字段，而 VLAN 与实例的映射关系在 BPDU 数据包中以 MD5 摘要信息（Configuration Digest）的形式表现，该摘要信息是根据映射关系计算得到的一个 16 字节签名。只有上述 4 者都一样且相互连接的交换机才被认为在同一个 MSTP 域内。默认时，所有的 VLAN 都映射到实例 0 上。MSTP 的实例 0 具有特殊的作用，称为 CIST（Common Internal and Spanning Tree），即公共和内部生成树，其他的实例称为 MSTI（Multiple Spanning Tree Instance），即多生成树实例。

10.2.4　STP 运行方式

在 STP 的运行方式上，IEEE 标准和 Cisco 标准采用不同的方案，几种主要的 STP 运行方式比较如表 10-2 所示。Cisco 交换机可以支持的运行方式是 PVST+、PVRST+和 MSTP，默认是 PVST+。

表 10-2　几种主要的 STP 运行方式比较

	标准制定者	资源占用	收敛	作用对象	负载均衡支持
CST	IEEE	低	慢	所有 VLAN	否
PVST+	Cisco	高	慢	每 VLAN	是
RSTP	IEEE	中等	快	所有 VLAN	否
PVRST+	Cisco	非常高	快	每 VLAN	是
MST	IEEE、Cisco	中等或高	快	VLAN 列表	是

10.3　配置 STP 和 STP 防护

10.3.1　实验 1：配置 STP

1. 实验目的

通过本实验可以掌握：
① STP 的作用和工作原理。
② STP 的端口角色和端口状态。
③ STP 的配置和收敛过程。
④ 利用 PVST+实现负载分担的方法。

2. 实验拓扑

配置 STP 实验拓扑如图 10-8 所示，S1 和 S2 模拟核心层交换机，S3 模拟接入层交换机。Cisco 交换机默认运行 PVST+，因此每个 VLAN 有一棵生成树。

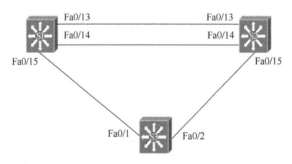

图 10-8　配置 STP 实验拓扑

3. 实验步骤

在 3 台交换机上分别配置 VLAN2，通过配置 STP 实现不同 VLAN（VLAN1 和 VLAN2）的 STP 具有不同的根桥，实现负载分担。交换机 S1 是 VLAN1 的根桥（优先级为 4096），是 VLAN2 的次根桥（优先级为 8192）；交换机 S2 是 VLAN1 的次根桥（优先级为 8192），是 VLAN2 的根桥（优先级为 4096）。

(1) 在交换机上创建 VLAN2,将 S1、S2 和 S3 之间的链路配置成 Trunk 模式

① 配置交换机 S1。

```
S1(config)#vlan 2
S1(config-vlan)#name VLAN2
S1(config-vlan)#exit
S1(config)#interface range FastEthernet0/13-15
S1(config-if-range)#switchport trunk encapsulation dot1q
S1(config-if-range)#switchport mode trunk
```

② 配置交换机 S2。

```
S2(config)#vlan 2
S2(config-vlan)#name VLAN2
S2(config-vlan)#exit
S2(config)#interface range FastEthernet0/13-15
S2(config-if-range)#switchport trunk encapsulation dot1q
S2(config-if-range)#switchport mode trunk
```

③ 配置交换机 S3。

```
S3(config)#vlan 2
S3(config-vlan)#name VLAN2
S3(config-vlan)#exit
S3(config)#interface range FastEthernet0/1-2
S3(config-if-range)#switchport trunk encapsulation dot1q
S3(config-if-range)#switchport mode trunk
```

(2) 配置 STP

① 配置交换机 S1。

```
S1(config)#spanning-tree mode pvst            //配置 STP 模式为 PVST+,Cisco 交换机 STP 的默认模式
S1(config)#spanning-tree vlan 1 priority 4096              //配置 VLAN1 的 STP 网桥优先级
S1(config)#spanning-tree vlan 2 priority 8192              //配置 VLAN2 的 STP 网桥优先级
S1(config)#spanning-tree vlan 1root primary diameter 7     //配置交换直径,范围为 2~7
S1(config)#interface range fastEthernet 0/1-4
S1(config-if-range)#spanning-tree portfast                 //配置边缘端口
```
%Warning: portfast should only be enabled on ports connected to a single host. Connecting hubs, concentrators, switches, bridges, etc... to this interface when portfast is enabled, can cause temporary bridging loops.Use with CAUTION. %Portfast will be configured in 20 interfaces due to the range command but will only have effect when the interfaces are in a non-trunking mode.

//以上告警信息提示这些端口只能用于接入计算机,不要接入集线器、集中器、交换机和网桥等其他设备,当边缘端口启动时,可能会引起暂时的环路。同时提示该命令只对非 Trunk 端口有效。如果在 Trunk 端口上配置边缘端口,相应的命令是 spanning-tree portfast trunk,比如该端口连接的是用单臂路由实现 VLAN 间通信的路由器端口。计算机只要接入配置边缘端口的交换机,该端口就立即进入转发状态,而不必等待生成树收敛。但是被配置为边缘端口的端口上如果收到 BPDU,则立刻失去边缘端口的特性,参与正常的 STP 运算

② 配置交换机 S2。

```
S2(config)#spanning-tree mode pvst
```

```
S2(config)#spanning-tree vlan 1 priority 8192
S2(config)#spanning-tree vlan 2 priority 4096
```

③ 配置交换机 S3

```
S3(config)#spanning-tree mode pvst
S3(config)#interface range fastEthernet0/1-2
S3(config-if-range)#spanning-tree port-priority 64    //配置 STP 端口优先级，默认为 128
```

4．实验调试

（1）查看交换机 STP 信息

① S1#show spanning-tree
VLAN0001
    Spanning tree enabled protocol ieee   //交换机运行的 STP 是 IEEE 的 802.1d
    Root ID   Priority   4097
//根桥 Root ID 的优先级，默认为 32768，因为是 VLAN1 的 STP，所以优先级为 4096+1=4097
    Address   d0c7.89ab.1180   //根桥的基准 MAC 地址
               This bridge is the **root**   //本交换机是 VLAN1 的根桥
    Hello Time   2 sec   Max Age 20 sec   Forward Delay 15 sec
// Hello 时间、最大老化时间和转发延时
    Bridge ID   Priority**4097**   (priority 4096 sys-id-ext 1)
//本交换机桥 ID 的优先级为 4096+1=4097，因为是 VLAN1，系统扩展 ID 为 1
    Address   d0c7.89ab.1180
//本交换机的基准 MAC 地址，和根桥相同，也说明本交换机就是根桥
    Hello Time   2 sec   Max Age 20 sec   Forward Delay 15 sec
    Aging Time   300 sec   //交换机 MAC 地址表老化时间，默认为 300 秒
    Interface   Role   Sts   Cost   Prio.Nbr   Type
    ------------------   ----   ---   -----   ---------   ----
    Fa0/13   **Desg   FWD**   19   128.15   P2p
    Fa0/14   **Desg   FWD**   19   128.16   P2p
    Fa0/15   **Desg   FWD**   19   128.17   P2p
//以上 3 行显示端口的 STP 的角色、状态、开销值、端口 ID 和端口类型，由于该交换机是 VLAN1 的根桥，所以所有端口都处于转发状态（FWD），以上输出的各列含义如下。
    ● Role：表示 STP 端口角色，Desg 是指定端口，Altn 是替换端口，Root 是根端口
    ● Sts：表示 STP 端口状态，FWD 表示转发，BLK 表示阻塞，LIS 表示监听，LRN 表示学习
    ● Cost：表示 STP 端口开销值
    ● Prio.Nbr：表示 STP 端口 ID，格式为"优先级.端口号"
    ● Type：表示 STP 端口类型，P2p 表示点对点类型，Shr 表示共享类型
VLAN0002
    Spanning tree enabled protocol ieee
    Root ID   Priority   4098   //根桥 Root ID 的优先级，VLAN2 优先级为 4096+2=4098
               Address   d0c7.89c2.3100   //根桥的基准 MAC 地址
               Cost   19   //从本交换机到达根桥的 Cost 值
               Port   15 (FastEthernet0/13)   //根端口，端口 ID 为 15。因为本交换机有 2
个千兆以太网接口，占用了 1 和 2，所以 Fa0/13 的端口 ID 为 13+2=15
               Hello Time   2 sec   Max Age 20 sec   Forward Delay 15 sec
    Bridge ID   Priority   8194   (priority 8192 sys-id-ext 2)
               Address   d0c7.89ab.1180
               Hello Time   2 sec   Max Age 20 sec   Forward Delay 15 sec

```
                         Aging Time    300 sec
Interface              Role    StsCost      Prio.Nbr    Type
------------------     ----    ---------    --------    --------------------------------
Fa0/13                 Root    FWD19        128.15      P2p    //该端口是 VLAN2 的根端口
Fa0/14                 Altn    BLK19        128.16      P2p
//端口角色为了和 RSTP 兼容,显示为替换端口(Altn),在 VLAN2 中,该端口状态为阻塞(BLK)
Fa0/15                 Desg    FWD19        128.17      P2p
  ② S2#show spanning-tree
VLAN0001
  Spanning tree enabled protocol ieee
  Root ID      Priority      4097
               Address       d0c7.89ab.1180
               Cost          19
               Port          15 (FastEthernet0/13)
               Hello Time    2 sec   Max Age 20 sec   Forward Delay 15 sec
  Bridge ID    Priority      8193      (priority 8192 sys-id-ext 1)
               Address       d0c7.89c2.3100
               Hello Time    2 sec   Max Age 20 sec   Forward Delay 15 sec
               Aging Time    300 sec
Interface          Role   Sts    Cost        Prio.Nbr    Type
------------------ ----   ---    ---------   --------    --------------------------------
Fa0/13             Root   FWD    19          128.15      P2p    //该端口是 VLAN1 的根端口
Fa0/14             Altn   BLK    19          128.16      P2p    //在 VLAN1 的 STP 中,该端口被阻塞
Fa0/15             Desg   FWD    19          128.17      P2p
VLAN0002
  Spanning tree enabled protocol ieee
  Root ID      Priority      4098
               Address       d0c7.89c2.3100
  This bridge is the root    //本交换机是 VLAN2 的根桥
               Hello Time    2 sec   Max Age 20 sec   Forward Delay 15 sec
  Bridge ID    Priority      4098      (priority 4096 sys-id-ext 2)
               Address       d0c7.89c2.3100
               Hello Time    2 sec   Max Age 20 sec   Forward Delay 15 sec
               Aging Time    300 sec
Interface              Role Sts Cost         Prio.Nbr Type
------------------     ---- --- ---------    -----------------------------------
Fa0/13                 Desg FWD 19           128.15      P2p
Fa0/14                 Desg FWD 19           128.16      P2p
Fa0/15                 Desg FWD 19           128.17      P2p
  ③ S3#show spanning-tree
VLAN0001
  Spanning tree enabled protocol ieee
  Root ID      Priority      4097
               Address       d0c7.89ab.1180
               Cost          19
               Port          3 (FastEthernet0/1)                //VLAN1 的根端口
               Hello Time    2 sec   Max Age 20 sec   Forward Delay 15 sec
  Bridge ID    Priority      32769     (priority 32768 sys-id-ext 1)   //优先级为默认 32768+1
               Address       d0c7.89c2.8380
               Hello Time    2 sec   Max Age 20 sec   Forward Delay 15 sec
```

```
                        Aging Time    300 sec
            Interface        Role   Sts    Cost   Prio.Nbr  Type
            ---------------- ----   ---    ------ --------  ----
            Fa0/1            Root   FWD    19     64.3      P2p      //在 VLAN1 的 STP 中，该端口为根端口
            Fa0/2            Altn   BLK    19     64.4      P2p      //在 VLAN1 的 STP 中，该端口为替换端口
            VLAN0002
              Spanning tree enabled protocol ieee
              Root ID    Priority    4098
                         Address     d0c7.89c2.3100
                         Cost        19
                         Port        4 (FastEthernet0/2)               //VLAN2 的根端口
                         Hello Time  2 sec  Max Age 20 sec  Forward Delay 15 sec
              Bridge ID  Priority    32770   (priority 32768 sys-id-ext 2)   //优先级默认为 32768+2
                         Address     d0c7.89c2.8380
                         Hello Time  2 sec  Max Age 20 sec  Forward Delay 15 sec
                         Aging Time  300 sec
            Interface        Role   Sts    Cost   Prio.Nbr  Type
            ---------------- ----   ---    ------ --------  ----
            Fa0/1            Altn   BLK    19     64.3      P2p      //在 VLAN2 的 STP 中，该端口为替换端口
            Fa0/2            Root   FWD    19     64.4      P2p      //在 VLAN2 的 STP 中，该端口为根端口
```

以上①、②和③输出信息表明在 VLAN1 的 STP 中，交换机 S3 的 Fa0/1 端口和交换机 S2 的 Fa0/13 是根端口，交换机 S3 的 Fa0/2 和交换机 S2 的 Fa0/14 是阻塞端口；在 VLAN2 的 STP 中，交换机 S3 的 Fa0/2 和交换机 S1 的 Fa0/13 是根端口，交换机 S3 的 Fa0/1 和交换机 S1 的 Fa0/14 是阻塞端口。不同的 VLAN 阻塞不同的端口，从而可以很好地实现不同 VLAN 流量的负载分担。

（2）调试跟踪 STP 接收 BPDU 的信息

```
            S1#debug spanning-tree bpdu
              *Mar  1 02:12:45.754: STP: VLAN0002 rx BPDU: config protocol = ieee, packet from
            FastEthernet0/13 , linktype SSTP , enctype 3, encsize 22
              //在 VLAN2 的 STP 实例中，从端口 Fa0/13 收到 BPDU 的信息包括配置协议、链路类型、封装类
            型和以太网头部（包括 IEEE 802.3 和 IEEE 802.2 两部分）的长度
              *Mar  1 02:12:45.754: STP: enc 01 00 0C CC CC CD 00 23 AC 7D 6C8F 00 32 AA AA 03 00 00 0C
            01 0B   //STP 数据包帧头的具体信息包括目的 MAC 地址（01 00 0C CC CC CD）、源 MAC 地址（00 23 AC 7D
            6C8F）、长度（00 32）、DSAP（AA）、SSAP（AA）、控制域（03）、厂商代码（00 00 0C）、协议 ID（01 0B）
              *Mar  1 02:12:45.763: STP: VLAN0002 Fa0/13:0000 00 00 00 60020023AC7D6C80 00000000
            60020023AC7D6C80 800F 0000 1400 0200 0F00   //BPDU 数据包的详细内容
```

（3）查看各个 VLAN 的 STP 根的相关信息

```
            S1#show spanning-tree root
                                                Root    Hello Max Fwd
            Vlan              Root ID           Cost    Time  Age Dly  Root Port
            ---------------- ------------------ ------- ----- --- ---- ---------
            VLAN0001         4097 d0c7.89ab.1180  0       2    20  15
            VLAN0002         4098 d0c7.89c2.3100  19      2    20  15   Fa0/13
```

以上输出显示交换机 S1 的 VLAN1 和 VLAN2 的 STP 的根 ID、到达根的开销、BPDU 的各个计时器和根端口。

（4）查看各个 VLAN 的 STP 的阻塞端口

```
S3#show spanning-tree blockedports
Name                        Blocked Interfaces List
--------------------        -----------------------------
VLAN0001                    Fa0/2
VLAN0002                    Fa0/1
Number of blocked ports (segments) in the system: 2
```

以上输出显示了交换机 S3 的 VLAN1 和 VLAN2 的 STP 阻塞端口列表和系统中阻塞端口的总数。不同的 VLAN，STP 阻塞不同的端口，从而可以实现流量的负载分担。

（5）查看 STP 的摘要信息

```
S1#show spanning-tree summary
Switch is in pvst mode                             //当前 STP 的运行模式
Root bridge for: VLAN0001                          //本交换机是 VLAN1 的根桥
Extended system ID              is enabled         //启用扩展系统 ID
Portfast Default                is disabled        //没有全局启用 PortFast
PortFast BPDU Guard Default     is disabled        //没有全局启用 BPDU Guard
Portfast BPDU Filter Default is disabled           //没有全局启用 BPDU Filter
Loopguard Default               is disabled        //没有全局启用环路防护
EtherChannel misconfig guard is enabled            //启用以太通道错误配置防护
UplinkFast                      is disabled        //没有启用 UplinkFast
BackboneFast                    is disabled        //没有启用 BackboneFast
Configured Pathcost method used is short           //配置的开销计算方法是短整型
Name                  Blocking Listening Learning Forwarding STP Active
--------------------  -------- --------- -------- ---------- ----------
VLAN0001                 0         0        0        3          3
VLAN0002                 1         0        0        2          3
--------------------  -------- --------- -------- ---------- ----------
2 vlans                  1         0        0        5          6
```
//以上 6 行显示了每个 VLAN 中 STP 端口状态的数量以及汇总数量

10.3.2 实验 2：配置 STP 防护

1. 实验目的

通过本实验可以掌握：
① 掌握 Root Guard 的原理、配置和调试方法。
② 掌握 BPDU Guard 的原理、配置和调试方法。

2. 实验拓扑

配置 STP 防护实验拓扑如图 10-9 所示。

3. 实验步骤

（1）实验准备

配置 S1、S2 和 S3 之间的 Trunk 链路，Trunk 的配置和 10.3.1 实验 1 相同，此处不再给出。

图 10-9 配置 STP 防护实验拓扑

（2）配置交换机 S1 成为根桥

```
S1(config)#spanning-tree vlan 1 priority 8192
```

（3）在交换机 S2 的 Fa0/15 端口上配置 Root Guard

```
S2(config)#interface fastEthernet0/15
S2(config-if)#spanning-tree guard root
```

（4）Root Guard 调试

① 把交换机 S3 的 STP 优先级改为 4096，模拟非法交换机接入到网络中并想成为新的根桥，观察交换机 S2 根防护的处理过程。

```
S3(config)#spanning-tree vlan 1 priority 4096
```

交换机 S2 上弹出的日志信息如下：

```
*Mar  1 04:02:46.557: %SPANTREE-2-ROOTGUARD_BLOCK: Root guard blocking port FastEthernet0/15 on VLAN0001.   //在 VLAN1 上收到比自己的根桥优先级高的 BPDU，Root guard 阻塞该端口
```

② 查看启用 Root Guard 端口。

```
S2#show spanning-tree vlan 1 interface fastEthernet 0/15 detail
Port 17 (FastEthernet0/15) of VLAN0001 is broken    (Root Inconsistent)
//端口由于根不一致被阻断
Port path cost 19, Port priority 128, Port Identifier   128.17.   //端口开销、端口优先级和端口 ID
Designated root has priority 8193, address d0c7.89ab.1180
//由于该端口被阻断，根桥仍然为 S1，优先级仍为 8193（8192+1），而不是 4097
  Designated bridge has priority 32769, address d0c7.89c2.3100
  Designated port id is 128.17, designated path cost 0
  Timers: message age 0, forward delay 0, hold 0
  Number of transitions to forwarding state: 1
  Link type is point-to-point by default             //链路类型，默认为点到点类型
  Root guard is enabled on the port                  //端口启用 Root Guard 功能
  BPDU: sent 108, received 61                        //端口接收和发送的 BPDU 数据包数量
```

③ 查看 STP 根不一致端口。

```
S2#show spanning-tree inconsistentports

Name                     Interface                Inconsistency
--------------------     ----------------------   ------------------
VLAN0001                 FastEthernet0/15         Root Inconsistent
Number of inconsistent ports (segments) in the system: 1
```

//S2 从 Fa0/15 端口收到 S3 发送的更优的 BPDU，然而由于该端口上配置了 Root Guard，S2 的端口进入根不一致（Root Inconsistent）状态

④ 查看 VLAN1 的 STP 信息。

```
S2#show spanning-tree vlan 1
VLAN0001
（此处省略部分输出）
Interface         Role Sts Cost      Prio.Nbr Type
---------------- ---- --- --------- -------- --------------------------------
Fa0/13            Root FWD 19        128.15   P2p
Fa0/15            Desg BKN*19        128.17   P2p *ROOT_Inc
// Fa0/15 端口因为根不一致而阻塞，端口角色依然保持指定端口，而没有变为根端口
```

⑤ 在交换机 S3 上将 STP VLAN1 的优先级改为默认的 32768，查看 S2 上收到信息。

```
*Mar  1 04:11:25.761: %SPANTREE-2-ROOTGUARD_UNBLOCK: Root guard unblocking port
FastEthernet0/15 on VLAN0001.  //从端口收到比自己根优先级低的 BPDU，Root Guard 解除根不一致状态
```

（5）配置 BPDU Guard

① 配置交换机 S3。

```
S3(config)#default interface fastEthernet0/2
S3(config)#interface fastEthernet0/2
S3(config-if)#switchport mode access         //端口改为 access 模式
```

② 配置交换机 S2。

```
S2(config)#default interface fastEthernet0/15
S2(config)#interface fastEthernet0/15
S2(config-if)#switchport mode access         //端口改为 access 模式
S2(config-if)#spanning-tree portfast   //配置边缘端口
S2(config-if)#spanning-tree bpduguard enable  //配置 BPDU Guard
S2(config-if)#exit
S2(config)#errdisable recovery cause bpduguard
//允许因为 BPDU Guard 而关闭的端口在发生故障后自动恢复
S2(config)#errdisable recovery interval 30   //配置故障端口自动恢复的间隔为 30 秒
```

（6）BPDU Guard 调试

① 查看交换机 S2 上的日志信息。

```
*Mar  1 04:15:46.587: %SPANTREE-2-BLOCK_BPDUGUARD: Received BPDU on port Fast
Ethernet0/15 with BPDU Guard enabled. Disabling port.
//交换机从启用了 BPDU Guard 的 Fa0/15 端口收到 S3 发送的 BPDU，关闭该端口
*Mar  1 04:15:46.587: %PM-4-ERR_DISABLE: bpduguard error detected on Fa0/15, putting Fa0/
15 in err-disable state
//在交换机的 Fa0/15 端口检测到 bpduguard 错误，把 Fa0/15 端口置为 err-disable 状态
```

② 查看 Fa0/15 端口信息。

```
S2#show interfaces FastEthernet0/15
FastEthernet0/15 is down, line protocol is down (err-disabled)
//可以看到 Fa0/15 端口因为 err-disabled 而关闭。要重新开启，请先移除 BPDU 源，在端口下按顺
序执行 shutdown 和 no shutdown 命令，或者等待交换机自动恢复
（此处省略部分输出）
```

③ 查看配置 BPDU Guard 的端口进入 err-disable 状态后的自动恢复情况。

由于已经配置 BPDU Guard 的 err-disable 状态的端口具有自动恢复能力，所以每隔 30 秒，端口 Fa0/15 会尝试自动恢复启用，如果又收到 BPDU，端口再次进入 err-disable 状态，信息如下：

```
        *Mar   1  03:31:25.235:  %PM-4-ERR_RECOVER:  Attempting  to  recover  from  bpduguard
err-disable state on Fa0/15                  //尝试从 err-disable 状态恢复
        *Mar   1  03:31:27.081:  %SPANTREE-2-BLOCK_BPDUGUARD:  Received  BPDU  on  port  Fa0/15
with BPDU Guard enabled. Disabling port.     //端口又收到 BPDU
        *Mar   1  03:31:27.081:  %PM-4-ERR_DISABLE:  bpduguard error detected  on  Fa0/15,  putting
Fa0/15 in err-disable state                  //再次将端口置为 err-disable 状态
```

当该端口接入合法主机后，端口可以从 err-disable 状态自动恢复启用，信息如下：

```
        *Mar   1  03:31:57.087:  %PM-4-ERR_RECOVER:  Attempting  to  recover  from  bpduguard
err-disable state on Fa0/15                  //过了 30 秒，再尝试从 err-disable 状态恢复
        *Mar  1 03:32:00.753: %LINK-3-UPDOWN: Interface FastEthernet0/15, changed state to up
        *Mar  1 03:32:01.759: %LINEPROTO-5-UPDOWN: Line protocol on Interface FastEthernet0/15,
changed state to up   //没有再收到 BPDU，端口被开启，物理层和数据链路层状态都为 up，端口正常工作
```

④ 查看端口 STP 详细信息。

```
S3#show spanning-tree interface fastEthernet 0/15 detail
   Port 17 (FastEthernet0/15) of VLAN0001 is designated forwarding
//端口编号、所在 VLAN 及 STP 端口状态
   Port path cost 19, Port priority 128, Port Identifier 128.17.
//端口开销值、端口优先级和端口 ID
   Designated root has priority 4097, address d0c7.89ab.1180
//根桥优先级和基准 MAC 地址
   Designated bridge has priority 32769, address d0c7.89c2.3100
//自身 STP 优先级和基准 MAC 地址
   Designated port id is 128.4, designated path cost 19    //指定端口的 ID 和开销值
   Timers: message age 0, forward delay 0, hold 0          //由于启用了边缘端口，STP 计时器都为 0
   Number of transitions to forwarding state: 1            //进入转发状态的转换数
   The port is in the portfast mode                        //端口为边缘端口
   Link type is point-to-point by default                  //端口链路类型，默认值为点到点类型
Bpdu guard is enabled                                      //端口启用 BPDU Guard 功能
   BPDU: sent 11, received 0                               //发送和接收 BPDU 的数量
```

10.4 配置 RSTP 和 MSTP

10.4.1 实验 3：配置 RSTP

1. 实验目的

通过本实验可以掌握：
① RSTP 的作用和工作原理。
② RSTP 的端口角色和端口状态。

③ RSTP 的收敛过程。

④ 利用 RapidPVST+实现负载分担的方法。

2．实验拓扑

实验拓扑图如图 10-8 所示。

3．实验步骤

在 3 台交换机上分别配置 VLAN2，通过配置 RSTP 实现不同 VLAN（VLAN1 和 VLAN2）的 RSTP 具有不同的根桥，实现负载分担和快速收敛。交换机 S1 是 VLAN1 的根桥（优先级为 4096），是 VLAN2 的次根桥（优先级为 8192）；交换机 S2 是 VLAN1 的次根桥（优先级为 8192），是 VLAN2 的根桥（优先级为 4096）。

（1）实验准备

在交换机上创建 VLAN2，将 S1、S2 和 S3 之间的链路配置成 Trunk 模式。此部分配置命令与 10.3.1 实验 1 相同，此处不再给出。

（2）配置 RSTP

① 配置交换机 S1。

```
S1(config)#spanning-tree mode rapid-pvst
//配置 STP 模式为 RapidPVST+，对应 IEEE 的 RSTP
S1(config)#spanning-tree vlan 1 priority 4096          //配置网桥优先级
S1(config)#spanning-tree vlan 2 priority 8192
S1(config)#interface range fastEthernet 0/1-4
S1(config-if-range)#spanning-tree portfast             //配置边缘端口
```

② 配置交换机 S2。

```
S2(config)#spanning-tree mode rapid-pvst
S2(config)#spanning-tree vlan 1 priority 8192
S2(config)#spanning-tree vlan 2 priority 4096
S2(config)#interface range FastEthernet0/13-15
S2(config-if-range)#spanning-tree link-type point-to-point
//RSTP 自动检测端口为全双工模式，链路类型为点到点类型，此处可以不用配置
```

【技术要点】

RSTP 中端口分为边缘（Edge）端口、点到点（Point-to-Point）端口、共享（Shared）端口。如果端口上配置了 **spanning-tree portfast** 命令，端口就为边缘端口；如果端口是半双工模式，RSTP 自动检测为共享端口；如果端口是全双工模式，RSTP 自动检测为点到点端口。只有点到点类型的链路才能实现 RSTP 的快速收敛，如果是共享类型的链路，则不能实现 RSTP 的快速收敛。

③ 配置交换机 S3。

```
S3(config)#spanning-tree mode rapid-pvst
```

```
S3(config)#interface range fastEthernet0/1-2
S3(config-if-range)#spanning-tree port-priority 64        //配置 STP 端口优先级
```

4．实验调试

（1）查看交换机 STP 信息

① S1#show spanning-tree
```
VLAN0001
  Spanning tree enabled protocol rstp              //交换机在 VLAN1 上运行的 STP 是 RSTP
  Root ID    Priority    4097                      //VLAN1 根桥 Root ID 的优先级
             Address     d0c7.89ab.1180            //根桥的基准 MAC 地址
             This bridge is the root               //本交换机是 VLAN1 的根桥
             Hello Time   2 sec   Max Age 20 sec   Forward Delay 15 sec

  Bridge ID  Priority    4097    (priority 4096 sys-id-ext 1)
             Address     d0c7.89ab.1180
             Hello Time   2 sec   Max Age 20 sec   Forward Delay 15 sec
             Aging Time  300 sec

Interface          Role Sts     Cost      Prio.Nbr    Type
------------------ ---- ---  ---------  ----------  --------------------
Fa0/13             Desg FWD     19        128.15      P2p
Fa0/14             Desg FWD     19        128.16      P2p
Fa0/15             Desg FWD     19        128.17      P2p
```
//以上 3 行显示 RSTP 端口的角色、状态、开销值、端口优先级和端口类型，由于该交换机是 VLAN1 的根桥，所以所有端口都处于转发状态（FWD），端口角色为指定端口
```
VLAN0002
  Spanning tree enabled protocol rstp    //交换机在 VLAN1 上运行的 STP 是 RSTP
  Root ID    Priority    4098                      //VLAN2 根桥 Root ID 的优先级
             Address     d0c7.89c2.3100
             Cost        19                        //从本交换机到达根桥的 Cost 值
             Port        15 (Fa0/13)               //根端口，端口 ID 为 15
             Hello Time   2 sec   Max Age 20 sec   Forward Delay 15 sec

  Bridge ID  Priority    8194    (priority 8192 sys-id-ext 2)
             Address     d0c7.89ab.1180
             Hello Time   2 sec   Max Age 20 sec   Forward Delay 15 sec
             Aging Time  300 sec

Interface          Role Sts     Cost      Prio.Nbr    Type
------------------ ---- ---  ---------  ----------  --------------------
Fa0/13             Root FWD     19        128.15      P2p
Fa0/14             Altn BLK     19        128.16      P2p
```
//交换机 S1 和 S2 是双链路，在 VLAN2 中该端口角色为替换端口（Altn），端口状态为阻塞（BLK）
```
Fa0/15             Desg FWD 19            128.17      P2p
```
② S2#show spanning-tree
```
VLAN0001
  Spanning tree enabled protocol rstp
  Root ID    Priority    4097
             Address     d0c7.89ab.1180
             Cost        19
             Port        15 (Fa0/13)               //VLAN1 的根端口
             Hello Time   2 sec   Max Age 20 sec   Forward Delay 15 sec
```

```
        Bridge ID    Priority    8193    (priority 8192 sys-id-ext 1)
                     Address     d0c7.89c2.3100
        Hello Time   2 sec   Max Age 20 sec   Forward Delay 15 sec
                     Aging Time  300 sec
        Interface           Role  Sts  Cost     Prio.Nbr Type
        -------------------- ---- --- --------- -------- --------------------------------
        Fa0/13              Root  FWD  19       128.15   P2p    //VLAN1 的根端口
        Fa0/14              Altn  BLK  19       128.16   P2p    //在 VLAN1 中，端口状态为替换
        Fa0/15              Desg  FWD  19       128.17   P2p
        VLAN0002
          Spanning tree enabled protocol rstp
          Root ID     Priority    4098
                      Address     d0c7.89c2.3100
                      This bridge is the root                        //本交换机是 VLAN2 的根桥
                      Hello Time   2 sec   Max Age 20 sec   Forward Delay 15 sec
          Bridge ID   Priority    4098    (priority 4096 sys-id-ext 2)
                      Address     d0c7.89c2.3100
                      Hello Time   2 sec   Max Age 20 sec   Forward Delay 15 sec
                      Aging Time   300 sec
        Interface            Role Sts Cost      Prio.Nbr Type
        -------------------- ---- --- --------- -------- --------------------------------
        Fa0/13               Desg FWD 19        128.15   P2p
        Fa0/14               Desg FWD 19        128.16   P2p
        Fa0/15               Desg FWD 19        128.17   P2p
```
//以上 3 行显示 RSTP 端口的角色、状态、开销值、端口优先级和端口类型，由于该交换机是 VLAN2 的根桥，所以所有端口都处于转发状态（FWD），端口角色为指定端口

③ S3#**show spanning-tree**
```
VLAN0001
  Spanning tree enabled protocol rstp
  Root ID      Priority    4097
               Address     d0c7.89ab.1180
               Cost        19
               Port        3 (FastEthernet0/1)
               Hello Time   2 sec   Max Age 20 sec   Forward Delay 15 sec
  Bridge ID    Priority    32769   (priority 32768 sys-id-ext 1)
               Address     d0c7.89c2.8380
               Hello Time   2 sec   Max Age 20 sec   Forward Delay 15 sec
               Aging Time   300 sec
Interface            Role Sts Cost      Prio.Nbr Type
-------------------- ---- --- --------- -------- --------------------------------
Fa0/1                Root FWD 19        64.3     P2p     //在 VLAN1 的 RSTP 中，该端口为根端口
Fa0/2                Altn BLK 19        64.4     P2p     //在 VLAN1 的 RSTP 中，该端口被阻塞
VLAN0002
  Spanning tree enabled protocol rstp
  Root ID      Priority    4098
               Address     d0c7.89c2.3100
               Cost        19
               Port        4 (FastEthernet0/2)
               Hello Time   2 sec   Max Age 20 sec   Forward Delay 15 sec
  Bridge ID    Priority    32770   (priority 32768 sys-id-ext 2)
               Address     d0c7.89c2.8380
```

```
               Hello Time   2 sec   Max Age 20 sec   Forward Delay 15 sec
               Aging Time   300 sec
Interface      Role   Sts   Cost    Prio.Nbr Type
-------------- ------ ----- ------- -------- ----------------------------
Fa0/1          Altn   BLK   19      64.3     P2p       //在 VLAN2 的 RSTP 中，该端口被阻塞
Fa0/2          Root   FWD   19      64.4     P2p       //在 VLAN2 的 RSTP 中，该端口为根端口
```

以上①、②和③输出信息表明在 VLAN1 的 RSTP 中，交换机 S3 的 Fa0/1 端口和 S2 的 Fa0/13 是根端口，S3 的 Fa0/2 端口和 S2 的 Fa0/14 端口是替换端口，处于阻塞状态；在 VLAN2 的 RSTP 中，交换机 S3 的 Fa0/2 端口和 S1 的 Fa0/13 端口是根端口，S3 的 Fa0/1 端口和 S1 的 Fa0/14 端口是替换端口，处于阻塞状态。由此可见，对于不同的 VLAN，RSTP 阻塞不同的端口，从而可以很好地实现不同 VLAN 流量的负载均衡。

（2）查看各个 VLAN 的 RSTP 根的相关信息

```
S1#show spanning-tree root
                                  Root    Hello Max Fwd
Vlan             Root ID          Cost    Time  Age Dly  Root Port
---------------- ---------------- ------- ----- --- ---- -----------
VLAN0001         4097 d0c7.89ab.1180   0    2    20   15
VLAN0002         4098 d0c7.89c2.3100   19   2    20   15   Fa0/13
```

以上输出显示了交换机 S1 的 VLAN1 和 VLAN2 的 RSTP 的根 ID、到达根的开销、BPDU 的各个计时器和根端口。

（3）查看各个 VLAN 的 RSTP 阻塞端口

```
S3#show spanning-tree blockedports
Name                     Blocked Interfaces List
----------------------- -------------------------
VLAN0001                 Fa0/2
VLAN0002                 Fa0/1
Number of blocked ports (segments) in the system: 2
```

以上输出显示了交换机 S3 的 VLAN1 和 VLAN2 的 RSTP 的阻塞端口列表和系统中阻塞端口的总数。不同的 VLAN，RSTP 阻塞交换机 S3 的不同的端口，从而可以实现流量的负载分担。

（4）观察 RSTP 的 P/A 工作过程

首先把交换机 S3 的 Fa0/2 端口关闭，在交换机 S2 和 S3 上执行 **debug spanning-tree events** 命令，然后把 S3 的 Fa0/2 端口开启，S2 和 S3 利用 P/A 协商快速收敛的信息如下：

```
S3(config)#interface fastEthernet0/2
S3(config-if)#no shutdown
```

① 交换机 S2 输出信息如下：

```
*Mar  1 03:36:22.502: RSTP(2): initializing port Fa0/15              //初始化端口
*Mar  1 03:36:22.502: RSTP(2): Fa0/15 is now designated              //Fa0/15 现在是指定端口
*Mar  1 03:36:22.511: RSTP(2): transmitting a proposal on Fa0/15     //发送提议
*Mar  1 03:36:22.528: RSTP(2): received an agreement on Fa0/15       //收到同意信息
```

```
*Mar    1 03:36:22.528: STP[2]: Generating TC trap for port FastEthernet0/15         //发送 TC
```

② 交换机 S3 输出信息如下：

```
*Mar    1 03:36:10.440: RSTP(2): initializing port Fa0/2                //初始化端口
*Mar    1 03:36:10.440: RSTP(2): Fa0/2 is now designated                //Fa0/2 现在是指定端口
*Mar    1 03:36:10.448: RSTP(2): transmitting a proposal on Fa0/2       //发送提议
*Mar    1 03:36:10.456: RSTP(2): updt roles, received superior bpdu on Fa0/2
//端口从 S3 收到更优的 BPDU
*Mar    1 03:36:10.456: RSTP(2): Fa0/2 is now root port                 //Fa0/2 现在是根端口
*Mar    1 03:36:10.456: RSTP(2): Fa0/1 blocked by re-root               //通过 RSTP 计算，阻塞 Fa0/1 端口
*Mar    1 03:36:10.456: RSTP(2): synced Fa0/2                           //同步端口
*Mar    1 03:36:10.465: RSTP(2): Fa0/1 is now alternate                 //Fa0/1 现在是替换端口
*Mar    1 03:36:10.465: STP[2]: Generating TC trap for port FastEthernet0/2   //发送 TC
*Mar    1 03:36:10.473: RSTP(2): transmitting an agreement on Fa0/2 as a response to a proposal
//从 Fa0/2 端口发送对提议响应的同意信息
```

10.4.2　实验 4：配置 MSTP

1．实验目的

通过本实验可以掌握：
① MSTP 的作用和工作原理。
② MSTP 的配置和调试方法。

2．实验拓扑

配置 MSTP 实验拓扑如图 10-10 所示。

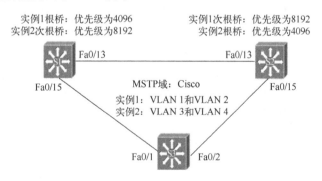

图 10-10　配置 MSTP 实验拓扑

3．实验步骤

MSTP 实例 1 的 VLAN 列表为 VLAN1 和 VLAN2，实例 2 的 VLAN 列表为 VLAN3 和 VLAN4。通过配置 MSTP 实现实例 1 和实例 2 的 MSTP 具有不同的根桥，实现负载分担和快速收敛。交换机 S1 是实例 1 的根桥（优先级为 4096），是实例 2 的次根桥（优先级为 8192）；交换机 S2 是实例 1 的次根桥（优先级为 8192），是实例 2 的根桥（优先级为 4096）。

（1）实验准备

在交换机上创建 VLAN2～VLAN4，将 S1、S2 和 S3 之间的链路配置为 Trunk 模式。此部分配置命令和 10.3.1 实验 1 相同，此处不再给出。

（2）配置 MSTP

① 配置交换机 S1。

```
S1(config)#spanning-tree mode mst              //配置生成树的模式为 MSTP，默认时是 PVST+
S1(config)#spanning-tree mst configuration     //进入 MSTP 的配置模式
S1(config-mst)#name cisco                      //命名 MSTP 的域名
S1(config-mst)#revision 1                      //配置 MST 的 revision 号
S1(config-mst)#instance 1 vlan 1-2             //把 VLAN1 和 VLAN2 映射到实例 1
S1(config-mst)#instance 2 vlan 3-4             //把 VLAN3 和 VLAN4 映射到实例 2
S1(config-mst)#exit                            //要退出配置才能生效
S1(config)#spanning-tree mst 0 priority 4096   //配置 S1 为 MSTP 实例 0 的根桥
S1(config)#spanning-tree mst 1 priority 4096   //配置 S1 为 MSTP 实例 1 的根桥
S1(config)#spanning-tree mst 2 priority 8192   //配置 S1 为 MSTP 实例 2 的次根桥
```

② 配置交换机 S2。

```
S2(config)#spanning-tree mode mst
S2(config)#spanning-tree mst configuration
S2(config-mst)#name cisco
S2(config-mst)#revision 1
S2(config-mst)#instance 1 vlan 1-2
S2(config-mst)#instance 2 vlan 3-4
S2(config-mst)#exit
S2(config)#spanning-tree mst 1 priority 8192   //配置 S2 为 MSTP 实例 1 的次根桥
S2(config)#spanning-tree mst 2 priority 4096   //配置 S2 为 MSTP 实例 2 的根桥
```

③ 配置交换机 S3。

```
S3(config)#spanning-tree mode mst
S3(config)#spanning-tree mst configuration
S3(config-mst)#name cisco
S3(config-mst)#revision 1
S3(config-mst)#instance 1 vlan 1-2
S3(config-mst)#instance 2 vlan 3-4
S3(config-mst)#exit
```

4．实验调试

（1）查看 MSTP 的配置

```
S1#show spanning-tree mst configuration        //查看 MSTP 的配置
Name      [cisco]                              //MSTP 的域名
Revision  1      Instances configured 3        //MSTP 修订级别和实例数量
Instance  Vlans mapped                         //实例和 VLAN 映射关系
--------  ---------------------------------------------------------------------
0         5-4094
```

```
1          1-2
2          3-4
-----------------------------------------------------------------
```
//以上 6 行显示各 MSTP 实例对应的 VLAN,一共有 3 个 MSTP 实例,实例 0 是默认的实例,默认时所有的 VLAN 都映射到该实例上

(2) 查看 MSTP 的信息

① S1#**show spanning-tree mst**
```
##### MST0vlans mapped:    5-4094      //实例 0 和 VLAN 的映射关系
Bridge        address d0c7.89ab.1180   priority    4096   (4096 sysid 0)
```
//交换机 MSTP 实例 0 的 BID 的优先级和 MAC 地址
```
Root         this switch for the CIST       //该交换机是 CIST 的根
Operational    hello time 2, forward delay 15, max age 20, txholdcount 6
Configured     hello time 2, forward delay 15, max age 20, max hops   20
```
//以上 2 行显示配置和实际运行的计时器的值和最大跳数
```
Interface        Role Sts Cost     Prio.Nbr Type
---------------- ---- --- --------- -------- --------------------------------
Fa0/13          Desg FWD 200000    128.15   P2p
Fa0/15          Desg FWD 200000    128.17   P2p
```
//以上 2 行显示端口的角色、状态、开销值、端口 ID 和端口类型,由于该交换机是 CIST 的根桥,所以所有端口都处于转发状态(FWD),端口角色为指定端口,同时 MSTP 中端口开销值的计算采用长整型
```
##### MST1 vlans mapped:    1-2      //实例 1 和 VLAN 的映射关系
Bridge        address d0c7.89ab.1180   priority    4097   (4096 sysid 1)
Root         this switch for MST1          //该交换机是 MSTP 实例 1 的根桥
Interface        Role Sts Cost     Prio.Nbr Type
---------------- ---- --- --------- -------- --------------------------------
Fa0/13          Desg FWD 200000    128.15   P2p
Fa0/15          Desg FWD 200000    128.17   P2p
```
//以上 2 行输出表明该交换机是 MSTP 实例 1 的根桥,所以所有端口都处于转发状态(FWD),端口角色为指定端口,端口类型为 P2p
```
##### MST2vlans mapped:    3-4      //实例 2 和 VLAN 的映射关系
Bridge        address d0c7.89ab.1180   priority    8194   (8192 sysid 2)
Rootaddress d0c7.89c2.3100    priority   4098   (4096 sysid 2)    //实例 2 根桥
            port   Fa0/13           cost      200000    rem hops 19
```
//实例 2 的根端口、从本交换机到达根桥的 Cost 值以及剩余跳数,剩余跳数默认为 20
```
Interface      Role  Sts    Cost     Prio.Nbr  Type
---------------- ---- --- --------- -------- --------------------------------
Fa0/13         Root  FWD   200000    128.15   P2p      //实例 2 的根端口
Fa0/15         Desg  FWD   200000    128.17   P2p
```
② S2#**show spanning-tree mst**
```
##### MST0     vlans mapped:   5-4094
Bridge        address d0c7.89c2.3100   priority    8192   (8192 sysid 0)
Root         address d0c7.89ab.1180   priority    4096   (4096 sysid 0)
             port   Fa0/13           path cost       0
Regional Root address d0c7.89ab.1180   priority    4096   (4096 sysid 0)
                                      internal cost 200000    rem hops 19
Operational    hello time 2, forward delay 15, max age 20, txholdcount 6
Configured     hello time 2, forward delay 15, max age 20, max hops   20
Interface        Role Sts   Cost     Prio.Nbr Type
---------------- ---- --- --------- -------- --------------------------------
```

```
Fa0/13           Root FWD  200000        128.15     P2p
Fa0/15           Desg FWD  200000        128.17     P2p
##### MST1    vlans mapped:   1-2
Bridge           address d0c7.89c2.3100  priority    8193   (8192 sysid 1)
Root             address d0c7.89ab.1180  priority    4097   (4096 sysid 1)
   port   Fa0/13            cost         200000     rem hops 19
Interface       Role  Sts    Cost       Prio.Nbr  Type
---------------- ----  ---  ---------  --------  --------------------------------
Fa0/13          Root  FWD   200000      128.15    P2p
Fa0/15          Desg  FWD   200000      128.17    P2p    //实例 1 的根端口

##### MST2    vlans mapped:   3-4
Bridge           address d0c7.89c2.3100  priority    4098   (4096 sysid 2)
Root             this switch for MST2                  //本交换机是 MSTP 实例 2 的根桥
Interface       Role Sts Cost       Prio.Nbr Type
---------------- ---- --- ---------  -------- --------------------------------
Fa0/13          Desg FWD 200000      128.15    P2p
Fa0/15          Desg FWD 200000      128.17    P2p

③ S3#show spanning-tree mst
##### MST0    vlans mapped:   5-4094
Bridge           address d0c7.89c2.8380  priority    32768 (32768 sysid 0)
Root             address d0c7.89ab.1180  priority    4096  (4096 sysid 0)
                 port    Fa0/1           path cost    0
Regional Root address d0c7.89ab.1180  priority    4096  (4096 sysid 0)
                                          internal cost 200000   rem hops 19
Operational     hello time 2 , forward delay 15, max age 20, txholdcount 6
Configured      hello time 2 , forward delay 15, max age 20, max hops    20
Interface       Role  Sts    Cost       Prio.Nbr  Type
---------------- ----  ---  ---------  --------  --------------------------------
Fa0/1           Root  FWD   200000      64.3      P2p   //MSTP 实例 0 的根端口
Fa0/2           Altn  BLK   200000      64.4      P2p   //在 MSTP 实例 0 中，端口状态为替换
##### MST1    vlans mapped:   1-2
Bridge           address d0c7.89c2.8380  priority    32769 (32768 sysid 1)
Root             address d0c7.89ab.1180  priority    4097  (4096 sysid 1)
                 port    Fa0/1           cost         200000    rem hops 19
Interface       Role Sts  Cost       Prio.Nbr Type
---------------- ---- ---  ---------  -------- --------------------------------
Fa0/1          Root FWD 200000       64.3     P2p   //MSTP 实例 1 的根端口
Fa0/2          Altn BLK 200000       64.4     P2p   //在 MSTP 实例 1 中，端口状态为替换
##### MST2    vlans mapped:   3-4
Bridge           address d0c7.89c2.8380  priority    32770 (32768 sysid 2)
Root             address d0c7.89c2.3100  priority    4098  (4096 sysid 2)
                 port    Fa0/2           cost         200000    rem hops 19
Interface       Role Sts Cost       Prio.Nbr Type
---------------- ---- --- ---------  -------- --------------------------------
Fa0/1          Altn BLK 200000       64.3     P2p   //在 MSTP 实例 2 中，端口状态为替换
Fa0/2          Root FWD 200000       64.4     P2p   //MSTP 实例 2 的根端口
```

以上①、②和③输出信息表明在 MSTP 实例 0 和实例 1 中，交换机 S3 的 Fa0/1 是根端口，S3 的 Fa0/2 是替换端口，处于阻塞状态；在 MSTP 实例 2 中，交换机 S3 的 Fa0/2 是根端口，

S3 的 Fa0/1 是替换端口，处于阻塞状态。由此可见，不同的实例阻塞不同的端口，从而可以很好地实现不同实例的流量的负载均衡。

（3）查看 MSTP 的摘要信息

```
S1#show spanning-tree summary
Switch is in mst mode (IEEE Standard)          //当前 STP 运行的模式
Root bridge for: MST0-MST1                     //本交换机是 MSTP 实例 0 和 1 的根桥
Extended system ID           is enabled        //扩展系统 ID 启用
Portfast Default             is disabled       //没有全局启用 PortFast
PortFast BPDU Guard Default  is disabled       //没有全局启用 BPDU Guard
Portfast BPDU Filter Default is disabled       //没有全局启用 BPDU Filter
Loopguard Default            is disabled       //没有全局启用环路防护
EtherChannel misconfig guard is enabled        //启用以太通道错误配置防护
UplinkFast                   is disabled       //没有启用 UplinkFast
BackboneFast                 is disabled       //没有启用 BackboneFast
Configured Pathcost method used is short (Operational value is long)
//配置的开销计算方法是短整型，实际运行的是长整型
Name                    Blocking Listening Learning Forwarding STP Active
---------------------   -------- --------- -------- ---------- ----------
MST0                       0        0         0         2          2
MST1                       0        0         0         2          2
MST2                       0        0         0         2          2
---------------------   -------- --------- -------- ---------- ----------
3 msts                     0        0         0         6          6
//以上 7 行显示了每个实例中 MSTP 端口状态的数量以及各个状态汇总的数量
```

第 11 章　DHCP 和 VRRP

网络管理员可以通过手动静态或者 DHCP 方式给网络设备（路由器、交换机、计算机、服务器、打印机等）分配 IP 地址。在大规模的网络中，手动静态方式分配 IP 地址会给网络管理员带来很大的负担，而 DHCP 动态分配 IP 地址方式可以减少管理员的工作量，确保 IP 地址分配的连续性和一致性，并且可以提高工作的灵活性。在 IPv4 和 IPv6 网络中均可使用 DHCP 为网络设备分配 IP 地址和 DNS 等信息。VRRP 技术是为客户端分配默认网关最常用的协议。本章首先讨论 DHCPv4 和 DHCPv6 的工作过程、中继代理以及相关配置，然后讨论 VRPP 的工作原理、工作过程、相关术语以及相关配置。

11.1　DHCPv4 概述

11.1.1　DHCPv4 工作过程

企业员工计算机的位置如果经常变化，相应的 IP 地址也必须经常更新，从而导致网络配置越来越复杂。DHCP（Dynamic Host Configuration Protocol，动态主机配置协议）就是为满足这些需求而发展起来的。DHCP 基于 UDP（服务器工作端口号为 67，客户端工作端口为 68）以客户端／服务器模式工作。DHCPv4 提供了为客户端动态分配 IPv4 地址的方法，服务器能够从预先设置的 IPv4 地址池里自动给主机分配 IPv4 地址，它不仅能够保证 IPv4 地址不重复分配，也能及时回收 IPv4 地址以提高 IPv4 地址的利用率。

DHCPv4 的工作过程如下所述。

1. 动态获取 IP 地址过程

DHCPv4 客户端从 DHCPv4 服务器动态获取 IPv4 地址主要分 4 个阶段，图 11-1 所示为客户端动态获取 IPv4 地址过程。

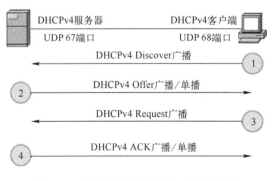

图 11-1　客户端动态获取 IPv4 地址过程

（1）发现（Discover）阶段

发现（Discover）阶段，即 DHCPv4 客户端寻找 DHCPv4 服务器的阶段。DHCPv4 客户端以广播（目的 IPv4 地址为 255.255.255.255）方式（因为 DHCP 服务器的 IPv4 地址对于客户端来说是未知的）发送 DHCPv4 Discover 消息来寻找 DHCPv4 服务器。同一网络中每一台安装了 TCP/IPv4 协议的主机都会接收到这种广播消息，但只有 DHCPv4 服务器才会做出响应。

（2）提供（Offer）阶段

提供（Offer）阶段，即 DHCPv4 服务器提供 IPv4 地址的阶段。在网络中接收到 DHCPv4 Discover 消息的 DHCPv4 服务器都会做出响应，它从地址池尚未分配的 IPv4 地址中挑选一个分配给 DHCPv4 客户端，向 DHCPv4 客户端发送一个包含分配的 IPv4 地址、掩码和其他可选参数的 DHCPv4 Offer 消息。该消息可以是广播消息，也可以是单播消息，取决于客户端发送 DHCPv4 Discover 消息的标志字段的 Broadcast Flag 的值。如果该值为 0x8000，则 DHCPv4 Offer 以广播消息发送；如果该值为 0x0000，则 DHCPv4 Offer 以单播消息发送。一般情况下，计算机发送 DHCPv4 Discover 消息时，Broadcast Flag 的值为 0x0000。

（3）请求（Request）阶段

请求（Request）阶段，即 DHCPv4 客户端选择某台 DHCPv4 服务器提供的 IPv4 地址并向该服务器发送请求消息的阶段。如果有多台 DHCPv4 服务器向 DHCPv4 客户端发送 DHCPv4 Offer 消息，则 DHCP 客户端只选择接收到的第一个 DHCPv4 Offer 消息，然后就以广播方式回答一个 DHCPv4 Request 消息，该消息中包含向它所选定的 DHCPv4 服务器请求 IPv4 地址的内容。之所以要以广播方式回答，是为了捎带通知其他 DHCPv4 服务器，它将选择哪个 DHCPv4 服务器所提供的 IPv4 地址。

（4）确认（ACK）阶段

确认（ACK）阶段，即 DHCPv4 服务器确认所提供的 IPv4 地址的阶段。当 DHCPv4 服务器收到 DHCPv4 客户端发送的 DHCPv4 Request 消息之后，它便向 DHCPv4 客户端发送一个包含它所提供的 IPv4 地址、掩码和其他选项的 DHCPv4 ACK 消息，告诉 DHCPv4 客户端可以使用它所提供的 IPv4 地址，然后 DHCPv4 客户端便将其 TCP/IPv4 协议与网卡绑定。另外，除 DHCPv4 客户端选中的服务器外，其他的 DHCPv4 服务器都将收回曾经为该 DHCPv4 客户端提供的 IPv4 地址。

2．重新登录时 IP 地址的获取

第一次申请获得 IPv4 地址之后，以后当 DHCPv4 客户端每次重新登录网络时，就不需要再发送 DHCPv4 Discover 消息了，而是直接发送包含前一次所分配到的 IPv4 地址的 DHCPv4 Request 消息。当 DHCPv4 服务器收到这一消息后，它会尝试让 DHCPv4 客户端继续使用原来的 IPv4 地址，并回答一个 DHCPv4 ACK 消息。如果此 IPv4 地址已无法再分配给原来的 DHCPv4 客户端使用（比如此 IPv4 地址已分配给其他 DHCPv4 客户端使用），则 DHCPv4 服务器给 DHCPv4 客户端回答一个 DHCPv4 NACK 消息。当原来的 DHCPv4 客户端收到此 DHCPv4 NACK 消息后，它就必须重新发送 DHCPv4 Discover 消息来请求新的 IPv4 地址。

3. IP 地址的租约更新

如果采用动态地址分配策略，则 DHCPv4 服务器分配给客户端的 IPv4 地址有一定的租借期限，当租借期满后服务器会收回该 IPv4 地址。如果 DHCPv4 客户端希望继续使用该地址，需要更新 IPv4 地址租约。在启动时间为租约期限 50%时，DHCPv4 客户端会自动向 DHCPv4 服务器发送更新其 IPv4 地址租约的消息。如果 DHCPv4 服务器应答则租用延期。如果 DHCPv4 服务器始终没有应答（如 DHCPv4 服务器故障），在启动时间为有效租借期的 87.5%时，客户端会与任何一个其他的 DHCPv4 服务器通信，并请求更新它的配置信息。如果客户端不能和所有的 DHCPv4 服务器取得联系，租借时间到后，它必须放弃当前的 IPv4 地址并重新发送一个 DHCPv4 Discover 消息，开始按照上述的 4 个过程重新获取 IPv4 地址。当然，客户端可以主动向服务器发出 DHCPv4 Release 消息，释放当前的 IPv4 地址。DHCPv4 服务器收到该消息后，收回分配的 IPv4 地址。

11.1.2 DHCPv4 中继代理

DHCPv4 客户端通过网络广播消息获得 DHCPv4 服务器的响应后得到 IPv4 地址。但广播消息是不能跨越子网发送的，在图 11-2 中，DHCPv4 客户端 PC1 和 DHCPv4 服务器 Server1 位于不同子网，PC1 如何向 Server1 申请 IPv4 地址呢？解决方案之一就是管理员在所有子网上均增加 DHCPv4 服务器。但是，这样会带来成本和管理上的额外开销。另外一种解决方案就是使用 DHCPv4 中继代理。在中间路由器或者交换机上配置 IOS 帮助地址（Helper Address）功能，该方案使路由器能够将客户端的 DHCPv4 广播消息转发给 DHCPv4 服务器。当路由器转发 DHCPv4 请求消息时，它充当的就是 DHCPv4 中继代理的角色。如果要将路由器 R1 配置成 DHCPv4 中继代理，需要在离客户端最近的接口（本例中是 R1 的 G0/1 接口）使用命令 **ip helper-address** *address* 配置帮助地址。如图 11-2 所示假设路由器 R1 现已配置成 DHCPv4 中继代理，那么它会接收来自 PC1 的 DHCPv4 广播信息并将其转为源地址为 172.16.2.1，目的地址为 172.16.1.100（源端口和目的端口都是 UDP 67）的单播消息转发给 DHCPv4 服务器。

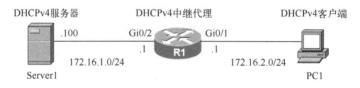

图 11-2 DHCPv4 中继代理

11.2 DHCPv6 概述

DHCPv6 是一个基于客户端/服务器模式用来为工作在 IPv6 网络中的 IPv6 主机分配所需的 IPv6 地址/前缀和其他网络参数的协议。IPv6 主机可以使用无状态地址自动配置（Stateless Address Auto Configuration，SLAAC）方式或 DHCPv6 来获得 IPv6 地址。

11.2.1 SLAAC 简介

SLAAC 是一种可以在没有 DHCPv6 服务器服务的情况下获取 IPv6 全局单播地址的方式。SLAAC 的核心是 ICMPv6，其使用 ICMPv6 的 RS（路由器请求，ICMPv6 类型为 133）和 RA（路由器通告，ICMPv6 类型为 134）来工作，其工作过程如下所述。

① 客户端计算机在 TCP/IPv6 属性中配置为自动获取 IPv6 地址，IPv6 客户端生成链路本地地址并通过 DAD（Duplicate Address Detection，重复地址检测）后，以自己网卡的链路本地地址为源地址，以 FF02::2 组播地址为目的地址发送 RS 来通知本地 IPv6 路由器它需要 RA。

② 开启单播路由功能的路由器收到 RS 后，会立刻以自己发送接口的链路本地地址为源地址，以 FF02::1 组播地址为目的地址发送 RA 来响应，该消息中包含 IPv6 前缀、前缀长度、MTU 和生存期等信息。

③ 客户端收到 RA 后，通过 EUI-64 或者随机方式生成接口 ID，然用收到的 RA 的 IPv6 前缀和前缀长度创建 IPv6 地址。

④ 客户端以全 0 为源地址，以创建的 IPv6 地址的节点请求地址为目的地址发送 NS（邻居请求，ICMPv6 类型为 135），进行 DAD，如果没有收到 NA（邻居通告，ICMPv6 类型为 136），则说明链路上没有客户端使用相同的地址，此时客户端可以使用该 IPv6 地址。

在 ICMPv6 的 RA 的 Flag 字段中，前两位非常重要，分别称为管理地址配置（Managed Address Configuration）位（简称 M 位）和其他配置（Other Configuration）位（简称 O 位）。当 M 位为 1 时，表示链路上的 IPv6 主机采用 DHCPv6 方式获取 IPv6 地址/前缀；当 O 位为 1 时，表示链路上的 IPv6 主机采用 DHCPv6 方式获取除 IPv6 地址/前缀以外的其他网络配置参数。默认情况下，M 位和 O 位都是 0。M 位和 O 位的不同组合代表客户端获取 IPv6 地址的方式，RA 的 Flag 字段的 M 位和 O 位组合及含义如表 11-1 所示。

表 11-1 RA 的 Flag 字段的 M 位和 O 位组合及含义

M 位	O 位	含义说明
0	0	应用于没有 DHCPv6 服务器的环境。主机使用 RA 中的前缀创建 IPv6 单播地址，同时使用手工配置的方式设置 DNS 等其他信息，这种应用称为无状态地址自动配置（SLAAC）
0	1	主机使用 RA 获得的 IPv6 前缀创建 IPv6 地址，同时使用 DHCPv6 来获取除 IPv6 地址/前缀之外的其他网络配置参数，这种应用被称为无状态 DHCPv6
1	0	主机仅使用 DHCPv6 来获得 IPv6 地址/前缀，其他网络配置参数则并不通过 DHCPv6 获得，这种组合没有实际意义，不建议使用
1	1	主机使用 DHCPv6 来配置 IPv6 单播地址/前缀及其他网络配置参数，如 DNS、域名等，这种应用称为有状态 DHCPv6

11.2.2 无状态 DHCPv6 简介

SLAAC 方式只能使得客户端获得 IPv6 地址/前缀和网关信息，其他如 DNS、域名等信息无法获得，但是可以通过 DHCPv6 服务器提供这些网络配置参数，这个过程称为无状态 DHCPv6。在这种方式中，RA 中的 Flag 字段的 M 位为 0，O 位为 1。无状态 DHCPv6 工作过程如下所述。

① 在 IPv6 地址分配前，DHCPv6 客户端生成链路本地地址并通过 DAD 后，以自己网卡的链路本地地址为源地址，以 FF02::2 组播地址为目的地址发送 RS 来通知本地 IPv6 路由器它需要 RA。

② 开启单播路由功能的路由器收到 RS 后,会立刻以自己接口的链路本地地址为源地址,以 FF02::1 组播地址为目的地址发送 RA（M=0,O=1）来响应。

③ DHCPv6 客户端收到的 RA 中 M=0,O=1,则表示 DHCPv6 客户端通过 DHCPv6 无状态方式获取网络配置参数。DHCPv6 客户端使用 RA 中的前缀和前缀长度,以及使用 EUI-64 或随机方式生成的接口 ID 创建其 IPv6 全局单播地址并通过发送 NS 进行 DAD。

④ DAD 通过后,IPv6 客户端以自己的链路本地地址为源地址,以 FF02::1:2 组播地址为目的地址,向 DHCPv6 服务器发送 Information-Request 消息,该消息中携带的 Option Request 选项指定了 DHCPv6 客户端需要从 DHCPv6 服务器获取的配置参数。DHCPv6 消息通过 UDP 承载,客户端监听 UDP 546 端口,服务器监听 UDP 547 端口。

⑤ DHCPv6 服务器收到 Information-Request 消息后,为 DHCPv6 客户端分配网络配置参数,并以自己发送接口的链路本地地址为源地址,以客户端发送 Information-Request 消息的源地址为目的地址单播发送 Reply 消息,将网络配置参数发送给 DHCPv6 客户端。

⑥ DHCPv6 客户端根据收到 Reply 消息提供的参数后,完成无状态 DHCPv6 配置。

11.2.3 有状态 DHCPv6 简介

在有状态 DHCPv6 方式下,RA 会通知 DHCPv6 客户端不使用 RA 中的地址信息,所有地址信息和网络配置参数必须从 DHCPv6 服务器获取。在这种方式中,RA 中的 Flag 字段的 M 位为 1,O 位为 1。有状态 DHCPv6 工作过程如下所述。

① 在 IPv6 地址分配前,DHCPv6 客户端生成链路本地地址并且在通过 DAD 后,以自己网卡的链路本地地址为源地址,以 FF02::2 组播地址为目的地址发送 RS 来通知本地 IPv6 路由器它需要 RA。

② 开启单播路由功能的路由器收到 RS 后,会立刻以自己接口的链路本地地址为源地址,以 FF02::1 组播地址为目的地址发送 RA（M=1,O=1）来响应。

③ DHCPv6 客户端收到的 RA 中 M=1,O=1,表示 DHCPv6 客户端通过 DHCPv6 有状态方式获取 IPv6 地址和网络配置参数。

④ DHCPv6 客户端以自己网卡的链路本地地址为源地址,以 FF02::1:2 组播地址为目的地址发送 Solicit 组播消息,请求 DHCPv6 服务器为其分配 IPv6 地址和网络配置参数。

⑤ 如果 Solicit 消息中没有携带 Rapid Commit 选项,或 Solicit 消息中携带 Rapid Commit 选项,但 DHCPv6 服务器不支持快速分配过程,则 DHCPv6 服务器以自己发送接口的链路本地地址为源地址,以客户端发送 Solicit 消息的源地址为目的地址回复单播 Advertise 消息,通知客户端可以为其分配的 IPv6 地址/前缀和网络配置参数。如果 Solicit 消息中携带 Rapid Commit 选项,并且 DHCPv6 服务器支持快速分配过程,则进入第 7 步,直接回复 Reply 消息,这个快速分配过程称为 DHCPv6 两步交互地址分配。

⑥ 如果 DHCPv6 客户端接收到多个服务器回复的 Advertise 消息,则根据 Advertise 消息中的服务器优先级等参数,选择优先级最高的一台服务器,并向所有的服务器以自己网卡的链路本地地址为源地址,以 FF02::1:2 组播地址为目的地址发送 Request 组播消息,消息中携带已选择的 DHCPv6 服务器的 DUID（DHCP Unique Identifier）。

⑦ DHCPv6 服务器以自己发送接口的链路本地地址为源地址,以客户端发送 Advertise 消息的源地址为目的地址回复单播 Reply 消息,确认将地址/前缀和网络配置参数分配给

客户端使用。

⑧ DHCPv6 客户端根据收到 Reply 消息提供的参数，完成有状态 DHCPv6 配置。

值得注意的是 DHCPv6 两步交互过程常用于网络中只有一个 DHCPv6 服务器的情况，而 DHCPv6 四步交互过程常用于网络中有多个 DHCPv6 服务器的情况。

如果 DHCPv6 服务器和 DHCPV6 客户端位于不同的网络，那么可以将 IPv6 路由器配置为 DHCPv6 中继代理。配置 DHCPv6 中继代理的操作类似于将 IPv4 路由器配置为 DHCPv4 中继的操作。IPv6 路由器或中继代理转发 DHCPv6 消息的过程与 DHCPv4 中继的过程略有不同。请读者自己查找 DHCPv6 中继代理的工作原理，本书不再深入讨论。

11.3 VRRP 概述

11.3.1 VRRP 简介

VRRP（Virtual Router Redundancy Protocol，虚拟路由器冗余协议）是 FHRP（First Hop Redundancy Protocol，第一跳冗余协议）的一种，主要用来解决计算机默认网关问题，可以提高网关冗余性，实现流量负载分担。VRRP 是 IETF 标准协议，基于 IP（协议号 112）工作，使用 224.0.0.18 组播地址发送消息。使用 VRRP 的条件是系统中有多台路由器组成一个备份组，备份组由一个 Master（主）路由器和多个 Backup（备）路由器组成，这个组形成一台虚拟路由器，在任一时刻，一个组内由 Master 路由器来响应 ARP 请求及转发数据包。如果 Master 路由器发生了故障，将从 Backup 路由器中选举一个新的 Master 路由器，接替它的工作，继续实现数据转发功能。但是在本网络内的主机看来，虚拟路由器没有改变，所以主机仍然保持与网关的连接，没有受到故障的影响，因此 VRRP 实际上也可以看作一种容错协议，它保证当主机的下一跳路由器坏掉时，可以及时由另一台路由器来代替，从而保持通信的连续性和可靠性。在实际应用中，局域网中可能有多个备份组，例如，为每个 VLAN 创建一个备份组，每个备份组都有一台虚拟路由器，通过把 VLAN 分布到不同的备份组，而不同的备份组选择不同的 Master 路由器，可以实现流量负载分担。

11.3.2 VRRP 术语

下面的术语对于理解 VRRP 技术非常重要。

（1）虚拟路由器（Virtual Router）

虚拟路由器由一组有相同 VRID（虚拟路由器标识）的路由器组成，这组路由器称为备份组。虚拟路由器有自己的虚拟 IP 地址和虚拟 MAC 地址，虚拟 MAC 地址格式为 0000.5e00.01XX，其中 XX 表示组号，意味着 VRRP 最多支持 255 个组。局域网内的主机将虚拟路由器的 IP 地址设置为默认网关。

（2）主路由器（Master Router）

在一个 VRRP 组中，只有一台路由器被选为主路由器，负责响应组内主机发送的 ARP 请求并转发发送到虚拟路由器 MAC 地址的数据包。

（3）备份路由器（Backup Router）

备份路由器会监听主路由器周期性发送的通告（Advertisement）消息（默认发送周期为 1 秒），如果备份路由器在失效时间间隔（Down Interval）（默认为 3 秒）内无法接收到主路由器发送的通告消息，就认为主路由器发生了故障，将进行新一轮的主路由器选举。一个 VRRP 组可以有多台备份路由器。

（4）VRRP 版本

VRRP 的现有 VRRPv2 和 VRRPv3 两个版本。其中，VRRPv2 只支持 IPv4，VRRPv3 同时支持 IPv4 和 IPv6。

（5）VRRP 优先级（Priority）和选举原则

VRRP 协议利用优先级决定哪个路由器成为主路由器。如果一台路由器的优先级比其他路由器的优先级高，则该路由器成为主路由器。如果优先级相同，端口 IP 地址大的路由器成为主路由器，默认优先级是 100，范围为 0~255，可配置范围为 1~254，其中，优先级 0 保留给路由器放弃 Master 地位时使用，优先级 255 保留给 IP 地址拥有者（接口 IP 地址与虚拟 IP 地址相同的路由器被称为 IP 地址拥有者）使用；当虚拟 IP 地址就是物理接口真实 IP 地址时，其优先级始终为 255。

（6）VRRP 抢占（Preempt）

开启 VRRP 抢占功能的主要目的是为了实现网关冗余，当主路由器出现故障时，备份路由就会抢占成为主路由器。默认情况下，VRRP 抢占功能是开启的。配置 VRRP 抢占功能可确保任何时候优先级高的备份路由器成为主路由器。VRRP 工作方式分为非抢占方式和抢占方式两种。

① VRRP 非抢占方式：如果备份路由器工作在非抢占方式下，则只要主路由器没有出现故障，备份路由器即使随后被配置了更高的优先级也不会成为主路由器。

② VRRP 抢占方式：如果备份路由器工作在抢占方式下，当它收到 VRRP 通告消息后，会将自己的优先级与通告消息中的优先级进行比较。如果自己的优先级比当前的主路由器的优先级高，就会主动抢占成为主路由器；否则，将保持 Backup 状态。VRRP 默认方式是抢占方式，延迟时间为 0，即立即抢占。

（7）VRRP 定时器

VRRP 定时器有三个：通告间隔定时器、时滞时间定时器和主用失效时间间隔定时器。

① 通告间隔（Advertisement Interval）定时器：VRRP 备份组中的 Master 路由器会定时发送 VRRP 通告消息，通知备份组内的路由器自己工作正常。用户可以通过设置 VRRP 定时器来调整 Master 路由器发送 VRRP 通告消息的时间间隔，默认为 1 秒。

② 时滞时间（Skew Time）定时器：该值的计算方式为（256-优先级 / 256），单位为秒。

③ 主用失效时间间隔（Master Down Interval）定时器：如果 Backup 路由器在等待了 3 个通告间隔时间后，依然没有收到 VRRP 通告消息，则认为自己是 Master 路由器，并对外发送 VRRP 通告数据包，重新进行 Master 路由器的选举。Backup 路由器并不会立即抢占成为 Master，而是等待一定时间（时滞时间）后，才会对外发送 VRRP 通告消息取代原来的 Master 路由器，因此该定时器值=3×通告时间间隔+（256-优先级 / 256）秒。

(8) VRRP 端口跟踪

端口跟踪特性能够使路由器根据端口状态调整 VRRP 组的优先级。当被跟踪的关键对象（主路由器）变为不可用时，主路由器 VRRP 优先级会降低，这可能使其放弃主路由器的角色。被跟踪的关键对象故障恢复后，VRRP 的优先级会自动恢复原值，因此又可以通过抢占成为主路由器。

11.3.3 VRRP 工作机制

VRRP 的工作机制如下所述。

① 备份组中的路由器根据优先级选举出主路由器，主路由器通过发送免费 ARP 消息，将自己的虚拟 MAC 地址通告给与它连接的主机，从而承担其响应主机 ARP 请求和转发数据任务。

② 主路由器周期性发送 VRRP 通告消息，以通告其配置信息（优先级等）和工作状况。

③ 如果主路由器出现故障，虚拟路由器中的备份路由器将根据优先级重新选举新的主路由器。

④ 当虚拟路由器状态切换时，主路由器由一台设备切换为另外一台设备，新的主路由器只是简单地发送一个携带虚拟路由器 MAC 地址和虚拟 IP 地址信息的免费 ARP 消息，这样就可以更新与它连接的主机中的 ARP 相关信息，网络中的主机感知不到主路由器已经切换为另外一台设备。

⑤ 当备份路由器的优先级高于主路由器时，由备份路由器的工作方式（抢占方式和非抢占方式）决定是否重新选举主路由器。

11.4 配置 DHCP 服务

11.4.1 实验 1：配置 DHCPv4 服务

1. 实验目的

通过本实验可以掌握：
① DHCPv4 的工作原理和工作过程。
② 配置 DHCPv4 服务器的方法。
③ 配置 DHCPv4 中继的方法。
④ 配置 DHCPv4 客户端的方法。

2. 实验拓扑

配置 DHCPv4 服务实验拓扑如图 11-3 所示。本实验中，R1 是 DHCPv4 服务器，负责向 PC11 和 PC21 所在网络的主机动态分配 IPv4 地址，所以 R1 上需要定义两个地址池。同时，需要为 Web Server 分配固定地址 172.16.1.200，为 FTP Server 分配固定地址 172.16.2.200。整个网络运行 OSPF 路由协议，确保整个网络 IP 的连通性。

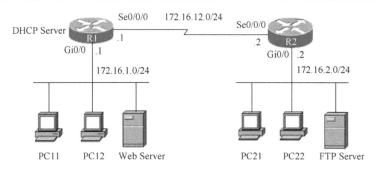

图 11-3 配置 DHCPv4 服务实验拓扑

3．实验步骤

（1）配置路由器 R1

```
R1(config)#interface gigabitEthernet0/0
R1(config-if)#ip address 172.16.1.1 255.255.255.0
R1(config)#interface serial0/0/0
R1(config-if)#ip address 172.16.12.1 255.255.255.0
R1(config)#router ospf 1
R1(config-router)#router-id 1.1.1.1
R1(config-router)#network 172.16.1.1 0.0.0.0 area 0
R1(config-router)#network 172.16.12.1 0.0.0.0 area 0
R1(config)#service dhcp                              //开启 DHCPv4 服务，路由器默认开启
R1(config)#no ip dhcp conflict logging               //取消地址冲突记录日志
R1(config)#ip dhcp pool POOL_1                       //定义第一个地址池
R1(dhcp-config)#network 172.16.1.0 /24               //地址池的网络和掩码长度
R1(dhcp-config)#default-router 172.16.1.1
//默认网关，该地址要和相应网络所连接的路由器的以太网接口地址相同，可以配置多个
R1(dhcp-config)#domain-name cisco.com                //域名
R1(dhcp-config)#netbios-name-server 172.16.1.2       //WINS 服务器，可以配置多个
R1(dhcp-config)#dns-server 172.16.1.3                //DNS 服务器，可以配置多个
R1(dhcp-config)#option 150 ip 172.16.1.4             //TFTP 服务器
R1(dhcp-config)#lease infinite                       //租期无限长，默认为 86400 秒
R1(config)#ip dhcp excluded-address 172.16.1.1 172.16.1.4   //排除地址池中已经使用地址
R1(config)#ip dhcp pool POOL_2                       //定义第二个地址池
R1(dhcp-config)#network 172.16.2.0 255.255.255.0
R1(dhcp-config)#default-router 172.16.2.2
R1(dhcp-config)#domain-name szpt.net
R1(dhcp-config)#netbios-name-server 172.16.1.2
R1(dhcp-config)#dns-server 172.16.1.3
R1(dhcp-config)#option 150 ip 172.16.1.4
R1(dhcp-config)#lease infinite
R1(dhcp-config)#exit
R1(config)#ip dhcp excluded-address 172.16.2.2
R1(config)#ip dhcp pool webserver                    //定义第三个地址池
R1(dhcp-config)#host 172.16.1.200 255.255.255.0      //配置固定分配给 Web Server 的 IPv4 地址
R1(dhcp-config)#client-identifier 016C.E873.C1AB.04  //配置 Web Server 的标识符
```

第 11 章　DHCP 和 VRRP

```
R1(dhcp-config)#exit
R1(config)#ip dhcp pool ftpserver                    //定义第四个地址池
R1(dhcp-config)#host 172.16.2.200 255.255.255.0      //配置固定分配给 FTP Server 的 IPv4 地址
R1(dhcp-config)#client-identifier 0100.5056.C000.01  //配置 FTP Server 的标识符
R1(dhcp-config)#exit
R1(config)#ip dhcp relay information trust-all
//配置基于 IOS 的 DHCPv4 Server 能够接收 option 82 选项的 DHCPv4 数据包
```

（2）配置路由器 R2

```
R2(config)#interface gigabitEthernet0/0
R2(config-if)#ip address 172.16.2.2 255.255.255.0
R2(config-if)#ip helper-address 172.16.12.1     //配置帮助地址，完成 DHCPv4 中继功能
R2(config-if)#no shutdown
R1(config)#interface serial0/0/0
R1(config-if)#ip address 172.16.12.2 255.255.255.0
R1(config-if)#no shutdown
R2(config)#router ospf 1
R2(config-router)#router-id 2.2.2.2
R2(config-router)#network 172.16.1.2 0.0.0.0 area 0
R2(config-router)#network 172.16.21.2 0.0.0.0 area 0
```

（3）设置 Windows 客户端

首先在 Windows 下把 TCP/IPv4 地址设置为自动获得，如果 DHCPv4 服务器还提供 DNS、WINS 等，也把它们设置为自动获得。

4．实验调试

（1）Windows 客户端测试

```
C:\>ipconfig /release         //释放 IP 地址
   Ethernet adapter 本地连接:
   Connection-specific DNS Suffix  . :
   IP Address. . . . . . . . . . . . : 0.0.0.0
   Subnet Mask . . . . . . . . . . . : 0.0.0.0
   Default Gateway . . . . . . . . . :
C:\>ipconfig /renew           //动态获取 IP 地址
   Windows IP Configuration
   Ethernet adapter 本地连接:
      Connection-specific DNS Suffix  . : cisco.com
      IP Address. . . . . . . . . . . . : 172.16.1.5
      Subnet Mask . . . . . . . . . . . : 255.255.255.0
      Default Gateway . . . . . . . . . : 172.16.1.1
C:\>ipconfig /all             //主机通过 DHCPv4 获得的更为详细的信息
   Windows IP Configuration
   Ethernet adapter 本地连接:
      Connection-specific DNS Suffix  . : cisco.com
      Description . . . . . . . . . . . : Intel(R) PRO/1000 EB Network Connection with
```

```
            I/O Acceleration
                Physical Address. . . . . . . .    : 00-15-17-2F-95-E0
                DHCP Enabled. . . . . . . . . .    : Yes    //IP 地址通过 DHCP 方式获得
                Autoconfiguration Enabled . . . .  : Yes
                IP Address. . . . . . . . . . . .  : 172.16.1.5
                Subnet Mask . . . . . . . . . .    : 255.255.255.0
                Default Gateway . . . . . . . .    : 172.16.1.1
                DHCP Server . . . . . . . . . .    : 172.16.1.1
                DNS Servers . . . . . . . . . .    : 172.16.1.3
                Primary WINS Server . . . . . .    : 172.16.1.2
                Lease Obtained. . . . . . . . .    : 2019 年 3 月 10 日 17:31:20
                Lease Expires . . . . . . . . .    : 2038 年 1 月 19 日 11:14:07
```

（2）查看 DHCPv4 地址池信息

```
        R1#show ip dhcp pool
        Pool POOL_1 :
            Utilization mark (high/low)      : 100 / 0
            //地址池使用的下限和上限阈值，可以通过命令 utilization mark 修改阈值
            Subnet size (first/next)         : 0 / 0
            Total addresses                  : 254      //地址池中共计 254 个 IP 地址
            Leased addresses                 : 2        //已经分配出去 2 个 IP 地址
            Pending event                    : none
            1 subnet is currently in the pool :         //当前地址池中有一个子网
            Current index        IP address range                  Leased addresses
            172.16.1.7           172.16.1.1       - 172.16.1.254         2
            //下一个将要分配的地址、地址池的范围以及分配出去的地址的个数
        Pool POOL_2 :
            Utilization mark (high/low)      : 100 / 0
            Subnet size (first/next)         : 0 / 0
            Total addresses                  : 254
            Leased addresses                 : 2
            Pending event                    : none
            1 subnet is currently in the pool :
            Current index        IP address range                  Leased addresses
            172.16.2.4           172.16.2.1       - 172.16.2.254         2
        Pool POOL_WebServer :   //该地址池只有一个地址，固定分配给 Web 服务器
            Utilization mark (high/low)      : 100 / 0
            Subnet size (first/next)         : 0 / 0
            Total addresses                  : 1
            Leased addresses                 : 1
            Pending event                    : none
            0 subnet is currently in the pool :
            Current index        IP address range                  Leased addresses
            172.16.1.200         172.16.1.200     - 172.16.1.200         1
        Pool POOL_FTPServer :   //该地址池只有一个地址，固定分配给 FTP 服务器
            Utilization mark (high/low)      : 100 / 0
            Subnet size (first/next)         : 0 / 0
            Total addresses                  : 1
```

```
Leased addresses            : 1
Pending event               : none
0 subnet is currently in the pool :
Current index       IP address range                Leased addresses
172.16.2.200        172.16.2.200    - 172.16.2.200  1
```

（3）查看 DHCPv4 的 IP 地址绑定情况

```
R1#show ip dhcp binding
Bindings from all pools not associated with VRF:
IP address      Client-ID/              Lease expiration    Type
                Hardware address/
                User name
172.16.1.200    016C.E873.C1AB.04       Infinite            Manual      //固定分配
172.16.2.200    0100.5056.C000.01       Infinite            Manual
172.16.1.5      0100.1517.2f95.e0       Infinite            Automatic   //自动分配
172.16.1.6      0100.0c29.8a20.f1       Infinite            Automatic
172.16.2.1      0100.1517.2f99.e0       Infinite            Automatic
172.16.2.3      0100.0c29.8a4e.f1       Infinite            Automatic
```

以上输出表明 DHCP 服务器手工和自动分配给客户端的 IP 地址以及所对应的客户端的标识符（Client-Identifier）。其中 Client-Identifier 是 DHCP 客户端发给服务器的标识符，由硬件类型代码加上主机的 MAC 地址组成。在以上输出中，可以看到 Client-Identifier 中以太网的硬件类型代码为 0x01，对于更多的硬件类型代码请参考 RFC 3232 中的 Number Hardware Type 部分。

（4）查看 DHCPv4 中继地址

```
R2#show ip interface gigabitEthernet0/0
    GigabitEthernet0/0 is up, line protocol is up
    Internet address is 172.16.2.2/24
    Broadcast address is 255.255.255.255
    Address determined by setup command
    MTU is 1500 bytes
    Helper address is 172.16.12.1      //DHCP 中继地址
    （此处省略部分输出）
```

从以上输出看到路由器 R2 的 **Gi0/0** 接口配置了帮助地址 172.16.12.1。

（5）查看 DHCPv4 服务器的统计信息

```
R1#show ip dhcp server statistics
    Memory usage         155853     //使用内存
    Address pools        4          //地址池数量
    Database agents      0
    Automatic bindings   4          //自动绑定的数量
    Manual bindings      2          //手工绑定的数量
    Expired bindings     0          //过期绑定的数量
    Malformed messages   0
    Secure arp entries   0
    Message              Received   //收到的信息
```

```
BOOTREQUEST           0
DHCPDISCOVER          93      //收到 93 个 DHCPv4DISCOVER 信息
DHCPREQUEST           27      //收到 27 个 DHCPv4REQUEST 信息
DHCPDECLINE           0       //收到 0 个 DHCPv4DECLINE（DHCP 拒绝，当发现地址冲突时）信息
DHCPRELEASE           21      //收到 21 个 DHCPv4RELEASE（地址释放请求）信息
DHCPINFORM            0       //收到 0 个 DHCPv4INFORM（DHCP 通知）信息
Message               Sent    //发送信息
BOOTREPLY             0
DHCPOFFER             80      //发送 80 个 DHCPv4OFFER 信息
DHCPACK               27      //发送 27 个 DHCPv4ACK 信息
DHCPNAK               0
```

11.4.2　实验 2：配置无状态 DHCPv6 服务

1．实验目的

通过本实验可以掌握：
① 无状态 DHCPv6 的工作原理和工作过程。
② 配置无状态 DHCPv6 服务器和客户端的方法。

2．实验拓扑

配置无状态 DHCPv6 服务实验拓扑如图 11-4 所示。本实验中，路由器 R1 作为 DHCPv6 服务器，R2 作为 DHCPv6 客户端，Gi0/0 接口通过 RA 获得 IPv6 地址／前缀，通过 DHCPv6 服务器获得 DNS 和域名信息，实现无状态 DHCPv6 配置。

图 11-4　配置无状态 DHCPv6 服务实验拓扑

3．实验步骤

（1）配置路由器 R1

```
R1(config)#ipv6 unicast-routing                      //启用 IPv6 路由
R1(config)#ipv6 dhcp pool DHCPv6_Stateless           //配置 DHCPv6 地址池
R1(config-dhcpv6)#dns-server 2020:1212::1111         //配置 DNS 服务器地址
R1(config-dhcpv6)#domain-name cisco.com              //配置域名
R1(config-dhcpv6)#exit
R1(config)#interface GigabitEthernet0/0
R1(config-if)#ipv6 address 2020:1212::1/64
R1(config-if)#ipv6 dhcp server DHCPv6_Stateless
//在接口上启用 DHCPv6 功能，并将 DHCPv6 地址池绑定在接口上
R1(config-if)#ipv6 nd other-config-flag
//将 ICMPv6 的 RA 中的 Flag 字段中的 O（Other Configuration）位置 1，此接口发送的 RA 声明无
状态 DHCPv6 服务器提供其他信息
```

（2）配置路由器 R2

```
R2(config)#interface gigabitEthernet0/0
R2(config-if)#ipv6 enable
//在接口上启用 IPv6 功能会自动创建链路本地地址
R2(config-if)#ipv6 address autoconfig
//使用 SLAAC 方式配置接口 IPv6 地址、前缀长度和默认网关，随后使用接收到的 RA 通知客户端路由器使用无状态 DHCPv6 配置其他网络参数
```

4．实验调试

（1）查看 DHCPv6 地址池及其参数

```
R1#show ipv6 dhcp pool
    DHCPv6 pool: DHCPv6_Stateless      //DHCPv6 地址池名字
    DNS server: 2020:1212::1111         //DHCPv6 DNS 地址
    Domain name: cisco.com               //DHCPv6 域名
    Active clients: 0                    //活动客户端数量
```

以上输出显示了 DHCPv6 地址池的名字及相关参数，因为客户端 IPv6 地址是通过 SLAAC 方式获得的，DHCPv6 服务器没有从该地址池中分配地址给客户端，所以 Active clients 是 0。

（2）查看 IPv6 接口信息

```
R2#show ipv6 interface gigabitEthernet0/0
GigabitEthernet0/0 is up, line protocol is up
    IPv6 is enabled, link-local address is FE80::C802:39FF:FEA8:8
//接口启用 IPv6 功能，自动生成链路本地地址
    No Virtual link-local address(es):
    Stateless address autoconfig enabled    //启用无状态地址自动配置
    Global unicast address(es):
        2020:1212::C802:39FF:FEA8:8, subnet is 2020:1212::/64 [EUI/CAL/PRE]
//全局单播地址、前缀/长度和生成方式，其中 EUI、CAL 和 PRE 的含义如下所述。
① EUI：IPv6 地址是通过 EUI-64 方式生成的。
② CAL：是单词 Calendar 的前三个字母，表示该地址具有有效生存期和首选生存期。
③ PRE：是单词 Preferred 的前三个字母，表示该地址处于首选生存期内
        valid lifetime 2591948 preferred lifetime 604748    //有效生存期和首选生存期
（此处省略部分输出）
    Default router is FE80::C801:43FF:FED4:8 on GigabitEthernet0/0    //默认网关
```

【技术要点】

① 有效生存期：用无状态自动配置获得的 IPv6 地址保持有效状态的时间，单位为秒，默认为 30 天，即 2592000 秒，超过该时间，IPv6 地址被认为无效。

② 首选生存期：必须小于或等于有效生存期，单位为秒，默认为 7 天，即 604800 秒。该生存期到期后，IPv6 地址不能主动去建立新的连接，但可以在有效生存期没过期之前接受别的连接。通常用于前缀重新编址。

（3）查看客户端与服务器之间交换的 DHCPv6 详细消息

```
R1#debug ipv6 dhcp detail
    IPv6 DHCP debugging is on (detailed)
  *May  3 23:59:15.251: IPv6 DHCP: Received INFORMATION-REQUEST from FE80::C802:
39FF:FEA8:8 on GigabitEthernet0/0   //收到来自 DHCPv6 客户端的 INFORMATION-REQUEST 消息
  *May  3 23:59:15.255: IPv6 DHCP: detailed packet contents   //详细的数据包内容
  *May  3 23:59:15.255:    src FE80::C802:39FF:FEA8:8 (GigabitEthernet0/0)
  *May  3 23:59:15.259:    dst FF02::1:2
//该组播地址是给所有的 DHCPv6 中继代理和服务器使用的
  *May  3 23:59:15.259:    type INFORMATION-REQUEST(11), xid 5759746
  *May  3 23:59:15.259:    option ELAPSED-TIME(8), len 2
  *May  3 23:59:15.263:      elapsed-time 0
  *May  3 23:59:15.263:    option CLIENTID(1), len 10
  *May  3 23:59:15.267:      00030001CA0239A80006
  *May  3 23:59:15.267:    option ORO(6), len 6
  *May  3 23:59:15.267:      DNS-SERVERS,DOMAIN-LIST,INFO-REFRESH
//以上 10 行是 INFORMATION-REQUEST 消息的内容，包括源地址和目的地址、消息类型以
及 3 个选项的 TLV（类型／长度／值）
  *May  3 23:59:15.279: IPv6 DHCP: Using interface pool DHCPv6_Stateless   //使用地址池的名字
  *May  3 23:59:15.283: IPv6 DHCP: Sending REPLY to FE80::C802:39FF:FEA8:8 on
GigabitEthernet0/0   //单播发送 REPLY 包
  *May  3 23:59:15.283: IPv6 DHCP: detailed packet contents
  *May  3 23:59:15.283:    src FE80::C801:43FF:FED4:8
  *May  3 23:59:15.287:    dst FE80::C802:39FF:FEA8:8 (GigabitEthernet0/0)
  *May  3 23:59:15.287:    type REPLY(7), xid 5759746
  *May  3 23:59:15.291:    option SERVERID(2), len 10
  *May  3 23:59:15.291:      00030001CA0143D40006
  *May  3 23:59:15.295:    option CLIENTID(1), len 10
  *May  3 23:59:15.295:      00030001CA0239A80006
  *May  3 23:59:15.295:    option DNS-SERVERS(23), len 16
  *May  3 23:59:15.299:      2020:1212::1111
  *May  3 23:59:15.299:    option DOMAIN-LIST(24), len 11
  *May  3 23:59:15.299:      cisco.com
//以上 12 行是 REPLY 消息的内容，包括源地址和目的地址、消息类型及 4 个选项的 TLV（类型／长度／值）
```

（4）查看 IPv6 路由

```
R2#show ipv6 route  （此处省略路由代码部分）
ND   ::/0 [2/0]
     via FE80::C801:1AFF:FE84:8, GigabitEthernet0/0
NDp  2020:1212::/64 [2/0]
     via GigabitEthernet0/0, directly connected
L    2020:1212::C802:EFF:FEF8:8/128 [0/0]
     via GigabitEthernet0/0, receive
```

以上输出表明路由器 R2 的 Gi0/0 接口在通过 SLAAC 获得 IPv6 地址时，会在路由表中

生成 3 条路由条目，第 1 条是管理距离为 2 的 **ND** 默认路由，第 2 条是 R1 的 Gi0/0 接口发送 RA 前缀的管理距离为 2 的 **NDp** 路由，第 3 条是该接口 IPv6 地址的 L（本地）路由。

（5）查看主机的 IPv6 地址和网络参数

```
R1#show ipv6 interface gigabitEthernet0/0 | begin Host
    Hosts use stateless autoconfig for addresses.    //主机使用 SLAAC 方式获得 IPv6 地址
    Hosts use DHCP to obtain other configuration.    //主机使用 DHCPv6 配置其他网络参数
```

（6）查看 DHCPv6 相关信息

```
R2#show ipv6 dhcp interface GigabitEthernet0/0
    GigabitEthernet0/0 is in client mode      //接口是 DHCPv6 客户端模式
    Prefix State is IDLE (0)    //前缀状态为 IDLE，说明没有通过 DHCPv6 服务器获得前缀
    Information refresh timer expires in 23:14:11
    Address State is IDLE       //地址状态为 IDLE，说明没有通过 DHCPv6 服务器获得 IPv6 地址
    List of known servers:      //列出知晓的 DHCPv6 服务器
      Reachable via address: FE80::C801:43FF:FED4:8
      DUID: 00030001CA0143D40006 //DUID（DHCP Unique Identifier，DHCP 唯一标识符）
      Preference: 0             //优先级默认为 0
      Configuration parameters: //通过 DHCPv6 服务器配置的网络参数
        DNS server: 2020:1212::1111
        Domain name: cisco.com
        Information refresh time: 0
    Prefix Rapid-Commit: disabled    //未启用前缀快速交换
    Address Rapid-Commit: disabled   //未启用地址快速交换
```

11.4.3　实验 3：配置有状态 DHCPv6 服务

1．实验目的

通过本实验可以掌握：
① 有状态 DHCPv6 的工作原理和工作过程。
② 配置有状态 DHCPv6 服务器和客户端的方法。
③ 配置 DHCPv6 中继代理的方法。

2．实验拓扑

配置有状态 DHCPv6 服务实验拓扑如图 11-5 所示。本实验中，路由器 R1 作为 DHCPv6 服务器，R2 作为 DHCPv6 中继代理，R3 作为 DHCPv6 客户端。R3 的 Gi0/1 接口通过 DHCPv6 服务器获得地址／前缀、DNS 和域名信息，实现有状态 DHCPv6 配置。整个网络配置 OSPFv3 路由协议保证 IPv6 的连通性。

图 11-5　配置有状态 DHCPv6 服务实验拓扑

3. 实验步骤

(1) 配置路由器 R1

```
R1(config)#ipv6 unicast-routing                        //启用 IPv6 路由
R1(config)#ipv6 dhcp pool DHCPv6_Stateful              //配置 DHCPv6 地址池
R1(config-dhcpv6)#address prefix 2020:2323::/64 lifetime infinite infinite
//配置 DHCPv6 服务器 IPv6 地址池、有效时间和首选时间（单位为秒）
R1(config-dhcpv6)#dns-server 2020:1212::1111           //配置 DNS 服务器地址
R1(config-dhcpv6)#domain-name cisco.com                //配置域名
R1(config-dhcpv6)#exit
R1(config)#ipv6 router ospf 1                          //启动 OSPFv3 进程，进程号为 1
R1(config-rtr)#router-id 1.1.1.1
R1(config)#interface GigabitEthernet0/0
R1(config-if)#ipv6 address 2020:1212::1/64
R1(config-if)#ipv6 ospf 1 area 0
R1(config-if)#ipv6 dhcp server DHCPv6_Stateful preference 100
//在接口上启用 DHCPv6 功能，并将 DHCPv6 地址池绑定在接口上，参数 preference 指定服务器
优先级，范围为 0~255，默认 0，还可以通过 rapid-commit 启动快速分配过程
R1(config-if)#ipv6 nd managed-config-flag   //将 ICMPv6 的 RA 中 Flag 字段的 M（Managed Address
Configuration）位置 1，此接口发送的 RA 声明 DHCPv6 客户端不使用 SLAAC，而要从有状态 DHCPv6 服务
器获取 IPv6 地址 / 前缀和所有网络配置参数
```

(2) 配置路由器 R2

```
R2(config)#ipv6 unicast-routing
R2(config)#ipv6 router ospf 1                          //启动 OSPFv3 进程
R2(config-rtr)#router-id 2.2.2.2
R2(config)#interface GigabitEthernet0/0
R2(config-if)#ipv6 address 2020:1212::2/64
R2(config-if)#ipv6 ospf 1 area 0
R2(config)#interface GigabitEthernet0/1
R2(config-if)#ipv6 address 2020:2323::2/64
R2(config-if)#ipv6 ospf 1 area 0
R2(config-if)#ipv6 dhcp relay destination 2020:1212::1
//配置 DHCPv6 中继代理，转发来自 DHCPv6 客户端或 DHCPv6 服务器的 DHCPv6 数据包
```

(3) 配置路由器 R3

```
R3(config)#interface gigabitEthernet0/1
R3(config-if)#ipv6 enable
//在接口上启用 IPv6 功能会自动创建链路本地地址，作为发送 DHCPv6 消息的源地址
R3(config-if)#ipv6 address dhcp    //使路由器该接口等同于 DHCPv6 客户端，使用有状态 DHCPv6
配置 IPv6 地址和其他网络参数，还可以通过 rapid-commit 参数启动快速分配过程
```

4. 实验调试

(1) 查看 DHCPv6 地址池及其参数

① R1#**show ipv6 dhcp pool**
DHCPv6 pool: DHCPv6_Stateful   //DHCPv6 地址池名字
    Address allocation prefix: 2020:2323::/64 valid 4294967295 preferred 4294967295 (**1 in use**, 0

conflicts)　//地址池中分配 IPv6 地址的前缀/长度、有效生存期和首选生存期以及已经从地址池中被分配出去的地址和地址冲突的情况

    DNS server: 2020:1212::1111　　　　//DNS 服务器
    Domain name: cisco.com　　　　　　//域名
    Active clients: 1　　　　　　　　　//活动客户端的数量
② R1#**show ipv6 interface gigabitEthernet0/0 | begin Hosts**
  Hosts use **DHCP to obtain routable addresses**.　　//主机使用 DHCPv6 提供可路由的地址

（2）查看 DHCPv6 的 IPv6 地址绑定情况

  R1#**show ipv6 dhcp binding**
  Client: FE80::C803:2FFF:FEAC:1C　　//DHCPv6 客户端链路本地地址
   DUID: 00030001CA032FAC0006　　// DHCPv6 服务器的 DUID
   Username : unassigned
   VRF : default
   IA NA: **IA ID** 0x00050001, **T1** 43200, **T2** 69120
//身份管理标识符（Identity Association Identifier）和地址/前缀租约的 T1 和 T2 时间
    Address: 2020:2323::3D21:3D2F:4DAC:136D　　　//地址池中已分配出去的 IPv6 地址
      preferred lifetime INFINITY, valid lifetime INFINITY,　//首选生存期和有效生存期

（3）查看 DHCPv6 接口信息

  ① R1#**show ipv6 dhcp interface**
  GigabitEthernet0/0 is in **server mode**　　//接口是 DHCPv6 服务器模式
   Using pool: DHCPv6_Stateful　　　　//DHCPv6 使用的地址池名字
   Preference value: 100　　　　　　　// DHCPv6 服务器优先级
   Hint from client: ignored
   Rapid-Commit: disabled　　　　　　//没有启用快速交换过程
  ② R2#**show ipv6 dhcp interface**
  GigabitEthernet0/1 is in **relay mode**　　//接口是 DHCPv6 中继模式
   Relay destinations:　　　　　　　　// DHCPv6 中继目的地址
    2020:1212::1
  ③ R3#**show ipv6 dhcp interface**
  GigabitEthernet0/1 is in **client mode**　　//接口是 DHCPv6 客户端模式
   Prefix State is IDLE　　　　　　　　//前缀状态为 IDLE
   Address State is **OPEN**　　//地址状态为 OPEN，说明通过 DHCPv6 服务器获得 IPv6 地址
   Renew for address will be sent in 11:34:20　　//IPv6 地址 Renew 数据包发送时间
   List of known servers:　　　　//列出知晓的 DHCPv6 服务器
    Reachable via address: FE80::C802:39FF:FEA8:1C
   //经过路由器 R2 的 Gi0/1 接口的链路本地地址到达 DHCPv6 服务器
    DUID: 00030001CA0143D40006　　//DHCPv6 客户端的 DUID
    Preference: 100　　　　　　　　//DHCPv6 服务器的优先级
    Configuration parameters:　　　//配置参数
     IA NA: IA ID 0x00050001, T1 43200, T2 69120
      Address: 2020:2323::3D21:3D2F:4DAC:136D/128
       preferred lifetime INFINITY, valid lifetime INFINITY
    DNS server: 2020:1212::1111
    Domain name: cisco.com
    Information refresh time: 0

Prefix Rapid-Commit: disabled	//没启用前缀快速交换过程
Address Rapid-Commit: disabled	//没启用地址快速交换过程

（4）查看 IPv6 路由

```
R3#show ipv6 route   //此处省略路由代码部分
ND  ::/0 [2/0]
     via FE80::C802:39FF:FEA8:1C, GigabitEthernet0/1
LC  2020:2323::3D21:3D2F:4DAC:136D/128 [0/0]
     via GigabitEthernet0/1, receive
```

以上输出表明 R3 的 Gi0/1 接口在通过 DHCPv6 获得 IPv6 地址时会在路由表中生成 2 条路由条目，第 1 条是管理距离为 2 的 **ND** 默认路由，第 2 条是该接口 IPv6 地址的 LC（本地直连）路由。

11.5　配置 VRRP

11.5.1　实验 4：配置 IPv4 VRRP

1．实验目的

通过本实验可以掌握：

① VRRP 的工作原理。
② IPv4 VRRP 的基本配置。
③ IPv4 VRRP 的优先级和抢占配置。
④ IPv4 VRRP 的验证和对象跟踪配置。
⑤ IPv4 VRRP 的调试方法。

2．实验拓扑

配置 IPv4 VRRP 实验拓扑如图 11-6 所示。

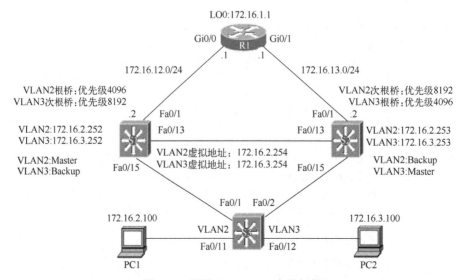

图 11-6　配置 IPv4 VRRP 实验拓扑

3. 实验步骤

本实验中，在 2 台核心交换机 S1 和 S2 上通过 VRRP 技术为 VLAN2 和 VLAN3 的主机提供冗余网关，实现各 VLAN 主机的网关冗余和负载均衡。本实验设计如下：S1 作为 VLAN2 的根桥和 IPv4 VRRP 组 2 的 Master 路由器，作为 VLAN3 的次根桥和 IPv4 VRRP 组 3 的 Backup 路由器；S2 作为 VLAN3 的根桥和 IPv4 VRRP 组 3 的 Master 路由器，作为 VLAN2 的次根桥和 IPv4 VRRP 组 2 的 Backup 路由器，保证 RSTP 根桥和 IPv4 VRRP 组的 Master 路由器位于同一台设备，从而可以避免次优路径，整个网络运行 OSPF 路由协议实现 IP 连通性。本实验设计 2 个 IPv4 VRRP 组的目的是实现流量负载均衡。本实验中，VLAN、Trunk、RSTP 和路由协议配置不再给出，读者自己完成。

（1）实验准备

① 采用 3 台交换机创建 VLAN2 和 VLAN3，并将相应端口加入相应的 VLAN 中。

```
S3(config)#vlan 2
S3(config-vlan)#exit
S3(config)#vlan 3
S3(config-vlan)#exit
S3(config)#interface FastEthernet0/11
S3(config-if)#switchport mode access
S3(config-if)#switchport access vlan 2
S3(config-if)#exit
S3(config-if)#interface FastEthernet0/12
S3(config-if)#switchport mode access
S3(config-if)#switchport access vlan 3
```

交换机 S1 和 S2 创建 VLAN 配置类似，不再给出。

② 配置交换机 S1、S2 和 S3 之间的 Trunk 链路。

```
S1(config)#interface range fastEthernet0/13，fastEthernet0/15
S1(config-if-range)#switchport trunk encapsulation dot1q
S1(config-if-range)#switchport mode trunk
S1(config-if-range)#switchport nonegotiate
```

交换机 S2 和 S3 配置类似，不再给出。

③ 配置交换机 S1、S2 和 S3 上的 RSTP。

```
S1(config)#spanning-tree mode rapid-pvst
S1(config)#spanning-tree vlan 2 priority 4096
S1(config)#spanning-tree vlan 3 priority 8192

S2(config)#spanning-tree mode rapid-pvst
S2(config)#spanning-tree vlan 2 priority 8192
S2(config)#spanning-tree vlan 3 priority 4096

S3(config)#spanning-tree mode rapid-pvst
S3(config)#interface range fastEthernet0/11-12
```

S3(config-if-range)#**spanning-tree portfast**

④ 创建三层端口、SVI 端口，配置 OSPF 路由协议。

S1(config)#**interface FastEthernet0/1**
S1(config-if)#**no switchport**   //将三层交换机端口配置为路由端口
S1(config-if)#**ip address 172.16.12.2 255.255.255.0**
S1(config)#**interface Vlan2**
S1(config-if)#**ip address 172.16.2.252 255.255.255.0**
S1(config)#**interface Vlan3**
S1(config-if)#**ip address 172.16.3.252 255.255.255.0**
S1(config)#**ip routing**   //开启交换机路由功能
S1(config)#**router ospf 1**
S1(config-router)#**router-id 11.11.11.11**
S1(config-router)#**network 172.16.12.2 0.0.0.0 area 0**
S1(config-router)#**network 172.16.2.252 0.0.0.0 area 0**
S1(config-router)#**network 172.16.3.252 0.0.0.0 area 0**

S2(config)#**interface FastEthernet0/1**
S2(config-if)#**no switchport**
S2(config-if)#**ip address 172.16.13.2 255.255.255.0**
S2(config)#**interface Vlan2**
S2(config-if)#**ip address 172.16.2.253 255.255.255.0**
S2(config)#**interface Vlan3**
S2(config-if)#**ip address 172.16.3.253 255.255.255.0**
S2(config)#**ip routing**
S2(config)#**router ospf 1**
S2(config-router)#**router-id 22.22.22.22**
S2(config-router)#**network 172.16.13.2 0.0.0.0 area 0**
S2(config-router)#**network 172.16.2.253 0.0.0.0 area 0**
S2(config-router)#**network 172.16.3.253 0.0.0.0 area 0**

R1(config)#**interface gigabitEthernet 0/0**
R1(config-if)#**ip address 172.16.12.1 255.255.255.0**
R1(config)#**interface gigabitEthernet 0/1**
R1(config-if)#**ip address 172.16.13.1 255.255.255.0**
R1(config)#**interface loopback0**
R1(config-if)#**ip address 172.16.1.1 255.255.255.0**
R1(config)#**router ospf 1**
R1(config-router)#**router-id 1.1.1.1**
R1(config-router)#**network 172.16.1.1 0.0.0.0 area 0**
R1(config-router)#**network 172.16.12.1 0.0.0.0 area 0**
R1(config-router)#**network 172.16.13.1 0.0.0.0 area 0**

（2）配置 IPv4 VRRP

① 配置交换机 S1。

S1(config)#**track 100 interface fastEthernet 0/1 line-protocol**   //配置跟踪对象

```
S1(config)#interface Vlan2
S1(config-if)#vrrp 2 ip 172.16.2.254    //启用 IPv4 VRRP 功能并设置组 2 虚拟 IP 地址，如果使用端
口的真实地址作为 IPv4 VRRP 组虚拟地址，则该路由器就是该 IPv4 VRRP 组的 Master 路由器
S1(config-if)#vrrp 2 priority 110
//配置 IPv4 VRRP 组的优先级，如果不设置该项，默认优先级为 100，该值大的路由器会抢占成为
Master 路由器。此处确保 S1 是 VLAN2 的 Master 路由器和 VLAN2 的 RSTP 根桥一致
S1(config-if)#vrrp 2 preempt                        //配置 IPv4 VRRP 抢占功能，默认是开启的
S1(config-if)#vrrp 2 authentication text cisco123   //配置 IPv4 VRRP 组 2 验证
S1(config-if)#vrrp 2 track 100 decrement 20
//配置 IPv4 VRRP 组 2 跟踪，跟踪对象号码为 100。如果跟踪状态为 Down，优先级降低 20，变为
90，这时 S2 的 IPv4 VRRP 优先级为 100（默认值），因此 S2 通过抢占成为组 2 的 Master 路由器
S1(config)#interface Vlan3
S1(config-if)#vrrp 3 ip 172.16.3.254
S1(config-if)#vrrp 3 authentication text cisco123
```

② 配置交换机 S2。

```
S2(config)#track 100 interface fastEthernet 0/1 line-protocol
S2(config)#interface Vlan2
S2(config-if)#vrrp 2 ip 172.16.2.254
S2(config-if)#vrrp 2 authentication text cisco123
S2(config)#interface Vlan3
S2(config-if)#vrrp 3 ip 172.16.3.254
S2(config-if)#vrrp 3 priority 110
S2(config-if)#vrrp 3 authentication text cisco123
S2(config-if)#vrrp 3 track 100 decrement 20
```

【技术要点】

Cisco IOS 提供了一种跟踪（Track）特性，可以跟踪端口不同的状态，全局模式下配置命令的格式如下：**track** *object-number* **interface** *type number* **{line-protocol | ip routing}**，各参数含义如下所述。

① *object-number*：跟踪对象号码，范围为 1～500。

② **line-protocol**：跟踪端口的 line-protocol 状态。

③ **ip routing**：跟踪端口的 IP 路由状态。

可以通过下面 2 条命令验证跟踪配置和引用情况：

```
① S1#show track 100                         //查看跟踪对象信息
Track 100                                    //跟踪对象号码
  Interface FastEthernet0/1 line-protocol    //跟踪对象和参数
  Line protocol is Up                        //Line protocol 状态
    1 change, last change 00:12:15           //距离上次状态改变的时间
  Tracked by:
    VRRP Vlan2 2                             //跟踪结果被端口 VLAN2 下的 IPv4 VRRP 组 2 引用
② S1#show track brief                       //查看跟踪信息摘要
Track    Object                  Parameter       Value
100      interface FastEthernet0/1   line-protocol   Up
//显示跟踪对象号码、对象、参数和值
```

4. 实验调试

（1）查看 IPv4 VRRP 摘要信息

① S1#**show vrrp brief**

Interface	Grp	Pri	Time	Own	Pre	State	Master addr	Group addr
Vl2	2	110	3570		Y	Master	172.16.2.252	172.16.2.254
Vl3	3	100	3609		Y	Backup	172.16.3.253	172.16.3.254

② S2#**show vrrp brief**

Interface	Grp	Pri	Time	Own	Pre	State	Master addr	Group addr
Vl2	2	100	3609		Y	Backup	172.16.2.252	172.16.2.254
Vl3	3	110	3570		Y	Master	172.16.3.253	172.16.3.254

以上①和②输出表明交换机 S1 和 S2 的 IPv4 VRRP 各个组的信息，可以清楚地看到 S1 是组 2 的 Mater 路由器，S2 是组 3 的 Master 路由器，各列的含义如下所述。

- Interface：启用 IPv4 VRRP 的端口；
- Grp：IPv4 VRRP 的组号；
- Pri：IPv4 VRRP 组的优先级；
- Time：时间，单位为毫秒；
- Own：自己，如果 IPv4 VRRP 组虚拟 IP 地址就是端口真实 IP 地址，此处显示 Y；
- Pre：表示启用 IPv4 VRRP 抢占功能；
- State：本设备的 IPv4 VRRP 的角色；
- Master addr：IPv4 VRRP 组 Master 路由器端口地址；
- Group addr：IPv4 VRRP 组虚拟 IP 地址。

（2）查看 VLAN 端口的 IPv4 VRRP 详细信息

```
S2#show vrrp interface vlan 2
Vlan2 - Group 2
    State is Master                              //当前路由器是 VRRP 组 2 的 Master
    Virtual IP address is 172.16.2.254           //VRRP 组 2 虚拟 IP 地址
    Virtual MAC address is 0000.5e00.0102        //VRRP 组 2 虚拟 MAC 地址
    Advertisement interval is 1.000 sec          //通告时间间隔，默认为 1 秒
    Preemption enabled                           //启用 VRRP 抢占功能，默认就是启用的
    Priority is 110                              //VRRP 端口优先级配置为 110
      Track object 100 state Up decrement 20
      //该组跟踪对象号码为 100，当对象发生故障时优先级减 20
    Authentication is enabled                    //启用 VRRP 验证功能
    Master Router is 172.16.2.252 (local), priority is 110
//显示 Master 路由器就是本设备，因为优先级是 110 而选举获胜
    Master Advertisement interval is 1.000 sec
//Master 路由器通告时间间隔，默认为 1 秒
    Master Down interval is 3.570 sec            //检测 Master 路由器 Down 的时间间隔
```

（3）查看 IPv4 VRRP 状态切换

在交换机 S1 上将端口 Fa0/1 关闭，S1 上显示信息如下：

```
*Mar   1 04:34:33.975: %TRACKING-5-STATE: 100 interface Fa0/1 line-protocol Up->Down
//跟踪对象号码为 100 的对象的 line-protocol 状态由 Up 变为 Down
*Mar   1 04:34:36.936: %VRRP-6-STATECHANGE: Vl2 Grp 2 state Master -> Backup
//VLAN2 的 IPv4 VRRP 组的路由器从 Master 路由器变成 Backup 路由器
```

以上输出信息显示了 IPv4 VRRP 组 2 中跟踪状态为 Down 后，由于优先级被减 20，即变成 90，VLAN2 的 IPv4 VRRP 组的 Master 路由器变成 Backup 路由器的过程。可以通过以下命进一步查看：

```
S1#show vrrp interface vlan 2 | include 90
  Priority is 90   (cfgd 110)           //IPv4 VRRP 端口优先级配置为 110，当前为 90
```

（4）测试网络连通性

① 在主机 PC1 上 ping 路由器 R1 的环回接口地址 172.16.1.1，可以通信。
② 查看 PC1 的 ARP 表，结果如下：

```
C:\>arp -a
端口: 172.16.2.100 --- 0x12
   Internet 地址           物理地址              类型
   172.16.2.254           00-00-5e-00-01-02     动态
//以上 ARP 表项的内容表明 Master 路由器 S1 是用组 2 的虚拟 MAC 地址响应 PC1 的 ARP 请求的
```

11.5.2 实验 5：配置 IPv6 VRRP

1．实验目的

通过本实验可以掌握：
① VRRP 的工作原理。
② IPv6 VRRP 的基本配置。
③ IPv6 VRRP 的优先级和抢占配置。
④ IPv6 VRRP 的对象跟踪配置。
⑤ IPv6 VRRP 的调试方法。

2．实验拓扑

配置 IPv6 VRRP 实验拓扑如图 11-7 所示。

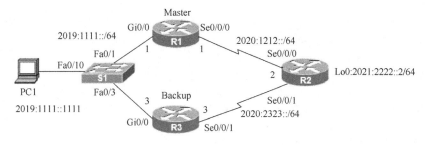

图 11-7　配置 IPv6 VRRP 实验拓扑

3. 实验步骤

本实验中，在 2 台核心路由器 R1 和 R3 上通过 IPv6 VRRP 技术为 PC1 所在网络的主机提供冗余网关。本实验设计如下：R1 作为 IPv6 VRRP 组 1 的 Master 路由器，R3 作为 IPv6 VRRP 组 1 的 Backup 路由器，整个网络运行 OSPFv3 路由协议实现 IPv6 连通性。

（1）配置 OSPFv3

① 配置路由器 R1。

```
R1(config)#ipv6 unicast-routing
R1(config)#ipv6 router ospf 1
R1(config-rtr)#router-id 1.1.1.1
R1(config-rtr)#auto-cost reference-bandwidth 1000
R1(config)#interface gigabitEthernet0/0
R1(config-if)#ipv6 address 2019:1111::1/64
R1(config-if)#ipv6 address fe80::1 link-local
R1(config-if)#ipv6 ospf 1 area 0
R1(config)#interface serial0/0/0
R1(config-if)#ipv6 address 2020:1212::1/64
R1(config-if)#ipv6 ospf 1 area 0
```

② 配置路由器 R2。

```
R2(config)#ipv6 unicast-routing
R2(config)#ipv6 router ospf 1
R2(config-rtr)#router-id 2.2.2.2
R2(config-rtr)#auto-cost reference-bandwidth 1000
R2(config)#interface loopback0
R2(config-if)#ipv6 address 2021:2222::2/64
R2(config-if)#ipv6 ospf 1 area 0
R2(config-if)#ipv6 ospf network point-to-point
R2(config)#interface serial0/0/0
R2(config-if)#ipv6 address 2020:1212::2/64
R2(config-if)#ipv6 ospf 1 area 0
R2(config)#interface serial0/0/1
R2(config-if)#ipv6 address 2020:2323::2/64
R2(config-if)#ipv6 ospf 1 area 0
```

③ 配置路由器 R3。

```
R3(config)#ipv6 unicast-routing
R3(config)#ipv6 router ospf 1
R3(config-rtr)#router-id 3.3.3.3
R3(config-rtr)#auto-cost reference-bandwidth 1000
R3(config)#interface gigabitEthernet0/0
R3(config-if)#ipv6 address 2019:1111::3/64
R3(config-if)#ipv6 address fe80::3 link-local
R3(config-if)#ipv6 ospf 1 area 0
R3(config)#interface serial0/0/1
```

第 11 章 DHCP 和 VRRP

```
R3(config-if)#ipv6 address 2020:2323::3/64
R3(config-if)#ipv6 ospf 1 area 0
```

（2）配置 IPv6 VRRP

① 配置路由器 R1。

```
R1(config)#track 100 interface serial0/0/0 line-protocol      //配置跟踪对象
R1(config)#fhrp version vrrp v3                               //启用 VRRP 版本 3
R1(config)#interface gigabitEthernet0/0
R1(config-if)#vrrp 1 address-family ipv6      //创建 IPv6 VRRP 组并进入 IPv6 VRRP 组配置模
式，地址家族为 IPv6，VRRP 版本 3 同时支持 IPv6 和 IPv4，VRRP 版本 2 只支持 IPv4
R1(config-if-vrrp)#address fe80::254 primary      //配置组 1 链路本地虚拟 IPv6 主地址，首先配置
链路本地 IPv6 主地址后才可以添加辅助全局地址
R1(config-if-vrrp)#address 2019:1111::0254/64   //配置组 1 辅助全局虚拟 IPv6 地址
R1(config-if-vrrp)#priority 120    //配置 IPv6 VRRP 组 1 的优先级，如果不设置该项，默认优先级
为 100，该值大的路由器会抢占成为 Master 路由器
R1(config-if-vrrp)#preempt                      //配置 IPv6 VRRP 抢占功能，默认是开启的
R1(config-if-vrrp)#description IPv6 VRRP        //配置 IPv6 VRRP 组 1 的描述
R1(config-if-vrrp)#track 100 decrement 30
//配置 IPv6 VRRP 组 1 具有跟踪功能，跟踪对象号码为 100。如果跟踪状态为 Down，优先级降低
30，变为 90，这时 R3 的 IPv6 VRRP 组 1 优先级为 100（默认值），因此 R3 会通过抢占成为组 1 的 Master
路由器
R1(config-if-vrrp)#timers advertise 1000
//配置 IPv6 VRRP 发送通告消息的时间周期，单位为毫秒，默认为 1000 毫秒，即 1 秒
R1(config-if-vrrp)#no shutdown    //开启接口 IPv6 VRRP 功能，默认是开启的
```

② 配置路由器 R3。

```
R3(config)#fhrp version vrrp v3
R3(config)#interface gigabitEthernet0/0
R3(config-if)#vrrp 1 address-family ipv6
R3(config-if-vrrp)#address fe80::0254 primary
R3(config-if-vrrp)#address 2019:1111::0254/64
R3(config-if-vrrp)#preempt
R3(config-if-vrrp)#description IPv6 VRRP
R3(config-if-vrrp)#no shutdown
```

4．实验调试

（1）查看 IPv6 VRRP 摘要信息

```
① R1#show vrrp brief
  Interface    Grp  A-F   Pri   Time Own Pre  State    Master addr/Group addr
  Gi0/0        1    IPv6  120   0    N   Y    MASTER   FE80::1(local) FE80::254
② R3#show vrrp brief
  Interface    Grp  A-F   Pri   Time Own Pre  State    Master addr/Group addr
  Gi0/0        1    IPv6  100   3609 N   Y    BACKUP   FE80::1 FE80::254
```

以上①和②输出表明路由器 R1 和 R3 的 IPv6 VRRP 组 1 的信息，其中 Master 地址和组

地址显示的是链路本地地址，同时可以清楚地看到 R1 是组 1 的 Mater 路由器，R3 是组 1 的 Backup 路由器。各列的含义如下所述。

- Interface：启用 IPv6 VRRP 的接口；
- Grp：IPv6 VRRP 的组号；
- A-F：IPv6 VRRP 的地址家族，可以支持 IPv4 和 IPv6 地址家族；
- Pri：IPv6 VRRP 组 1 的优先级；
- Time：时间，单位为毫秒，该时间就是主用失效时间间隔；
- Own：自己，如果 IPv6 VRRP 组虚拟 IPv6 地址就是端口真实 IPv6 地址，此处显示 Y；
- Pre：表示启用 IPv6 VRRP 抢占功能；
- State：本设备的 IPv6 VRRP 的角色是 Mater 路由器或者 Backup 路由器；
- Master addr：IPv6 VRRP 组 1 的 Master 路由器端口地址；
- Group addr：IPv6 VRRP 组 1 虚拟 IP 地址。

（2）查看接口的 IPv6 VRRP 详细信息

```
R3#show vrrp gigabitEthernet0/0 1 all
GigabitEthernet0/0 - Group 1 - Address-Family IPv6    //接口下 IPv6 地址族 VRRP 组 1
  Description is "IPv6 VRRP"       //IPv6 VRRP 组描述
  State is BACKUP                  //当前路由器在 IPv6 VRRP 组 1 中的状态是 Backup 路由器
  State duration 34 mins 10.812 secs    //路由器处于 Backup 状态的时间
  Virtual IP address is FE80::254   //IPv6 VRRP 组 1 的虚拟链路本地地址，这是主地址
  Virtual secondary IP addresses:   //IPv6 VRRP 组 1 的虚拟辅助地址，这是全局 IPv6 地址
    2019:1111::254/64
  Virtual MAC address is 0000.5E00.0201    //IPv6 VRRP 组 1 的虚拟 MAC 地址
  Advertisement interval is 1000 msec
  //IPv6 VRRP 组 1 的 Master 路由器发送通告消息的时间间隔，默认为 1 秒
  Preemption enabled                //启用 IPv6 VRRP 抢占功能，默认就是启用的
  Priority is 100                   //IPv6 VRRP 接口优先级配置为 100
  Master Router is FE80::1, priority is 120
  //IPv6 VRRP 组 1 的 Master 路由器地址和优先级
  Master Advertisement interval is 1000 msec (learned)
  //从 Master 路由器学习通告的时间间隔，默认为 1 秒
  Master Down interval is 3609 msec (expires in 2969 msec)
    //检测 Master 路由器 Down 的时间间隔，即主用失效时间间隔
```

（3）查看 IPv6 VRRP 状态切换

① 在路由器 R1 上将接口 Se0/0/0 关闭，R1 上显示信息如下：

```
*Mar 25 07:30:54.502: %TRACK-6-STATE: 100 interface Se0/0/0 line-protocol Up -> Down
//跟踪对象号码为 100 的对象的接口的 line-protocol 状态由 Up 变为 Down
  *Mar 25 07:30:57.898: %VRRP-6-STATE: GigabitEthernet0/0 IPv6 group 1 state MASTER -> BACKUP    // 接口 Gi0/0 的 IPv6 VRRP 组 1 的路由器从 Master 路由器变成 Backup 路由器
```

以上输出信息显示了 IPv6 VRRP 组 1 中跟踪状态为 Down 后，由于优先级被减 30，即变成 90，接口 Gi0/0 的 IPv6 VRRP 组 1 的 Master 路由器变成 Backup 路由器的过程。可以通过以下命进一步查看：

```
R1#show vrrp gigabitEthernet0/0 all | include 90
     Priority is 90   (cfgd 120)
```

② 在路由器 R1 上将接口 Se0/0/0 开启，R1 上显示信息如下：

```
*Mar 25 07:39:45.858: %TRACK-6-STATE: 100 interface Se0/0/0 line-protocol Down -> Up
//跟踪对象号码为 100 的对象的接口的 line-protocol 状态由 Down 变为 Up
*Mar 25 07:39:49.290: %VRRP-6-STATE: GigabitEthernet0/0 IPv6 group 1 state BACKUP -> MASTER
```

以上输出信息显示了 VRRP3 组 1 中跟踪状态为 Up 后，接口 Gi0/0 的 IPv6 VRRP 组 1 的优先级恢复 120， 路由器 R1 通过抢占成为 IPv6 VRRP 组 1 的 Master 路由器的过程。

（4）查看 FHRP 版本信息

```
R1#show fhrp version
                VRRP and VRRS Protocol Versions
VRRP v2 legacy    : Configuration blocked - Not running   //VRRPv2 没有运行，不允许配置
VRRP v3 component : Configuration allowed – Running       //IPv6 VRRP 正在运行，允许配置
    Interfaces   :  1       //运行 IPv6 VRRP 的接口数量
    Groups       :  1       //运行 IPv6 VRRP 的组的数量
（此处省略部分输出）
```

（5）测试网络连通性

在主机 PC1 上配置 IPv6 地址 2019:1111:1111/64，网关配置为 fe80::0254 或者 2019:1111::0254 都可以，本实验中，PC1 网关为 2019:1111::0254，ping 路由器 R2 环回接口的 IPv6 地址 2021:2222:2，可以通信。

（6）查看 PC1 的 IPv6 邻居表

```
C:\Users\hp>netsh int ipv6 show nei
Internet 地址                           物理地址              类型
-----------------------------------    ----------------    ----------
2019:1111::254                                             00-00-5e-00-02-01   可以访问 (路由器)
//IPv6 邻居表的内容表明 IPv6 VRRP 组 1 的虚拟 MAC 地址和网关的 IPv6 地址的映射关系
fe80::1                                                    f8-72-ea-d6-f4-c8   可以访问 (路由器)
fe80::3                                                    f8-72-ea-c8-4f-98   可以访问 (路由器)
//以上输出结果有点类似 Ipv4 的 ARP 表
（此处省略部分输出）
```

第 12 章 ACL

随着大规模开放式网络的开发，网络面临的威胁也越来越多。网络安全问题成为网络管理员必须面对的问题。一方面，为了业务的发展，必须允许对网络资源开放访问权限；另一方面，又必须确保数据和资源尽可能安全。网络安全采用的技术很多，而通过 ACL 可以对数据流进行过滤，是基本的网络安全手段之一。本章讨论基于 IPv4 和 IPv6 的 ACL 功能、工作原理、使用原则以及 IPv4 ACL 和 IPv6 ACL 的配置。

12.1 ACL 概述

12.1.1 ACL 功能

访问控制列表（Access Control List，ACL）是控制网络访问的一种有利的工具。所谓 ACL 就是一种路由器配置脚本，它根据从数据包包头中发现的信息（源地址、目的地址、源端口、目的端口和协议等）来控制路由器应该允许还是拒绝数据包通过，从而达到访问控制的目的。ACL 是 Cisco IOS 中最常用的功能之一，其应用非常广泛，可以实现如下典型的功能。

① 限制网络流量以提高网络性能。
② 提供基本的网络访问安全。
③ 控制路由更新的内容。
④ 在 QoS 实施中对数据包进行分类。
⑤ 定义 IPSec VPN 感兴趣的流量。
⑥ 定义策略路由的匹配策略。

12.1.2 ACL 工作原理

ACL 定义了一组规则，用于对进入入站接口的数据包、通过路由器中继的数据包，以及从路由器出站接口发送的数据包实施网络安全措施。ACL 可以应用到数据包入站方向，也可以应用在出站方向。需要注意的是 ACL 对路由器自身产生的数据包不起作用。ACL 工作原理如图 12-1 所示。

1. 入站 ACL

入站 ACL 的工作过程如图 12-1（a）所示。在 ACL 中各个描述语句的放置顺序是非常重要的。一旦数据包包头与某条 ACL 语句匹配，就结束匹配过程，由匹配的语句决定是允许还是拒绝该数据包。如果数据包与 ACL 语句不匹配，那么将使用列表中的下一条语句去匹配数据包，此匹配过程会一直继续，直到抵达 ACL 末尾。最后一条隐含的语句适用于不满足之前任何条件的所有数据包，该条语句拒绝所有流量。由于该语句的存在，所以 ACL 中应该至少包含一条 Permit（允许）语句，否则 ACL 将阻止所有流量。

2. 出站 ACL

出站 ACL 的工作过程如图 12-1（b）所示，在数据包转发到出站接口之前，路由器检查路由表以查看是否可以路由该数据包。如果该数据包不可路由，则丢弃它。如果数据包可路由，路由器检查出站接口是否配置有 ACL。如果出站接口没有配置 ACL，那么数据包可以直接发送到出站接口。如果出站接口配置有 ACL，那么只有在经过出站接口所关联的 ACL 语句匹配之后，数据包才有可能被发送到出站接口。根据 ACL 匹配的结果，决定数据包被允许还是拒绝。

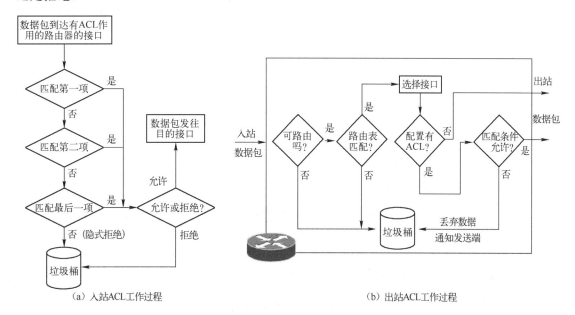

图 12-1 ACL 工作原理

12.1.3 标准 IPv4 ACL 和扩展 IPv4 ACL

按照 IPv4 ACL 检查数据包参数的不同，可以将其分成标准 IPv4 ACL 和扩展 IPv4 ACL。

1. 标准 IPv4 ACL

标准 IPv4 ACL 相对简单，根据源 IPv4 地址允许或拒绝流量，编号范围为 1~99 或 1300~1999，总共 799 个。

2. 扩展 IPv4 ACL

扩展 IPv4 ACL 比标准 IPv4 ACL 具有更多的匹配选项，功能更加强大和细化，可以针对 IPv4 数据包的协议类型、源地址、目的地址、源端口、目的端口、TCP 连接建立等进行过滤，编号范围为 100~199 或 2000~2699，总共 800 个。

除了使用数字定义编号 IPv4 ACL，也可以使用命名的方法定义 IPv4 ACL，即命名 IPv4 ACL。当然命名 IPv4 ACL 也包括标准命名 IPv4 ACL 和扩展命名 IPv4 ACL 两种。

12.1.4 IPv4 通配符掩码

IPv4 通配符掩码是一个 32 比特的数字字符串，它被用点号分成 4 个 8 位组，每个 8 位组包含 8 比特。在通配符掩码位中，0 表示检查相应的位，而 1 表示不检查（忽略）相应的位。尽管都是 32 比特的数字字符串，IPv4 ACL 通配符掩码和 IPv4 子网掩码的工作原理是不同的。在 IPv4 子网掩码中，数字 1 和 0 用来决定网络地址和主机地址；而在 IPv4 ACL 通配符掩码中，掩码位 1 或者 0 用来决定相应的 IPv4 地址位被忽略还是被检查。

在 IPv4 ACL 通配符掩码中，有 2 种比较特殊的通配符掩码，分别是 **any** 和 **host**。

① **any** 表示任何 IPv4 地址，其等同于 0.0.0.0 255.255.255.255。

② **host** 等同于 0.0.0.0 通配符掩码，表明仅匹配唯一的一个地址或者路由条目。

12.1.5 IPv6 ACL

IPv6 ACL 在操作和配置方面类似于扩展 IPv4 ACL。但是 IPv6 只有命名的 ACL，IPv6 ACL 使用前缀长度来表示应匹配的 IPv6 源地址或目的地址。在 ACL 最后隐含语句方面，标准 IPv4 ACL 末尾隐含 **deny any** 语句，扩展 IPv4 ACL 末尾隐含 **deny ip any any** 语句，而每个 IPv6 ACL 的末尾包含 3 个隐含语句，分别为

> **permit icmp any any nd-na**
> //IPv6 ACL 需要隐式允许在接口上发送和接收 ND 的 NA（邻居通告）数据包
> **permit icmp any any nd-ns**
> //IPv6 ACL 需要隐式允许在接口上发送和接收 ND 的 NS（邻居请求）数据包
> **deny ipv6 any any**

12.1.6 ACL 使用原则

ACL 具有强大的功能，在使用时应该遵守如下原则。

1．自上而下的处理方式

ACL 表项的检查按自上而下的顺序进行，并且从第一个表项开始，最后默认拒绝所有。一旦匹配某一条件，就停止检查后续的表项，所以必须考虑在 ACL 中语句配置的先后次序。

2．遵循尾部添加表项原则

新的表项在不指定序号的情况下，默认被添加到 ACL 的末尾。

3．ACL 放置

尽量考虑将扩展 IPv4 ACL 和 IPv6 ACL 放在靠近源的位置上，保证被拒绝的数据包尽早被过滤掉，避免浪费网络带宽。另外，尽量使标准 IPv4 ACL 靠近目的地，由于标准 IPv4 ACL 只关注源 IPv4 地址，如果使其靠近源，将会阻止数据包流向其他端口。

4．3P 原则

对于每种协议（Per Protocol）的每个接口（Per Interface）的每个方向（Per Direction），

只能配置和应用一个 ACL。

5. 方向

当在接口上应用 ACL 时，用户要指明 ACL 是应用于流入数据还是流出数据。入站 ACL 在数据包被允许后，路由器才会处理路由工作。如果数据包被丢弃，则节省了执行路由查找的开销。出站 ACL 在传入数据包被路由到出站接口后，才由出站 ACL 进行处理。相比之下，入站 ACL 比出站 ACL 更加高效。

12.2 配置 ACL

12.2.1 实验 1：配置标准 IPv4 ACL

1. 实验目的

通过本实验可以掌握：
① IPv4 ACL 的工作方式和工作过程。
② 定义编号和命名标准 IPv4 ACL 的方法。
③ 接口和 VTY 下应用标准 IPv4 ACL 的方法。

2. 实验拓扑

配置 IPv4 ACL 实验拓扑如图 12-2 所示。本实验中，通过配置标准 IPv4 ACL 实现拒绝 PC2 所在网段访问 Server1，同时只允许主机 PC1 访问路由器 R1、R2 和 R3 的 Telnet 服务，实现对路由器进行远程管理。整个网络配置 OSPFv2 路由协议保证 IP 的连通性。

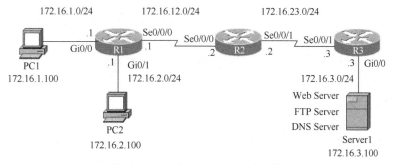

图 12-2　配置 IPv4 ACL 实验拓扑

3. 实验步骤

（1）配置路由器 R1

```
R1(config)#router ospf 1
R1(config-router)#router-id 1.1.1.1
R1(config-router)#network 172.16.1.1 0.0.0.0 area 0
R1(config-router)#network 172.16.2.1 0.0.0.0 area 0
```

```
R1(config-router)#network 172.16.12.1 0.0.0.0 area 0
R1(config-router)#passive-interface GigabitEthernet0/0
R1(config-router)#passive-interface GigabitEthernet0/1
R1(config)#access-list 2 remark ONLY HOST PC1       //配置 ACL 注释，增加可读性
R1(config)#access-list 2 permit host 172.16.1.100    //定义标准 IPv4 ACL
R1(config-if)#line vty 0 4
R1(config-line)#access-class 2 in                    //在 VTY 下应用 IPv4 ACL
R1(config-line)#password cisco123
R1(config-line)#privilege level 15
R1(config-line)#login
```

【技术要点】

① 在全局配置模式下使用命令 **access-list** *access-list-number* { **remark** | **permit** | **deny** } *source source-wildcard* [**log**]定义标准 IPv4 ACL，标准 IPv4 ACL access-list 命令参数及其含义如表 12-1 所示。

表 12-1 标准 IPv4 ACL access-list 命令参数及其含义

参　数	参　数　说　明
access-list-number	标准 IPv4 ACL 编号
remark	在 IPv4 ACL 中添加备注，增强其可读性
permit	当匹配条件时允许访问
deny	当匹配条件时拒绝访问
source	发送数据包的网络地址或者主机地址
source-wildcard	通配符掩码，和源地址相对应
log	对匹配条目的数据包生成日志消息并发送到控制台

② 定义 ACL 以后，可以在很多地方应用，接口上应用只是其中之一，其他的常用应用包括在 **route map** 中的 **match** 命令调用和在 VTY 下用 **access-class** 命令调用等。

③ 标准 IPv4 ACL 最后一条语句隐含拒绝所有（**deny any**），所以在 ACL 中应该至少有一条 **permit** 语句。

（2）配置路由器 R2

```
R2(config)#router ospf 1
R2(config-router)#router-id 2.2.2.2
R2(config-router)#network 172.16.12.2 0.0.0.0 area 0
R2(config-router)#network 172.16.23.2 0.0.0.0 area 0
R2(config-router)#exit
R2(config)#access-list 2 remark ONLY HOST PC1
R2(config)#access-list 2 permit host 172.16.1.100
R2(config-if)#line vty 0 4
R2(config-line)#access-class 2 in
R2(config-line)#password cisco
R2(config-line)#privilege level 15
R2(config-line)#login
```

第 12 章 ACL

（3）配置路由器 R3

```
R3(config)#router ospf 1
R3(config-router)#router-id 3.3.3.3
R3(config-router)# network 172.16.23.3 0.0.0.0 area 0
R3(config-router)# network 172.16.3.3 0.0.0.0 area 0
R3(config-router)#passive-interface GigabitEthernet0/0
R3(config-router)#exit
R3(config)#access-list 2 remark ONLY HOST PC1
R3(config)#access-list 2 permit host 172.16.1.100
R3(config)#access-list 1 remark DENY NETWORK 172.16.2.0 FROM R1
R3(config)#access-list 1 deny 172.16.2.0 0.0.0.255 log
R3(config)#access-list 1 permit any
//根据标准 IPv4 ACL 应该靠近目的地的原则，所以在 R3 上定义 IPv4 ACL
R3(config)#interface gigabitEthernet0/0
R3(config-if)#ip access-group 1 out
//在接口下应用 IPv4 ACL，如果没有定义 IPv4 ACL，则不起任何过滤作用
R3(config-if)#line vty 0 4
R3(config-line)#access-class 2 in
R3(config-line)#password cisco
R3(config-line)#privilege level 15
R3(config-line)#login
```

4．实验调试

（1）Telnet 测试

除在 PC1 主机上 Telnet 路由器 R1～R3 的各个接口地址可以成功外，以其他地址为源地址 Telnet 各个路由器都不能成功，显示信息为 **% Connection refused by remote host**。

（2）ping 测试网络连通性

在路由器 R1 上 ping 主机 Server1 的 IP 地址 172.16.3.100，结果如下：

```
R1#ping 172.16.3.100
Type escape sequence to abort.
Sending 5, 100-byte ICMP Echos to 172.16.3.100, timeout is 2 seconds:
!!!!!
Success rate is 100 percent (5/5), round-trip min/avg/max = 28/29/32 ms
```

以上输出表明使用标准 ping 命令，可以 ping 通 Server1，因为标准 ping 命令是以路由器 Se0/0/0 接口的地址发起的，没有被 R3 上的 IPv4 ACL 拒绝。

```
R1#ping 172.16.3.100 source 172.16.2.1    //以 PC2 所在网段的 IP 地址为 ping 命令的源地址
Type escape sequence to abort.
Sending 5, 100-byte ICMP Echos to 172.16.3.100, timeout is 2 seconds:
Packet sent with a source address of 172.16.2.1
U.U.U
Success rate is 0 percent (0/5)
```

以上输出表明，当指定了源地址后，就不能 ping 通了，因为数据包被 R3 上的 IPv4 ACL 拒绝，由于配置了 **log** 参数，所以在 R3 上会有如下的输出信息：

```
*DEC   30 08:22:36.786: %SEC-6-IPACCESSLOGNP: list 1 denied 0 172.16.2.1 -> 172.16.3.100, 4 packet
```

（3）查看定义的 IPv4 ACL 及流量匹配情况

```
R3#show ip access-lists
Standard IP access list 1     //标准 IPv4 ACL
    10 deny    172.16.2.0, wildcard bits 0.0.0.255 log (17 matches)    //匹配的数据包的数量
    20 permit any (16 matches)
Standard IP access list 2
    10 permit 172.16.1.100 (2 matches)
```

以上输出表明路由器 R3 上定义了编号为 1 和 2 的标准 IPv4 ACL，括号中的数字表示匹配条件的数据包的个数，可以用命令 **clear access-list counters** 将 IPv4 ACL 计数器清零。

（4）查看接口 IPv4 ACL 应用情况

```
R3#show ip interface gigabitEthernet0/0
GigabitEthernet0/0 is up, line protocol is up (connected)
Internet address is 172.16.3.3/24
（此处省略部分输出）
  Outgoing access list is 1
  Inbound access list is not set
（此处省略部分输出）
```

以上输出表明在路由器 R3 接口 Gi0/0 的出向应用了 IPv4 ACL 1，入向则没有应用 ACL。

（5）配置命名标准 IPv4 ACL

把路由器 R3 上的标号 ACL 1 用命名标准 IPv4 ACL 来实现其功能是一样的，配置如下：

```
R3(config)#ip access-list standard ACL1    //定义命名标准 IPv4 ACL，名字为 ACL1，名字大小写敏感
R3(config-std-nacl)#remark DENY NETWORK 172.16.2.0 FROM R1
R3(config-std-nacl)#deny 172.16.2.0 0.0.0.255
R3(config-std-nacl)#permit any
R3(config)#interface gigabitEthernet0/0
R3(config-if)#ip access-group ACL1 out    //接口上应用命名标准 IPv4 ACL
```

12.2.2　实验 2：配置扩展 IPv4 ACL

1．实验目的

通过本实验可以掌握：
① 编号扩展 IPv4 ACL 定义和应用的方法。
② 命名扩展 IPv4 ACL 定义和应用的方法。

2. 实验拓扑

实验拓扑如图 12-2 所示。首先删除实验 1 中定义的标准 IPv4 ACL，保留 OSPF 的配置。使用扩展 IPv4 ACL 实现如下访问控制：

① 拒绝 PC1 所在网段访问 Server1 的 Web 服务。
② 拒绝 PC2 所在网段访问 Server1 的 FTP 服务。
③ 拒绝 PC1 所在网段访问 Server1 的 DNS 服务。
④ 拒绝 PC1 所在网段访问路由器 R3 的 Telnet 服务。
⑤ 拒绝 PC2 所在网段访问路由器 R2 的 Web 服务。
⑥ 拒绝 PC1 和 PC2 所在网段 ping Server1。
⑦ 只允许 R3 以接口 Se0/0/1 为源 ping R2 的接口 Se0/0/1 的 IP 地址，不允许 R2 以接口 Se0/0/1 为源 ping R3 的接口 Se0/0/1 的 IP 地址，即单向 ping。

3. 实验步骤

（1）配置路由器 R1

```
R1(config)#access-list 110 remark This is an example for IPv4 extended ACL
//添加备注，增加可读性
R1(config)#access-list 110 deny tcp 172.16.1.0 0.0.0.255 host 172.16.3.100 eq 80
//拒绝 PC1 所在网段访问 Server1 的 Web 服务
R1(config)#access-list 110 deny tcp 172.16.2.0 0.0.0.255 host 172.16.3.100 eq 21
R1(config)#access-list 110 deny tcp 172.16.2.0 0.0.0.255 host 172.16.3.100 eq 20
//以上 2 行命令拒绝 PC2 所在网段访问 Server1 的 FTP 服务
R1(config)#access-list 110 deny udp 172.16.1.0 0.0.0.255 host 172.16.3.100 eq 53
//拒绝 PC1 所在网段访问 Server1 的 DNS 服务
R1(config)#access-list 110 deny tcp 172.16.1.0 0.0.0.255 host 172.16.23.3 eq 23
R1(config)#access-list 110 deny tcp 172.16.1.0 0.0.0.255 host 172.16.3.3   eq 23
//以上 2 行命令拒绝 PC1 所在网段访问路由器 R3 的 Telnet 服务
R1(config)#access-list 110 deny tcp 172.16.2.0 0.0.0.255 host 172.16.12.2 eq 80
R1(config)#access-list 110 deny tcp 172.16.2.0 0.0.0.255 host 172.16.23.2 eq 80
//以上 2 行命令拒绝 PC2 所在网段访问路由器 R2 的 Web 服务
R1(config)#access-list 110 deny icmp 172.16.1.0 0.0.0.255 host 172.16.3.100 log
R1(config)#access-list 110 deny icmp 172.16.2.0 0.0.0.255 host 172.16.3.100 log
//以上 2 行命令拒绝 PC1 和 PC2 所在网段 ping Server1
R1(config)#access-list 110 permit ip any any
R1(config)#interface serial0/0/0
R1(config-if)#ip access-group 110 out    //接口上应用扩展 IPv4 ACL
```

【技术要点】

在全局配置模式下使用 **access-list** *access-list-number* { **remark** | **permit** | **deny** } *protocol source* [*source-mask*] [**operator** *port-number*] *destination* [*destination-mask*] [**operator** *port-number*] [**established**] [**log**] 命令定义一个扩展 IPv4 ACL，扩展 **IPv4 ACL access-list** 命令参数及其含义如表 12-2 所示。

表 12-2　扩展 IPv4 ACL access-list 命令参数及其含义

参　　数	参　数　描　述
access-list-number	扩展 IPv4 ACL 编号
remark	在 IPv4 ACL 中添加备注，增强其可读性
permit	当匹配条件时允许访问
deny	当匹配条件时拒绝访问
protocol	用来指定协议类型，如 IP、TCP、UDP、ICMP、OSPF 等
source	发送数据包的网络地址或者主机地址
source-mask	通配符掩码，和源地址相对应
destination	接收数据包的网络地址或者主机地址
destination-mask	通配符掩码，和目的地址相对应
operator	lt,gt,eq,neq（小于，大于，等于，不等于）
port-number	源或目的端口号
established	仅用于 TCP 协议，指示已建立的连接
log	对匹配条目的数据包生成日志消息并发送到控制台

（2）配置路由器 R2

```
R2(config)#username cisco privilege 15 secret cisco    //定义 HTTP 服务验证的用户名和密码
R2(config)#ip http server                              //开启路由器 HTTP 服务
R2(config)#ip http authentication local                //配置 HTTP 服务采用本地验证
```

（3）配置路由器 R3

```
R3(config)#access-list 120 deny icmp host 172.16.23.2 host 172.16.23.3 echo log
//拒绝从 R2 发送 ping 请求（echo request）包
R3(config)#access-list 120 permit ip any any
R3(config)#interface Serial0/0/1
R3(config-if)#ip access-group 120 in
```

4．实验调试

（1）查看 IPv4 ACL 及流量匹配情况

分别在相关设备上发起扩展 IPv4 ACL 110 拒绝的数据包，在路由器 R1 上查看定义的 IPv4 ACL 及流量匹配情况。

```
R1#show ip access-lists 110
Extended IP access list 110        //扩展 IPv4 ACL 及编号
    10 deny tcp 172.16.1.0 0.0.0.255 host 172.16.3.100 eq www (12 matches)
    20 deny tcp 172.16.2.0 0.0.0.255 host 172.16.3.100 eq ftp (6 matches)
    30 deny tcp 172.16.2.0 0.0.0.255 host 172.16.3.100 eq ftp-data (6 matches)
    40 deny udp 172.16.1.0 0.0.0.255 host 172.16.3.100 eq domain (4matches)
    50 deny tcp 172.16.1.0 0.0.0.255 host 172.16.23.3 eq telnet (4 matches)
    60 deny tcp 172.16.1.0 0.0.0.255 host 172.16.3.3 eq telnet (8 matches)
    70 deny tcp 172.16.2.0 0.0.0.255 host 172.16.12.2 eq www (8 matches)
```

第 12 章 ACL

```
        80 deny tcp 172.16.2.0 0.0.0.255 host 172.16.23.2 eq www (8 matches)
        90 deny icmp 172.16.1.0 0.0.0.255 host 172.16.3.100 (4 matches)
        100 deny icmp 172.16.2.0 0.0.0.255 host 172.16.3.100 (4 matches)
        110 permit ip any any (4 matches)
```

以上输出表明了在路由器 R1 上定义的编号为 **110** 的扩展 IPv4 ACL 各个条件语句，括号中的数字表示匹配条件的数据包的个数，可以用 **clear access-list counters** 命令将 ACL 计数器清零。

（2）查看日志信息

在路由器 R3 上可以 ping 通 **172.16.23.2**，但是从路由器 R2 上不能 ping 通 **172.16.23.3**。由于配置了 log 参数，在路由器 R3 上会出现如下的日志信息：

```
        *Dec 30 04:21:25.895: %SEC-6-IPACCESSLOGDP: list 120 denied icmp 172.16.23.2 -> 172.16.23.3 (8/0), 4 packets
```

（3）在路由器 R3 上查看扩展 IPv4 ACL 120

```
        R3#show ip access-lists 120
        Extended IP access list 120    //扩展 IPv4 ACL 及编号
            10 deny icmp host 172.16.23.2 host 172.16.23.3 echo log (5 matches)
            20 permit ip any any (142 matches)
```

（4）配置命名扩展 ACL

路由器 R3 上的编号为 120 的扩展 IPv4 ACL 用命名扩展 IPv4 ACL 来实现，配置如下：

```
        R3(config)#ip access-list extended ACL120    //定义命名扩展 ACL，名字为 ACL120
        R3(config-ext-nacl)#deny icmp host 172.16.23.2 host 172.16.23.3 echo log
        R3(config-ext-nacl)#permit ip any any
        R3(config-ext-nacl)#exit
        R3(config)#interface serial0/0/1
        R3(config-if)#ip access-group ACL120 in
```

此时在路由器 R3 上查看定义的命名扩展 IPv4 ACL：

```
        R3#show ip access-lists ACL120
        Extended IP access list ACL120    //命名扩展 IPv4 ACL 及名字
            10 deny icmp host 172.16.23.2 host 172.16.23.3 echo log (10 matches)
            20 permit ip any any (18 matches)
```

以上输出每行前面都有编号，默认每添加一条，编号自动加 10。在命名 IPv4 ACL 中，可以方便地通过编号插入和删除操作，比如在上例中，想插入一条编号为 15 的记录，配置如下：

```
        R3(config)#ip access-list extended ACL120
        R3(config-ext-nacl)# 15 deny tcp 172.16.1.0 0.0.0.255 host 172.16.23.3 eq 23
```

再次查看该命名扩展 IPv4 ACL：

```
        R3#show ip access-lists ACL120
        Extended IP access list ACL120
            10 deny icmp host 172.16.23.2 host 172.16.23.3 echo log (10 matches)
```

```
        15 deny tcp 172.16.1.0 0.0.0.255 host 172.16.23.3 eq telnet
        20 permit ip any any (173 matches)
```

以上输出表明编号为 15 的记录被插入到编号 10 和 20 之间，由此可见，采用命名 IPv4 ACL 编辑时会方便很多。

12.2.3　实验 3：配置基于时间的 IPv4 ACL

1. 实验目的

通过本实验可以掌握：
① 定义 time-range 的方法。
② 基于时间 IPv4 ACL 的配置和调试方法。

2. 实验拓扑

实验拓扑如图 12-2 所示。本实验要求只允许主机 PC1 在周一到周五每天的 8:00-17:00 访问路由器 R3 的 Telnet 服务，其他流量不受影响。删除实验 2 中定义的扩展 IPv4 ACL，保留 OSPF 的配置。

3. 实验步骤

```
        R1(config)#time-range TIME         //定义时间范围
        R1(config-time-range)#periodic weekdays 8:00 to 17:00
        R1(config)#access-list 100 permit tcp host 172.16.1.100 host 172.16.23.3 eq telnet time-range TIME
log    //在 ACL 中调用 time-range
        R1(config)#access-list 100 permit tcp host 172.16.1.100 host 172.16.3.3 eq telnet time-range TIME log
        R1(config)#access-list 100 permit ip any any
        R1(config)#interface gigabitEthernet0/0
        R1(config-if)#ip access-group 100 in
```

【技术要点】

在时间范围配置模式中，用 **periodic** 命令、**absolute** 命令或者它们的某种组合来定义时间范围。**periodic** 为时间范围指定一个重复发生的开始和结束时间，它接受下列参数：Monday, Tuesday, Wednesday, Thursday, Friday, Saturday, Sunday，其他可能的参数值有 daily（从 Monday 到 Sunday），weekdays（从 Monday 到 Friday），以及 weekend（包括 Saturday 和 Sunday）。**absolute** 为时间范围指定一个绝对的开始和结束时间，命令如下：

```
        Router(config-time-range)#periodic days-of-the-week hh:mm to [days-of-the-week] hh:mm
        Router(config-time-range)#absolute [start time date] [end time date]
```

下面是一个用 **absolute** 命令定义 time-range 的例子：

```
        R1(config)#time-range CCNA
        R1(config-time-range)#absolute start 8:00 1 may 2019 end 12:00 1 july 2020
```

上面 2 条命令的意思是定义了一个时间段，名称为 CCNA，并且设置了这个时间段的起始时间为 2019 年 5 月 1 日 8 点，结束时间为 2020 年 7 月 1 日中午 12 点。

4．实验调试

① 用 **clock** 命令将系统时间调整到周一至周五的 8:00-17:00 范围内，然后在 PC1 上 Telnet 路由器 R3，此时可以成功，然后查看 IPv4 ACL。

```
R1#show ip access-lists
Extended IP access list 100
    10 permit tcp host 172.16.1.100 host 172.16.3.3 eq telnet time-range TIME (active) log (19 matches)
    20 permit tcp host 172.16.1.100 host 172.16.23.3 eq telnet time-range TIME (active) log (25 matches)
    30 permit ip any any (15 matches)
```

以上输出表明 IPv4 ACL 100 的 2 条表项时间范围均处于 **active** 状态，所以能够 Telnet 成功，显示的日志消息如下：

```
*May    1 04:35:25.895: %SEC-6-IPACCESSLOGP: list 100 permitted tcp 172.16.1.100(2391) ->
172.16.23.3(23), 1 packet
    *May    1 04:35:25.895: %SEC-6-IPACCESSLOGP: list 100 permitted tcp 172.16.1.100(2592) ->
172.16.3.3(23), 1 packet
```

② 用 **clock** 命令将系统时间调整到 8:00-17:00 范围之外，然后在 PC1 上 Telnet 路由器 R3，此时不成功，然后查看访问控制列表。

```
R1#show ip access-lists 100
Extended IP access list 100
    10 permit tcp host 172.16.1.100 host 172.16.3.3 eq telnet time-range TIME (inactive) log (19 matches)
    20 permit tcp host 172.16.1.100 host 172.16.23.3 eq telnet time-range TIME (inactive) log (25 matches)
    30 permit ip any any (30 matches)
```

以上输出表明 IPv4 ACL 100 的 2 条表项时间范围均处于 **inactive** 状态，所以不能够 Telnet 成功。

③ 查看定义的时间范围。

```
R1#show time-range
time-range entry: TIME (active)
    periodic weekdays 8:00 to 17:00    //时间范围
    used in: IP ACL entry
    used in: IP ACL entry
```

以上输出表示在 2 条 IPv4 ACL 语句中调用了该 time-range，该 time-range 处于 **active** 状态。

12.2.4 实验 4：配置动态 IPv4 ACL

1．实验目的

通过本实验可以掌握：
① 动态 IPv4 ACL 的工作原理。

② 配置 VTY 本地登录的方法。
③ 动态 IPv4 ACL 的配置和调试方法。

2．实验拓扑

实验拓扑如图 12-2 所示。本实验要求如果 PC1 所在网段想要访问路由器 R3（IP 地址为 172.16.23.3），必须先 Telnet 路由器 R2 成功后才能访问。删除实验 2 和实验 3 中定义的 ACL，保留 OSPF 的配置。

3．实验步骤

（1）配置路由器 R2

```
R2(config)#username cisco privilege 15 password  cisco     //建立本地验证数据库
R2(config)#access-list 120 permit tcp 172.16.1.0 0.0.0.255 host 172.16.12.2 eq telnet
//允许到 R2 的 Telnet 访问
R2(config)#access-list 120 permit tcp 172.16.1.0 0.0.0.255 host 172.16.23.2 eq telnet
//允许到 R2 的 Telnet 访问
R2(config)#access-list 120 permit ospf any any    //允许使用 OSPF 路由协议
R2(config)#access-list 120 dynamic CCNA timeout 60 permit ip 172.16.1.0 0.0.0.255 host 172.16.23.3    //dynamic 定义动态了 IPv4 ACL，名字为 CCNA，timeout 定义动态 ACL 的绝对超时时间，单位为分钟，注意：每个 ACL 只能配置一条动态 IPv4 ACL 条目，否则会提示% Only one dynamic entry can be configured per ACL
R2(config)#interface serial0/0/0
R2(config-if)#ip access-group 120 in
R2(config-if)#exit
R2(config)#line vty 0 4
R2(config-line)#login local     //VTY 使用本地验证
R2(config-line)#autocommand   access-enable host timeout 10
```
//在一个动态 IPv4 ACL 中创建一个临时性的访问控制列表条目，**timeout** 定义了空闲超时值，空闲超时值必须小于绝对超时值，单位为分钟。注意：**autocommand** 命令后的所有信息不能按【Tab】补全，只能手工输入

【技术要点】

动态 IPv4 ACL 是 Cisco IOS 的一种安全特性，它使用户能在防火墙中临时打开一个缺口，而不会破坏其他已配置的安全限制。动态 IPv4 ACL 依赖于 Telnet 连接、身份验证和扩展 IPv4 ACL 来实现，在安全方面具有以下优点：

① 使用 Telnet 方式对每个用户进行身份验证。
② 简化大型网络的管理。
③ 通过防火墙动态创建用户访问而不会影响其他所配置的安全限制，有效阻止黑客闯入内部网络。

在命令 **autocommand   access-enable host timeout 10** 中，如果使用参数 **host**，那么临时性条目将只为用户所用的单个 IP 地址创建；如果不使用参数 host，则用户所在的整个网络中的主机都将被该临时性条目允许访问网络。

（2）配置路由器 R3

```
R3(config)#ip http server
R3(config)#username ccie privilege 15 secret cisco
R3(config)#ip http server                    //开启 HTTP 服务
R3(config)#ip http authentication local      //HTTP 服务本地验证
```

4．实验调试

① PC1 没有成功 Telnet 路由器 R2，在 PC1 上直接访问路由器 R3 的 Web 服务或者 **ping 172.16.23.3**，不成功，查看路由器 R2 的 IPv4 ACL：

```
R2#show ip access-lists
Extended IP access list 120
    10 permit tcp 172.16.1.0 0.0.0.255 host 172.16.12.2 eq telnet
    20 permit tcp 172.16.1.0 0.0.0.255 host 172.16.23.2 eq telnet
    30 permit udp any any eq 520 (10 matches)
    40 Dynamic CCNA permit ip 172.16.1.0 0.0.0.255 host 172.16.23.3
```

② 在 PC1 上 Telent 路由器 R2 成功之后，在 PC1 上访问路由器 R3 的 Web 服务或者 **ping 172.16.23.3**，成功，此时查看路由器 R2 的 IPv4 ACL：

```
R2#show ip access-lists
Extended IP access list 120
    10 permit tcp 172.16.1.0 0.0.0.255 host 172.16.12.2 eq telnet (20 matches)
    20 permit tcp 172.16.1.0 0.0.0.255 host 172.16.23.2 eq telnet
    30 permit udp any any eq 520 (20 matches)
    40 Dynamic CCNA permit ip 172.16.1.0 0.0.0.255 host 172.16.23.3
        permit ip host 172.16.1.100 host 172.16.23.3 (9 matches) (time left 565)
//动态建立一条临时条目
```

从①和②的输出结果可以看到，从主机 172.16.1.100 Telnet R2，如果通过验证，该 Telnet 会话立即会被切断，IOS 将在 IPv4 ACL 中动态建立一临时条目 **permit ip host 172.16.1.100 host 172.16.23.3**。由于在 **autocommand** 命令中使用了 **host** 参数，所以此动态条目中只允许通过验证的主机 **172.16.1.100** 访问网络，此时在主机 172.16.1.100 上访问 172.16.23.3 的 Web 服务或者 ping 该地址，成功。临时条目会从相对时间 10 分钟（600 秒）开始倒计时。

12.2.5 实验 5：配置 IPv6 ACL

1．实验目的

通过本实验可以掌握：

① IPv6 ACL 工作方式和工作过程。
② 定义 IPv6 ACL 的方法。
③ 接口下应用 IPv6 ACL 的方法。

2．实验拓扑

配置 IPv6 ACL 实验拓扑如图 12-3 所示。本实验中，整个网络配置 OSPFv3 保证 IPv6 的连通性，通过在路由器 R2 上配置 IPv6 ACL 实现如下访问控制：
① 拒绝 PC1 所在网段主机访问 Server1 的 Web 服务。
② 拒绝 PC2 所在网段主机 ping 路由器 R2。
③ 拒绝 PC2 所在网段主机访问路由器 R2 的 Telnet 服务。

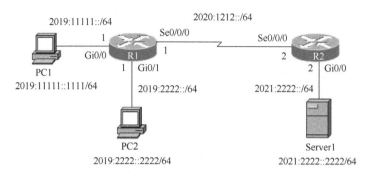

图 12-3　配置 IPv6 ACL 实验拓扑

3．实验步骤

（1）配置路由器 R1

```
R1(config)#ipv6 unicast-routing
R1(config)#ipv6 router ospf 1                    //启动 OSPFv3 进程，进程号为 1
R1(config-rtr)#router-id 1.1.1.1
R1(config)#interface GigabitEthernet0/0
R1(config-if)#ipv6 address 2019:1111::1/64
R1(config-if)#ipv6 ospf 1 area 0
R1(config)#interface GigabitEthernet0/1
R1(config-if)#ipv6 address 2019:2222::1/64
R1(config-if)#ipv6 ospf 1 area 0
R1(config)#interface Serial0/0/0
R1(config-if)#ipv6 address 2020:1212::1/64
R1(config-if)#ipv6 ospf 1 area 0
```

（2）配置路由器 R2

```
R2(config)#ipv6 unicast-routing
R2(config)#ipv6 router ospf 1
R2(config-rtr)#router-id 2.2.2.2
R2(config)#interface GigabitEthernet0/0
R2(config-if)#ipv6 address 2021:2222::2/64
R2(config-if)#ipv6 ospf 1 area 0
R2(config)#interface Serial0/0/0
R2(config-if)#ipv6 address 2020:1212::2/64
R2(config-if)#ipv6 ospf 1 area 0
R2(config)#line vty 0 4
R2(config-line)#privilege level 15
```

```
R2(config-line)#no login
R2(config-line)#transport input telnet
R2(config)#ipv6 access-list szpt          //创建一个 IPv6 ACL，名字区分大小写
R2(config-ipv6-acl)#remark IPv6 ACL       //添加备注，增加可读性
R2(config-ipv6-acl)#deny tcp 2019:1111::/64 2021:2222::2222/128 eq 80
//拒绝 PC1 所在网段主机访问 Server1 的 Web 服务
R2(config-ipv6-acl)#deny icmp 2019:2222::/64 2020:1212::2/128
R2(config-ipv6-acl)#deny icmp 2019:2222::/64 2021:2222::2/128
//以上 2 行命令拒绝 PC2 所在网段主机 ping 路由器 R2
R2(config-ipv6-acl)#deny tcp 2019:2222::/64 2020:1212::2/128 eq 23 log
R2(config-ipv6-acl)#deny tcp 2019:2222::/64 2021:2222::2/128 eq 23 log
//以上 2 行命令拒绝 PC2 所在网段主机访问路由器 R2 的 Telnet 服务
R2(config-ipv6-acl)#permit ipv6 any any   //允许其他所有 IPv6 流量
R2(config-ipv6-acl)#exit
R2(config)#interface serial0/0/0
R2(config-if)#ipv6 traffic-filter szpt in //接口上应用 IPv6 ACL
```

【技术要点】

IPv6 ACL 子模式下定义 IPv6 ACL 的详细语法如下所述，**IPv6 ACL** 命令参数及其含义如表 12-3 所示。

Router(config-ipv6-acl)#{**remark**|**permit**|**deny**}*protocol* {*source-ipv6-prefix/prefix-length*|**any**| **host**} [*operator port-number*] {*destination-ipv6-prefix/prefix-length*|**any**|**host**}[*operator port-number*] [**established**] [**log**]

表 12-3 IPv6 ACL 命令参数及其含义

参　　数	参　数　说　明
remark	在 IPv6 ACL 中添加备注，增强其可读性
permit	当匹配条件时允许访问
deny	当匹配条件时拒绝访问
protocol	用来指定协议类型，如 IPv6、TCP、UDP、ICMP、OSPF 等
source-ipv6-prefix /prefix-length	发送数据包的网络地址或者主机地址 / 前缀长度
destination-ipv6-prefix /prefix-length	接收数据包的网络地址或者主机地址 / 前缀长度
any	匹配所有 IPv6 地址，等同于::/0
host	匹配某主机地址，前缀长度为 128 位
operator	lt,gt,eq,neq（小于，大于，等于，不等于）
port-number	源或目的端口号
established	仅用于 TCP 协议，指示已建立的连接
log	对匹配条目的数据包生成日志消息并发送到控制台

4．实验调试

（1）模拟被拒绝的流量

在 PC1 所在网段主机访问 Server1 的 Web 服务以及在 PC2 所在网段主机上 ping 路由器

R2 或者 Telnet 路由器 R2 都不能成功。同时，在实现拒绝 PC2 所在网段主机 ping 路由器 R2 时，由于配置了 **log** 参数，所以在 R2 上会有如下的输出信息：

```
       *May   1 07:39:42.358: %IPV6_ACL-6-ACCESSLOGP: list szpt/40 denied tcp 2016:2222::1(59850)
-> 2017:1212::2(23), 1 packet   //匹配 IPv6 ACL szpt 的编号为 40 的条目产生的 log
       *May   1 07:39:52.682: %IPV6_ACL-6-ACCESSLOGP: list szpt/50 denied tcp 2016:2222::1(33650)
-> 2018:2222::2(23), 1 packet   //匹配 IPv6 ACL szpt 的编号为 50 的条目产生的 log
```

（2）查看定义的 IPv6 ACL 及流量匹配情况

```
R2#show ipv6 access-lists
IPv6 access list szpt
    deny tcp 2016:1111::/64 host 2018:2222::2222 eq www (12 matches)sequence 10
    //和该语句匹配的数据包的数量及语句在 IPv6 ACL szpt 中的编号
    deny icmp 2016:2222::/64 host 2017:1212::2 (5 matches) sequence 20
    deny icmp 2016:2222::/64 host 2018:2222::2 (5 matches) sequence 30
    deny tcp 2016:2222::/64 host 2017:1212::2 eq telnet log (1 match) sequence 40
    deny tcp 2016:2222::/64 host 2018:2222::2 eq telnet log (1 match) sequence 50
    permit ipv6 any any (77 matches) sequence 60
```

以上输出表明了在路由器 R2 上定义的名称为 szpt 的 IPv6 ACL 各个条件语句的描述，括号中的数字表示匹配条件的数据包的个数，每行后面的数字是条件语句的编号，默认时编号间隔为 10。

（3）查看接口应用 IPv6 ACL 情况

```
R2#show ipv6 interface serial0/0/0
Serial0/0/0 is up, line protocol is up
  IPv6 is enabled, link-local address is FE80::FA72:EAFF:FE69:1C78
  No Virtual link-local address(es):
  Global unicast address(es):
    2017:1212::2, subnet is 2017:1212::/64
  （此处省略部分输出）
  Input features: Access List    //接口输入特征：应用了 ACL
  Inbound access list szpt       //接口入向应用 IPv6 ACL 的名字
  （此处省略部分输出）
```

以上输出表明在路由器 R2 接口 **Se0/0/0** 的入向应用了 IPv6 ACL **szpt**。

第13章 PPP 和 PPPoE

在每个广域网连接上,数据在通过广域网链路传输之前都会封装成帧。要确保使用正确的协议,需要配置适当的二层封装类型,而协议的选择取决于 WAN 技术和通信设备。常见的广域网封装有 HDLC 和 PPP 等。PPPoE 技术可以在以太网上传输 PPP 的帧,可以满足 ISP 侧重的 PPP 的身份验证、计费和链路管理功能以及用户对以太网连接的易用性和偏爱性。本章讨论首先对 HDLC 进行简介,接着讨论 PPP 技术,包括 PPP 组件和会话过程、PPP 身份验证协议、LCP 操作和 NCP 操作,然后讨论 PPPoE 数据包类型和会话建立过程,最后讨论 PPP 和 PPPoE 的配置。

13.1 HDLC 和 PPP 概述

13.1.1 HDLC 简介

高级数据链路控制(High-Level Data Link Control,HDLC)是由国际标准化组织(ISO)开发的、面向比特的同步数据链路层协议。HDLC 采用同步串行传输,可以在两点之间提供无错通信。Cisco 的 HDLC 协议对标准的 HDLC 协议进行了扩展,包含一个用于识别封装网络协议的字段,因而解决了无法支持多协议的问题,也由此带来 Cisco 的 HDLC 封装和标准的 HDLC 封装不兼容的问题。如果链路的两端都是 Cisco 设备,使用 HDLC 封装没有问题,但如果 Cisco 设备与非 Cisco 设备进行连接,应使用 PPP 协议。HDLC 不能提供验证,缺少了对链路的安全保护。Cisco HDLC 是 Cisco 设备在同步串行线路上使用的默认封装方法。

13.1.2 PPP 组件和会话过程

和 HDLC 一样,点到点协议(Point to Point Protocol,PPP)也是串行线路上(同步电路或者异步电路)的一种帧封装协议,但是 PPP 可以提供对多种网络层协议的支持。PPP 为不同厂商的设备互连提供了可能,并且支持链路验证、多链路捆绑、回拨、压缩和链路质量管理等功能。PPP 包含以下 3 个主要组件。

① 用于在点对点链路上传输多种协议类型的数据包,类似于 HDLC 的成帧方式。

② 用于建立、配置和测试数据链路连接的可扩展链路控制协议(Link Control Protocol,LCP)。

③ 用于建立和配置各种网络层协议的一系列网络控制协议(Network Control Protocol,NCP)。最常见的 NCP 有 IPv4 控制协议和 IPv6 控制协议。

一次完整的 PPP 会话过程包括 4 个阶段:链路建立阶段、确定链路质量阶段、网络层控制协议协商阶段和链路终止阶段。

① 链路建立阶段:PPP 通信双方用链路控制协议交换配置信息,一旦配置信息交换成

功，链路即宣告建立。配置信息通常都使用默认值，只有不依赖于网络控制协议的配置选项才在此时由链路控制协议配置。值得注意的是，在链路建立的过程中，任何非链路控制协议的数据包都会被没有任何通告地丢弃。

② 链路质量确定阶段：链路控制协议负责测试链路的质量是否能承载网络层的协议。在这个阶段中，链路质量测试是 PPP 协议提供的一个可选项，也可不执行。同时，如果用户选择了 PPP 验证协议，验证过程将在这个阶段完成。PPP 支持 2 种验证协议：密码验证协议（Password Authentication Protocol，PAP）和质询握手验证协议（Challenge Handshake Authentication Protocol，CHAP）。

③ 网络层控制协议协商阶段：PPP 会话双方完成上述两个阶段的操作后，开始使用相应的网络层控制协议配置网络层的协议，如 IP 和 IPv6 等。

④ 链路终止阶段：链路控制协议用交换链路终止数据包的方法终止链路。引起链路终止的原因很多，有载波丢失、验证失败、空闲周期定时器期满或管理员关闭链路等。

PPP 分层架构如图 13-1 所示，由物理层（可以使用同步介质或者异步介质）、LCP 和 NCP 构成。

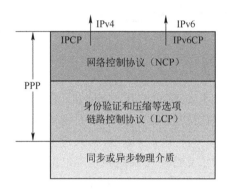

图 13-1　PPP 分层架构

13.1.3　LCP 操作和 NCP 操作

LCP 操作包括链路创建、链路维护和链路切断的策略控制操作。

1. 链路建立

在链路建立过程中，LCP 打开连接并协商配置参数。链路建立过程的第一步是发起方设备向响应方发送 Configure-Request 帧。Configure-Request 帧包括需要在该链路上设置的各种配置选项。响应方按照如下方式方处理请求。

① 如果选项不可接受或无法识别，那么响应方将会发送 Configure-Nak 或 Configure-Reject 消息。如果发生这种情况且协商失败，发起方必须使用新的选项重新启动链路协商流程。

② 如果选项可以接受，响应方会回复 Configure-ACK 消息，然后进入身份验证阶段（如果需要）。接下来链路的操作交给 NCP 处理。当 NCP 完成所有必要的配置后，可以使用该链路进行数据传输。在数据交换期间，LCP 过渡到链路维护阶段。

2. 链路维护

在链路维护期间，LCP 可以使用以下消息来测试链路并提供反馈。

① 测试链路：Echo-Request、Echo-Reply 和 Discard-Request 消息。

② 提供反馈：Code-Reject 和 Protocol-Reject 消息。当设备收到无效帧时，发送设备将重新发送数据包。

3. 链路切断

在网络层完成数据传输之后，LCP 会切断链路。NCP 仅切断网络层和 NCP 链路。LCP 链路始终处于打开状态，直到 LCP 切断链路为止。如果 LCP 在 NCP 之前切断链路，则 NCP 会话也会终止。

PPP 可以随时切断该链路。切断链路的原因可能是载波丢失、身份验证失败、链路质量故障、空闲周期定时器超时或人为因素。LCP 通过交换 Terminate 数据包切断链路。发起切断连接的设备发送 Terminate-Request 消息，其他设备则以 Terminate-ACK 作出响应。在切断链路时，PPP 会通知网络层协议采取相应的操作。

在 LCP 链路建立之后，将会调用相应的 NCP 来配置要使用的网络层协议。在 NCP 成功配置网络层协议之后，在已建立的 LCP 链路上，网络协议将处于开启状态。此时 PPP 可以传输相应的网络层协议数据包。

13.1.4 PPP 身份验证协议

PPP 身份验证协议如图 13-2 所示，该协议包括 PAP 和 CHAP 两个协议。

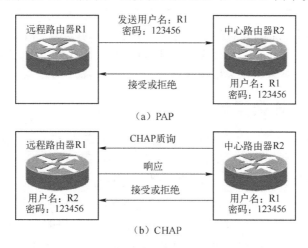

图 13-2 PPP 身份验证协议

1. PAP（Password Authentication Protocol，密码验证协议）

利用 2 次握手的简单方法进行身份验证。在 PPP 链路建立完毕后，被验证方不停地在链路上反复发送用户名和密码，直到验证通过。PAP 在验证过程中，密码在链路上是以明文传输的，而且由于是被验证方控制验证重试频率和次数的，因此 PAP 不能防范再生攻击和重复的尝试攻击。尽管如此，PAP 仍可用于以下情形：
① 当系统中安装了大量不支持 CHAP 的客户端应用程序时。
② 当不同供应商实现的 CHAP 互不兼容时。
③ 当主机远程登录必须使用纯文本口令时。

2. CHAP（Challenge Handshake Authentication Protocol，质询握手验证协议）

利用 3 次握手周期性地验证远程节点的身份。CHAP 定期执行消息询问，以确保远程节点仍然拥有有效的口令值。口令值是个变量，在链路存在时该值不断改变，并且这种改变是不可预知的。本地路由器或第三方身份验证服务器控制着发送询问信息的频率和时机，CHAP 不允许连接发起方在没有收到询问消息的情况下进行验证尝试，这使得链路更为安全。CHAP 每次使用不同的询问消息，每个消息都是不可预测的唯一的值，CHAP 不直接传送密码，只传送一个不可预测的询问消息，以及该询问消息与密码经过 MD5 运算后的 Hash 值。所以 CHAP 可以防止再生攻击，CHAP 的安全性比 PAP 要高。

13.2 PPPoE 概述

13.2.1 PPPoE 简介

运营商希望通过同一台接入设备来连接远程的多台主机，同时接入设备能够提供访问控制和计费功能。在众多的接入技术中，把多台主机连接到接入设备的最经济的方法就是以太网，而 PPP 协议可以提供良好的访问控制和计费功能，于是产生了在以太网上传输 PPP 数据包的技术，即 PPPoE（PPP over Ethernet）。PPPoE 通过以太网连接创建 PPP 隧道，利用以太网将大量主机组成网络，通过远端接入设备接入 Internet，并运用 PPP 协议对接入的每台主机进行控制，具有适用范围广、安全性高、计费方便的特点。PPPoE 技术解决了用户上网收费等实际应用问题，得到了宽带接入运营商的认可并被广泛应用。

13.2.2 PPPoE 数据包类型

数据包 PPPoE 通过以下 5 种类型的数据包来建立和终结 PPPoE 会话。
① PPPoE 发现初始（PPPoE Active Discovery Initiation，PADI）数据包：用户主机发向 PPPoE 服务器的探测数据包，目的 MAC 地址为广播地址。
② PPPoE 发现提供（PPPoE Active Discovery Offer，PADO）数据包：PPPoE 服务器收到 PADI 数据包之后回应的数据包，目的 MAC 地址为客户端主机的 MAC 地址。
③ PPPoE 发现请求（PPPoE Active Discovery Request，PADR）数据包：用户主机收到 PPPoE 服务器回应的 PADO 数据包后，单播发起的请求数据包，目的地址为此用户选定的 PPPoE 服务器的 MAC 地址。
④ PPPoE 会话确认（PPPoE Active Discovery Session Confirmation，PADS）数据包：PPPoE 服务器分配的一个唯一的会话进程 ID，并通过 PADS 数据包发送给主机。
⑤ PPPoE 发现终止（PPPoE Active Discovery Terminate，PADT）数据包：当用户或者服务器需要终止 PPPoE 会话时，可以发送 PADT 数据包。

13.2.3 PPPoE 会话建立过程

PPPoE 会话建立过程可分为 3 个阶段，即发现（Discovery）阶段、会话（Session）阶段和终止（Terminate）阶段，PPPoE 会话建立过程如图 13-3 所示。

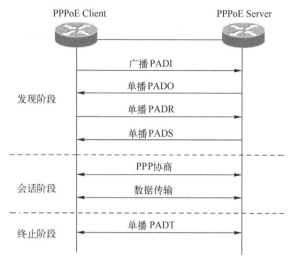

图 13-3　PPPoE 会话建立过程

1. 发现（Discovery）阶段

① PPPoE Client 广播发送一个 PADI 数据包，在此数据包中包含 PPPoE Client 想要得到的服务类型信息。

② 所有的 PPPoE Server 收到 PADI 数据包之后，将其中请求的服务与自己能够提供的服务进行比较，如果可以提供，则单播回复一个 PADO 数据包。

③ 根据网络的拓扑结构，PPPoE Client 可能收到多个 PPPoE Server 发送的 PADO 数据包，PPPoE Client 选择最先收到的 PADO 数据包对应的 PPPoE Server 作为自己的 PPPoE Server，并单播发送一个 PADR 数据包。

④ PPPoE Server 产生一个唯一的会话 ID（Session ID），标识和 PPPoE Client 的这个会话，通过发送一个 PADS 数据包，把会话 ID 发送给 PPPoE Client，会话建立成功后便进入 PPPoE 会话阶段。

完成上述 4 个步骤后，PPPoE Server 和 PPPoE Client 通信双方都会知道 PPPoE 的会话 ID 以及对方以太网 MAC 地址，它们共同确定了唯一的 PPPoE 会话。

2. 会话（Session）阶段

PPPoE 会话中的 PPP 协商和普通的 PPP 协商方式一致。PPPoE 会话的 PPP 协商成功后，就可以承载 PPP 数据包。在 PPPoE 会话阶段所有的以太网数据包都是单播发送的。

3. 终止（Terminate）阶段

进入 PPPoE 会话阶段后，PPPoE Client 和 PPPoE Server 都可以通过发送 PADT 数据包给

对方的方式来结束 PPPoE 连接。PADT 数据包可以在会话建立以后的任意时刻单播发送。在发送或接收到 PADT 后，就不允许再使用该会话发送 PPP 数据流量了。

在 PPPoE 的发现阶段，以太网帧的类型字段值为 0x8863；在 PPPoE 的会话阶段，以太网帧的类型字段值为 0x8864。

13.3 配置 PPP 和 PPPoE

13.3.1 实验 1：配置 PPP 封装

1. 实验目的

通过本实验可以掌握：
① 串行链路上的封装概念。
② 配置 HDLC 封装的方法。
③ 配置 PPP 封装的方法。

2. 实验拓扑

配置 PPP 封装实验拓扑如图 13-4 所示。

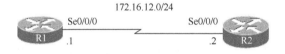

图 13-4　配置 PPP 封装实验拓扑

3. 实验步骤

（1）配置 HDLC 封装

① 配置路由器 R1。

```
R1(config)#interface Serial0/0/0
R1(config-if)#ip address 172.16.12.1 255.255.255.0
```

② 配置路由器 R1。

```
R2(config)#interface Serial0/0/0
R2(config-if)#ip address 172.16.12.2 255.255.255.0
```

③ 查看路由器串行接口的信息。

```
R1#show   interface serial0/0/0
Serial0/0/0 is up, line protocol is up
   Hardware is WIC MBRD Serial                      //接口硬件类型
   Internet address is 172.16.12.1/24               //接口 IP 地址
   MTU 1500 bytes, BW 1544 Kbit/sec, DLY 20000 usec,   //MTU、带宽、延时
```

```
        reliability 255/255, txload 1/255,  rxload 1/255      //可靠性、负载
        Encapsulation HDLC, loopback not set   //Cisco 路由器串行接口的默认封装协议为 HDLC
        （此处省略部分输出）
```

【技术要点】

串行接口常见的几种状态如下所述：
① **Serial0/0/0 is up, line protocol is up**   //物理层和数据链路层工作正常
② **Serial0/0/0 is administratively down, line protocol is down**
//没有开启该接口，执行 **no shutdown** 可以开启接口
③ **Serial0/0/0 is up, line protocol is down**   //物理层正常，数据链路层有问题，通常是因为没有配置时钟、两端封装不匹配、PPP 验证错误等原因
④ **Serial0/0/0 is down, line protocol is down**
//物理层发生故障，通常是连线问题或者板卡故障

（2）配置 PPP 封装
① 配置路由器 R1。

```
R1(config)#interface Serial0/0/0
R1(config-if)#encapsulation ppp        //配置 PPP 封装
R1(config-if)#compress stac            //使用 Stacker（LZS）压缩算法
R1(config-if)#ppp quality 80           //指定链路质量阈值
```

② 配置路由器 R2。

```
R2(config)# interface Serial0/0/0
R2(config-if)#encapsulation ppp
R2(config-if)#compress stac
R2(config-if)#ppp quality 80
```

【技术要点】

① 通过 PPP 压缩功能可以增加 PPP 链路的有效吞吐量。该协议将在帧到达目的地后将帧解压缩。Cisco 路由器支持 Stacker 和 Predictor 两种压缩协议。

② PPP 链路质量监控（Link Quality Monitoring，LQM）功能用于确保链路满足您设定的质量要求，否则链路将关闭。百分比是针对入站和出站两个方向分别计算的。出站链路质量的计算方法是将已发送的数据包及字节总数与目的节点接收的数据包及字节总数进行比较。入站链路质量的计算方法是将已收到的数据包及字节总数与源节点发送的数据包及字节总数进行比较。默认情况下，LQM 包发送周期为 10 秒。

4．实验调试

（1）查看接口状态和封装方式

```
R1#show interfaces serial 0/0/0
Serial0/0/0 is up, line protocol is up
```

```
            Hardware is WIC MBRD Serial
            Internet address is 172.16.12.1/24
            MTU 1500 bytes, BW 1544 Kbit/sec, DLY 20000 usec,
               reliability 255/255, txload 1/255, rxload 1/255
            Encapsulation PPP, LCP Open           //接口为 PPP 封装，LCP 状态为 Open
            Open: IPCP, CCP,     loopback not set
            //IPCP、压缩控制协议（Compression Control Protocol，CCP）开启
            (此处省略部分输出)
```

（2）调试 PPP 封装

把图 13-4 中路由器 R1 的 Se0/0/0 接口地址改为 1.1.1.1/24，把 R2 的 Se0/0/0 接口地址改为 2.2.2.2/24，然后将接口封装为 PPP，配置如下：

```
R1(config)#interface Serial0/0/0
R1(config-if)#ip address 1.1.1.1 255.255.255.0
R1(config-if)#encapsulation ppp

R2(config)#interface Serial0/0/0
R2(config-if)#ip address 2.2.2.2 255.255.255.0
R2(config-if)#encapsulation ppp
```

在路由器 R1 和 R2 上分别查看路由表，显示如下。

① 查看 R1 路由表。

```
R1#show ip route connected
         1.0.0.0/8 is variably subnetted, 2 subnets, 2 masks
C           1.1.1.0/24 is directly connected, Serial0/0/0
L           1.1.1.1/32 is directly connected, Serial0/0/0
         2.0.0.0/32 is subnetted, 1 subnets
C           2.2.2.2 is directly connected, Serial0/0/0
```

② 查看 R2 路由表。

```
R2#show ip route connected
         1.0.0.0/32 is subnetted, 1 subnets
C           1.1.1.1 is directly connected, Serial0/0/0
         2.0.0.0/8 is variably subnetted, 2 subnets, 2 masks
C           2.2.2.0/24 is directly connected, Serial0/0/0
L           2.2.2.2/32 is directly connected, Serial0/0/0
```

以上①和②输出表明接口被封装成 PPP 后，在路由器本地路由表中会产生一条到对方接口地址的主机路由，这是 PPP 封装的特性，此时在路由器 R1 上 ping R2 的 Se0/0/0 接口地址，结果是通的，显示如下：

```
R1#ping 2.2.2.2
Type escape sequence to abort.
Sending 5, 100-byte ICMP Echos to 2.2.2.2, timeout is 2 seconds:
!!!!!
Success rate is 100 percent (5/5), round-trip min/avg/max = 12/15/16 ms
```

13.3.2 实验 2：配置 PAP 验证

1. 实验目的

通过本实验可以掌握：
① PAP 验证的工作原理。
② PAP 验证的配置和调试方法。

2. 实验拓扑

实验拓扑如图 13-4 所示。

3. 实验步骤

本实验中，路由器 R1 被配置为被验证方，被路由器 R2 验证方验证，即单向验证。

（1）配置路由器 R1

```
R1(config)#interface Serial0/0/0
R1(config-if)#ip address 172.16.12.1 255.255.255.0
R1(config-if)#encapsulation ppp
R1(config-if)#ppp pap sent-username R1 password cisco
//配置将要发送的 PAP 验证的用户名和密码
```

（2）配置路由器 R2

```
R2(config)#username R1 password cisco        //建立 PPP 验证的本地数据库
R2(config)#interface Serial0/0/0
R2(config-if)#ip address 172.16.12.2 255.255.255.0
R2(config-if)#encapsulation ppp
R2(config-if)#ppp authentication pap         //配置 PAP 验证
```

4. 实验调试

（1）查看 PPP PAP 验证过程

```
R2#debug ppp authentication
PPP authentication debugging is on
*Nov 26 04:47:33.807: Se0/0/0 PPP: Using default call direction
*Nov 26 04:47:33.807: Se0/0/0 PPP: Treating connection as a dedicated line    //连接被视为专线
*Nov 26 04:47:33.807: Se0/0/0 PPP: Session handle[6000046] Session id[70]     //PPP 会话信息
*Nov 26 04:47:33.831: Se0/0/0 PAP: I AUTH-REQ id 1 len 22 from "R1"
//收到用户名为 R1 的用户发送的 id 为 1、长度为 22 的验证请求，I 表示 IN
*Nov 26 04:47:33.831: Se0/0/0 PAP: Authenticating peer R1                     //开始验证对端
*Nov 26 04:47:33.831: Se0/0/0 PPP: Sent PAP LOGIN Request                     //发送 PAP 登录请求
*Nov 26 04:47:33.835: Se0/0/0 PPP: Received LOGIN Response PASS               //收到登录响应通过信息
*Nov 26 04:47:33.835: Se0/0/0 PAP: O AUTH-ACK id 1 len 5
  //发送 id 为 1、长度为 5 的验证确认，O 表示 OUT
*Nov 26 04:47:33.835: %LINEPROTO-5-UPDOWN: Line protocol on Interface Serial0/0/0, changed
```

state to **up**   //PAP 验证通过，线路协议 up，接口处于正常工作状态

以上输出表明 PAP 验证采用 2 次握手。

（2）PAP 验证失败的例子

如果在 R2 上没有配置本地验证数据库，或者用户名或密码错误，则会导致验证失败。下面是由于本地数据库没有配置用户名和密码而导致验证失败的例子，调试信息如下：

```
*Nov 27 01:55:14.023: Se0/0/0 PPP: Using default call direction
*Nov 27 01:55:14.023: Se0/0/0 PPP: Treating connection as a dedicated line
*Nov 27 01:55:14.023: Se0/0/0 PPP: Session handle[F000002] Session id[2]
*Nov 27 01:55:14.051: Se0/0/0 PAP: I AUTH-REQ id 1 len 19 from "R1"
*Nov 27 01:55:14.051: Se0/0/0 PAP: Authenticating peer R1
*Nov 27 01:55:14.051: Se0/0/0 PPP: Sent PAP LOGIN Request
*Nov 27 01:55:14.051: Se0/0/0 PPP: Received LOGIN Response FAIL    //收到登录响应失败信息
*Nov 27 01:55:14.051: Se0/0/0 PAP: O AUTH-NAK id 1 len 26 msg is "Authentication failed"
//发送 id 为 1、长度为 26 的验证非确认消息，消息内容是验证失败（Authentication failed）
```

13.3.3　实验 3：配置 CHAP 验证

1. 实验目的

通过本实验可以掌握：
① CHAP 验证的工作原理。
② CHAP 验证的配置和调试方法。

2. 实验拓扑

实验拓扑如图 13-4 所示。

3. 实验步骤

本实验实现路由器 R1 通过 CHAP 单向验证 R2。

（1）配置路由器 R1

```
R1(config)#username R2 password cisco
R1(config)#interface Serial0/0/0
R1(config-if)#ip address 172.16.12.1 255.255.255.0
R1(config-if)#encapsulation ppp
R1(config-if)#ppp authentication chap    //配置 CHAP 验证
```

（2）配置路由器 R2

```
R2(config)#username R1 password cisco
R2(config)#interface Serial0/0/0
R2(config-if)#ip address 172.16.12.2 255.255.255.0
R2(config-if)#encapsulation ppp
```

第 13 章 PPP 和 PPPoE

【技术要点】

① CHAP 在验证配置时默认要求用户名为对方路由器名,双方验证密码必须一致。
② 在 PAP 和 CHAP 验证过程中,密码是大小写敏感的。

4. 实验调试

(1)查看 PPP CHAP 验证过程

```
R1#debug ppp authentication
PPP authentication debugging is on
*Nov 27 04:55:02.679: Se0/0/0 PPP: Using default call direction
*Nov 27 04:55:02.679: Se0/0/0 PPP: Treating connection as a dedicated line
*Nov 27 04:55:02.679: Se0/0/0 PPP: Session handle[A100004F] Session id[79]
*Nov 27 04:55:02.687: Se0/0/0 CHAP: O CHALLENGE id 1 len 29 from "R1"
//从路由器 R1 发出的 id 为 1、长度为 29 的质询,O 代表 OUT
*Nov 27 04:55:02.711: Se0/0/0 CHAP: I RESPONSE id 1 len 29 from "R2"
// R2 路由器接收到的 id 为 1、长度为 29 的响应,I 表示 IN
*Nov 27 04:55:02.711: Se0/0/0 PPP: Sent CHAP LOGIN Request    //发送 CHAP 登录请求
*Nov 27 04:55:02.711: Se0/0/0 PPP: Received LOGIN Response PASS    //收到登录响应通过消息
*Nov 27 04:55:02.711: Se0/0/0 CHAP: O SUCCESS id 1 len 4
//从路由器 R1 发出的 id 为 1、长度为 4 的验证成功信息
*Nov 27 04:55:02.711: %LINEPROTO-5-UPDOWN: Line protocol on Interface Serial0/0/0, changed state to up    //CHAP 验证通过,线路协议 up,接口处于正常工作状态
```

以上输出表明 CHAP 验证采用 3 次握手。

(2)CHAP 验证失败的例子

如果在路由器 R1 上配置的本地验证数据库用户名或密码出现错误,则会导致验证失败。下面是由于 R1 本地数据库配置用户名对应的密码与路由器 R2 配置的用户名对应的密码不一致而导致验证失败的例子,路由器 R1 调试信息如下:

```
*Nov 22 02:36:59.911: Se0/0/0 PPP: Using default call direction
*Nov 22 02:36:59.911: Se0/0/0 PPP: Treating connection as a dedicated line
*Nov 22 02:36:59.911: Se0/0/0 PPP: Session handle[84000048] Session id[85]
*Nov 22 02:36:59.927: Se0/0/0 CHAP: O CHALLENGE id 1 len 29 from "R1"
*Nov 22 02:36:59.943: Se0/0/0 CHAP: I RESPONSE id 1 len 29 from "R2"
*Nov 22 02:36:59.943: Se0/0/0 PPP: Sent CHAP LOGIN Request
*Nov 22 02:36:59.943: Se0/0/0 PPP: Received LOGIN Response FAIL    //收到登录响应失败消息
*Nov 22 02:36:59.943: Se0/0/0 CHAP: O FAILURE id 1 len 25 msg is "Authentication failed"
//发送 id 为 1、长度为 25 的验证失败(Authentication failed)消息
```

13.3.4 实验 4:配置 PPP Multilink

1. 实验目的

通过本实验可以掌握:

① PPP Multilink 的工作原理。
② PPP Multilink 的配置和调试方法。

2. 实验拓扑

配置 PPP Multilink 实验拓扑如图 13-5 所示。

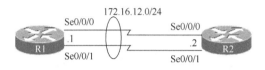

图 13-5　配置 PPP Multilink 实验拓扑

3. 实验步骤

（1）配置路由器 R1

```
R1(config)#interface Serial0/0/0
R1(config-if)#encapsulation ppp           //接口封装 PPP
R1(config-if)#ppp multilink               //接口启用多链路 PPP
R1(config-if)#ppp multilink group 1       //接口分配到多链路组
R1(config)#interface Serial0/0/1
R1(config-if)#encapsulation ppp
R1(config-if)#ppp multilink
R1(config-if)#ppp multilink group 1
R1(config)#interface Multilink 1          //创建多链路接口
R1(config-if)#ip address 172.16.12.1 255.255.255.0
R1(config-if)#ppp multilink
R1(config-if)#ppp multilink group 1       //多链路组编号
```

（2）配置路由器 R2

```
R2(config)#interface Serial0/0/0
R2(config-if)#encapsulation ppp
R2(config-if)#ppp multilink
R2(config-if)#ppp multilink group 1
R2(config)#interface Serial0/1/1
R2(config-if)#encapsulation ppp
R2(config-if)#ppp multilink
R2(config-if)#ppp multilink group 1
R2(config)#interface Multilink1
R2(config-if)#ip address 172.16.12.2 255.255.255.0
R2(config-if)#ppp multilink
R2(config-if)#ppp multilink group 1
```

【技术要点】

多链路 PPP（也称为 MP、MPPP、MLP 或多链路）提供在多个物理串行链路上传输数据流量的方法，多链路 PPP 还提供数据包分段和重组、正确定序、多供应商互操作性，以及入站和出站流量的负载均衡功能。

4. 实验调试

（1）查看 PPP 多链路信息

```
R1#show ppp multilink
Multilink1                                              //多链路接口 1
   Bundle name: R2                                      //绑定名，对端路由器的主机名
   Remote Endpoint Discriminator: [1] R2                //远端标识符
   Local Endpoint Discriminator: [1] R1                 //本端标识符
   Bundle up for 00:10:05, total bandwidth 3088, load 1/255
   //绑定时间、总的带宽（1.544×2=3.088 Mbps）和负载
   Receive buffer limit 24000 bytes, frag timeout 1000 ms   //接收缓冲区限制和分片超时时间
       0/0 fragments/bytes in reassembly list           //分片数量和大小
       0 lost fragments, 0 reordered
       0/0 discarded fragments/bytes, 0 lost received
       0x16 received sequence, 0x16 sent sequence
   Member links: 2 active, 0 inactive (max not set, min not set)  //链路成员及状态
       Se0/0/0, since 00:10:05                          //成员端口及绑定时间
       Se0/0/1, since 00:10:00
No inactive multilink interfaces                        //没有非活跃多链路成员接口
```

（2）查看多链路接口信息

```
R1#show interfaces multilink 1
Multilink1 is up, line protocol is up                   //多链路接口正常
   Hardware is multilink group interface                //硬件是多链路组接口
   Internet address is 172.16.12.1/24
   MTU 1500 bytes, BW 3088 Kbit, DLY 100000 usec,
       reliability 255/255, txload 1/255, rxload 1/255
   Encapsulation PPP, LCP Open, multilink Open          //多链路 Open
   Open: IPCP, CDPCP, loopback not set
（此处省略部分输出）
```

（3）查看多链路路由信息

```
R1 #show ip route connected
     172.16.0.0/16 is variably subnetted, 3 subnets, 2 masks
C       172.16.12.0/24 is directly connected, Multilink1
L       172.16.12.1/32 is directly connected, Multilink1
C       172.16.12.2/32 is directly connected, Multilink1
```

（4）测试连通性

```
R1#ping 172.16.12.2
Type escape sequence to abort.
```

Sending 5, 100-byte ICMP Echos to 172.16.12.2, timeout is 2 seconds:
!!!!!
Success rate is 100 percent (5/5), round-trip min/avg/max = 16/31/52 ms

13.3.5 实验 5：配置 PPPoE 服务器和客户端

1. 实验目的

通过本实验可以掌握：
① PPPoE 客户端配置。
② PPPoE 服务器配置。

2. 实验拓扑

配置 PPPoE 服务器和客户端实验拓扑如图 13-6 所示。

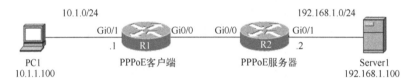

图 13-6 配置 PPPoE 服务器和客户端实验拓扑

3. 实验步骤

（1）配置路由器 R1

```
R1(config)#interface gigabitEthernet0/1
R1(config-if)#no shutdown
R1(config-if)#ip address 10.1.1.1    255.255.255.0
R1(config)#interface Dialer0                              //创建拨号接口
R1(config-if)#ip address negotiated                       //IP 地址采用 PPP 协商方式获得
R1(config-if)#encapsulation ppp                           //配置 PPP 封装
R1(config-if)#dialer pool 1                               //配置拨号池
R1(config-if)#dialer-group 1                              //配置拨号组
R1(config-if)#ppp chap hostname cisco                     //当采用 CHAP 验证时发送的用户名
R1(config-if)#ppp chap password    cisco                  //当采用 CHAP 验证时发送的密码
R1(config-if)#mtu 1492                                    //配置接口上的 MTU
R1(config-if)#ip tcp adjust-mss 1450    //通过调整 TCP 三次握手期间的 MSS 值来防止丢弃 TCP 会话
R1(config)#interface gigabitEthernet0/0
R1(config-if)#pppoe enable group global                   //开启 PPPoE
R1(config-if)#pppoe-client dial-pool-number 1             //将物理端口与虚拟拨号端口进行关联
R1(config)#ip route 0.0.0.0 0.0.0.0 Dialer0               //配置默认路由，拨号接口为出接口
```

（2）配置路由器 R2

```
R2(config)#username cisco password cisco                  //PPP CHAP 验证的用户名和密码
```

```
R2(config)#ip local pool cisco 172.16.1.10 172.16.1.20       //创建本地地址池
R2(config)#bba-group pppoe ABC       //创建 BBA（BroadBand Aggregation）组
R2(config-bba-group)#virtual-template 1                      //关联一个虚拟模板
R2(config)#interface virtual-template 1                      //创建虚拟模板
R2(config-if)#ip address 172.16.1.2 255.255.255.0
R2(config-if)# encapsulation ppp                             //配置 PPP 封装
R2(config-if)#peer default ip address pool cisco             //使用本地地址池为客户端分配 IP 地址
R2(config-if)#ppp authentication chap                        //配置 PPP 验证方式为 CHAP
R2(config-if)#mtu 1492                                       //配置接口上的 MTU
R2(config)#interface gigabitEthernet0/0
R2(config-if)#pppoe enable group ABC                         //开启 PPPoE
R2(config)#interface gigabitEthernet0/1
R2(config-if)#ip address 192.168.1.2 255.255.255.0
R2(config-if)#ip route 10.1.1.0 255.255.255.0 172.16.1.10
```

4. 实验调试

（1）查看所有的 PPPoE 会话

```
① R1#show pppoe session all
Total PPPoE sessions 1
session id: 1
local MAC address: f872.ead6.f4c8, remote MAC address: f872.ea69.1c78
virtual access interface: Vi2, outgoing interface: Gi0/0
  VLAN Priority: 0
     29 packets sent, 0 received
     836 bytes sent, 0 received
② R2#show pppoe session all
Total PPPoE sessions 1
session id: 1
local MAC address: f872.ea69.1c78, remote MAC address: f872.ead6.f4c8
virtual access interface: Vi1.1, outgoing interface: Gi0/0
     49 packets sent, 49 received
     1122 bytes sent, 1116 received
```

以上①和②输出表明 PPPoE 客户端和服务器显示的 PPPoE 会话信息，包括会话 ID、本地和远程 MAC 地址、虚拟访问接口、路由器自己的出接口，以及发送和接收数据包的个数和字节数。

（2）查看路由信息（此处省略路由代码部分）

```
① R1#show ip route connected
Gateway of last resort is 0.0.0.0 to network 0.0.0.0
     10.0.0.0/8 is variably subnetted, 2 subnets, 2 masks
C       10.1.1.0/24 is directly connected, GigabitEthernet0/1
L       10.1.1.1/32 is directly connected, GigabitEthernet0/1
     172.16.0.0/32 is subnetted, 2 subnets
C       172.16.1.2 is directly connected, Dialer0
```

//接口 PPP 封装的特性，对方接口的地址会在本地路由表中生成主机路由
C   **172.16.1.10 is directly connected, Dialer0**
//该条路由是通过 PPP 的 IPCP 协商从 R2 的本地地址池分配来的
② R2#**show ip route connected**
        172.16.0.0/16 is variably subnetted, 3 subnets, 2 masks
C   172.16.1.0/24 is directly connected, Virtual-Access1.1
L   172.16.1.2/32 is directly connected, Virtual-Access1.1
C   **172.16.1.10/32 is directly connected, Virtual-Access1.1**
//分配给 R1 拨号接口的地址，由于链路是 PPP 封装，所以本地路由表中会出现此主机路由
        192.168.1.0/24 is variably subnetted, 2 subnets, 2 masks
C   192.168.1.0/24 is directly connected, GigabitEthernet0/1
L   192.168.1.2/32 is directly connected, GigabitEthernet0/1

（3）查看拨号接口信息

R1#**show ip interface brief | include Dialer0**
Dialer0   172.16.1.10   YES IPCP   up   up
//拨号接口的 IP 地址是通过 PPP 的 IPCP 协商获得的

第 14 章 NAT

Internet 技术的飞速发展，使越来越多的用户加入到互联网中，因此 IPv4 地址短缺已成为一个十分突出的问题。IPv4 NAT 是有效缓解 IPv4 地址短缺的重要手段，NAT-PT 技术是保证 IPv4 向 IPv6 平稳过渡的有效手段之一。本章重点介绍 NAT 的特征、分类和配置实现。

14.1　NAT 概述

14.1.1　IPv4 NAT 特征

网络技术的快速发展造成公有 IPv4 地址的严重短缺，目前正面临 IPv4 公有地址即将耗尽的局面，而 IANA（The Internet Assigned Numbers Authority，因特网编号分配机构）不能为每台网络设备分配一个唯一的公有 IPv4 地址来进行 Internet 连接，因此在实际应用中通常使用 RFC 1918 中定义的私有 IPv4 地址来进行内部网络编址。但是私有 IPv4 地址不能被 Internet 上的网络设备路由，为了实现具有私有 IPv4 地址的网络设备能够访问 Internet 的设备和资源，必须首先将私有地址转换为公有地址。NAT（Network Address Translation，网络地址转换）技术使得一个私有网络可以通过 Internet 注册的 IPv4 地址连接到外部公共网络，位于网络边界的 NAT 路由器在发送数据包之前，负责把内部 IPv4 地址翻译成外部公有 IPv4 地址。NAT 是一个 IETF 标准，允许一个机构以一个公有地址出现在 Internet 上。NAT 有很多作用，但其主要作用是节省公有 IPv4 地址，允许网络在内部使用私有 IPv4 地址，只在需要访问外网时提供到公有地址的转换。NAT 还能在一定程度上增加网络的私密性和安全性，因为它对外部网络隐藏了内部 IPv4 地址。

1. NAT 的主要优点

① NAT 允许对内部网络实行私有编址，从而维护合法注册的公有编址方案，节省公有 IPv4 地址。

② NAT 增强了与公有网络连接的灵活性。

③ NAT 为内部网络编址方案提供了一致性。

④ NAT 提供了网络安全性。由于私有网络在实施 NAT 时不会通告其地址或内部拓扑，因此有效确保了内部网络的安全。不过，NAT 不能完全取代防火墙。

2. NAT 的主要缺点

① 参与 NAT 功能的设备的性能被降低，NAT 会增加数据传输的延时。

② 端到端功能减弱，因为 NAT 会更改端到端地址，导致一些安全应用程序（例如数字签名）会因为源 IPv4 地址在到达目的地之前发生改变而运行失败。

③ 经过多次 NAT 地址转换后，数据包地址已改变很多次，因此跟踪数据包将更加困难，排除故障也更具挑战性。

④ 使用 NAT 也会使隧道协议（例如 IPSec）更加复杂，因为 NAT 会修改 IPv4 数据包头部，从而干扰 IPSec 和其他隧道协议执行的完整性检查。

⑤ 需要外部网络发起 TCP 连接的一些服务，或者无状态协议（诸如使用 UDP 的无状态协议），可能会中断。

14.1.2　IPv4 NAT 分类

NAT 有三种类型：静态 NAT、动态 NAT 和 NAT 过载（PAT）。

（1）静态 NAT

在静态 NAT 中，内部网络中的每个主机都被永久映射成外部网络中的某个合法的地址。静态地址转换将内部本地地址与内部全局地址进行一对一转换。如果内部网络有 E-mail 服务器或 FTP 服务器等可以为外部用户提供的服务，这些服务器的 IPv4 地址必须采用静态地址转换，以便外部用户可以访问这些服务。

（2）动态 NAT

动态 NAT 首先要定义合法地址池，然后采用动态分配的方法映射到内部网络。动态 NAT 是动态一对一的映射，通过采用动态 NAT 的方法节省 IPv4 地址的作用是非常有限的。

（3）NAT 过载（PAT）

NAT 过载（也称为端口地址转换，PAT）则是把内部地址映射到外部网络 IP 地址的不同端口上，从而可以实现多对一的映射。NAT 过载对于节省 IPv4 地址是最为有效的方法。

14.1.3　NAT-PT 技术

NAT-PT 是一种 IPv4 网络和 IPv6 网络之间直接通信的过渡方式，也就是说，原 IPv4 网络不需要进行升级改造，所有包括地址、协议在内的转换工作都由 NAT-PT 网络设备来完成。NAT-PT 设备要向 IPv6 网络中发布一个 "/96" 的路由前缀，凡是具有该前缀的 IPv6 包都被送往 NAT-PT 设备。NAT-PT 设备为了支持 NAT-PT 功能，还具有从 IPv6 网络向 IPv4 网络中转发数据包时使用的 IPv4 地址池。此外，通常在 NAT-PT 设备中实现 DNS-ALG（DNS-应用层网关），以帮助提供名称到地址的映射，在 IPv6 网络访问 IPv4 网络的过程中发挥作用。NAT-PT 分为静态 NAT-PT 和动态 NAT-PT 两种。

14.2　配置 NAT

14.2.1　实验 1：配置 IPv4 NAT

1．实验目的

通过本实验可以掌握：

① IPv4 NAT 的特征和应用场合。
② IPv4 静态 NAT 配置和调试方法。
③ IPv4 动态 NAT 配置和调试方法。
④ IPv4 PAT 配置和调试方法。

2．实验拓扑

配置 IPv4 NAT 实验拓扑如图 14-1 所示。R1 是为内网提供 NAT 服务的路由器，外网运行 OSPF 路由协议，确保 IPv4 的连通性。

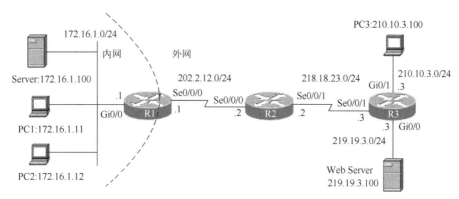

图 14-1　配置 IPv4 NAT 实验拓扑

3．实验步骤

（1）配置路由器 R1

```
R1(config)#router ospf 1
R1(config-router)#router-id 1.1.1.1
R1(config-router)#network 202.2.12.1 0.0.0.0 area
R1(config)#ip nat inside source static 172.16.1.100 202.2.12.3   //配置内部本地地址与内部全局地址之间的 IPv4 静态 NAT，确保外网主机可以访问内网的服务器 Server
R1(config)#ip nat pool NATPOOL 202.2.12.4 202.2.12.10 netmask 255.255.255.0
//配置 IPv4 动态 NAT 的地址池
R1(config)#access-list 1 permit 172.16.1.0 0.0.0.255   //配置允许执行 IPv4 动态 NAT 的内部地址
R1(config)#ip nat inside source list 1 NATPOOL overload
//配置 IPv4 动态 NAT 映射，将 IPv4 NAT 地址池与 ACL 绑定，此处的关键字 overload 可以实现 PAT。如果不配置该参数，则为 IPv4 动态 NAT
R1(config)#interface GigabitEthernet0/0
R1(config-if)#ip nat inside                    //配置 IPv4 NAT 内部接口
R1(config)#interface Serial0/0/0
R1(config-if)#ip nat outside                   //配置 IPv4 NAT 外部接口
```

【技术要点】

如果只想让外网的主机访问内网服务器 Server 的某些服务，如 Web 服务，可以通过配置端口转发实现。本实验中，如果只想让外网主机访问内网服务器 Server 主机的 Web 服务，配

置命令为

> R1(config)#**ip nat inside source static tcp 172.16.1.100 80 202.2.12.3 80**

（2）配置路由器 R2

> R2(config)#**router ospf 1**
> R2(config-router)#**router-id 2.2.2.2**
> R2(config-router)#**network 202.2.12.2 0.0.0.0 area 0**
> R2(config-router)#**network 218.18.23.2 0.0.0.0 area 0**

（3）配置路由器 R3

> R3(config)#**router ospf 1**
> R3(config-router)#**router-id 3.3.3.3**
> R3(config-router)#**network 218.18.23.3 0.0.0.0 area 0**
> R3(config-router)#**network 219.19.3.3 0.0.0.0 area 0**
> R3(config-router)#**network 210.10.3.3 0.0.0.0 area 0**
> R3(config-router)#**passive-interface GigabitEthernet0/0**
> R3(config-router)#**passive-interface GigabitEthernet0/1**

4．实验调试

（1）查看 IPv4 NAT 的转换过程

> R1#**debug ip nat**

在 PC1 上 ping 地址 219.19.3.100，此时应该能 ping 通，路由器 R1 的输出信息如下：

> *May 8 02:34:02.859: NAT*: **s**=172.16.1.11->202.2.12.4, **d**=219.19.3.100 [1105]
> *May 8 02:34:02.859: NAT*: **s**=219.19.3.100, d=202.2.12.4->172.16.1.11 [1105]
> *May 8 02:34:03.851: NAT*: s=172.16.1.11->202.2.12.4, d=219.19.3.100 [1106]
> *May 8 02:34:03.851: NAT*: s=219.19.3.100, d=202.2.12.4->172.16.1.11 [1106]

以上输出表明了 IPv4 NAT 的转换过程。首先把私有地址 172.16.1.11 转换成公有地址 202.2.12.4 去访问地址 219.19.3.100，然后返回的时候把公网地址 202.2.12.4 转换成私有地址 172.16.1.11。下面详细解释 **NAT***: **s=172.16.1.11->202.2.12.4, d=219.19.3.100 [1105]** 的含义。

① **NAT**：表示执行 NAT 功能。
② ***：表示转换采用快速交换方式。
③ **s=172.16.1.11**：表示源 IP 地址。
④ **172.16.1.11->202.2.12.4**：表示源地址 172.16.1.11 被转换为 202.2.12.4。
⑤ **d=219.19.3.100**：表示目的 IP 地址。
⑥ **[1105]**：表示 IP 标识号。此信息可能对调试有用，因为它与协议分析器的其他数据包跟踪相关联

（2）查看 IPv4 NAT 表

> R1#**show ip nat translations**

在 PC1、PC2 上 ping 地址 219.19.3.100，在 PC3 和 Web Server 上访问 Server（202.2.12.3）的 Web 服务相关的条目后，路由器 R1 的 IPv4 NAT 表如下：

```
Pro  Inside global      Inside local       Outside local        Outside global
icmp 202.2.12.4:768     172.16.1.11:768    219.19.3.100:768     219.19.3.100:768
icmp 202.2.12.4:1       172.16.1.12:1      219.19.3.100:1       219.19.3.100:1
//以上 2 行说明从 PC1、PC2 上 ping 219.19.3.100 时生成的动态扩展条目，转换采用的是相同外网
地址 202.2.12.4 的不同端口，即 PAT
tcp  202.2.12.3:80      172.16.1.100:80    210.10.3.100:60875   210.10.3.100:60875
tcp  202.2.12.3:80      172.16.1.100:80    219.19.3.100:56364   219.19.3.100:56364
//以上 2 行显示了当从 PC3 和 Web Server 上访问 Server（202.2.12.3）的 Web 服务时，路由器 R1
根据下一行的静态 NAT 表项动态创建的动态扩展条目，即活动的 IPv4 静态 NAT 表项
---  202.2.12.3          172.16.1.100       ---                  ---
//内部全局地址和内部本地地址的静态 NAT 映射，该静态表项一直存在 IPv4 NAT 表中，相应的
流量会生成类似以上倒数第 6、7 行的动态扩展条目
```

【术语】

① 内部本地（Inside Local）地址：通常是 RFC 1918 私有地址。

② 内部全局（Inside Global）地址：当内部主机流量流出 NAT 路由器时分配给内部主机的有效公有地址。

③ 外部本地（Outside Local）地址：分配给外部网络上主机的本地 IP 地址。大多数情况下，此地址与外部设备的外部全局地址相同。

④ 外部全局（Outside Global）地址：分配给 Internet 上主机的可达 IP 地址。

【技术要点】

① 使用 **clear ip nat translation *** 命令可以清除 IPv4 动态创建的 NAT 表项，静态配置的 NAT 表项一直存在于 NAT 表中。

② 在配置 IPv4 动态 NAT（没有 overload 关键字）时，如果 IPv4 动态 NAT 地址池中没有足够的地址进行动态映射，则会出现类似下面的信息，提示 NAT 转换失败并丢弃数据包。

```
*May   8 04:34:05.851: NAT: translation failed (A), dropping packets=172.16.1.12 d=219.19.3.100
```

③ IPv4 NAT 表项中的动态条目是有超时时间的，过了该时间，IPv4 动态 NAT 条目自动删除。默认情况下，IPv4 动态 NAT 条目的超时时间为 24 小时，IPv4 PAT 条目的超时时间为 1 分钟，可以通过下面的命令来修改 IPv4 NAT 表项的超时时间：

```
R1(config)#ip nat translation timeout timeout, timeout   //范围为 0～536870 秒
```

④ 在 Cisco 路由器上，IPv4 PAT 将首先复用地址池中的第一个地址，直到达到能力极限，然后再移至第二个地址，并且以此类推。

⑤ 如果需要 NAT 转换的内部主机数量不是很多，可以直接使用 NAT outside 接口地址配置 NAT 过载，不必定义地址池，可以节省更多的公有地址，命令如下：

```
R1(config)#ip nat inside source list 1 interface Serial0/0/0 overload
```

⑥ 将路由器接口配置为 IPv4 NAT Inside 接口后，系统会自动产生 NVI（NAT Virtual Interface，NAT 虚拟接口）0，该接口是逻辑接口，并且借用 Inside 接口的 IP 地址。可以用下面命令查看 NVI0 信息：

```
R1#show ip interface | begin NVI0
NVI0 is up, line protocol is up
  Interface is unnumbered. Using address of GigabitEthernet0/0 (172.16.1.1)
  Broadcast address is 255.255.255.255
  MTU is 1514 bytes
（此处省略部分输出）
```

（3）查看 IPv4 NAT 的统计信息

```
R1#show ip nat statistics
        Total active translations: 5 (1 static, 4 dynamic; 4 extended)
        //处于活动转换条目的总数，其中，1 条静态，4 条动态（4 条动态条目均为动态扩展条目）
        Peak translations:5, occurred 00:37:31 ago    //最高峰转换数为 5，发生在 37 分 31 秒以前
        Outside interfaces:                           //NAT 外部接口
            Serial0/0/0
        Inside interfaces:                            //NAT 内部接口
            FastEthernet0/0
        Hits: 493   Misses: 0                         //共计转换 493 个数据包，没有数据包转换失败
        CEF Translated packets: 493, CEF Punted packets: 0
              //493 个数据包全部是 CEF（Cisco 特快转发）
        Expired translations: 20                      //超时的转换条目是 20 条。动态转换的默认超时
时间为 24 小时，扩展条目默认超时时间为 1 分钟
        Dynamic mappings:                             //动态映射情况
        -- Inside Source                              //Inside Source 转换
         [Id: 1] access-list 1 pool NATPOOL refcount 2
          // IPv4 NAT 地址池 NATPOOL 与 ACL 1 绑定，使用计数为 2
         pool NATPOOL: netmask 255.255.255.0          // IPv4 NAT 地址池的名字和掩码
            start 202.2.12.4 end 202.2.12.10          //IPv4 NAT 地址池的起始和终止地址
            type generic, total addresses 7, allocated 1 (14%), misses 0
        //地址池的使用情况，总计 7 个地址可以供 PAT 使用，已经使用 1 个地址进行 PAT 转换
```

14.2.2 实验 2：配置 NAT-PT

1. 实验目的

通过本实验可以掌握：
① NAT-PT 的工作原理和特征。
② NAT-PT 的使用场合。
③ 静态 NAT-PT 的配置和调试方法。

2. 实验拓扑

配置 NAT-PT 实验拓扑如图 14-2 所示。本实验只演示静态 NAT-PT 的配置，动态 NAT-PT

的配置请读者查找相关资料作为扩展学习。当在路由器 R1 上访问 172.31.12.1 时，路由器 R2 进行协议和地址转换，把 IPv4 地址转换为 IPv6 地址 2017:2323::3。当在路由器 R3 上访问 2018::1 时，路由器 R2 进行协议和地址转换，把 IPv6 地址转换为 IPv4 地址 172.16.12.1。只要被转换的地址可达，同时，在路由器 R1 或 R3 有相应的路由条目，就可以通信，尽管实验设计的 IPv4 地址 172.31.12.1 和 IPv6 地址 2018::1 是虚拟的，但是转换后的地址是可达的。

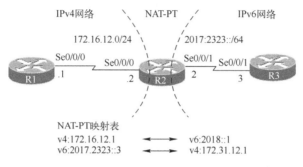

图 14-2　配置 NAT-PT 实验拓扑

3．实验步骤

（1）配置路由器 R1

```
R1(config)#interface Serial0/0/0
R1(config-if)#ip address 172.16.12.1 255.255.255.0
R1(config-if)#no shutdown
R1(config-if)#exit
R1(config)#ip route 0.0.0.0 0.0.0.0 Serial0/0/0
```

（2）配置路由器 R2

```
R2(config)#ipv6 unicast-routing
R2(config)#interface Serial0/0/0
R2(config-if)#ip address 172.16.12.2 255.255.255.0
R2(config-if)#ipv6 nat                    //接口启用 NAT-PT 功能
R2(config-if)#no shutdown
R2(config-if)#exit
R2(config)#interface Serial0/0/1
R2(config-if)#ipv6 address 2017:2323::2/64
R2(config-if)#ipv6 nat
R2(config-if)#no shutdown
R2(config-if)#exit
R2(config)#ipv6 nat v4v6 source 172.16.12.1 2018::1
//配置 IPv4 到 IPv6 的静态转换条目
R2(config)#ipv6 nat v6v4 source 2017:2323::3 172.31.12.1
//配置 IPv6 到 IPv4 的静态转换条目
R2(config)#ipv6 nat prefix 2018::/96
```
//配置用于 NAT-PT 转换的 IPv6 前缀，对匹配该前缀的数据包执行转换。前缀长度必须为 96，因为 32 比特的 IPv4 地址被转换成 128 比特的 IPv6 地址，两者长度相差 96 比特

（3）配置路由器 R3

```
R3(config)#ipv6 unicast-routing
R3(config)#interface Serial0/0/1
R3(config-if)#ipv6 address 2017:2323::3/64
R3(config-if)#no shutdown
R3(config-if)#exit
R3(config)#ipv6 route::/0 Serial0/0/1
```

4．实验调试

（1）查看 NAT-PT 表

```
R2#show ipv6 nat translations
Prot   IPv4 source              IPv6 source
       IPv4 destination         IPv6 destination
---    ---                      ---
       172.16.12.1              2018::1
---    172.31.12.1              2017:2323::3
```

以上输出表明 NAT-PT 表中包含两条静态转换条目。

（2）查看 NAT-PT 的转换过程

```
R2#debug ipv6 nat
   R1#ping 172.31.12.1 repeat 1
   00:52:00: IPv6 NAT:    src (172.16.12.1) -> (2018::1), dst (172.31.12.1) -> (2017:2323::3)
   //IPv4 到 IPv6 协议和地址的转换过程
   00:52:01: IPv6 NAT: icmp src (2017:2323::3) -> (172.31.12.1), dst (2018::1) -> (172.16.12.1)
   //IPv6 到 IPv4 协议和地址的转换过程
```

此时，再次查看 NAT-PT 表，内容如下：

```
R2#show ipv6 nat translations
Prot   IPv4 source              IPv6 source
       IPv4 destination         IPv6 destination
---    ---                      ---
       172.16.12.1              2018::1
---    172.31.12.1              2017:2323::3
       172.16.12.1              2018::1
---    172.31.12.1              2017:2323::3
```

以上输出表明 NAT-PT 表中包含 2 条静态转换条目和 ping 操作创建的转换条目（可以通过命令 **clear ipv6 nat translation** *清除该条目）。

（3）查看 IPv6 直连路由

```
R2#show ipv6 route connected
   （此处省略路由代码部分）
```

C   2017:2323::/64 [0/0]
     via::, Serial0/0/1
C   **2018::/96** [0/0]   //该路由是命令 **ipv6 nat prefix** 在路由表中创建的
     via::, **NVI0**
//NVI0 是 NAT 虚拟接口，R2 收到去往该前缀的数据包后就执行 NAT 功能

第 15 章 网 络 安 全

网络的安全性取决于其最薄弱的链路，而第二层可能是最薄弱的链路。常见的第二层攻击包括 CDP 侦察攻击、Telnet 漏洞攻击、MAC 地址泛洪攻击、VLAN 攻击以及与 DHCP 相关的攻击。网络管理员必须知道如何缓解这些攻击，以及使用 AAA 保护管理访问、使用 IEEE 802.1x 保护端口访问和使用 IPSec VPN 保护数据通信。本章主要介绍常见的网络攻击和缓解方法，重点介绍端口安全、DHCP Snooping、AAA、IEEE 802.1x 和 IPSec VPN 的工作原理和配置。

15.1 交换网络的攻击与防范

15.1.1 交换网络中常见的攻击类型及缓解措施

如果网络第二层被入侵，则其高层也会受影响。在交换环境下，常见 LAN 各种攻击类型及其缓解措施如表 15-1 所示。有些内容在前面的相关章节已经介绍过。

表 15-1 常见 LAN 各种攻击类型及其缓解措施

序号	攻击方法	描述	缓解措施
1	CDP 和 LLDP	CDP 和 LLDP 的功能是发现直连链路设备的信息，没有验证机制	除设备互连的接口外，关闭其他接口的 CDP 或 LLDP 功能
2	Telnet	Telnet 用于远程管理设备，以明文发送密码，容易被窃听	用 SSHv2 替代 Telnet，并用 ACL 限制远程管理的客户端 IP 地址访问
3	利用各种网络服务的弱点	默认时网络设备开启了很多常用服务，如 finger，这些服务本身有弱点，可以被黑客利用对设备发起攻击	保留必要的服务，关闭不必要的服务
4	MAC 泛洪攻击	通过发送虚假源 MAC 地址帧，填满 MAC 地址表，导致交换机泛洪数据帧	启用端口安全
5	DHCP 欺骗、耗竭攻击和中间人攻击	先冒充 DHCP Client 申请 IP 地址，耗尽 DHCP 服务器地址池中的地址，然后再冒充 DHCP 服务器分配 IP 地址，实施中间人攻击	启用 DHCP Snooping
6	VLAN 跳跃攻击	把数据帧的 VLAN 标签封装为另一个 VLAN，导致跨 VLAN 的访问和攻击	禁止接口的 Trunk 协商，把 Native VLAN 设为不存在的 VLAN
7	同一 VLAN 间设备之间的攻击	同一 VLAN 中的计算机是可以通信的，导致一旦一台主机被攻陷，其他计算机也受到威胁	启用端口隔离或者使用 PVLAN 技术
8	STP 根攻击	通过发送更高优先级的 BPDU，成为 STP 根桥，改变 STP 树拓扑	启用 STP 根保护

15.1.2 网络设备安全基本措施

为了防止交换机被攻击者探测或者控制，必须在交换机上配置基本的安全措施，具体措施如下所述（这些措施也适用于路由器的基本安全）。

① 配置访问密码，包括控制台密码、enable 密码和 VTY 密码等。密码仍是防范未经授权人员访问网络设备的主要手段，必须为每台路由器或者交换机配置密码以限制访问。密码

设置不能过于简单，应该采用强口令，如密码中包含大写字母、小写字母、数字和特殊符号等。同时要启用密码加密服务对密码进行加密。相关配置参见第 1 章。

② 配置标语消息。尽管要求用户输入密码是防止未经授权人员进入网络的有效方法，但同时必须向试图访问设备的人员声明仅授权人员才可以访问设备。出于此目的，当用户登录设备时可向用户输出一条标语。当控告某人非法入侵设备时，标语可在诉讼程序中起到重要作用。某些法律体系规定，若不事先通知用户，则既不允许起诉该用户，甚至连对该用户进行监控都不允许。标语的确切内容或措辞取决于当地法律和企业政策。相关配置参见第 1 章。下面是几条常用的标语信息。

- 仅授权人员才可使用设备（Use of the device is specifically for authorized personnel）；
- 活动可能被监控（Activity may be monitored）；
- 未经授权擅自使用设备将招致诉讼（Legal action will be pursued for any unauthorized use）。

③ 建议在远程管理路由器和交换机时使用 SSHv2 替代 Telnet，同时配置 ACL 限制对交换机或者路由器的远程管理。Telnet 在网络上以明文发送所有信息。攻击者使用网络监视软件可以窃听在 Telnet 客户端和交换机或者路由器之间发送的流量，所以它不是访问网络设备的安全方法。SSH 和 Telnet 一样，也可以远程管理网络设备，但是增加了安全性，因为 SSH 客户端和 SSH 服务器之间的通信是加密的。SSH 目前包括 SSH 版本 1 和版本 2，两个版本不兼容，通信双方通过协商确定使用的版本。为实现 SSH 的安全连接，在整个通信过程中服务器端与客户端要经历版本号、密钥和算法、验证阶段协商以及会话请求和会话交互 5 个阶段，由于 SSH 版本 2 在数据加密和完整性验证方面功能更加强大，建议在实际应用中采用具有更强功能的 SSH 版本 2。Cisco 设备目前支持 SSHv1 和 SSHv2，相关配置本章讲述。因为需要远程管理权限的用户非常有限，通常都是网络管理员，所以应该通过 ACL 限制能够访问设备的主机。ACL 相关配置参见第 12 章。

④ 禁用不需要的服务和应用。Cisco 路由器或者交换机支持大量网络服务，其中部分服务属于应用层协议，用于允许用户的主机进程连接到路由器或者交换机；其他服务则用于支持传统或特定配置的自动进程和设置，这些服务具有潜在的安全风险，可以限制或禁用其中某些服务以提升安全性。相关配置本章讲述。

⑤ 禁用未使用的网络设备端口。禁用网络中路由器或者交换机上所有未使用的端口有助于保护网络设备，使其免受未经授权的访问。管理员直接将不使用的端口关闭即可。

⑥ 启用网络设备的系统日志。日志可用于检验网络设备是否工作正常或是否已遭到攻击。在某些情况下，日志能够显示出企图对网络设备或受保护的网络进行的探测或攻击的类型。建议将日志信息发送到 Syslog 服务器上，因为这样所有设备都可以将它们的日志转发到一个集中的主机上，以方便管理员通过查看日志进行故障排除和网络攻击取证等。为了能够精准了解日志发生的时间，建议网络配置 NTP 来统一时间。系统日志和 NTP 相关配置参见第 16 章。

⑦ 网络设备关闭 SNMP 或使用 SNMPv3。SNMP 是用于自动远程监控和管理网络设备的协议。如果不需要使用 SNMP，请将其关闭。在 SNMPv3 之前的版本均以明文传送信息，存在安全隐患，建议使用更为安全的 SNMPv3 管理网络设备。SNMP 相关配置参见第 16 章。

⑧ 对交换机而言，通过禁止 DTP 协商、手工配置 Trunk 链路、将端口配置为接入模式、将 Native VLAN 配置为不存在的 VLAN 以及在 Trunk 链路上禁止 Native VLAN 的流量等手

段可以缓解 VLAN 跳跃攻击。相关配置参见第 9 章。VLAN 跳跃攻击通常采用如下两种方法实施。

- 基于 DTP 的 VLAN 跳跃攻击：攻击者的主机主动发送 DTP 协商数据包，由于 Cisco 交换机的端口默认的 DTP 工作模式是动态（auto），当它收到 DTP 数据包后，会自动协商成为 Trunk 链路，之后，攻击者则可以发送携带不同 VLAN 标签的数据帧，从而达到攻击不同 VLAN 的主机的目的。
- 基于双重标签 VLAN 跳跃攻击：攻击者的主机从交换机端口模式为 access 的端口发送属于 Trunk 链路 Native VLAN 的数据帧，如果该帧包含 IEEE 802.1q 双标签，其中外层标签是 Native VLAN 的 ID，内层标签是攻击者想要攻击的 VLAN 的 ID，那么当数据帧通过 Trunk 链路时，交换机会剥离外层的 VLAN 标签，将包含内层标签的数据帧发送到 Trunk 链路上，从而达到攻击不同 VLAN 主机的目的。

15.2 端口安全和 DHCP Snooping 概述

15.2.1 端口安全简介

交换机依赖 CAM 表转发数据帧，当数据帧到达交换机端口时，交换机可以获得其源 MAC 地址并将其记录在 CAM 表中。如果 CAM 表中存在目的 MAC 地址条目，交换机将把数据帧转发到 CAM 表中指定的 MAC 地址所对应的端口。如果 MAC 地址在 CAM 表中不存在，则交换机将数据帧转发到除收到该数据帧端口外的每一个端口（即未知单播帧泛洪）。然而 CAM 表的大小是有限的，MAC 泛洪攻击正是利用这一限制，使用攻击工具以大量无效的源 MAC 地址发送数据帧给交换机，直到交换机 CAM 表被填满，这种使得交换机 CAM 表溢出的攻击称为 MAC 泛洪攻击。当 CAM 表被填满时，交换机将接收到的流量泛洪到所有端口，因为它在自己的 CAM 表中找不到对应目的 MAC 地址的端口号，交换机实际上是起到类似于集线器的作用。

配置交换机端口安全特性可以防止 MAC 泛洪攻击。端口安全限制交换机端口上所允许的有效 MAC 地址的数量或者特定的 MAC 地址。端口安全工作方式主要有如下 3 种。

① 静态：只允许具有特定 MAC 地址的终端设备从该端口接入交换机。如果配置静态端口安全，那么当数据包的源 MAC 地址不是静态指定的 MAC 地址时，交换机将按照惩罚模式进行惩罚，并且端口不会转发这些数据包。

② 动态：通过限制交换机端口接入 MAC 地址的数量来实现端口安全。默认情况下，交换机每个端口只允许一台主机（即一个 MAC 地址）接入该端口。

③ 粘滞：是一种将动态和静态端口安全结合在一起的方式。交换机端口通过动态学习获得终端设备的 MAC 地址，然后将信息保存到运行配置文件中，结果就像静态方式，只不过 MAC 地址不是管理员静态配置的，而是交换机自动学习的。当学到的 MAC 地址的数量达到端口限制的数量时，交换机就不会自动学习了。

无论采用以上哪种方式配置端口安全，当尝试访问该端口的终端设备违规时，都可以通过如下三种模式之一进行惩罚。

① 保护（Protect）：当新的终端设备接入交换机时，如果该端口的 MAC 地址条目超过

最大数目或者与静态配置的 MAC 地址不同，则新的终端设备将无法接入，而已经接入的设备不受影响，交换机不发送警告信息。

② 限制（Restrict）：当新的终端设备接入交换机时，如果该端口的 MAC 地址条目超过最大数目或者与静态配置的 MAC 地址不同，则新的终端设备将无法接入，而已经接入的设备不受影响，交换机会发送警告信息，同时会增加违规计数器的计数。

③ 关闭（Shutdown）：当新的终端设备接入交换机时，如果该端口的 MAC 地址条目超过最大数目或者与静态配置的 MAC 地址不同，交换机该端口将会被关闭，并立即变为错误禁用（err-disabled）状态，该端口下的所有设备都无法接入交换机，交换机会发送警告信息，同时会增加违规计数器的计数。当交换机端口处于 err-disabled 状态时，在端口先输入 **shutdown** 命令，然后再输入 **no shutdown** 命令可重新开启端口，如果仍有违规终端设备接入，则继续进入 err-disabled 状态。这种惩罚模式是交换机端口安全的默认惩罚模式。3 种交换机端口安全惩罚模式的比较如表 15-2 所示。

表 15-2 3 种交换机端口安全惩罚模式的比较

惩罚模式	转发违规设备流量	发出警告	增加违规计数	关闭接口
Protect	否	否	否	否
Restrict	否	是	是	否
Shutdown	否	是	是	是

15.2.2 DHCP Snooping 简介

在局域网内，经常使用 DHCP 服务器为用户分配 IP 地址，DHCP 服务是一个没有验证机制的服务，即客户端和服务器无法互相进行合法性验证。根据 DHCP 工作原理，客户端以广播的方式来寻找服务器，并且只采用第一个响应的服务器提供的网络配置参数。如果在网络中存在多台 DHCP 服务器（其中有一台或更多台是非授权的 DHCP 服务器），客户端就采用第一个应答的 DHCP 服务器提供的网络配置参数。假如非授权的 DHCP 服务器先应答，这样客户端最后获得的网络参数即是非授权的或者是恶意的，客户端可能获取不正确的 IP 地址、网关和 DNS 等信息，使得黑客可以顺利地实施中间人（Man-in-the-Middle）攻击。另外，攻击者还很可能恶意向授权的 DHCP 服务器反复申请 IP 地址，导致授权的 DHCP 服务器消耗了地址池中的全部 IP 地址，而合法的主机无法申请 IP 地址，这就是 DHCP 耗竭攻击。以上两种攻击通常一起使用，首先消耗尽授权 DHCP 服务器地址池中的 IP 地址，然后让客户端从非授权的 DHCP 服务器申请到 IP 地址，实施 DHCP 欺骗攻击。

DHCP Snooping（侦听）可以防止 DHCP 耗竭攻击和 DHCP 欺骗攻击。DHCP Snooping 可以截获交换机端口的 DHCP 响应数据包，建立一张包含有客户端主机 MAC 地址、IP 地址、租用期、VLAN ID 和交换机端口等信息的表，并且 DHCP Snooping 还将交换机的端口分为可信任端口和不可信任端口，当交换机从一个不可信任端口收到 DHCP 服务器响应的数据包（如 DHCP Offer、DHCP ACK 或者 DHCP NAK）时，交换机会直接将该数据包丢弃；而对从可信任端口收到的 DHCP 服务器响应的数据包，交换机不会丢弃而直接转发。一般将与客户端计算机相连的交换机端口定义为不可信任端口，而将与 DHCP 服务器或者其他交换机相连的端口定义为可信任端口。也就是说，当在一个不可信任端口连接有 DHCP 服务器时，该服务器发出的 DHCP 响应数据包将不能通过交换机的端口。因此只要将用户端口设置为不可信任端口，就可以有效地防止非授权用户私自设置 DHCP 服务而引起的 DHCP 欺骗攻击。

15.3　AAA 和 IEEE 802.1x 概述

15.3.1　AAA 简介

AAA 是 Authentication（验证）、Authorization（授权）和 Accounting（计费）的简称，是网络安全的一种管理机制，提供验证、授权、计费 3 种功能，相关描述如下所述。

① 验证（Authentication）：确认访问网络设备的用户的身份，判断访问者是否为合法用户。

② 授权（Authorization）：对不同用户赋予不同的权限，限制用户可以使用的服务。例如，用户成功登录交换机后，管理员可以授权用户对交换机进行配置时所使用的命令。

③ 计费（Accounting）：记录用户使用网络服务中的所有操作，包括使用的服务类型、登录起始和终止时间、数据流量等，它不仅是一种安全手段，也可以对用户访问网络实现计费。

Cisco 提供以下 2 种常用的实施 AAA 验证方法。

① 本地 AAA 身份验证：使用本地数据库进行身份验证，在 Cisco 路由器或者交换机等网络设备上本地存储用户名和密码，并根据本地数据库对用户进行身份验证。本地 AAA 验证是小型网络的理想选择。

② 基于服务器的 AAA 身份验证：基于服务器的 AAA 身份验证提供了一个扩展性更强的解决方案。在使用该方法时，网络设备访问 AAA 服务器，AAA 服务器上存储了所有用户的用户名和密码。常用的 AAA 服务器包括 RADIUS（Remote Authentication Dial In User Service，远程验证拨号用户服务）或 TACACS+（Terminal Access Controller Access Control System，终端访问控制器访问控制系统）两种。TACACS+协议和 RADIUS 协议的比较如表 15-3 所示。

表 15-3　TACACS+协议和 RADIUS 协议的比较

TACACS+协议	RADIUS 协议
使用 TCP，端口号为 49，网络传输更可靠	使用 UDP，端口号为 1812（验证和授权）和 1813（计费），网络传输效率更高
除了 TACACS+数据包头部，对数据包主体全部进行加密	只对验证数据包中的密码字段进行加密
协议较为复杂，验证和授权分离，使得验证、授权服务可以分别在不同的安全服务器上实现	协议比较简单，验证和授权结合
支持对设备的配置命令进行授权使用。用户可使用的命令行受到用户级别和 AAA 授权的双重限制，某一级别的用户输入的每一条命令都需要通过 TACACS+服务器授权，如果授权通过，命令就可以被执行	不支持对设备的配置命令进行授权使用，用户登录设备后可以使用的命令由用户级别决定，用户只能使用小于或等于用户级别范围内的命令

基于服务器的 AAA 身份验证的工作过程如下所述。

① 客户端与网络设备（如路由器或者交换机等）建立连接。
② 网络设备提示用户输入用户名和密码。
③ 网络设备使用 AAA 服务器验证用户名和密码的合法性。

15.3.2 IEEE 802.1x 简介

IEEE 802.1x（称为 Dot1x）标准定义了基于端口的访问控制和身份验证协议，可限制未经授权的客户端通过交换机端口连接到网络。在使用交换机端口之前，身份验证服务器会对连接到交换机端口的每一个客户端进行身份验证。在验证通过之前，IEEE 802.1x 只允许 EAPoL（Extensible Authentication Protocol over LAN，基于局域网的扩展验证协议）数据通过主机连接的交换机端口；验证通过以后，客户端才可以正常使用交换机端口。IEEE 802.1x 验证系统采用典型的 Client/Server 结构，包括 3 个部分：客户端（Client）、设备端（Device）和验证服务器（Server）。IEEE 802.1x 系统支持 EAP 中继方式和 EAP 终结方式与远端 RADIUS 服务器交互完成验证。假设客户端主动发起验证，下面以 EAP-MD5 中继方式为例讲解 IEEE IEEE 802.1x 验证过程，如图 15-1 所示。

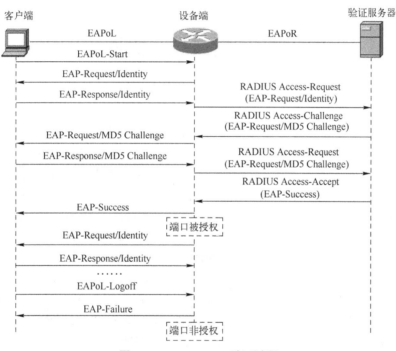

图 15-1　IEEE 802.1x 验证过程

① 当客户端有访问网络需求时打开 IEEE 802.1x 客户端程序，发起连接请求（EAPoL-Start），开始启动一次验证过程。

② 设备端收到请求验证的数据帧后，将发出一个请求帧（EAP-Request/Identity）要求客户端程序发送输入的用户名。

③ 客户端程序响应设备端发出的请求，将用户名信息通过 EAP-Response/Identity 帧发送给设备端。设备端将客户端发送的数据帧封装成 RADIUS Access-Request 帧后发送给验证服务器进行处理。

④ RADIUS 服务器收到设备端转发的用户名信息后，将该信息与数据库中的用户名对比，找到该用户名对应的密码信息，用随机生成的一个加密字对它进行加密处理，同时将此加密字通过 RADIUS Access-Challenge 帧发送给设备端，由设备端转发给客户端程序。

⑤ 客户端程序收到由设备端传来的含加密字的 EAP-Request/MD5 Challenge 帧后，用该加密字对密码部分进行加密处理，生成 EAP-Response/MD5 Challenge 帧，并通过设备端传给验证服务器。

⑥ RADIUS 服务器将收到的已加密的 RADIUS Access-Request 帧和本地经过加密运算后的密码信息进行对比，如果相同，则认为该用户为合法用户，反馈验证通过信息（RADIUS Access-Accept 帧和 EAP-Success 帧）。

⑦ 设备收到验证通过信息后将端口改为授权状态，允许用户通过端口访问网络。在此期间，设备端会通过向客户端定期发送握手数据包的方法，对用户的在线情况进行监测。其他情况下，如果两次握手请求数据包都得不到客户端应答，设备端就会让用户下线，防止用户因为异常原因下线而设备无法感知。

⑧ 客户端也可以发送 EAPoL-Logoff 帧给设备端，主动要求下线。设备端把端口状态从授权状态改为未授权状态，并向客户端发送 EAP-Failure 帧。

15.4 隧道技术概述

15.4.1 GRE 简介

GRE（Generic Routing Encapsulation，通用路由封装）最早是由 Cisco 提出的，而目前它已经成为了一种标准，被定义在 RFC 1701、RFC 1702、RFC 2784、RFC 2890 中。其中 RFC 2890 是基于 RFC 2784 的增强版本，最新版本的 Cisco IOS 使用 RFC 2890。GRE 是一种封装协议，它定义了如何用一种网络协议去封装另一种网络协议的方法。GRE 属于 VPN 的第三层隧道（Tunnel）协议，所谓隧道就是指包括数据封装、传输和解封装在内的全过程。GRE 只提供数据包的封装，它并没有加密功能来防止网络侦听和攻击，所以在实际环境中它常和 IPSec 一起使用，由 IPSec 提供用户数据的安全性和完整性。例如，GRE 可以封装组播数据（如 OSPF、EIGRP、视频和 VoIP 等）并在 GRE 隧道中传输，而 IPSec 目前只能对单播数据进行加密保护。对于组播数据需要在 IPSec 隧道中传输的情况，可以先建立 GRE 隧道，对组播数据进行 GRE 封装，再对封装后的数据进行 IPSec 加密，从而实现组播数据在 IPSec 隧道中的加密传输。GRE 的主要应用就是在 IP 网络中承载 IP 以及非 IP 数据，其特征如下所述。

① GRE 是一种无状态协议，不提供流量控制。

② GRE 至少增加 24 字节的开销，包括一个 20 字节 IPv4 头部和无任何附加选项的 4 字节的 GRE 头部。

③ GRE 具备多协议性，可以将 IP 以及非 IP 数据封装在隧道内。

④ GRE 允许组播流量和动态路由协议数据包穿越隧道。

⑤ GRE 的安全特性相对较弱。

当 GRE 用 IPv4 作为封装协议时，IPv4 协议号为 47。GRE 数据包包头没有统一的格式，每个厂商具体实现的时候可能会有所差别。

15.4.2 IPSec VPN 简介

采用 GRE 技术的一个重要问题是数据包在 Internet 上传输是不安全的。IPSec（Internet

Protocol Security）VPN 使用先进的加密技术和隧道在 Internet 上建立了安全的端到端私有网络。IPSec VPN 的基础是数据机密性、数据完整性、身份验证和防重放攻击。

① 数据机密性：一个常见的安全性考虑是防止窃听者截取数据。数据机密性旨在防止消息的内容被未经身份验证或未经授权的来源拦截。VPN 利用封装和加密机制来实现机密性。常用的加密算法包括 DES、3DES 和 AES。

② 数据完整性：数据完整性确保数据在源主机和目的主机之间传送时不被篡改。VPN 通常使用哈希算法来确保数据完整性。哈希算法类似于校验和，但更可靠，它可以确保没有人更改过数据的内容。常用的验证算法包括 MD5 和 SHA-1。

③ 身份验证：身份验证确保信息来源的真实性，并传送到真实目的地。常用的方法包括预共享密码和数字证书等。

④ 防重放攻击：IPSec 可使接收方检测并拒绝接收过时或重复的数据包。

15.4.3　AH 和 ESP

IPSec 协议不是一个单独的协议，它是 IETF IPSec 工作组为了在 IP 层提供通信安全而制定的一整套协议标准，包括安全协议，如 AH 和 ESP、IKE（Internet Key Exchange）和用于验证及加密的一些算法等，RFC 2401 定义了 IPSec 的基本结构。要深入了解 IPSec 安全协议，必须先理解 IPSec 的两种工作模式。

① 隧道（Tunnel）模式：原始 IP 数据包被封装到新的 IP 数据包中，并在两者之间插入一个 IPSec 包头（AH 或 ESP）。

② 传输（Transport）模式：在 IP 数据包包头和高层协议包头之间插入一个 IPSec 包头（AH 或 ESP）。新的 IP 数据包包头和原始的 IP 数据包包头相同，只是 IP 协议字段被改为 50（ESP）或 51（AH）。

IPSec 安全协议包括 2 种：AH 和 ESP。

① AH（Authentication Header，验证包头）：不要求或不允许有机密性时使用，可以提供数据完整性和身份验证。AH 不提供数据包的数据机密性（加密）。AH 协议单独使用时提供的保护较脆弱。

② ESP（Encapsulating Security Payload，封装安全有效负载）：ESP 提供数据机密性、完整性和身份验证。对 IP 数据包加密，可以隐藏数据及源主机和目的主机的身份。ESP 可验证内部 IP 数据包和 ESP 包头，从而提供数据来源验证和数据完整性检查，因此使用较多。

15.4.4　安全关联和 IKE

安全关联常被称为 SA（Security Association），是 IPSec 的基本部件，是通信对等体间对某些要素的约定，例如，使用哪种协议、封装模式、加密算法、预共享密钥以及密钥的生存周期等。SA 分为两种：IKE（Internet Key Exchange） SA 和 IPSec SA。SA 是单向的，在两个对等体之间的双向通信，最少需要两个 SA 来分别对两个方向的数据流进行安全保护。同时，如果两个对等体同时使用 AH 和 ESP 来进行安全通信，则每个对等体都会针对每一种协议来构建一个独立的 SA。SA 由一个三元组来唯一标识，包括 SPI（Security Parameters Index，安全参数索引）、目的 IP 地址、安全协议号（AH 或 ESP）。通过 IKE 协商建立的 SA 具有生存周期，生存周期有以下 2 种定义方式。

① 基于时间的生存周期：定义了一个 SA 从建立到失效的时间。

② 基于流量的生存周期：定义了一个 SA 允许处理的最大流量。

生存周期到达指定的时间或指定的流量，SA 就会失效。SA 失效前，IKE 将为 IPSec 协商建立新的 SA，这样，在旧的 SA 失效前新的 SA 就已经准备好。在新的 SA 开始协商而没有协商好之前，继续使用旧的 SA 保护数据通信。在新的 SA 协商好之后，则立即采用新的 SA 保护数据通信。

IKE 为 IPSec 提供了可以在不安全的网络上安全地验证身份、分发密钥、建立 IPSec SA 的方式，该协议建立在由 ISAKMP（Internet Security Association and Key Management Protocol，Internet 安全关联和密钥管理协议）定义的框架上。IKE 协商采用 UDP 数据包格式，默认端口是 500。

IKE 分两个阶段为 IPSec 进行密钥协商并建立 SA。

- 第一阶段：让 IKE 对等体验证对方并确定会话密钥，即建立一个 ISAKMP SA。第一阶段有主模式（Main Mode）和积极模式（Aggressive Mode）2 种 IKE 交换方法。
- 第二阶段：为 IPSec 协商具体的 SA，建立用于最终的 IP 数据安全传输的 IPSec SA。

15.4.5　IPSec VPN 操作步骤

IPSec VPN 的目标是用必要的安全服务保护通信数据，它的操作可分以下 5 个步骤。

① 定义感兴趣的数据流：应用 ACL 来匹配感兴趣的数据流。数据包处理分 3 种类型：应用 IPSec、绕过 IPSec 以明文发送或丢弃。丢弃是指发现在策略中定义为加密数据，但实际它并未加密，那么丢弃该数据包。

② IKE 阶段 1：该阶段用于协商 IKE 策略集、验证对等体并在对等体之间建立安全的通道。包括主模式和积极模式 2 种模式。主模式的主要结果是为对等体之间的后续交换建立一个安全通道。在发送端和接收端有如下 3 次双向交换。

第一次交换：在两个对等体之间协商用于保证 IKE 通信安全的算法和散列，结果是 ISAKMP 被商定。

第二次交换：使用 DH 交换来产生共享密钥 SKEYID，并且衍生出以下其他 3 个密钥。

- SKEYID_d：用于计算后续 IPSec 密钥资源；
- SKEYID_a：用于后续 IKE 消息的数据完整性验证；
- SKEYID_e：用于对后续 IKE 消息的加密。

第三次交换：验证对等体身份，包括预共享密钥、RSA 签名和 RSA 加密的 nonces 3 种验证方法。

积极模式较主模式而言，交换次数和信息较少。在这种模式中不提供身份保护，交换的信息都是以明文传递的。在第一次交换中，几乎所有需要交换的信息都被压缩到所建议的 IKE SA 中一起发给对端，接收方返回所需内容，等待确认，然后由发送端确认最后的协商结果。

③ IKE 阶段 2：该阶段 IPSec 参数被协商，执行以下功能。

- 协商 IPSec 安全性参数和 IPSec 转换集；
- 建立 IPSec 的 SA；
- 定期重协商 IPSec 的 SA，以确保安全性；
- 当使用 PFS（Perfect Forward Secrecy，完美前向保密）时，可执行额外的 DH 交换。

IKE 阶段 2 只有一种模式，即快速模式（Quick Mode）。快速模式协商一个共享的 IPSec 策略，获得共享的、用于 IPSec 安全算法的密钥资源，并建立 IPSec SA。快速模式也用于 IPSec SA 生命期过期之后重新协商一个新的 IPSec SA。该阶段的最终目的是在对等体间建立一个安全的 IPSec 会话。在这之前，对等体要协商所需的加密和验证算法，这些内容被统一到 IPSec 转换集（Transform Set）中。IPSec 转换集在对等体之间交换，如转换集匹配则 IPSec 会话的流程继续进行，如果没发现匹配转换集则终止协商。

④ 数据传输：在完成 IKE 阶段 2 操作之后，将通过安全的通道在主机之间传输数据流。

⑤ IPSec 终止：管理员手工删除或者空闲时间到期后自动删除会话。

15.5 关闭不必要的服务和配置 SSH

15.5.1 实验 1：关闭不必要的服务

1. 实验目的

通过本实验可以掌握：
① 网络设备中各种网络服务的作用。
② 各种网络服务的开启和关闭方法。

2. 实验拓扑

关闭不必要服务实验拓扑如图 15-2 所示。

图 15-2 关闭不必要服务实验拓扑

3. 实验步骤

默认时，交换机或者路由器开启各种各样的服务，有些服务的开启可能会造成安全隐患，因此在不影响网络设备功能使用的情况下，从安全的角度考虑，可以把不必要的服务关闭。本实验中，配置任务在交换机 S1 上完成，路由器 R1 上的配置基本相同，请读者自己完成。

```
S1(config)#interface range fa0/1-9,fa0/12-24,gi0/1-2
S1(config-if-range)#shutdown          //关闭不使用的交换机端口
S1(config-if-range)#switchport mode access   //端口配置为接入模式，防止 VLAN 跳跃攻击
S1(config-if-range)#exit
S1(config)#no cdp run                 //全局关闭 CDP 功能，CDP 协议是 Cisco 的邻居发现协议
S1(config)#interface fastEthernet 0/1
S1(config-if)#no cdp enable           //关闭特定端口的 CDP 功能
S1(config-if)#exit
S1(config)#no lldp run                //全局关闭 LLDP 功能，LLDP 协议是标准的邻居发现协议
```

```
S1(config)#interface fastEthernet 0/1
S1(config-if)#no lldp receive      //关闭特定端口的 LLDP 接收功能
S1(config-if)#no lldp transmit     //关闭特定端口的 LLDP 发送功能
S1(config-if)#exit
S1(config)#no ip source-route
//关闭基于源的路由功能，利用该功能用户可以在发送的 IP 数据包中指明转发路径
S1(config)#no ip http server       //关闭 HTTP 服务功能，用户无法通过 Web 浏览器配置交换机
S1(config)#no service tcp-small-servers
//关闭 TCP 端口号小于或者等于 19 的服务，例如，datetime、echo、chargen 等服务
S1(config)#no service udp-small-servers   //关闭 UDP 端口号小于或者等于 19 的服务
S1(config)#no service finger       //关闭 finger 服务，其主要用于查询远程主机在线用户、操作系统
类型以及是否出现缓冲区溢出情况等用户的详细信息，服务端口为 TCP 69，该命令和 show user 命令很类似
S1(config)#no service dhcp         //关闭 DHCP 服务
S1(config)#no ip name-server       //不为交换机配置 DNS 服务器地址
S1(config)#no ip domain-lookup     //关闭 DNS 解析
S1(config)#no service config       //关闭交换机在网络上查找配置文件的功能
S1(config)#no snmp-server          //关闭 SNMP 服务，同时删除所有和 SNMP 有关的配置
```

15.5.2 实验 2：配置 SSH 管理网络设备

1. 实验目的

通过本实验可以掌握：

① 交换机 SVI 接口的 IP 地址配置及开启方法。
② SSH 的工作原理。
③ SSH 服务端和客户端的配置。
④ SSH 的验证和调试过程。

2. 实验拓扑

配置 SSH 管理交换机实验拓扑如图 15-3 所示。

图 15-3　配置 SSH 管理交换机实验拓扑

3. 实验步骤

要通过 SSH 管理网络设备，需要先通过 Console 端口对网络设备进行基本配置，例如，IP 地址、子网掩码、用户名和登录密码等。本实验以交换机为例介绍 SSH 配置。

（1）配置交换机 S1

```
S1#clock set 15:30:0015Mar 2019           //配置系统时间
S1(config)# clock timezone GMT +8         //配置时区
```

第 15 章 网络安全

```
S1(config)#interface vlan 1                    //配置交换机 SVI 接口
S1(config-if)#ip address 172.16.1.100 255.255.255.0
S1(config-if)#no shutdown
S1(config-if)#exit
S1(config)#ip default-gateway 172.16.1.1       //配置交换机默认网关
S1(config)#enable secret cisco123              //配置 enable 密码
S1(config)# username ccie privilege 15 secret cisco123
//创建 SSH 登录的用户名和密码，用户 ccie 权限级别为 15
S1(config)#line vty 0 4
S1(config-line)#login local                    //当用户登录时，从本地数据库匹配用户名和密码
S1(config-line)#transport input ssh
//只允许用户通过 SSH 远程登录到交换机进行管理，默认是 transport input all
S1(config-line)#exec-timeout 5 30
//配置超时时间，当用户在 5 分 30 秒内没有任何输入时，将被自动注销
S1(config)#ip domain-name cisco.com            //配置域名，配置 SSH 时必须配置域名信息
S1(config)#crypto key generate rsa general-keys modulus 1024
//产生长度为 1024 比特的 RSA 密钥
The name for the keys will be: S1.cisco.com   //key 的名字，由主机名和域名构成
% The key modulus size is 1024bits            //密钥长度为 1024 比特，如果配置 SSH 版本 2，密钥长度至
少为 768 比特，可选密钥长度包括 768 比特、1024 比特、1536 比特、2048 比特等
% Generating 1024 bit RSA keys, keys will be non-exportable...[OK]
R1(config)#ip ssh version 2                    //配置 SSHv2 版本
R1(config)#ip ssh time-out 120                 //配置 SSH 登录超时时间，如果超时，TCP 连接将被切断
R1(config)#ip ssh authentication-retries 3
//配置 SSH 用户登录重验证最大次数，超过 3 次，TCP 连接将被切断
```

（2）从 SSH Client 通过 SSH 登录到交换机 S1

开启 SecureCRT 软件后，选择菜单栏中的【文件】，在下拉菜单中单击【快速连接】，进入【快速连接】窗口，按照图 15-4 所示新建 SSH 连接，在【协议】下拉菜单中选择为 **SSH2**，在【主机名】文本框中输入交换机 S1 的 VLAN1 的管理 IP 地址 **172.16.1.100**，在【端口】文本框中输入 **22**，这是 SSH 服务默认端口，在【用户名】文本框输入登录的用户名 **ccie**，其他保持默认值，然后单击【连接】按钮。在弹出的【新建主机密钥】窗口中单击【接受并保存】按钮，接收和保存交换机发送的 key，如图 15-5 所示。在如图 15-6 所示的【输入安全外壳口令】窗口中输入用户名和密码，单击【确定】按钮。图 15-7 显示用户 ccie 通过 SSH 访问交换机 S1 成功。

图 15-4　新建 SSH 连接

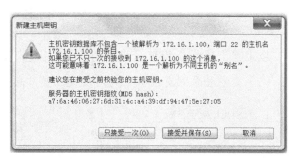

图 15-5　接收和保存交换机发送的 key

图 15-6 输入用户名和密码　　　图 15-7 用户 ccie 通过 SSH 访问交换机 S1 成功

此时在交换机 S1 上看到登录成功的日志信息如下：

> MAR15 15:40:22.047: **%SEC_LOGIN-5-LOGIN_SUCCESS**: **Login Success** [user: **ccie**] [Source: **172.16.1.200**] [localport: **22**] at 15:40:22 GMT FriMar15 2019

以上输出表明源 IP 地址为 172.16.1.200 的主机以用户名 **ccie** 访问本交换机的 22 端口成功，同时显示访问的具体时间。

4．实验调试

（1）查看 SSH 基本信息

```
S1#show ip ssh
SSH Enabled - version 2.0    //SSH 运行版本
Authentication timeout:120 secs; Authentication retries: 3
//验证超时时间和用户登录重验证最大次数
Minimum expected Diffie Hellman key size : 1024 bits    // DH 密钥最小长度为 1024 比特
IOS Keys in SECSH format(ssh-rsa, base64 encoded):    //IOS 密钥
ssh-rsa
AAAAB3NzaC1yc2EAAAADAQABAAAAgQDEFysACeUQhxMa4tQ6+hftUZgZ8wzYuh3N+vVln63E
dvoXkWmR1mhMsw69crH2a70fd96lvFqIAvj0v327b1sdw4dltaShu5lYOE9BcFlQeccYt50DLl0lHhb2
d/pJq8JNuixNbIoRRfaHdCFfE2HyTlKXttI0vCj9YhuW4/qKNw==
```

（2）查看 SSH 会话信息

```
S1#show ssh
Connection Version  Mode  Encryption  Hmac       State            Username
0           2.0     IN    aes256-cbc  hmac-sha1  Session started  ccie
0           2.0     OUT   aes256-cbc  hmac-sha1  Session started  ccie
%No SSHv1 server connections running
```

以上输出显示了 SSH 登录的用户名、状态、加密算法、验证算法以及 SSH 版本等信息。

（3）查看登录到交换机上的用户及位置信息

```
S1#show users
    Line       User   Host(s)  Idle       Location
*   0con 0            idle     00:00:00
    1 vty 0    ccie   idle     00:00:06   172.16.1.200
```

以上输出显示用户名为 **ccie** 的用户从 IP 地址为 **172.16.1.200** 处登录，其中 **1** 为 VTY 线路编号。当以路由器或者交换机作为 SSH 客户端执行 SSH 命令登录时，可以使用如下命令：

```
R1#ssh –l ccie 172.16.1.100    //-l 参数后面接用户名
```

15.6 配置端口安全和 DHCP Snooping

15.6.1 实验 3：配置交换机端口安全

1．实验目的

通过本实验可以掌握：
① 交换机管理地址配置及接口配置。
② 查看交换机 MAC 地址表的方法。
③ 配置静态端口安全、动态端口安全和粘滞端口安全的方法。

2．实验拓扑

配置交换机端口安全实验拓扑如图 15-8 所示。在交换机 S1 上配置端口安全，Fa0/10 配置动态端口安全；Fa0/11 配置静态端口安全；Fa0/12 配置粘滞端口安全。

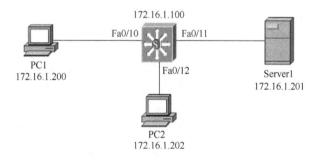

图 15-8 配置交换机端口安全实验拓扑

3．实验步骤

（1）交换机基本配置

```
S1(config)#interface vlan 1    //配置交换机交换虚拟接口（SVI），用于交换机远程管理
S1(config-if)#ip address 172.16.1.100 255.255.255.0
S1(config-if)#no shutdown
S1(config-if)#exit
S1(config)#ip default-gateway 172.16.1.1    //配置交换机默认网关
S1(config)#interface fastEthernet 0/11
S1(config-if)#duplex auto    //配置以太网接口双工模式，默认时双工状态是 auto
S1(config-if)#speed auto     //配置以太网接口的速率，默认时速率是自适应即 auto
S1(config-if)#mdix auto      //配置 auto-MDIX
```

```
S1(config)#interface range f0/5-9,f0/13-24,g0/1,g0/2
S1(config-if-range)#shutdown    //以上2行批量禁用未使用的端口
```

【技术要点】

在以太网接口上使用 auto-MDIX（自动介质相关接口交叉）功能可以解决直通和交叉线缆的自适应问题。该功能默认启用，但是接口的速率和双工模式必须是 **auto**，否则该功能不生效。可以通过如下命令查看 auto-MDIX 功能是否开启：

```
S1#show controllers ethernet-controller fastEthernet 0/11 phy | include Auto-MDIX
Auto-MDIX                          :  On    [AdminState=1    Flags=0x00052248]
```

（2）查看交换机的 MAC 地址表

首先在计算机 PC1、PC2 和 Server1 上配置正确的 IP 地址，并且用 **ipconfig /all** 命令查看各台计算机网卡的 MAC 地址，记下来，然后在计算机 PC1 上分别 **ping** PC2 和 Server1，进行连通性测试，最后来查看交换机的 MAC 地址表。

```
S1#show mac-address-table
         Mac Address Table
-------------------------------------------
Vlan    Mac Address       Type       Ports
----    -----------       --------   -----
All     0100.0ccc.cccc    STATIC     CPU
(此处省略部分输出)
All     ffff.ffff.ffff    STATIC     CPU
  1     0009.b7a4.b2c1    DYNAMIC    Fa0/10    //计算机 PC1 网卡的 MAC 地址
  1     0009.298a.20f1    DYNAMIC    Fa0/11    //计算机 Server1 网卡的 MAC 地址
  1     0050.56e9.114d    DYNAMIC    Fa0/12    //计算机 PC2 网卡的 MAC 地址
Total Mac Addresses for this criterion: 23
```

以上输出显示交换机 S1 上的 MAC 地址表，其中 Vlan 字段表示交换机端口所在的 VLAN；Mac Address 字段表示与端口相连的设备的 MAC 地址；Type 字段表示填充 MAC 地址记录的类型，DYNAMIC 表示 MAC 地址记录是交换机动态学习的，STATIC 表示 MAC 地址记录是静态配置或系统保留的；Ports 字段表示设备连接的交换机端口。

① 可以通过下面命令查看交换机动态学习的 MAC 地址表的超时时间或老化时间。

```
S1#show mac-address-table aging-time
Vlan    Aging Time
----    ----------
  1     300    //交换机动态学习的 MAC 地址表的老化时间默认为 300 秒
```

② 可以通过下面命令修改 VLAN1 的 MAC 地址表的老化时间为 120 秒。

```
S1(config)#mac-address-table aging-time 120 vlan 1
```

③ 可以通过下面命令配置静态填充交换机 MAC 地址表。

```
S1(config)#mac-address-table static 0023.3364.2238 vlan 1 interface fastEthernet0/1
```

第 15 章 网络安全

（3）配置交换机静态端口安全

因为交换机 Fa0/11 端口连接 Server1 服务器，服务器不会轻易更换，适合配置静态端口安全。

```
S1(config)#interface fastEthernet0/11
S1(config-if)#switchport mode access
//端口配置为接入模式，配置端口安全的端口不能是动态协商模式
S1(config-if)#switchport port-securitiy        //打开交换机的端口安全功能
S1(config-if)#switchport port-securitiy maximum 1
//配置端口允许接入设备的 MAC 地址最大数目，默认是 1，即只允许一台设备接入
S1(config-if)#switchport port-security mac-address 0009.298a.20f1
//配置端口允许接入计算机的 MAC 地址
S1(config-if)# switchport port-securitiy violation shutdown
//配置端口安全违规惩罚模式，这也是默认的惩罚行为
S1(config)#errdisable recovery cause psecure-violation
//允许交换机自动恢复因端口安全而关闭的端口
S1(config)#errdisable recovery interval 30    //配置交换机自动恢复端口的时间间隔，单位为秒
```

此时，从 Server1 上 ping 交换机的管理地址，可以 ping 通。

（4）验证交换机静态端口安全

```
① S1#show mac-address-table | include Fa0/11
1      0009.298a.20f1      STATIC      Fa0/11
//Server1 网卡的 MAC 地址静态加入 MAC 地址表
```

在 S1 端口 Fa0/11 接入另一台计算机，模拟非法服务器接入，交换机显示的信息如下：

```
*Dec  25  17:11:26.146: %PM-4-ERR_DISABLE: psecure-violation error detected on Fa0/11,
putting Fa0/11 in err-disable state    //接入计算机因端口安全违规，端口被置为 err-disabled 状态
*Dec  25  17:11:26.154: %PORT_SECURITY-2-PSECURE_VIOLATION: Security violation
occurred, caused by MAC address f872.ea69.1c7a on port FastEthernet0/11.
//发生端口安全惩罚的原因是由于 MAC 地址为 f872.ea69.1c7a 的主机试图接入交换机 Fa/11 端口
S1#show port-security      //查看交换机端口安全信息
Secure Port   MaxSecureAddr   CurrentAddr   SecurityViolation   Security Action
              (Count)         (Count)       (Count)
---------------------------------------------------------------------------
Fa0/11        1               1             1                   Shutdown
---------------------------------------------------------------------------
Total Addresses in System (excluding one mac per port)        : 0
Max Addresses limit in System (excluding one mac per port) : 6144
```

以上输出显示了交换机启用端口安全的端口、允许连接最大 MAC 地址的数量、目前连接 MAC 地址的数量、惩罚计数和惩罚模式。

```
② S1#show port-security interface fa0/11      //查看交换机的端口安全信息
Port Security              : Enabled           //启用端口安全
Port Status                : Secure-shutdown   //端口状态为安全关闭
Violation Mode             : Shutdown          //端口安全惩罚模式
Aging Time                 : 0 mins            //由于是静态配置，所以老化时间为 0，表示不会老化
```

```
    Aging Type                    : Absolute        //老化时间类型
    SecureStatic Address Aging    : Disabled        //默认静态端口安全的 MAC 地址不支持老化过程
    Maximum MAC Addresses         : 1               //最大 MAC 地址数量，默认就是 1
    Total MAC Addresses           : 1               //端口上总的 MAC 地址数量
    Configured MAC Addresses      : 1               //静态配置 1 个 MAC 地址
    Sticky MAC Addresses          : 0               //没有配置粘滞 MAC 地址
    Last Source Address:Vlan      : f872.ea69.1c7a:1
    //最近接入该端口的 MAC 地址及端口所在 VLAN
    Security Violation Count      : 1               //端口安全惩罚计数
    ③ S1#show interface fastEthernet0/11            //查看交换机端口信息
    FastEthernet0/11 is down, line protocol is down (err-disabled)
    //端口物理状态为 down，端口线路协议由于 err-disabled 而被置为 down 状态
      Hardware is Fast Ethernet, address is 0023.ac9d.f003 (bia 0023.ac9d.f003)
    (此处省略部分输出)
```

移除非法设备后，重新连接 Server1 到该端口，由于已经配置了端口 **err-disabled** 自动恢复功能，所以交换机显示自动恢复的消息如下：

```
    *Dec  25  17:21:56.139: %PM-4-ERR_RECOVER: Attempting to recoverfrom psecure-violation
err-disable state on Fa0/11    //端口尝试从 err-disabled 状态恢复
    *Dec  25 17:21:59.813: %LINK-3-UPDOWN: Interface FastEthernet0/11, changed state to up
    *Dec  25 17:22:00.819: %LINEPROTO-5-UPDOWN: Line protocol on Interface FastEthernet0/11,
changed state to up    //端口恢复
```

【提示】

如果没有配置由于端口安全惩罚而关闭的端口自动恢复功能，则需要管理员在交换机的 Fa0/11 端口下执行 **shutdown** 和 **no shutdown** 命令来重新开启该端口。如果还是非法主机尝试连接，则继续惩罚，端口再次变为 err-disabled 状态。

（5）配置交换机动态端口安全

很多公司员工使用笔记本电脑办公，而且位置不固定（如会议室），因此适合配置动态端口安全，限制每个端口只能连接 1 台计算机，避免用户私自连接 AP 或者其他的交换机而带来安全隐患。交换机 Fa0/10 端口连接的计算机不固定，适合配置动态端口安全，安全惩罚模式为 restrict。

```
    S1(config)#interface fastEthernet0/10
    S1(config-if)#switchport mode access
    S1(config-if)#switchport port-securitiy
    S1(config-if)#switchport port-securitiy maximum 1
    S1(config-if)#switchport port-securitiy violation restrict
```

（6）验证动态端口安全

```
    S3#show port-security interface fastEthernet 0/10
    Port Security              : Enabled
    Port Status                : Secure-up
    Violation Mode             : Restrict
```

```
Aging Time                    : 5 mins     //老化时间
Aging Type                    : Absolute
SecureStatic Address Aging    : Disabled
Maximum MAC Addresses         : 1
Total MAC Addresses           : 1
Configured MAC Addresses      : 0
Sticky MAC Addresses          : 0
Last Source Address:Vlan      : 0009.b7a4.b2c1:1
Security Violation Count      : 0
```

(7) 配置粘滞端口安全

很多公司员工使用台式计算机办公，位置固定，如果配置静态端口安全，需要网管员到员工的计算机上查看 MAC 地址，工作量巨大。为了减轻工作量，适合配置粘滞端口安全，限制每个端口只能连接 1 台计算机，避免其他用户的计算机使用交换机端口而带来安全隐患。交换机 Fa0/12 端口连接的计算机位置固定，适合配置粘滞端口安全，安全惩罚模式为 restrict。

```
S1(config)#interface fastEthernet0/12
S1(config-if)#switchport mode access
S1(config-if)#switchport port-securitiy
S1(config-if)#switchport port-securitiy maximum 1
S1(config-if)# switchport port-securitiy violation restrict
S1(config-if)#switchport port-security mac-address sticky
//配置交换机端口自动粘滞访问该端口计算机的 MAC 地址
```

(8) 验证粘滞端口安全

从 PC2 上 ping 交换机 172.16.1.100，然后验证。

```
S1#show port-security interface fastEthernet 0/12
Port Security                 : Enabled
Port Status                   : Secure-up
Violation Mode                : Restrict
Aging Time                    : 0 mins
Aging Type                    : Absolute
SecureStatic Address Aging    : Disabled
Maximum MAC Addresses         : 1
Total MAC Addresses           : 1
Configured MAC Addresses      : 0
Sticky MAC Addresses          : 1     //端口粘滞 1 个 MAC 地址
Last Source Address:Vlan      : 0050.56e9.114d:1
Security Violation Count      : 0
S1#show running-config interface fastEthernet 0/12
interface FastEthernet0/12
switchport mode access
switchport port-security
switchport port-security violation restrict
switchport port-security mac-address sticky
switchport port-security mac-address sticky 0050.56e9.114d
```

以上输出表明交换机 S1 自动把计算机 PC2 的 MAC 地址粘滞在该端口下，相当于执行 **switchport port-security mac-address 0050.56e9.114d** 命令，以后该端口只能接入 MAC 地址为 0050.56e9.114d 的计算机，可以执行 **write** 命令保存配置文件。

15.6.2 实验 4：配置 DHCP Snooping

1. 实验目的

通过本实验可以掌握：
① DHCP 欺骗攻击和耗竭攻击的原理。
② DHCP Snooping 的工作原理。
③ DHCP Snooping 的配置和调试方法。

2. 实验拓扑

配置 DHCP Snooping 实验拓扑如图 15-9 所示，图中有 2 台 DHCP 服务器，1 台是合法的，1 台是非授权的。通过配置 DHCP Snooping 实现 PC1 只从合法的服务器获得地址，防止 DHCP 欺骗攻击，同时对不可信任端口限速，防止 DHCP 耗竭攻击。

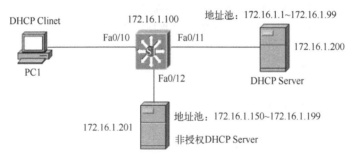

图 15-9 配置 DHCP Snooping 实验拓扑

3. 实验步骤

```
S1(config)#ip dhcp snooping    //开启 S1 的 DHCP 监听功能
S1(config)#ip dhcp snooping vlan 1    //配置 S1 监听 VLAN1 上的 DHCP 数据包
S1(config)#ip dhcp snooping information option
//开启交换机 option 82 功能，开启 DHCP 监听后，该功能默认开启
S1(config)#ip dhcp snooping database flash:dhcp_snooping_s1.db
//将 DHCP 监听绑定表保存在 Flash 中，文件名为 dhcp_snooping_s1.db，目的是防止断电后记录丢失。如果记录很多，可以把文件保存到 TFTP 或者 FTP 服务器上
S1(config)#ip dhcp snooping database write-delay 15
//DHCP 监听绑定表发生更新后，等待 15 秒再写入文件，默认为 300 秒，可选范围为 15~86400 秒
S1(config)#ip dhcp snooping database timeout 15    //DHCP 监听绑定表尝试写入操作失败后，重新尝试写入操作，直到 15 秒后停止尝试。默认为 300 秒，可选范围为 0~86400 秒
S1(config)#ip dhcp snooping information option allow-untrusted    //配置交换机 S1 如果从不可信任端口接收到的 DHCP 数据包中带有 option 82 选项，也接收该 DHCP 数据包，默认是不接收的
S1(config)#interface fastEthernet0/11
S1(config-if)#ip dhcp snooping trust    //配置可信任端口，默认交换机所有端口都是不可信任端口
```

S1(config)#**interface range fastEthernet 0/1-10，fastEthernet 0/12-24**
S1(config-if-range)#**ip dhcp snooping limit rate 5**
//限制接口每秒能接收的 DHCP 数据包数量为 5 个

4．实验调试

首先在 PC1 上通过 DHCP 获得 IP 地址，发现会从 DHCP Server 获得 IP 地址，不会从非授权 DHCP Server 获得 IP 地址，即使 DHCP Server 关闭。

（1）查看 DHCP 监听的信息

```
S1#show ip dhcp snooping
    Switch DHCP snooping is enabled          //启用了 DHCP 监听
    DHCP snooping is configured on following VLANs:       //配置 DHCP 监听的 VLAN
1
    DHCP snooping is operational on following VLANs:      //实际 DHCP 监听的 VLAN
1
    Smartlog is configured on following VLANs:
    None    //没有配置 Smartlog，可以通过命令 ip dhcp snooping vlan vlan-id smartlog 配置
    Smartlog is operational on following VLANs:
none
    DHCP snooping is configured on the following L3 Interfaces:
        //配置监听三层端口，S1 上没有配置
    Insertion of option 82 is enabled            //启用 DHCP option 82 插入功能
  circuit-id default format: vlan-mod-port       //option82 中的电路 id 默认格式
  remote-id: d0c7.89ab.1100 (MAC)                //远程 ID 是本交换机的基准 MAC 地址
    Option 82 on untrusted port is not allowed
        //不允许从不可信任端口接收带 option 82 的 DHCP 数据包
Verification of hwaddr field is enabled          //检查 DHCP 数据包中的 MAC 地址
Verification of giaddr field is enabled          //检查 DHCP 数据包中的网关地址
DHCP snooping trust/rate is configured on the following Interfaces:
        //以下是运行 DHCP Snooping 的端口以及端口的 DHCP 数据包发送数量限制
Interface            Trusted        Allow option      Rate limit (pps)
-----------          -------        ------------      ----------------
FastEthernet0/1      no             no                5
    Custom circuit-ids:
Interface            Trusted        Allow option      Rate limit (pps)
-----------          -------        ------------      ----------------
FastEthernet0/2      no             no                5
    Custom circuit-ids:
（此处省略 FastEthernet0/3 - FastEthernet0/10 的信息）
FastEthernet0/11     yes            yes unlimited
    //信任端口的 DHCP 数据包发送数量没有限制，pps 表示每秒多少个包
        Custom circuit-ids:
（此处省略 FastEthernet0/12 - FastEthernet0/24 的信息）
```

（2）查看 DHCP 监听绑定表

```
S1#show ip dhcp snooping binding
```

MacAddress	IpAddress	Lease(sec)	Type	VLAN	Interface
F8:72:EA:69:1C:7A	172.16.11.1	infinite	dhcp-snooping	1	FastEthernet0/10

Total number of bindings: 1

以上显示了交换机 S1 的 DHCP 侦听绑定表的信息，各列含义如下所述。
- **MacAddress**：DHCP Client 的 MAC 地址；
- **IpAddress**：DHCP Client 的 IP 地址；
- **Lease(sec)**：IP 地址的租约时间（秒）；
- **Type**：记录的类型，dhcp-snooping 表明是动态生成的记录；
- **VLAN**：端口所在 VLAN ID；
- **Interface**：连接 Client 的交换机的端口。

（3）查看 DHCP 监听数据库信息

```
S1#show ip dhcp snooping database
            Agent URL : flash: dhcp_snooping_s3.db       //DHCP 侦听绑定表数据库的 URL
Write delay Timer : 15 seconds                           //写入数据库的延时时间
            Abort Timer : 15 seconds                     //写入数据库的超时时间
            Agent Running : No
            Delay Timer Expiry : Not Running
            Abort Timer Expiry : Not Running
            Last Succeded Time : 08:34:36 UTC Mon Mar 1 2018   //上次成功写入的时间
            Last Failed Time : None                      //上次写入失败的时间
            Last Failed Reason : No failure recorded.    //写入失败的原因
            Total Attempts       :       7    Startup Failures  :   0
            Successful Transfers :       7    Failed Transfers  :   0
            Successful Reads     :       0    Failed Reads      :   0
            Successful Writes    :       7    Failed Writes     :   0
            Media Failures       :       0
```

15.7　配置 AAA 和 IEEE 802.1x

15.7.1　实验 5：配置本地验证 AAA

1. 实验目的

通过本实验可以掌握：
① AAA 的概念和作用。
② 基于本地验证的 AAA 的配置和调试方法。

2. 实验拓扑

配置 AAA 实验拓扑如图 15-10 所示。

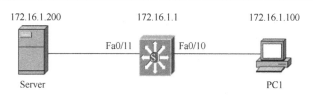

图 15-10　配置 AAA 实验拓扑

3. 实验步骤

（1）配置交换机 S1 本地验证 AAA

```
S1(config)#enable secret cisco123                    //输入特权模式的验证密码
S1(config)#interface vlan 1
S1(config-if)#ip address 172.16.1.1 255.255.255.0    //配置管理 VLAN1 的 IP 地址
S1(config-if)#exit
S1(config)#username cisco privilege 15 secret cisco  //创建使用本地验证的用户
S1(config)#username test privilege 5 secret cisco123
S1(config)#aaa new-model                             //启用 AAA 功能
S1(config)#aaa authentication login CON none
```
//创建验证列表，该列表验证方法为 none，即不需要通过 AAA 验证，并在 Console 端口下调用，用来保护 Console 端口，避免配置出现问题或者验证失败，通过 Console 端口都无法登录交换机，切记此配置

```
S1(config)#aaa authentication login T_login local none
```
//创建验证列表，指定通过 Telnet 或 SSH 等方式登录时使用的验证方法，首先使用本地验证，如果本地没有输入相应的用户名，则不验证，直接进入用户模式，实际应用中肯定不要配置 none

```
S1(config)#aaa authentication enable default enable none
```
//创建验证列表，指定在用户模式执行 enable 命令时的验证方法，首先使用 enable 密码，如果没有配置 enable 密码，则不需要 enable 密码直接进入特权模式

```
S1(config)#line console 0
S1(config-line)#login authentication CON      //验证列表在 Console 端口下调用
S1(config)#line vty 0 4
S1(config-line)#login authentication T_login  //验证列表在 VTY 下调用
```

（2）测试交换机 S1 本地验证 AAA

在 PC1 上通过 SecureCRT 软件 Telnet 交换机 S1。

① 使用用户名 cisco 登录。

```
User Access Verification
Username: cisco
Password:         //用户的密码是 cisco
S1>enable
Password:         //输入 enable 的密码 cisco123
S1#show privilege
Current privilege level is 15
```

以上输出说明用户 cisco 通过本地验证登录到交换机上。尽管用户 cisco 权限级别为 15 级，但是由于配置了 enable 验证，所以需要输入 enable 的密码才能进入特权模式。

② 查看 AAA 会话信息。

```
S1#show aaa sessions
Total sessions since last reload: 24
Session Id: 24              //会话 ID
    Unique Id: 48
  User Name: cisco           //登录用户名
 IP Address: 172.16.1.100    //登录用户主机的 IP 地址
    Idle Time: 0
    CT Call Handle: 0
```

③ 用任意本地不存在的用户名登录。

```
User Access Verification
Username: www
S1>enable
Password:
```

以上输出说明用户名 www 虽然没有保存在本地数据库中，而且用户也没有输入密码就进入了用户模式，输入 enable 的密码就能进入特权模式。这是由配置的验证列表中的方法 **local none** 决定的。首先使用本地验证，如果本地数据库中没有输入的相应的用户名，则不验证，直接进入用户模式。如果将验证列表改为如下配置：

```
S1(config)#aaa authentication login T_login local
```

此时再用 www 用户登录，提示验证失败，信息如下：

```
User Access Verification
Username: www
Password:
% Authentication failed
```

（3）配置交换机 S1 本地授权

如果不进行授权，用户验证成功后可以按照用户的级别执行相应的命令。

```
S1(config)#aaa authorization exec T_author local
//配置 exec 模式的授权列表。exec 模式就是特权模式，local 表示授权按照用户的级别进行
S1(config)#aaa authorization config-commands       //配置模式下的命令也要授权
S1(config)#aaa authorization commands 15 default local
//配置命令等级为 15 的命令授权列表，local 表示授权按照用户的级别进行
S1(config)#line vty 0 4
S1(config-line)#authorization exec T_author        //在 VTY 下调用 exec 授权列表
S1(config-line)#authorization commands 15 default  //在 VTY 下调用命令授权列表
```

（4）测试交换机 S1 本地授权

① 用用户名 cisco 登录。

```
User Access Verification
Username: cisco
Password:              //用户的密码是 cisco
S1#show privilege      //获得授权，直接进入特权模式
Current privilege level is 15
```

以上输出说明用户 cisco 通过本地验证，由于用户 cisco 权限级别为 15 级，获得授权后进入特权模式。

② 用任意本地不存在的用户名登录。

```
User Access Verification
Username: www
% Authorization failed.
//虽然能够通过验证，但是授权失败，因为本地不存在 www 用户，无法对其授权
```

③ 用用户名 test 登录

```
User Access Verification
Username: test
Password:
S1#show privilege
Current privilege level is 5
S1#configure terminal
        ^
% Invalid input detected at '^' marker.
```

以上输出表明用户 test 通过验证，并获得相应级别为 5 的授权，但是不能执行高于其级别的 **configure terminal** 命令，因为该命令级别为 15 级。

15.7.2　实验 6：配置基于 TACACS+服务器的 AAA

要完成 AAA 和 IEEE 802.1x 实验需要服务器安装相应的软件，这些软件通常都是收费的，如 Cisco 的 ACS（Access Control Server）和 ISE（Identity Services Engine）软件等，很多实验室不具备这种环境，因此笔者通过 Cisco 的 Packet Tracer 软件来模拟这两个实验，实验简单、直观，也可以取得很好的实验效果。如果读者需要真实环境下的实验配置，请联系本书作者。

1. 实验目的

通过本实验可以掌握：
① TACACS+服务器的配置方法。
② 基于 TACACS+服务器的 AAA 验证和计费配置。

2. 实验拓扑

配置基于 TACACS+服务器 AAA 实验拓扑如图 15-11 所示。

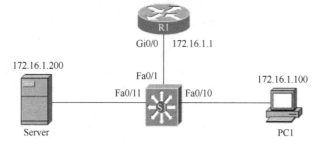

图 15-11　配置基于 TACACS+服务器 AAA 实验拓扑

3. 实验步骤

（1）配置 TACACS+服务器

① 配置 Server 和 PC1 的 IP 地址、子网掩码和网关。

② 配置 TACACS+服务器：单击在 Packet Tracer 软件窗口中创建的拓扑中的 Server，单击【Services】菜单下的【AAA】按钮，进入 TACACS+服务器配置界面，如图 15-12 所示，可以看到 AAA 服务默认已经开启，在【Network Configuration】部分填写路由器 R1 的信息：在【Client Name】字段输入 R1，在【Client IP】字段输入路由器 R1 的 Gi0/0 接口的 IP 地址 172.16.1.1，在【Secret】字段填写 ciscosecret，它是 R1 和 TACACS+服务器之间相互验证的密码，在【ServerType】下拉菜单中单击【Tacacs】，然后单击右中部的【Add】按钮。接下来在【User Setup】部分填写被验证的用户的信息：在【Username】字段填写 cisco，在【Password】字段填写 cisco123，然后单击右下方的【Add】按钮。

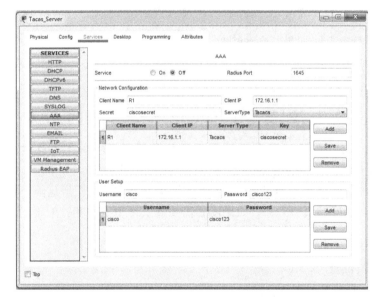

图 15-12　TACACS+服务器配置界面

（2）配置 AAA 验证（Authentication）

```
R1(config)#interface GigabitEthernet0/0
R1(config-if)#ip address 172.16.1.1 255.255.255.0
R1(config)#username ccie privilege 15 secret cisco       //创建使用本地验证的用户
R1(config)#enable secret cisco123                        //使用 enable 验证的密码
R1(config)#aaa new-model                                 //启用 AAA 功能
R1(config)#tacacs-server host 172.16.1.200               //配置 AAA 服务器的 IP 地址
R1(config)#tacacs-server key cisco                       //配置和 AAA 服务器相互验证时使用的密码
R1(config)#aaa authentication login CON none
//创建验证列表，验证方法为 none，即不需要通过 AAA 验证，并在 Console 端口下调用，用来保护 Console 端口，避免 AAA 验证出现问题，通过 Console 端口都无法访问设备
R1(config)#line console 0
```

```
R1(config-line)#login authentication CON    //验证列表在 Console 端口下应用
R1(config-line)#exit
R1(config)#aaa authentication login TEST_LOGIN group tacacs+ local
//创建验证列表,用于 Telnet 或 SSH 登录设备时使用的验证方法,首先使用 tacacs+进行验证,当
TACACS+服务器发生故障或不可达而不是验证失败时才用本地验证
R1(config)#line vty 0 4
R1(config-line)#login authentication TEST_LOGIN    //验证列表在 VTY 下应用
```

（3）测试 AAA 验证

首先单击在 Packet Tracer 软件窗口中创建的拓扑中的 PC1,单击【Desktop】菜单下的【Command Prompt】图标,进入 CMD 窗口,然后通过 Telnet 路由器 R1 进行 AAA 验证测试。

① 用用户名 cisco 登录。

```
C:\>telnet 172.16.1.1
Trying 172.16.1.1 ...Open
User Access Verification
Username: cisco
Password:            //用户的密码是 cisco123
R1>enable
Password:            //输入 enable 密码 cisco123
R1#show privilege
Current privilege level is 15
```

以上输出说明用户 cisco 通过 AAA 服务器的验证,登录到路由器 R1 上。

② 查看 AAA 会话信息。

```
R1#showaaa sessions
Total sessions since last reload: 24
Session Id: 1           //会话 ID
    Unique Id: 1
  User Name: cisco      //登录用户名
IP Address: 172.16.1.100    //登录用户主机的 IP 地址
    Idle Time: 0
    CT Call Handle: 0
```

③ 关闭 AAA 服务,或者将交换机 S1 连接 Server 的端口 Fa0/11 关闭,目的是切断路由器 R1 和 TACACS+服务器的通信,再次测试。

```
User Access Verification
Username: cisco
Password:
% Login invalid        //TACACS+验证失败
Username: ccie         //输入本地创建的用户名
Password:              //密码是 cisco
R1>enable
Password:
R1#                    //本地验证成功
```

（4）配置 AAA 计费（Accounting）

计费功能记录用户使用网络资源的情况。

```
R1(config)#aaa accounting exec ACC start-stop group tacacs+   //配置进入 exec 模式的计费列表
R1(config)#line vty 0 4
R1(config-line)#accounting exec ACC   //配置用户进入 exec 模式要计费
```

（5）完成 AAA 计费测试

从 PC1 上 Telnet 路由器 R1 进行测试：

```
C:\>telnet 172.16.1.1
Trying 172.16.1.1 ...Open
User Access Verification
Username: cisco
Password:          //用户的密码是 cisco123
R1>enable
Password:          //输入 enable 密码 cisco123
```

（6）在 AAA Server 上查看计费结果

单击在 Packet Tracer 软件窗口中创建的拓扑中的 Server，单击【Desktop】菜单下的【AAA Accounting】图标，查看 AAA 计费报告，如图 15-13 所示，可以清楚地看到登录的起止时间、用户名、登录主机的 IP 地址、登录目的 IP 地址以及 VTY 的终端编号。

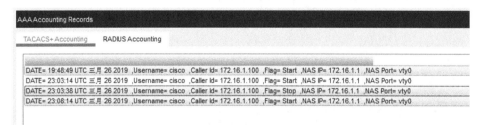

图 15-13　AAA 计费报告

15.7.3　实验 7：配置 IEEE 802.1x

1. 实验目的

通过本实验可以掌握：

① IEEE 802.1x 的验证过程。
② IEEE 802.1x 的配置及计算机启用 IEEE 802.1x 验证的方法。

2. 实验拓扑

配置 IEEE 802.1x 实验拓扑如图 15-14 所示。在 Packet Tracer 软件中交换机 S1 选择 2960。

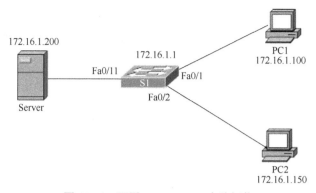

图 15-14　配置 IEEE 802.1x 实验拓扑

3. 实验步骤

本实验在交换机 S1 上开启 IEEE 802.1x 验证，在 PC1 和 PC2 上进行测试。当用户输入正确的用户名和密码后，才可以使用交换机 S1 的 Fa0/1 和 Fa0/2 端口，否则不能使用。

（1）配置 Radius 服务器

单击在 Packet Tracer 软件窗口中创建的拓扑中的 Server，单击【Services】菜单下的【AAA】按钮，进入 AAA 服务器配置界面，如图 15-15 所示，配置 Radius 服务器。AAA 服务默认已经开启，在【Network Configuration】部分填写交换机 S1 的信息：在【Client Name】字段输入 S1，在【Client IP】字段输入交换机 S1 的 VLAN1 接口的 IP 地址 172.16.1.1，在【Secret】字段填写 ciscosecret，它是 S1 和 Radius 服务器之间相互验证的密码，在【ServerType】下拉菜单中保持默认的【Radius】，然后单击右中部的【Add】按钮，注意右上角的【Radius Port】字段值为 1645，这是 Radius 服务器开放的验证端口，同交换机配置的 Radius 服务器的验证端口要一致。接下来在【User Setup】部分填写被验证的用户的信息：在【Username】字段填写 cisco，在【Password】字段填写 cisco123，然后单击右下方的【Add】按钮。

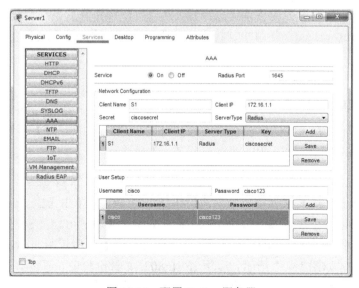

图 15-15　配置 Radius 服务器

同时单击图 15-15 中【Services】菜单下的【Radius EAP】按钮，在【EAP Configuration】页面勾选复选框【Allow EAP-MD5】，如图 15-16 所示，配置 Radius EAP。

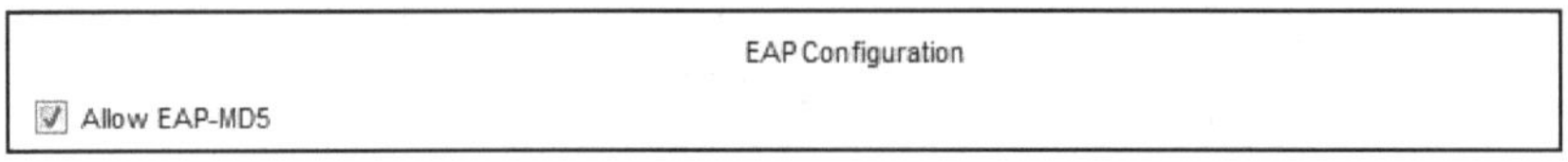

```
                    EAP Configuration
☑ Allow EAP-MD5
```

图 15-16 配置 Radius EAP

（2）配置交换机 S1

```
S1(config)#interface vlan 1
S1(config-if)#ip address 172.16.1.1 255.255.255.0
S1(config)#aaa new-model     //启用 AAA 功能
S1(config)#radius-server host 172.16.1.200 auth-port 1645 key ciscosecret
//配置 radius 服务器地址、验证和计费端口以及验证 key
S1(config)#aaa authentication dot1x default group radius
//配 IEEE 802.1x 使用 radius 服务器的默认验证列表验证
S1(config)#aaa authorization network default group radius
//配 IEEE 802.1x 使用 radius 服务器的默认验证列表授权网络
S1(config)#dot1x system-auth-control    //全局开启 IEEE 802.1x 功能
S1(config)#interface range fastethernet0/1-2
S1(config-if-range)#switchport mode access
S1(config-if-range)#dot1x port-control auto   //配置IEEE 802.1x控制模式为自动
S1(config-if-range)#dot1x pae authenticator
//工作在 IEEE 802.1x 验证方式的端口被称为验证者的 PAE（Port Access Entity，端口访问实体）
```

【技术要点】

dot1x port-control 命令可以配置的参数如下所述。
① **auto**：验证通过后端口状态就变为 force-authorized，不通过就为 force-unauthorized。
② **force-authorized**：强制端口状态为验证通过，这样用户就不需要验证了。
③ **force-unauthorized**：强制端口状态为验证不通过，这样用户实际上不能使用端口。

4. 实验调试

（1）启用 IEEE 802.1x 身份验证前

在交换机端口 Fa0/1 和 Fa0/2 没有通过 IEEE 802.1x 验证之前，PC1 和 PC2 不能通信，同时拓扑中交换机端口 Fa0/1 和 Fa0/2 的状态灯显示为橙色。

（2）计算机启用 IEEE 802.1x 身份验证

单击在 Packet Tracer 软件窗口中创建的拓扑中的 PC1，单击【Desktop】菜单下的【IP Configuration】图标，在打开窗口的【802.1X】部分勾选【Use 802.1X Security】复选框，在【Authentication】字段保持默认的【MD5】，在【Username】字段填写 cisco，在【Password】字段填写 cisco123，如图 15-17 所示，启用 IEEE 802.1x 身份验证。通过 IEEE 802.1x 验证的端口状态灯显示为绿色。在 PC2 上的操作与在 PC1 的操作相同。

图 15-17 启用 IEEE 802.1x 身份验证

（3）测试连通性

在 PC1 上 ping PC2，显示信息如下：

```
C:\>ping 172.16.1.150
Pinging 172.16.1.150 with 32 bytes of data:
Reply from 172.16.1.150: bytes=32 time<1ms TTL=128
Reply from 172.16.1.150: bytes=32 time<1ms TTL=128
Reply from 172.16.1.150: bytes=32 time<1ms TTL=128
Reply from 172.16.1.150: bytes=32 time<1ms TTL=128
Ping statistics for 172.16.1.150:
    Packets: Sent = 4, Received = 4, Lost = 0 (0% loss),
Approximate round trip times in milli-seconds:
    Minimum = 0ms, Maximum = 0ms, Average = 0ms
```

以上输出说明交换机 IEEE 802.1x 验证成功后，PC1 和 PC2 已经可以使用交换机 S1 的端口 Fa0/1 和 Fa0/2 进行通信。

15.8 配 置 隧 道

15.8.1 实验 8：配置 GRE

1. 实验目的

通过本实验可以掌握：
① GRE 的工作原理和特征。

② Tunnel 接口的配置和特征。
③ GRE 隧道的配置和调试方法。

2. 实验拓扑

配置 GRE 和 IPSec VPN 实验拓扑如图 15-18 所示。

图 15-18 配置 GRE 和 IPSec VPN 实验拓扑

3. 实验步骤

本实验中，路由器 R2 和 R3 模拟 Internet，路由器 R1 和 R4 通过静态路由连接到 Internet 上。路由器 R1 的 Gi0/0 接口模拟远程办公室所在的局域网，路由器 R4 的 Gi0/0 接口模拟企业总部所在的局域网。使用 GRE 隧道将远程办公室与企业总部连接，并且在远程办公室和企业总部间运行 OSPF 路由协议，实现两地网络连通。同时需要在路由器 R1 和 R4 上配置 NAT，使得两地的网络也可以访问 Internet。

（1）配置路由器 R1

```
R1(config)#interface tunnel 0
//创建 Tunnel 接口，编号为 0，Tunnel 接口的编号本地有效，不必和对端的相同
    R1(config-if)#tunnel source serial0/0/0    //配置 Tunnel 的源接口，路由器将以此接口的地址作为源地址重新封装数据包，也可以直接输入接口的地址
    R1(config-if)#tunnel destination 61.0.0.4
//配置 Tunnel 的目的 IP 地址，路由器将以此地址作为目的地址重新封装数据包
    R1(config-if)#tunnel mode gre ip    //配置隧道的模式，默认就是 gre ip
    R1(config-if)#ip address 172.16.14.1 255.255.255.0
//配置隧道接口上的 IP 地址，创建该隧道后，可以把隧道看作一条专线
    R1(config-if)#tunnel key 123456    //配置验证的 key，提供隧道建立的安全性
    R1(config)#ip route 0.0.0.0 0.0.0.0 serial0/0/0    //默认路由指向 Internet
    R1(config)#router ospf 1
    R1(config-router)#router-id 1.1.1.1
    R1(config-router)#network 172.16.1.1 0.0.0.0 area 0
    R1(config-router)#network 172.16.14.1 0.0.0.0 area 0
    R1(config-router)#passive-interface gigabitEthernet0/0
    R1(config)#interface serial0/0/0
    R1(config-if)#ip nat outside
    R1(config)#interface gigabitEthernet0/0
    R1(config-if)#ip nat inside
    R1(config)#access-list 10 permit 172.16.1.0 0.0.0.255
```

R1(config)#**ip nat inside source list 10 interface serial0/0/0 overload**

（2）配置路由器 R2

R2(config)#**ip route 61.0.0.0 255.255.255.0 serial0/0/1**

（3）配置路由器 R3

R3(config)#**ip route 202.96.134.0 255.255.255.0 serial0/0/1**

（4）配置路由器 R4

R4(config)#**interface tunnel 0**
R4(config-if)#**tunnel source serial0/0/0**
R4(config-if)#**tunnel destination 202.96.134.1**
R4(config-if)#**tunnel mode gre ip**
R4(config-if)#**ip address 172.16.14.4 255.255.255.0**
R4(config-if)#**tunnel key 123456**
R4(config)#**ip route 0.0.0.0 0.0.0.0 serial0/0/0**
R4(config)#**router ospf 1**
R4(config-router)#**router-id 4.4.4.4**
R4(config-router)#**network 172.16.4.4 0.0.0.0 area 0**
R4(config-router)#**network 172.16.14.4 0.0.0.0 area 0**
R4(config-router)#**passive-interface gigabitEthernet0/0**
R4(config)#**interface serial0/0/0**
R4(config-if)#**ip nat outside**
R4(config)#**interface gigabitEthernet0/0**
R4(config-if)#**ip nat inside**
R4(config)#**access-list 10 permit 172.16.4.0 0.0.0.255**
R4(config)#**ip nat inside source list 10 interface serial0/0/0 overload**

4．实验调试

（1）查看隧道接口信息

```
R1#show interfaces tunnel 0
Tunnel0 is up, line protocol is up        //隧道接口状态
  Hardware is Tunnel                      //接口硬件是隧道
  Internet address is 172.16.14.1/24      //隧道接口 IP 地址
  MTU 17912 bytes, BW 100 Kbit/sec, DLY 50000 usec,
reliability 255/255, txload 1/255, rxload 1/255
  Encapsulation TUNNEL, loopback not set  //隧道封装
  Keepalive not set
  Tunnel linestate evaluation up
Tunnel source 202.96.134.1 (Serial0/0/0), destination 61.0.0.4   //隧道源地址和目的地址
Tunnel Subblocks:
src-track:
        Tunnel0 source tracking subblock associated with Serial0/0/0
```

```
             Set of tunnels with source Serial0/0/0, 1 member (includes iterators), on interface <OK>
        //以上 4 行是隧道源跟踪的情况
     Tunnel protocol/transport GRE/IP    //隧道协议为 GRE，传输协议为 IP
     Key 0x1E240, sequencing disabled    //隧道验证的 key，123456 转换成 16 进制就是 1E240
         Checksumming of packets disabled    //以上 2 行表示序列号与校验和位为 0，即 GRE 包头没有
相应的字段，key 位为 1，即 GRE 包头包含 key
     Tunnel TTL 255, Fast tunneling enabled    //隧道 TTL 值，启用快速建立隧道功能
     Tunnel transport MTU 1472 bytes    //GRE 会额外增加 24 字节开销，再加上 key 选项的 4 字节，
一共 28 字节，所以 MTU=1500-24-4=1472
    (此处省略部分输出)
```

（2）查看 GRE 隧道的建立情况

```
    R1#debug tunnel
    Tunnel Interface debugging is on
    *Nov 26 08:32:16.243: Tunnel0: GRE/IP encapsulated 202.96.134.1->61.0.0.4 (linktype=7, len=88)
    //显示 GRE 封装模式、封装的源地址和目的地址以及链路类型和数据包长度
    *Nov 26 08:32:16.379: ipv4 decap oce used, oce_rc=0x1 tunnel Tunnel0    //IPv4 解封装
    *Nov 26 08:32:16.383: Tunnel0: GRE/IP (PS) to decaps61.0.0.4->202.96.134.1 (tbl=0,"default" len=88
ttl=252)    //解封装来自 61.0.0.4 的 TTL 为 252 的数据包
    *Nov 26 08:32:16.383: Tunnel0: Pak Decapsulated on Serial0/0/0, ptype 0x800, nw start 0xD9F2C74,
mac start 0xD9F2C54, datagram size 60 link type 0x7
    *Nov 26 08:32:16.383: Tunnel0: GRE decapsulated IP packet (linktype=7, len=60)
    //以上 2 行表明在接口 S0/0/0 解封装，包括协议类型、数据包长度和链路类型等
```

（3）查看路由信息

```
    ①  R1#show ip route ospf
    172.16.0.0/24 is subnetted, 3 subnets
    O    172.16.4.0 [110/1001] via 172.16.14.4, 00:00:14, Tunnel0
    ②  R4#show ip route ospf
    172.16.0.0/24 is subnetted, 3 subnets
    O    172.16.1.0 [110/1001] via 172.16.14.1, 00:01:26, Tunnel0
```

以上①和②输出表明路由器 R1 和 R4 互相学到各自内部网络的路由，路由的下一跳为隧道另一端的地址，出接口为隧道接口。

（4）用 ping 命令测试连通性

```
    ①  R1#ping 172.16.4.4 source gigabitEthernet0/0
    Type escape sequence to abort.
    Sending 5, 100-byte ICMP Echos to 172.16.4.4, timeout is 2 seconds:
    Packet sent with a source address of 172.16.1.1
    !!!!!
    Success rate is 100 percent (5/5), round-trip min/avg/max = 52/52/52 ms
```

以上输出表明远程办公室已经可以和企业总部通信了。

```
    ②  R1#ping 61.0.0.3 source gigabitEthernet0/0
    Type escape sequence to abort.
```

```
Sending 5, 100-byte ICMP Echos to 61.0.0.3, timeout is 2 seconds:
Packet sent with a source address of 172.16.1.1
!!!!!
Success rate is 100 percent (5/5), round-trip min/avg/max = 28/28/32 ms
```

以上测试表明远程办公室和 Internet 的通信成功。

15.8.2 实验 9：配置 IPSec VPN

1. 实验目的

通过本实验可以掌握：
① IPSec VPN 的概念和特征。
② IPSec VPN 的配置和调试方法。

2. 实验拓扑

实验拓扑如图 15-18 所示。

3. 实验步骤

当采用 GRE 封装数据包时，数据在 Internet 上传输时是不安全的，本实验要采用 IPSec VPN 解决该问题。本实验中，路由器 R2 和 R3 模拟 Internet，将路由器 R1 和 R4 连接到 Internet 上，路由器 R1 的 Gi0/0 接口模拟远程办公室所在的局域网，路由器 R4 的 Gi0/0 接口模拟企业总部所在的局域网。要将远程办公室与企业总部连接，实现两地网络安全连通。同时需要在路由器 R1 和 R4 上配置 NAT，使得两地的网络也可以访问 Internet。

（1）配置路由器 R1

```
R1(config)#crypto isakmp policy 10    //创建一个 isakmp 策略，编号为 10
R1(config-isakmp)#encryption aes    //配置 isakmp 采用的加密算法，默认是 DES
R1(config-isakmp)#authentication pre-share    //配置 isakmp 采用的身份验证算法,这里采用预共享
密钥。如果有 CA 服务器，也可以用 CA 进行身份验证
R1(config-isakmp)#hash sha    //配置 isakmp 采用的 HASH 算法，默认是 SHA
R1(config-isakmp)#group 5    //配置 isakmp 采用的 DH 组，默认为组 1
R1(config)#crypto isakmp key cisco address 61.0.0.4
//配置建立 VPN 隧道对端 61.0.0.4 的预共享密钥
R1(config)#crypto ipsec transform-set TRAN esp-aes esp-sha-hmac
//创建一个 IPSec 转换集，名称本地有效，但是双方路由器转换集参数要一致
R1(cfg-crypto-trans)# mode tunnel    //配置隧道的工作模式，默认就是 Tunnel 模式
```

【技术要点】

① isakmp 策略可以有多个策略，双方路由器将采用编号最小、参数一致的策略，双方至少要有一个策略是一致的，否则协商失败。isakmp 工作端口为 UDP 500。

② DH 组可以选择 1、2 或 5，group1 的密钥长度为 768 比特，group2 的密钥长度为 1024 比特，group5 的密钥长度为 1536 比特。

③ 转换集有 ESP 封装、AH 封装、ESP+AH 封装 3 种方式，加密算法有 DES、3DES 和 AES，HASH 有 MD5 和 SHA 算法。ESP 封装可以提供机密性、完整性、身份验证功能，而 AH 封装仅提供完整性和身份验证功能。实际中 AH 使用得较少。

```
R1(config)#ip access-list extended VPN
R1(config-ext-nacl)#permit ip 172.16.1.0 0.0.0.255 172.16.4.0 0.0.0.255
        //定义 VPN 感兴趣流量，用来指明什么样的流量要通过 VPN 加密传输，注意这里限定的是从远程
办公室发出到达企业总部的流量才进行加密，其他流量（如到 Internet 的流量）不加密
R1(config)#crypto map MAP 10 ipsec-isakmp    //创建加密图，名为 MAP，10 为该加密图的编号，
名称和编号本地有效，如果有多个编号，路由器将从小到大逐一匹配
R1(config-crypto-map)#set peer 61.0.0.4           //配置 VPN 对等体的地址
R1(config-crypto-map)#set transform-set TRAN   //配置转换集
R1(config-crypto-map)#match address VPN        //指明 VPN 感兴趣流量
R1(config-crypto-map)#reverse-route static   //配置反向路由注入，这样在路由器中，当 VPN 会话
建立时将产生一条静态路由，static 关键字指明即使 VPN 会话没有建立起来反向路由也要创建静态路由
R1(config)#interface serial0/0/0
R1(config-if)#crypto map MAP                    //在接口上应用创建的加密图
R1(config-if)#ip nat outside
R1(config)#interface gigabitEthernet0/0
R1(config-if)#ip nat inside
R1(config)#access-list 100 deny ip 172.16.1.0 0.0.0.255 172.16.4.0 0.0.0.255
        //在执行 NAT 时，排除 VPN 感兴趣流量
R1(config)#access-list 100 permit ip 172.16.1.0 0.0.0.255 any
R1(config)#ip nat inside source list 100 interface serial0/0/0 overload
R1(config)#ip route 0.0.0.0 0.0.0.0 serial 0/0/0
```

（2）配置路由器 R2

```
R2(config)#ip route 61.0.0.0 255.255.255.0 serial0/0/1
```

（3）配置路由器 R3

```
R3(config)#ip route 202.96.134.0 255.255.255.0 serial0/0/1
```

（4）配置路由器 R4

```
R4(config)#crypto isakmp policy 10
R4(config-isakmp)#encryption aes
R4(config-isakmp)#authentication pre-share
R4(config-isakmp)#hash sha
R4(config-isakmp)#group 5
R4(config)#crypto isakmp key cisco address 202.96.134.1
R4(config)#crypto ipsec transform-set TRAN esp-aes esp-sha-hmac
R4(cfg-crypto-trans)# mode tunnel
R4(config)#ip access-list extended VPN
R4(config-ext-nacl)#permit ip 172.16.4.0 0.0.0.255 172.16.1.0 0.0.0.255
R4(config)#crypto map MAP 10 ipsec-isakmp
R4(config-crypto-map)#set peer 202.96.134.1
```

第15章 网络安全

```
R4(config-crypto-map)#set transform-set TRAN
R4(config-crypto-map)#reverse-route static
R4(config-crypto-map)#match address VPN
R4(config)#interface serial0/0/0
R4(config-if)#crypto map MAP
R4(config-if)#ip nat outside
R4(config)#interface gigabitEthernet0/0
R4(config-if)#ip nat inside
R4(config)#access-list 100 deny ip 172.16.4.0 0.0.0.255 172.16.1.0 0.0.0.255
R4(config)#access-list 100 permit ip 172.16.4.0 0.0.0.255 any
R4(config)#ip nat inside source list 100 interface serial0/0/0 overload
R4(config)#ip route 0.0.0.0 0.0.0.0 serial 0/0/0
```

4．实验调试

（1）查看路由信息

```
① R1#show ip route
      172.16.0.0/24 is subnetted, 3 subnets, 2 masks
S        172.16.4.0 [1/0] via 61.0.0.4
S*    0.0.0.0/0 is directly connected, Serial0/0/0
② R4#show ip route
S*    0.0.0.0/0 is directly connected, Serial0/0/0
      172.16.0.0/16 is variably subnetted, 3 subnets, 2 masks
S        172.16.1.0/24 [1/0] via 202.96.134.1
```

以上①和②输出表明路由器 R1 和 R4 上已经有静态路由存在，即使 VPN 隧道还没有建立，该路由是通过反向路由注入添加到路由表中的，下一跳为 VPN 对端的公网 IP 地址。

（2）用 ping 命令测试连通性

```
R1#ping 172.16.4.4 source 172.16.1.1
//触发 IPSec VPN 隧道建立，实现远程办公室和总部私有网络的通信
Type escape sequence to abort.
Sending 5, 100-byte ICMP Echos to 172.16.4.4, timeout is 2 seconds:
Packet sent with a source address of 172.16.1.1
!!!!!
Success rate is 100 percent (5/5), round-trip min/avg/max = 4/5/8 ms
```

如果在上述命令执行之前在 R1 上执行 **debug crypto isakmp** 命令，可以清楚地看到 IKE 第一阶段和第二阶段交换过程。此处不再给出具体的输出信息，请读者自行调试和观察。

（3）查看活动的 IPSec VPN 会话信息

```
R1#show crypto engine connections active
Crypto Engine Connections    //加密引擎的连接
ID    Type    Algorithm         Encrypt   Decrypt   LastSeqN   IP-Address
1001  IKE     SHA+AES              0         0          0      202.96.134.1
2001  IPsec   AES+SHA              0        19         19      202.96.134.1
```

2002	IPsec	AES+SHA	19	0	0	202.96.134.1

以上输出显示活动的 VPN 会话中的 IKE 和 IPSec 的基本情况，包括会话 ID、会话类型、加密和验证算法、加密和解密数据包数量、最后一个包的序号，以及本地加密点的 IP 地址，其中 IPSec 的加密和解密是独立的会话，可以看到加密和解密了各 19 个数据包。

（4）查看 isakmp 策略信息

```
R1#show crypto isakmp policy
Global IKE policy                              //全局 IKE 策略
Protection suite of priority 10
//序号为 10 的 IKE 策略，如果创建多个 IKE 策略，会按照序号大小逐一显示
        encryption algorithm:    AES - Advanced Encryption Standard (128 bit keys).   //加密算法
        hash algorithm:          Secure Hash Standard                //HASH 算法
        authentication method:   Pre-Shared Key                      //验证方法
        Diffie-Hellman group:    #5 (1536 bit)                       //DH 组
        lifetime:                86400 seconds, no volume limit      //生存时间
```

（5）查看 IPSec 转换集的信息

```
R1#show crypto ipsec transform-set
Transform set TRAN: { esp-aes esp-sha-hmac  }     //配置的转换集名称以及加密和验证算法
    will negotiate = { Tunnel,  },                //工作模式为隧道模式
Transform set default: { esp-aes esp-sha-hmac  }  //系统默认的转换集名称以及加密和验证算法
    will negotiate = { Transport,  },             //工作模式为传输模式
```

（6）查看加密图的信息

```
R1#show crypto map
Crypto Map "MAP" 10 ipsec-isakmp      //名为 MAP 的加密图，编号 10 的配置
    Peer = 61.0.0.4                   //VPN 对端地址
            Extended IP access list VPN   //VPN 感兴趣流量
        access-list VPN permit ip 172.16.1.0 0.0.0.255 172.16.4.0 0.0.0.255
    Current peer: 61.0.0.4            //当前 VPN 会话的对端 IP 地址
    Security association lifetime: 4608000 kilobytes/3600 seconds
        //生存时间，即多长时间或者传输了多少字节后重新建立会话，保证数据的安全
    Responder-Only (Y/N): N           //只作为 VPN 响应端
    PFS (Y/N): N   //没有开启完美前向保密（Perfect Forward Secrecy）
    Mixed-mode : Disabled   //混合模式禁用
     Transform sets={
      TRAN: { esp-aes esp-sha-hmac  },    //使用的转换集，包括加密和验证算法
            }
            Reverse Route Injection Enabled        //启用反向路由注入
            Interfaces using crypto map MAP:       //加密图应用的接口
     Serial0/0/0
```

（7）查看 IPSec 会话的安全关联信息

```
R1#show crypto ipsec sa
```

```
    interface: Serial0/0/0
       Crypto map tag: MAP, local addr 202.96.134.1    //加密图的名字及本地加密点的接口地址
    protected vrf: (none)
     local   ident (addr/mask/prot/port): (172.16.1.0/255.255.255.0/0/0)
  remote ident (addr/mask/prot/port): (172.16.4.0/255.255.255.0/0/0)
//以上 2 行显示触发建立 VPN 连接的感兴趣流量
   current_peer 61.0.0.4 port 500     //当前 VPN 对端和 isakmp 工作端口
     PERMIT, flags={origin_is_acl,}    //标记为 ACL 定义的流量开始触发 VPN
       #pkts encaps: 19, #pkts encrypt: 19, #pkts digest: 19
       #pkts decaps: 19, #pkts decrypt: 19, #pkts verify: 19
//以上 2 行是该端口的加、解密数据包和验证数据包的统计数量
       #pkts compressed: 0, #pkts decompressed: 0
       #pkts not compressed: 0, #pkts compr. failed: 0
       #pkts not decompressed: 0, #pkts decompress failed: 0
       #send errors 1, #recv errors 0
    local crypto endpt.: 202.96.134.1, remote crypto endpt.: 61.0.0.4
            //建立 VPN 连接的本地端点和远程端点
    plaintext mtu 1438, path mtu 1500, ip mtu 1500, ip mtu idb Serial0/0/0
       current outbound spi: 0x18100C04(403704836)    //当前出向 spi 值，与对端入向 spi 值相同
       inbound esp sas:    //入向的 esp 安全关联集合
       spi: 0x9ABED570(2596197744)           //入向 spi 值
         transform: esp-aes esp-sha-hmac ,         //转换集信息
            in use settings ={Tunnel, }             //工作模式
       conn id: 2001, flow_id: NETGX:1, sibling_flags 80000046, crypto map: MAP
//VPN 连接的 ID 及加密图，在重新建立 SA 时，连接 ID 自动加 1
       sa timing: remaining key lifetime (k/sec): (4437839/198)    //VPN 连接剩余的生存时间
         IV size: 16 bytes    //初始化向量（Initialization Vector，IV）长度
       replay detection support: Y        //支持重放保护
            Status: ACTIVE                       //VPN 连接状态
       inbound ah sas:
//入向的 AH 安全关联信息，由于没有使用 AH 封装，所以没有 AH 安全关联信息
       inbound pcp sas:
         outbound esp sas:              //出向的 esp 安全关联集合
       spi: 0x18100C04(403704836)
         transform: esp-aes esp-sha-hmac ,
         in use settings ={Tunnel, }
       conn id: 2002, flow_id: NETGX:2, sibling_flags 80000046, crypto map: MAP
       sa timing: remaining key lifetime (k/sec): (4437839/198)
         IV size: 16 bytes
       replay detection support: Y
            Status: ACTIVE
       outbound ah sas:
       outbound pcp sas:
```

（8）查看建立 IPSec VPN 的对端信息

```
R1#show cry isakmp peers
Peer: 61.0.0.4 Port: 500 Local: 202.96.134.1    //IPSec VPN 对端 IP 地址、端口和本端 IP 地址
 Phase1 id: 61.0.0.4    //IKE 第一阶段 id
```

（9）查看建立 IPSec VPN 的预共享密钥

```
R1#show crypto isakmp key
Keyring       Hostname/Address                    Preshared Key
default       61.0.0.4                            cisco
```

（10）通过 NAT 访问外网

① R1#**ping 218.30.1.2 source gigabitEthernet0/0**
Type escape sequence to abort.
Sending 5, 100-byte ICMP Echos to 218.30.1.2, timeout is 2 seconds:
Packet sent with a source address of 172.16.1.1
!!!!!
Success rate is 100 percent (5/5), round-trip min/avg/max = 1/1/4 ms

② R4#**ping 218.30.1.2 source gigabitEthernet0/0**
Type escape sequence to abort.
Sending 5, 100-byte ICMP Echos to 218.30.1.2, timeout is 2 seconds:
Packet sent with a source address of 172.16.4.4
!!!!!
Success rate is 100 percent (5/5), round-trip min/avg/max = 1/2/4 ms

以上测试表明远程办公室和总部都可以成功通过 NAT 访问外网。

第 16 章 网 络 监 控

监控正在运行的网络可以为网络管理员提供重要的参考信息，从而主动管理网络并向其他人报告网络使用情况，也可以及时发现网络性能存在的潜在问题。NTP、Syslog、SNMP、SPAN 技术是常用的网络管理和监控手段。本章主要介绍 NTP、Syslog、SNMP 和 SPAN 的工作原理和配置。

16.1　NTP 和系统日志概述

16.1.1　NTP 简介

在网络设备上使用精确的时间可以使得管理员能够使用正确时间戳来精确跟踪如安全违规等网络事件，正确解读系统日志数据中的事件和数字证书，及时准确地排除网络故障。NTP（Network Time Protocol，网络时间协议）是一种用于同步计算机系统时钟的协议。NTP 工作端口为 UDP 123 端口。NTP 使网络设备将其时间设置与 NTP 服务器同步，确保从单一来源获取时间和日期信息的 NTP 客户端的时间设置具有更高的一致性。

NTP 可以从内部或外部时间来源获得正确的时间，包括本地主时钟、网络上的主时钟和 GPS 主时钟或原子钟。为防止对时间服务器的恶意破坏，NTP 使用了验证机制来确保时间来源的可靠性。时间按 NTP 服务器的等级传播。NTP 服务器位于不同的层（Stratum）中。层一在顶层，而层二则从层一获取时间，层三从层二获取时间，以此类推。

16.1.2　系统日志简介

当网络上发生某些事件时，网络设备根据网络事件所导致的结果生成日志消息，网络设备具有向管理员通知详细系统消息的机制，这些消息可能并不重要，也可能事关重大。网络管理员可以采用多种方式来存储、解释和显示这些消息，并接收可能会对网络基础设施具有最大影响的消息警报。系统日志（Syslog）消息可以发送到设备内部缓冲区，但是只能通过设备的 CLI 进行查看。系统日志消息也可以通过网络发送到外部系统日志服务器。访问系统消息的最常用方法是使用系统日志协议。系统日志使用 UDP 514 端口将系统日志消息通过 IP 网络发送到系统日志服务器，使得网络管理员能够利用日志记录信息来进行网络监控和故障排除。大多数网络设备支持系统日志，包括路由器、交换机、应用服务器、防火墙和其他网络设备。

每个系统日志消息中包含一个严重级别，严重级别可以用数字表示（0～7），表 16-1 所示为系统日志的安全级别。数字级别越小，系统日志警报越严重。默认情况下，Cisco 路由器和交换机会向控制台发送所有严重级别的日志消息。

表 16-1　系统日志的安全级别

严重级别	含义	说明
0	Emergencies（紧急）	系统不可用（最高级别）
1	Alerts（警报）	需要立即采取操作
2	Critical（严重）	关键条件
3	Errors（错误）	错误条件
4	Warnings（警告）	警告条件
5	Notifications（通知）	正常但是比较重要
6	Informational（信息）	信息性消息
7	Debugging（调试）	调试消息

系统日志消息格式如图 16-1 所示，各字段的含义如下所述。

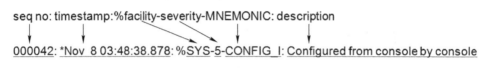

图 16-1　系统日志消息格式

① seq no：日志消息序号，仅当配置 service sequence-numbers 命令才会显示此字段。

② timestamp：消息或事件发生的时间戳，仅在配置了 service timestamps log datetime msec 命令才会显示此字段，使用 no service timestamps log 命令关闭显示此字段。

③ facility：表示硬件设备或者协议等，如 IP、OSPF 协议、SYS 和 LINK 等。

④ serverity：表示事件严重程度或者严重级别。

⑤ MNEMONIC：唯一标识日志消息的代码。

⑥ description：消息体，表示已报告事件的详细信息。

16.2　SNMP 和 SPAN 概述

16.2.1　SNMP 简介

简单网络管理协议（Simple Network Management Protocol，SNMP）可以让网络管理员管理 IP 网络上的各个节点，例如，服务器、工作站、路由器、交换机和安全设备等，帮助网络管理员监控和管理网络性能，查找和解决网络故障，规划未来网络的增长。SNMP 系统包括网络管理工作站（Network Management Station，NMS）、SNMP 代理（Agent）、管理信息库（Management Information Base，MIB）3 个部分。

① 网络管理工作站（NMS）：运行 SNMP 管理软件的计算机，NMS 可以从 SNMP 代理的 MIB 中读取信息或者将命令发到 SNMP 代理去执行。

② 代理（Agent）：运行在网络设备上的 SNMP 代理软件，NMS 可以向 Agent 发出 GetRequest、GetNextRequest 和 SetRequest 请求，Agent 接收到 NMS 的请求后，根据数据包类型进行读（Read）或写（Write）操作，生成响应（Response）并返回给 NMS。Agent 在设

备发生异常情况或状态改变时（如设备重新启动），也会主动向 NMS 发送陷阱（Trap）信息，向 NMS 报告所发生的事件。

③ 管理信息库（MIB）：存储与设备和操作统计信息有关的数据，是管理对象（Object）的集合。MIB 分层组织变量，管理软件可以使用 MIB 变量监视和控制网络设备。MIB 在形式上将每个变量定义为一个对象 ID（Object ID，OID）。OID 唯一标识 MIB 层次结构的对象。MIB 根据 RFC 标准将 OID 组织为 OID 层次结构，通常显示为树形。RFC 中定义了一些常见的公共变量，此外，像 Cisco 网络设备供应商可以定义各自树的专用分支，以适应厂商设备的新变量，属于 Cisco 的 OID 如下：.iso (1).org (3).dod (6).internet (1).private (4).enterprises (1).cisco (9)，因此，OID 为 1.3.6.1.4.1.9。SNMP 代理负责提供对本地 MIB 的访问。

NMS 定期轮询 SNMP 代理，但是定期 SNMP 轮询与事件发生的时间可能存在延时，如果提高轮询频率会占用过多网络带宽。为了弥补这些不足之处，SNMP 代理可以生成并发送陷阱，以便将某些事件立即告知 NMS。陷阱是未经请求的消息，提醒 NMS 在网络上的一个条件或事件，包括不适当的用户身份验证、重新启动、链路状态变化、TCP 连接断开、OSPF 邻居断开等重要事件。陷阱是定向通知的，不需要发送某些 SNMP 轮询请求，从而加快事件的响应速度，减少网络和代理资源的使用。SNMP 代理开放 UDP 161 端口，接收 NMS 的请求（如 get 和 set），NMS 开放 UDP 162 端口，接收代理发送的陷阱。

SNMP 常见的使用版本有 3 种，SNMP 版本 v1、v2c 和 v3 的比较如表 16-2 所示。其中，Community 字符串分为只读（RO）和读写（RW）2 种类型，而且是明文传输。

表 16-2 SNMP 版本 v1、v2c 和 v3 的比较

版本	安全级别	验证	加密	最终结果
SNMPv1	无验证 无加密	Community 字符串	无	使用 Community 字符串进行身份验证
SNMPv2c	无验证 无加密	Community 字符串	无	使用 Community 字符串进行身份验证
SNMPv3	无验证 无加密	用户名	无	使用用户名进行身份验证
	有验证 无加密	MD5 或 SHA	无	提供基于 HMAC-MD5 或 HMAC-SHA 算法的身份验证
	有验证 有加密	MD5 或 SHA	DES、3DES 或 AES	提供基于 HMAC-MD5 或 HMAC-SHA 算法的身份验证和基于 DES、3DES 或 ARS 算法的加密

16.2.2 SPAN 简介

交换机端口分析（Switched Port Analyzer，SPAN）或者远程 SPAN（Remote SPAN，RSPAN）经常用于监控网络流量，特别是用于入侵检测方面。SPAN 或 RSPAN 可以将一个交换机的端口镜像至另一个端口，即把端口的收、发流量备份到该交换机或者其他交换机的另一个端口，这样，只需将分析或侦听设备连接至监控端口，即可实现对被监听端口的流量进行分析和侦听。由于 SPAN 采用复制（或镜像）源端口或 VLAN 上接收或发送（或两者都有）的流量到目标端口的方式，因此，SPAN 不影响源端口或 VLAN 的网络流量传输。除非特殊配置，除了 SPAN 或 RSPAN 会话的流量，镜像的目标端口不参与其他的二层协议。目标端口只能是单独的一个实际物理端口，一个目标端口只能在一个 SPAN 会话中使用。SPAN 分为以下 2 种模式。

① 本地 SPAN（Local SPAN）：指基于端口的 SPAN。源端口和目标端口都位于同一台交换机上，并且源可以是一个或多个交换机端口或者某个 VLAN。

② 远程 SPAN（Remote SPAN）：目标端口和源端口位于不同的交换机上。这是一项高级功能，要求有专门的 VLAN（RSPAN VLAN）来传送该业务的流量，并由交换机之间的 SPAN 进行监控，因此，要求中间交换机必须支持 RSPAN VLAN 技术。

16.3　配置 NTP 和 Syslog

16.3.1　实验 1：配置 NTP

1．实验目的

通过本实验可以掌握：
① NTP 的工作原理。
② NTP 的配置和调试方法。

2．实验拓扑

配置 NTP 实验拓扑如图 16-2 所示。

图 16-2　配置 NTP 实验拓扑

3．实验步骤

（1）配置路由器 R1 和交换机 S1 地址信息

① 配置路由器 R1 地址信息。

```
R1(config)#interface gigabitEthernet 0/0
R1(config-if)#ip address 172.16.1.1 255.255.255.0
```

② 配置交换机 S1 地址信息。

```
S1(config)#interface vlan 1
S1(config-if)#ip address 172.16.1.100 255.255.255.0
```

（2）配置路由器 R1 为 NTP 服务器

```
R1#clock set 10:30:00 28 Mar 2019            //修改系统时间
R1(config)#clock timezone GMT +8             //配置时区
R1(config)#ntp master 3                      //配置路由器为 NTP 主时钟源，层级为 3
```

```
R1(config)#ntp authentication-key 1 md5 cisco123    //配置 NTP 验证的 Key ID 和 Key
R1(config)#ntp trusted-key 1                        //配置 NTP 信任的 Key ID
R1(config)#ntp source gigabitEthernet 0/0
//配置发送 NTP 数据包使用 Gi0/0 接口的地址作为源 IP 地址
```

（3）配置交换机 S1 为 NTP 客户端

```
S1(config)#ntp server 172.16.1.1 key 1 source vlan1
//配置 NTP 服务器的地址和发送 NTP 数据包使用 VLAN1 的地址作为源 IP 地址
S1(config)#ntp authentication-key 1 md5 cisco123
S1(config)#ntp authenticate                         //启用 NTP 验证
S1(config)#ntp trusted-key 1
```

4．实验调试

（1）查看 NTP 状态

```
S1#show ntp status
Clock is synchronized, stratum 4, reference is 172.16.1.1
//时钟已经同步，时钟层数和参考时钟源的 IP 地址
nominal freq is 119.2092 Hz, actual freq is 119.2092 Hz, precision is 2**17
//标称频率、实际频率和精度
reference time is DDFDCB1D.985C80C0 (10:49:01.595 UTC Thu Mar 28 2019)   //参考时间
clock offset is 1.0610 msec, root delay is 1.37 msec                     //时钟偏移，根延时
root dispersion is 7939.43 msec, peer dispersion is 7937.50 msec
loopfilter state is 'CTRL' (Normal Controlled Loop), drift is 0.000000000 s/s
system poll interval is 64, last update was 29 sec ago.   //系统轮询间隔和距离最后一次更新的时间
```

（2）查看系统时钟

```
S1#show clock
*12:02:32.115 UTC Mon Mar 1 1993      //交换机 S1 系统时钟未同步的时间
S1#show clock
10:59:28.174 UTC Thu Mar 28 2019      //交换机 S1 通过 NTP 时钟同步的时间
```

16.3.2　实验 2：配置 Syslog

1．实验目的

通过本实验可以掌握：
① TFTP 软件的安装和使用方法。
② 系统日志的配置和调试方法。

2．实验拓扑

配置 Syslog 实验拓扑如图 16-3 所示。

图 16-3 配置 Syslog 实验拓扑

3．实验步骤

（1）安装和配置 TFTPD 软件

本实验中，SysLog 服务器安装的是 TFTPD 软件，下载地址为 http://tftpd32.jounin.net。下载好软件后，安装到服务器上，然后启动该软件，Syslog 服务器界面如图 16-4 所示，选择【Syslog Server】选项卡。

图 16-4 Syslog 服务器界面

（2）配置路由器 R1

```
R1(config)#interface gigabitEthernet 0/0
R1(config-if)#ip address 172.16.1.1 255.255.255.0
R1(config-if)#exit
R1(config)#logging on                        //开启日志功能，默认就是开启的
R1(config)#logging console debugging         //把日志信息在控制台上显示出来，也是默认行为，
debugging 等级是 7，这就意味着级别为 0～7 的日志都会显示出来
R1(config)#logging buffered debugging
//把日志存储在内存中，使用 show logging 命令可以看到日志信息，当缓存达到最大容量时，先
存储的日志信息将被丢弃，以便存储最新的日志信息
R1(config)#logging host 172.16.1.100         //配置将日志发送到日志服务器的地址
R1(config)#logging trap debugging            //配置发送到日志服务器的日志严重等级
R1(config)#logging origin-id ip              //配置发送日志时使用 IP 地址作为 ID，默认用主机名
R1(config)#logging facility local7           //将记录事件类型定义为 local7
R1(config)#service timestamps log            //日志中要加上日志发生的时间戳
R1(config)#service timestamps log datetime msec   //日志发生时间采用日期和时间进行标记
R1(config)#service sequence-numbers          //日志中要加入序号
```

4. 实验调试

在路由器 R1 上执行诸如创建环回接口和删除环回接口之类的一些操作,Syslog 服务器显示的日志信息如图 16-5 所示。

图 16-5 Syslog 服务器显示的日志信息

16.4 配置 SNMP 和 SPAN

16.4.1 实验 3:配置 SNMPv2c

1. 实验目的

通过本实验可以掌握:
① SNMP 的工作原理。
② SNMPv2c 的特征和配置。
③ SNMP 浏览器的使用方法。

2. 实验拓扑

配置 SNMP 实验拓扑如图 16-6 所示。

图 16-6 配置 SNMP 实验拓扑

3. 实验步骤

(1) 配置交换机 S1

```
S1(config)#interface vlan 1
```

```
S1(config-if)#ip address 172.16.1.1 255.255.255.0
S1(config-if)#exit
S1(config)#access-list 1 permit host 172.16.1.100    //配置 ACL，控制访问 SNMP 代理的主机
S1(config)#snmp-server community cisco ro 1
//配置 community 读字符串，当管理工作站以该密码连接到交换机时，只能读取交换机上的 MIB 信息
S1(config)#snmp-server community cisco123 rw 1
//配置 community 读写字符串，当管理工作站以该密码连接到交换机时，能读写交换机上的 MIB 信息
S1(config)#snmp-server host 172.16.1.100 version 2c cisco
//配置管理工作站的 IP 地址以及 SNMP 版本和发送 Trap 信息时的 community 字符串
S1(config)#snmp-server enable traps                 //开启 SNMP 的 Trap 功能
S1(config)#snmp-server source-interface traps vlan 1
//用指定端口的 IP 地址作为源地址发送 Trap 信息
S1(config)#snmp-server contact Jack.Lee              //配置联系信息，可选
S1(config)#snmp-server location Shenzhen China       //配置位置信息，可选
```

（2）使用 SNMP MIB 浏览软件进行操作

本实验中采用的 SNMP MIB 浏览软件是 ManageEngine 公司推出的 SNMP MIB 浏览器（MibBrowser）。读者可以从以下 URL 下载并安装该软件：https://www.manageengine.com/products/mibbrowser-free-tool/download.html。

① 安装成功后，运行程序，SNMP MIB 浏览器界面如图 16-7 所示。在【Host】字段输入 SNMP 代理的 IP 地址 **172.16.1.1**，保持【Port】字段的 **161** 不变，在【Community】字段输入 **cisco**，在【Write Community】字段输入 **cisco123**。

图 16-7　SNMP MIB 浏览器界面

② SNMPv2 读操作如图 16-8 所示，在【SNMPv2-MIB】模块中单击导航条，选中【sysName】，单击右键，在菜单中单击【GET】进行 SNMP 读操作来查看系统名字，在菜单中选中【GETNEXT】进行读操作，显示下一条目来查看系统位置。

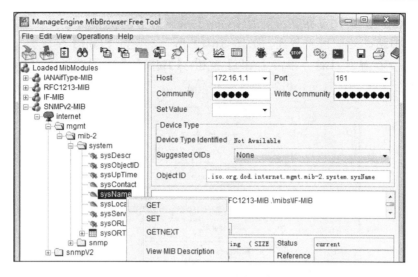

图 16-8　SNMPv2 读操作

③ SNMPv2 读操作结果如图 16-9 所示。

图 16-9　SNMPv2 读操作结果

④ 在图 16-8 中，在【Set Value】字段中输入 S12，在菜单中选中【SET】进行写操作来更改系统名字，SNMPv2 写操作结果如图 16-10 所示。

图 16-10　SNMPv2 写操作结果

（3）实现 SNMPv2c Trap 功能

① 在 SNMP MIB 浏览器中，单击【Edit】菜单中的【Settings】选项，在打开的窗口中选中 v2c，如图 16-11 所示，选择 SNMP 版本。

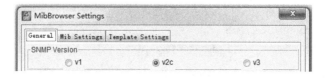

图 16-11　选择 SNMP 版本

② 在 SNMP MIB 浏览器中，单击【View】菜单的【TrapViewer】或者工具栏的快捷图标，进入 TrapViewer 配置界面，如图 16-12 所示，保持【Port】字段为 162 不变，在【Community】字段输入 cisco，单击【Add】按钮，【TrapList】字段会显示 **162:cisco**，然后单击【Start】按钮，开始接收交换机发送的 Trap 信息。

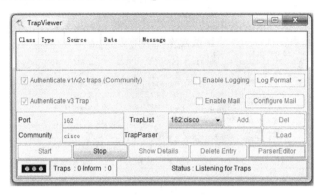

图 16-12　TrapViewer 配置界面

③ 在交换机上执行如下的命令，目的是让交换机向网络管理工作站发送 Trap 信息：

> S1(config)#**interface loopback 0**
> S1(config)#**no interface loopback 0**

在 TrapViewer 窗口中会看到交换机发送到管理工作站的 Trap 信息，如图 16-13 所示，查看交换机 S1 发送的 Trap 信息，类型字段显示 v2c Trap。

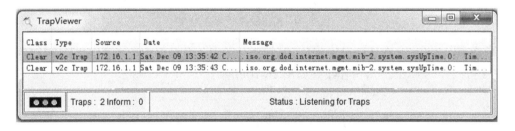

图 16-13　交换机 S1 发送的 Trap 信息

4. 实验调试

（1）查看 SNMP 的 Community 信息

> S1#**show snmp community**
> Community name: **cisco**
> Community Index: **cisco**
> Community SecurityName: **cisco**
> storage-type: nonvolatile　　　　active access-list: **1**

以上输出信息显示了 SNMP 的 Community 的名称、索引、安全名称和可管理该设备的 ACL。

（2）查看 SNMP 发送 Trap 信息的目的主机信息

```
S1#show snmp host
Notification host: 172.16.1.100 udp-port: 162    type: trap
user: cisco        security model: v2c
```

以上输出信息显示了 SNMP 发送 Trap 信息到目的主机的 IP 地址、工作端口号、类型、用户名（v2c 中实际就是 Community 读字符串）和安全模式。

（3）查看 SNMP 信息

```
S1#show snmp
Chassis: FDO1720Y254           //主板 ID
Contact: Jack.Lee              //SNMP 联系信息
Location: Shenzhen China       //SNMP 位置信息
10106 SNMP packets input       //以下是 SNMP 输入数据包统计信息
    0 Bad SNMP version errors
    0 Unknown community name
    9 Illegal operation for community name supplied
    0 Encoding errors
    10094 Number of requested variables
    3 Number of altered variables
    5 Get-request PDUs
    10089 Get-next PDUs
    12 Set-request PDUs
    0 Input queue packet drops (Maximum queue size 1000)
10125 SNMP packets output      //以下是 SNMP 输出数据包统计信息
    0 Too big errors (Maximum packet size 1500)
    6 No such name errors
    0 Bad values errors
    0 General errors
    10106 Response PDUs
    19 Trap PDUs
SNMP global trap: enabled      //全局启用 SNMP Trap
SNMP logging: enabled          //启用 SNMP 日志
    Logging to 172.16.1.100.162, 0/10, 19 sent, 0 dropped.
    //发送日志信息的目的地址、端口和数量
SNMP agent enabled             //启用 SNMP 代理
```

16.4.2　实验 4：配置 SNMPv3

1. 实验目的

通过本实验可以掌握：
① SNMP 的工作原理。
② SNMPv3 的特征和配置。
③ SNMP 浏览器的使用方法。

2. 实验拓扑

实验拓扑如图 16-6 所示。

3. 实验步骤

（1）配置交换机 S1 的 SNMPv3

```
S1(config)#interface vlan 1
S1(config-if)#ip address 172.16.1.1 255.255.255.0
S1(config-if)#exit
S1(config)#access-list 1 permit host 172.16.1.100    //配置 ACL，控制访问 SNMP 代理的主机
S1(config)#snmp-server view cisco iso included
//配置 SNMPv3 的视图，并指定 SNMP 管理器能够读取 MIB 对象标识符
S1(config)#snmp-server group admin v3 priv write cisco access 1
//配置 SNMPv3 组功能，包括组名称、SNMP 版本、安全级别、读写权限、视图名称和 ACL
S1(config)#snmp-server user cisco admin v3 auth sha cisco123 priv aes 128 cisco321 access 1
//配置 SNMPv3 用户，包括所属组名称、版本、验证和加密算法及字符串和 ACL
S1(config)#snmp-server enable traps    //开启 SNMP 的 Trap 功能
S1(config)#snmp-server host 172.16.1.100 version   3 cisco
//配置管理工作站的 IP 地址、SNMP 版本及发送 Trap 信息的用户名
S1(config)#snmp-server source-interface traps vlan 1    //用指定端口的 IP 地址作为源地址发送 Trap 信息
S1(config)#snmp-server contact Jack.Lee    //配置联系信息，可选
S1(config)#snmp-server location Shenzhen China    //配置位置信息，可选
```

（2）使用 SNMP MIB 浏览软件进行操作

① 在 SNMP MIB 浏览器中，单击【Edit】菜单的【Settings】选项，在打开的窗口中选中 v3，如图 16-14 所示，选择 SNMP 的版本。

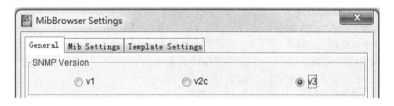

图 16-14 选择 SNMP 的版本

② 如图 16-15 所示，完成 SNMPv3 参数设置。在【Target Host】字段中输入 **172.16.1.1**，保持【Target Port】字段 **161** 不变，在【User Name】字段中输入 **cisco**，在【Security Level】下拉菜单中选择 **Auth,Priv**，在【Auth Protocol】下拉菜单中选择 **SHA**，在【Auth Password】字段中输入 **cisco123**，在【Priv Protocol】下拉菜单中选择 **CFB-AES-128**，在【Priv Password】字段中输入 **cisco321**，单击【Apply】按钮或【OK】按钮。在 SNMP MIB 浏览器的【Edit】菜单的【Settings】选项中显示用户 cisco 的信息。如图 16-16 所示为添加的 SNMPv3 用户信息。

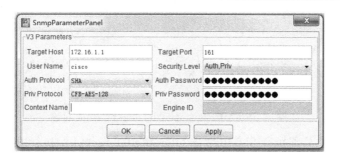

图 16-15　SNMPv3 参数设置

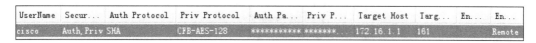

图 16-16　添加的 SNMPv3 用户信息

③ 单击 SNMP MIB 浏览器的【Edit】菜单的【Find】选项，在打开窗口的【Find What】字段中输入 ipAddrTable，如图 16-17 所示设置发现节点，然后单击【Close】按钮，节点导航条所在位置和 ObjectID 如图 16-18 所示，在图中可以看到 **ipAddrTable** 在左侧面板中被选中，在【Object ID】字段中显示 **.iso.org.dod.internet.mgmt.mib-2.ip.ipAddrTable**。

图 16-17　设置发现节点

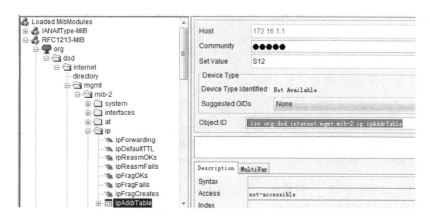

图 16-18　节点导航条所在位置和 ObjectID

④ 单击 SNMP MIB 浏览器的【Operations】菜单的【GET】选项以获取选定的 MIB 对象 ipAddrTable 下的所有对象，如图 16-19 所示。

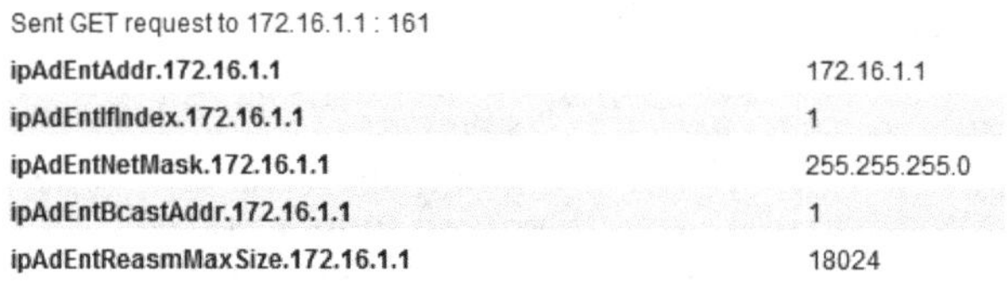

```
Sent GET request to 172.16.1.1 : 161
ipAdEntAddr.172.16.1.1                    172.16.1.1
ipAdEntIfIndex.172.16.1.1                 1
ipAdEntNetMask.172.16.1.1                 255.255.255.0
ipAdEntBcastAddr.172.16.1.1               1
ipAdEntReasmMaxSize.172.16.1.1            18024
```

图 16-19　MIB 对象 ipAddrTable 下的所有对象

⑤ 在图 16-20 中分别执行 SNMPv3 的 GET 和 SET 操作，均执行成功。

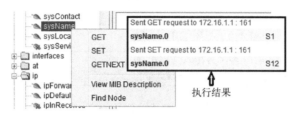

图 16-20　SNMPv3 的 GET 和 SET 操作

4. 实验调试

（1）查看 SNMPv3 用户信息

```
S1#show snmp user
User name: cisco                         //用户名
Engine ID: 800000090300D0C789AB1183      //引擎 ID
storage-type: nonvolatile       active access-list: 1
Authentication Protocol: SHA             //验证算法
Privacy Protocol: AES128                 //加密算法
Group-name: admin                        //用户所在组
 S1#show snmp host
Notification host: 172.16.1.100 udp-port: 162    type: trap
user: cisco       security model: v3 priv    //用户名和安全模式
 S1#show snmp view | include cisco iso        //查看 SNMPv3 视图
cisco iso - included nonvolatile active
```

（2）查看 SNMPv3 组信息

```
 S1#show snmp group
groupname: admin                      security model:v3 priv
contextname: <no context specified>   storage-type: nonvolatile
readview: v1default                   writeview: cisco
```

以上输出显示 SNMPv3 组的名称、安全级别、上下文名称、存储类型、读视图和写视图的信息，其中上下文名称可以通过命令 **snmp-server context** *context* 配置。

16.4.3　实验 5：配置 SPAN 和 RSPAN

1. 实验目的

通过本实验可以掌握：

① SPAN 和 RSPAN 的工作原理。
② 配置 SPAN 的方法。
③ 配置 RSPAN 的方法。
④ Wireshark 软件的使用方法。

2. 实验拓扑

配置 SPAN 和 RSPAN 实验拓扑如图 16-21 所示。

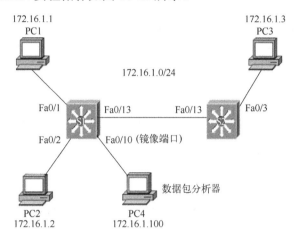

图 16-21　配置 SPAN 和 RSPAN 实验拓扑

3. 实验步骤

（1）准备工作

配置交换机 S1 和 S2 之间的 Trunk 链路。
① 配置交换机 S1。

```
S1(config-if)#interface fastethernet0/13
S1(config-if)#switchport trunk encapsulation dot1q
S1(config-if)#switchport mode trunk
S1(config-if)# switchport nonegotiate
```

② 配置交换机 S2。

```
S2(config)#interface fastethernet0/13
S2(config-if)#switchport trunk encapsulation dot1q
S2(config-if)#switchport mode trunk
S2(config-if)# switchport nonegotiate
```

测试 PC1、PC2、PC3 和 PC4 之间的连通性，计算机的 IP 地址和子网掩码配置正确，应该是可以互相通信的。

（2）在交换机 S1 上配置 SPAN

```
S1(config)#monitor session 1 source interface fastethernet0/1 both
```

> //配置 SPAN 的源为 Fa0/1 端口所接收和发送的流量，默认就是 both，会话 ID 只有本地含义
> S1(config)#**monitor session 1 destination interface fastethernet0/10**
> //配置 SPAN 的目标端口为 Fa0/10，默认时，端口被配置为 SPAN 目标端口，将不能从该端口发送流量

（3）测试在交换机 S1 上配置的 SPAN

① 在 PC4 上开启抓包软件 WireShark，然后从 PC1 上 ping PC2，查看数据包分析器 PC4 捕获的流量，PC1 ping PC2 数据包捕获结果如图 16-22 所示。

```
No.   Time          Source       Destination   Protocol  Length Info
  4 2.20543100 172.16.1.1     172.16.1.2     ICMP      114 Echo (ping) request
  5 2.20643400 172.16.1.2     172.16.1.1     ICMP      114 Echo (ping) reply
  6 2.20643500 172.16.1.1     172.16.1.2     ICMP      114 Echo (ping) request
  7 2.20643600 172.16.1.2     172.16.1.1     ICMP      114 Echo (ping) reply
  8 2.20745000 172.16.1.1     172.16.1.2     ICMP      114 Echo (ping) request
  9 2.20745100 172.16.1.2     172.16.1.1     ICMP      114 Echo (ping) reply
 10 2.20745200 172.16.1.1     172.16.1.2     ICMP      114 Echo (ping) request
 11 2.20745300 172.16.1.2     172.16.1.1     ICMP      114 Echo (ping) reply
 12 2.20847800 172.16.1.1     172.16.1.2     ICMP      114 Echo (ping) request
 13 2.20847900 172.16.1.2     172.16.1.1     ICMP      114 Echo (ping) reply
```

图 16-22　PC1 ping PC2 数据包捕获结果

② 此时测试 PC4 ping PC1 或 PC2，应该不能通信。当端口配置为 SPAN 的目标端口时，除非特殊配置，否则该端口将不能接收和发送数据包。执行 **show interface Fa0/10** 命令，端口状态显示为如下：

> FastEthernet0/10 is up, line protocol is **down (monitoring)**　　//接口处于监控状态

③ 增加 Fa0/13 作为 SPAN 的源，该端口是 Trunk 端口，封装类型为 dot1q，配置如下：

> S1(config)#**monitor session 1 source interface fastethernet0/13 both**

然后从 PC3 上 ping PC1，查看数据包分析器 PC4 捕获的流量，PC3 ping PC1 数据包捕获结果（一）如图 16-23 所示。

```
No.   Time          Source       Destination   Protocol  Length Info
  5 6.81700000 172.16.1.3     172.16.1.1     ICMP       74 Echo (ping) request
  6 6.84800000 172.16.1.1     172.16.1.3     ICMP       74 Echo (ping) reply
  7 7.87800000 172.16.1.3     172.16.1.1     ICMP       74 Echo (ping) request
  8 7.90900000 172.16.1.1     172.16.1.3     ICMP       74 Echo (ping) reply
⊞ Ethernet II, Src: dc:4a:3e:46:44:23 (dc:4a:3e:46:44:23), Dst: dc:4a:3e:89:33:12 (dc:4a:3e:89:33:12)
⊞ Internet Protocol Version 4, Src: 172.16.1.3 (172.16.1.3), Dst: 172.16.1.1 (172.16.1.1)
⊞ Internet Control Message Protocol
```

图 16-23　PC3 ping PC1 数据包捕获结果（一）

以上捕获的数据包并没有 dot1q 的封装。因为默认数据帧从目标端口发送出时，dot1q 封装会被去掉再发送。可以配置复制到目标端口的帧继续保持源端口的封装，更改命令为：

> S1(config)#**monitor session 1 destination interface fastethernet0/10 encapsulation replicate**

再次在 PC4 开启抓包软件 WireShark，然后从 PC3 上 ping PC1，查看数据包分析器 PC4 捕获的流量，PC3 ping PC1 数据包捕获结果（二）如图 16-24 所示，发现已捕获到带标签的 dot1q 数据帧。

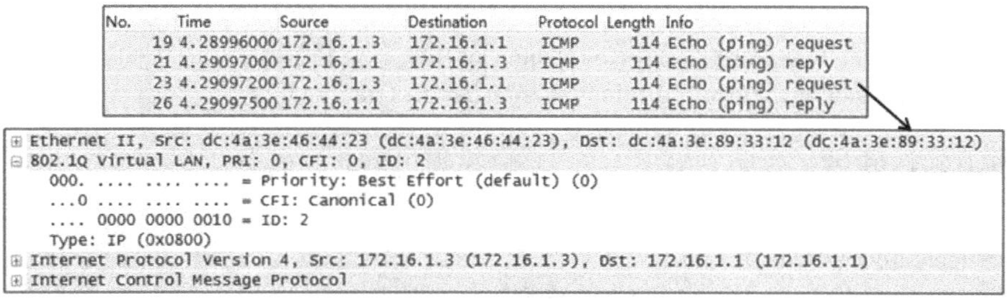

```
No.     Time           Source        Destination   Protocol Length Info
    19 4.28996000 172.16.1.3        172.16.1.1    ICMP     114 Echo (ping) request
    21 4.29097000 172.16.1.1        172.16.1.3    ICMP     114 Echo (ping) reply
    23 4.29097200 172.16.1.3        172.16.1.1    ICMP     114 Echo (ping) request
    26 4.29097500 172.16.1.1        172.16.1.3    ICMP     114 Echo (ping) reply
⊞ Ethernet II, Src: dc:4a:3e:46:44:23 (dc:4a:3e:46:44:23), Dst: dc:4a:3e:89:33:12 (dc:4a:3e:89:33:12)
⊟ 802.1Q Virtual LAN, PRI: 0, CFI: 0, ID: 2
    000. .... .... .... = Priority: Best Effort (default) (0)
    ...0 .... .... .... = CFI: Canonical (0)
    .... 0000 0000 0010 = ID: 2
    Type: IP (0x0800)
⊞ Internet Protocol Version 4, Src: 172.16.1.3 (172.16.1.3), Dst: 172.16.1.1 (172.16.1.1)
⊞ Internet Control Message Protocol
```

图 16-24　PC3 ping PC1 数据包捕获结果（二）

④ 查看 montior 会话信息。

```
S1#show monitor session 1

Session 1                                    //会话 ID
---------
Type                    : Local Session      //SPAN 类型
Source Ports            :                    //SPAN 源端口
    Both                : Fa0/1,Fa0/13
Destination Ports       : Fa0/10
//SPAN 目标端口，一个端口不能同时成为多个会话的目标端口
Encapsulation           : Replicate
//复制到目标端口的帧继续保持源端口的封装，如果没有配置，此处显示 Native
Ingress                 : Disabled           //当端口成为 SPAN 的目标端口后该端口将不能接收和发送数据包
```

【技术要点】

如果要让 SPAN 的目标端口能够发送和接收流量，配置如下：

```
S1(config)#monitor session 1 destination interface fastethernet0/10 ingress vlan 2
S1#show monitor session 1
Session 1
---------
Type                    : Local Session
Source Ports            :
    Both                : Fa0/1,Fa0/13
Destination Ports       : Fa0/10
    Encapsulation       : Native
        Ingress         : Enabled, default VLAN = 2
//开启发送 VLAN2 数据包的能力，相当于将该端口划分到 VLAN2
        Ingress encap   : Untagged    //数据帧没有进行 IEEE 802.1q 封装
```

（4）配置 RSPAN

本实验中，通过 RSPAN，实现了连接在交换机 S1 的 Fa0/10 端口的数据分析器捕获通过交换机 S2 的 Fa0/3 端口的流量。捕获的流量通过 VLAN100 来承载。

① 配置交换机 S1。

```
S1(config)#vlan 100
S1(config-vlan)#remote-span
```

```
//创建 VLAN100,作为 RSPAN VLAN,承载交换机 S1 和 S2 的 SPAN 流量
S1(config)#monitor session 2 source remote vlan 100    //配置 SPAN 的源为来自 VLAN100 的流量
S1(config)#monitor session 2 destination interface fastethernet0/10
```

② 配置交换机 S2。

```
S2(config)#vlan 100
S2(config-vlan)#remote-span
S2(config)#monitor session 2 source interface fastethernet0/3
S2(config)#monitor session 2 destination remote vlan 100    //配置 SPAN 的目的为 VLAN100
```

(5)测试在交换机 S1 上配置的 SPAN

① 在 PC4 上开启抓包软件 WireShark,然后从 PC3 上 ping PC2,查看数据包分析器 PC4 捕获的流量,PC3 ping PC1 数据包捕获结果(三)如图 16-25 所示。说明通过 RSPAN 可以捕获不同交换机端口的流量。

No.	Time	Source	Destination	Protocol	Length	Info
9	2.45416900	172.16.1.3	172.16.1.2	ICMP	114	Echo (ping) request
10	2.45516400	172.16.1.2	172.16.1.3	ICMP	114	Echo (ping) reply
11	2.45516500	172.16.1.3	172.16.1.2	ICMP	114	Echo (ping) request
12	2.45516600	172.16.1.2	172.16.1.3	ICMP	114	Echo (ping) reply

图 16-25 PC3 ping PC1 数据包捕获结果(三)

② 查看 montior 会话信息。

```
S1#show monitor session 2
Session 2
---------
Type                   : Remote Destination Session    //SPAN 类型为 RSPAN 的目标端口
Source RSPAN VLAN      : 100                           //RSPAN 的源为 remote VLAN100
Destination Ports      : Fa0/10                        //RSPAN 目标端口
    Encapsulation      : Native                        //帧的封装方式,Native 表示不进行封装
    Ingress            : Disabled                      //不允许 SPAN 目标端口发送和接收流量
```

③ 查看 SPAN 类型。

```
S2#show monitor session 2
Session 2
---------
Type                   : Remote Source Session         //SPAN 类型为 RSPAN 的源端
Source Ports           :
    Both               : Fa0/3                         //RSPAN 源端口
Dest RSPAN VLAN        : 100                           //RSPAN 的目的地为 remote VLAN100
```

④ 查看 remote-span VLAN。

```
S1#show vlan remote-span
Remote SPAN VLANs
------------------------------------------------------------------
100
```

参 考 文 献

[1] Cisco Systems 公司．思科网络技术学院 CCNA. 6 版．北京：人民邮电出版社，2016.

[2] Jeff Doyle．TCP/IP 路由技术：第一卷．北京：人民邮电出版社，2003.

[3] Jeff Doyle．TCP/IP 路由技术：第 2 卷．北京：人民邮电出版社，2002.

[4] Kevin Wallace. CCNP ROUTE 300-101 认证考试指南.YESLAB 工作室，译. 北京：人民邮电出版社，2018.

[5] Régis Desmeules. Cisco IPv6 网络实现技术．修订版. 王玲芳，等译．北京：人民邮电出版社，2018.

[6] 梁广民，王隆杰．网络互联技术.2 版．北京：高等教育出版社，2018.

[7] 梁广民，王隆杰．思科网络实验室 CCNA 实验指南.2 版．北京：电子工业出版社，2018.

反侵权盗版声明

电子工业出版社依法对本作品享有专有出版权。任何未经权利人书面许可,复制、销售或通过信息网络传播本作品的行为;歪曲、篡改、剽窃本作品的行为,均违反《中华人民共和国著作权法》,其行为人应承担相应的民事责任和行政责任,构成犯罪的,将被依法追究刑事责任。

为了维护市场秩序,保护权利人的合法权益,本社将依法查处和打击侵权盗版的单位和个人。欢迎社会各界人士积极举报侵权盗版行为,本社将奖励举报有功人员,并保证举报人的信息不被泄露。

举报电话:(010)88254396;(010)88258888
传　　真:(010)88254397
E-mail:dbqq@phei.com.cn
通信地址:北京市海淀区万寿路 173 信箱
　　　　　电子工业出版社总编办公室
邮　　编:100036